普通高等教育"十一五"国家级规划教材
全国高等农林院校"十一五"规划教材

草地保护学

第一分册

草地啮齿动物学

第三版

刘荣堂　武晓东　主编

中国农业出版社

图书在版编目（CIP）数据

草地保护学.第1分册，草地啮齿动物学/刘荣堂，武晓东主编.—3版.—北京：中国农业出版社，2011.2（2023.7重印）
普通高等教育"十一五"国家级规划教材　全国高等农林院校"十一五"规划教材
ISBN 978-7-109-15290-8

Ⅰ.①草…　Ⅱ.①刘…②武…　Ⅲ.①草原保护—高等学校—教材②草地—啮齿目—高等学校—教材　Ⅳ.①S812.6②S185

中国版本图书馆 CIP 数据核字（2010）第 258699 号

中国农业出版社出版
（北京市朝阳区麦子店街18号楼）
（邮政编码 100125）
责任编辑　何　微　武旭峰
文字编辑　刘　梁

中农印务有限公司印刷　新华书店北京发行所发行
1984年10月第1版　2011年3月第3版
2023年7月第3版北京第3次印刷

开本：787mm×1092mm　1/16　印张：23.25
字数：552千字
定价：54.50元
（凡本版图书出现印刷、装订错误，请向出版社发行部调换）

第三版修订者

主　编　刘荣堂（甘肃农业大学）
　　　　　武晓东（内蒙古农业大学）
副主编　刘发央（甘肃农业大学）
　　　　　付和平（内蒙古农业大学）
　　　　　花立民（甘肃农业大学）
　　　　　苏军虎（甘肃农业大学）
参　编　严学兵（河南农业大学）
　　　　　郭玉霞（河南农业大学）
　　　　　魏登邦（青海大学）
　　　　　蔡卓山（甘肃农业大学）
　　　　　鱼小军（甘肃农业大学）
　　　　　王　静（兰州职业技术学院）
　　　　　魏学红（西藏大学）
　　　　　孙素荣（新疆大学）
　　　　　杨泽龙（内蒙古气象研究所）
　　　　　徐　坤（宁夏大学）
　　　　　刘　力（内蒙古河套大学）
审　稿　刘　英（甘肃农业大学）

第二版修订者

主　编　宋　恺（甘肃农业大学）

副主编　刘荣堂（甘肃农业大学）

　　　　　陈永国（新疆农业大学）

参　编　纪维红（甘肃农业大学）

　　　　　武晓东（内蒙古农牧学院）

审　稿　王思博（新疆预防医学会、新疆地方病研究所）

　　　　　王香亭（兰州大学）

第一版编著者

主　编　宋　恺（甘肃农业大学）
编　者　李鹏年（内蒙古农牧学院）
　　　　陈永国　王　伦（新疆八一农学院）

第三版前言

自1984年以来,《草原保护学》已发行两版。经过近30年教学及生产实践的检验和改进,《草原保护学》已逐渐形成了自己的学科基础、学科体系及特有的思维方法和认知规律。目前的《草原保护学》是集草原鼠害、虫害、牧草病害及有毒有害植物为一体,融生物学、生态学的基本理论、基本知识和基本技能为一统,既有传统理论和技术的应用与延伸,又有新理论和新技术突破,还有方法论的创新和贡献。

《草原保护学》第一分册第二版自1997年出版发行以来,已历时十年有余。在这十几年中,我国的社会经济及科学技术得到了快速发展,草原区域的物质文明已达到了较高水平。但是,人类活动对草地的负面影响也同时得以充分暴露,特别是在人类活动扰动下草地鼠害有增无减,并已威胁到草地畜牧业经济的可持续发展及生态环境的安全问题。与此同时,在鼠类生物学、生态学和鼠害防治研究方面,也有许多新进展。因此,我们决定修订出版《草原保护学》第一分册第三版。

根据学科发展和教学实际需要,特将本教材名称改为《草地保护学》。

《草地保护学》第一分册第三版与第二版相比在内容上的主要变化是:

(1) 第一章的第二节中补充了一些重要事实,更新了相关数据,在第四节中扩充了杀鼠剂内容。

(2) 第二章的第二节中增补了排泄系统和循环系统内容;第三节在啮齿动物分类部分,参考最新资料做了一些局部调整。

(3) 第三章增加了"我国啮齿动物在动物地理区划系统中的位置"一节。

(4) 第四章的结构做了大幅调整,补充了部分新资料,并将其中的"群落生态"内容单列一章。

(5) 第五章"啮齿动物群落生态学与生态系统"是依据近年国内外最新研

究成果编撰而成。

（6）第六至第十章系原第五章至第九章。各章均不同程度地补充了新资料，但其结构和内容体系没有太大变化。

遵循本科教材关于"取材合适、深度适宜、分量恰当；基本理论、基本知识、基本技能；先进性、系统性"等内容质量要求，在资料取舍中尽可能避免超越本科教材深度的内容。

本教材由刘英教授负责审稿，遵照审稿人的建议，编者对文稿作了反复修改。

编 者

2010 年 7 月

第二版前言

本书自 1984 年出版发行以来，已历时十年有余。在这十几年中，我国鼠害有增无减，许多地方开展了相当规模的灭鼠工作；在鼠类生物学和鼠害防治研究方面，也有了不小的进展。作为高等农业院校的基本教材，理应反映这些新的情况；加之在多年教学实践过程中，笔者们也感到初版的基本架构虽然尚可，但也有许多缺点甚至错误，确实有修订的必要。1993 年，全国高等农业院校教材指导委员会下达了修订再版的任务，于是在主编宋恺教授主持下，1994 年 4 月在兰州召开了修订工作会议。会上讨论了修订的原则和大纲，部分原作者由于年事已高或别的原因，没能参加修订工作，决定由甘肃农业大学刘荣堂、纪维红，内蒙古农牧学院武晓东，新疆农业大学（原新疆八一农学院）陈永国参与其事，最后由陈永国负责审定。现在，历时一年多，才得以完稿。在这期间宋恺教授不幸故去，未能继续提供指导，同志们深表悲痛和愧惜。此后的主要工作遂由陈永国负责完成。

新版由王思博研究员和王香亭教授负责审稿，之后又遵照审稿人的建议，对文稿作了进一步的修改。

与初版比较，新版对绪论、生态学、调查方法以及防治原理和方法部分作了较大的改动。绪论进一步阐述了灭鼠和鼠类生物学的新进展，讨论了某些灭鼠工作应注意的重要问题。第四章增加了有关营养生态学、种群分布格局和群落生态学的内容，并简要介绍了生命表及其编制方法，基本上反映了这些方面的最新进展。在调查方法一章，充实了关于巢区、食性和密度调查方法的内容，修正了原版少数叙述不当之处。防治原理和方法一章，大部分已经改写，在不削弱其适用特点的同时，加强了理论方面的阐述。在毒饵灭鼠部分，初版本着适用为主的原则，把重点放在那些当时确有实用价值的灭鼠药物方面，本次修订，亦未改初衷，但由于胃毒剂本身在这十来年中已起很大变化，初版时刚从国外介绍到我国的许多灭鼠药物,现在已经普遍使用,我国还发展了利用新型生物毒素灭鼠方法,新版理所当然地作了相应的变动。当年广为流行而今已经淘汰的药物,新版也作了适当的处理。对一些目前尚不成熟的鼠害防治方法,新版仍然只作了一般性的评价,但对天敌的作用、微生物灭鼠及绝育剂等部分,引证并阐述了一些新资料和新观点。

新版新增了两章:预测预报和灭鼠的宏观决策。鼠害预测预报工作十分重要,新版尝试从预测原理和应用实例两方面进行了系统的阐述和介绍。在宏观决策方面,着重讨论了初版已经注意到的"灭鼠经济学"问题,阐述了研究这一问题的重要性,对有关的概念和术语进行了分析和讨论,介绍了有关经济阈值的测定方法,以期引起读者对这一重要问题的关注。

在初版的各论部分里,一些鼠种的防治方法介绍得过细,与总论部分有明显的重复,新版对此作了较大的删改。

在修订过程中,承蒙彭应金、张荷观、刘美瑜等同志提出宝贵意见,石维英同志帮助绘制部分插图,在此一并致谢。

各章节的原作和修订者,都在各章节末尾注明,不再赘述。

这门学科,处于许多门学科的交叉点,笔者深感自己知识的广度和深度都十分有限,书中缺点和错误在所难免,恳请读者批评指正。

编 者

1995 年 9 月

第一版前言

《草原啮齿动物学》是草原保护的一个组成部分。

啮齿动物是一类能适应多种环境、具有高度繁殖力、并能形成高密度的小型哺乳动物。它在草原生态系统中，作为消费者和生产者的多维关系处于重要地位，并常常成为影响草原生产力的一个不可忽视的因素。因此，灭鼠除害，以保护草原，一直是草原建设的重要措施之一。

本书分为两大部分：二至五章为总论部分，主要介绍啮齿动物的形态、分类、分布、生态及其防治原理和方法等基础理论知识和基本技能，并有简明的分类检索表和调查研究方法；第六章为各论，重点介绍与我国三北地区农业、林业和畜牧业有关的各种啮齿动物的生物学特性、地理分布、经济意义和防治方法等。

本书力求反映我国草原啮齿动物的特点、存在的主要问题和防治措施，与农业和林业有关的害鼠也尽量列入其中。因而不仅可以作为草原专业的教科书，也可供农业、林业及医药卫生等工作人员参考。

在编写过程中，承蒙赵肯堂、董其超和马跃等同志提出宝贵意见，特此致谢。

由于我们的水平所限，书中缺点和错误在所难免，恳切希望读者批评指正。

编　者

1982年6月

目 录

第三版前言
第二版前言
第一版前言

第一章 绪论 ························· 1
第一节 啮齿动物概念和在生态系统中的地位 ············ 1
一、啮齿动物概念和特点 ···················· 1
二、啮齿动物在生态系统中的地位 ················ 2
第二节 啮齿动物在国民经济中的作用 ··············· 3
一、啮齿动物对草地的危害 ··················· 3
二、啮齿动物对农业的危害 ··················· 5
三、啮齿动物对林业的危害 ··················· 6
四、啮齿动物对流行病的作用 ·················· 7
第三节 草地与草地啮齿动物学 ·················· 8
一、草地啮齿动物学的定义 ··················· 8
二、草地啮齿动物学的研究对象 ················· 8
第四节 草地啮齿动物学的发展 ·················· 9
一、草地害鼠与鼠害的基础理论研究 ··············· 9
二、草地害鼠与鼠害的应用研究 ················· 11
第五节 啮齿动物学的几个主要问题 ················ 16
一、灭鼠的生态观 ······················ 16
二、牧区鼠害类型区划问题 ··················· 17
第六节 草地啮齿动物学的研究方法 ················ 18
复习思考题 ························· 18

第二章 啮齿动物的分类 ····················· 19
第一节 啮齿动物的外部形态 ··················· 19
一、躯体结构 ························ 19
二、毛被和毛色 ······················· 21
第二节 啮齿动物的内部结构 ··················· 21
一、头骨 ·························· 21
二、牙齿 ·························· 23
三、消化系统 ························ 24
四、生殖系统 ························ 25

五、排泄系统 …………………………………………………………………… 27
　　六、循环系统 …………………………………………………………………… 27
　第三节　啮齿动物的分类 ………………………………………………………… 30
　　一、兔形目 ……………………………………………………………………… 31
　　二、啮齿目 ……………………………………………………………………… 33
　复习思考题 ………………………………………………………………………… 43

第三章　啮齿动物的分布 ………………………………………………………… 44
　第一节　啮齿动物分布的一些基本概念 ………………………………………… 44
　　一、动物地理学 ………………………………………………………………… 44
　　二、动物地理区划的原则和方法 ……………………………………………… 48
　　三、世界动物地理分布 ………………………………………………………… 49
　第二节　我国啮齿动物在动物地理区划系统中的位置 ………………………… 52
　　一、我国动物区系的区域分化 ………………………………………………… 53
　　二、中国啮齿动物区系与区划 ………………………………………………… 53
　第三节　生态地理动物群 ………………………………………………………… 58
　　一、寒温带针叶林动物群 ……………………………………………………… 59
　　二、温带森林-森林草地、农田动物群 ………………………………………… 60
　　三、温带草地动物群 …………………………………………………………… 61
　　四、温带荒漠、半荒漠动物群 ………………………………………………… 62
　　五、高地森林草地-草甸草地、寒漠动物群 …………………………………… 63
　　六、亚热带林灌、草地-农田动物群 …………………………………………… 64
　　七、热带森林、林灌、草地-农田动物群 ……………………………………… 64
　复习思考题 ………………………………………………………………………… 65

第四章　啮齿动物个体与种群生态学 …………………………………………… 66
　第一节　啮齿动物的一般生态 …………………………………………………… 66
　　一、栖息地 ……………………………………………………………………… 66
　　二、洞穴及其结构 ……………………………………………………………… 67
　　三、活动节律和范围 …………………………………………………………… 68
　　四、营养 ………………………………………………………………………… 70
　　五、繁殖与生活史 ……………………………………………………………… 78
　　六、越冬 ………………………………………………………………………… 86
　第二节　啮齿动物种群生态学 …………………………………………………… 87
　　一、种群特征 …………………………………………………………………… 87
　　二、种群增长 …………………………………………………………………… 94
　　三、种群数量波动 ……………………………………………………………… 96
　　四、种群调节 …………………………………………………………………… 100
　　五、迁移 ………………………………………………………………………… 104

六、种群的空间格局 ……………………………………………………………… 105
　复习思考题 ………………………………………………………………………… 109

第五章　啮齿动物群落生态学与生态系统 …………………………………… 110

第一节　啮齿动物群落命名及群落特征 ………………………………………… 110
　　一、群落命名 ……………………………………………………………………… 110
　　二、群落的基本特征 ……………………………………………………………… 111
　　三、群落结构与分布 ……………………………………………………………… 111
　　四、群落相似性分析 ……………………………………………………………… 112
　　五、群落多样性与均匀性 ………………………………………………………… 113
　　六、生态位 ………………………………………………………………………… 115

第二节　啮齿动物群落分类与排序 ……………………………………………… 117
　　一、啮齿动物群落分类 …………………………………………………………… 118
　　二、啮齿动物群落排序 …………………………………………………………… 119
　　三、啮齿动物群落的GIS分析 …………………………………………………… 121

第三节　干扰与群落结构 ………………………………………………………… 121
　　一、斑块与干扰 …………………………………………………………………… 121
　　二、干扰类型及其特征 …………………………………………………………… 122
　　三、干扰与群落的格局 …………………………………………………………… 123

第四节　啮齿动物与草地生态系统的能量转化 ………………………………… 126
　　一、生态系统中的食物链与食物网 ……………………………………………… 126
　　二、草地生态系统的能量分析 …………………………………………………… 127
　　三、啮齿动物在生态系统能流中的作用 ………………………………………… 132
　复习思考题 ………………………………………………………………………… 142

第六章　啮齿动物调查方法 …………………………………………………… 143
　　一、调查的目的 …………………………………………………………………… 143
　　二、调查的类型及准备 …………………………………………………………… 143

第一节　区系调查 ………………………………………………………………… 144
　　一、自然概况与生境条件的分析 ………………………………………………… 144
　　二、区系组成 ……………………………………………………………………… 144
　　三、动物群落的调查 ……………………………………………………………… 148

第二节　数量调查 ………………………………………………………………… 150
　　一、夹日法 ………………………………………………………………………… 150
　　二、统计洞口法 …………………………………………………………………… 151
　　三、目测统计法 …………………………………………………………………… 153
　　四、开洞封洞法 …………………………………………………………………… 153
　　五、沟道埋筒捕鼠法 ……………………………………………………………… 154
　　六、搬移谷物垛、草堆捕鼠法 …………………………………………………… 154

  七、标志重捕法 …………………………………………………………………………… 154
  八、去除取样法 …………………………………………………………………………… 157
 第三节 生态调查 ……………………………………………………………………………… 158
  一、种群组成 ……………………………………………………………………………… 158
  二、数量分布 ……………………………………………………………………………… 159
  三、洞穴的配置与结构 …………………………………………………………………… 159
  四、繁殖和数量变动 ……………………………………………………………………… 160
  五、食性和食量 …………………………………………………………………………… 162
  六、巢区和迁移 …………………………………………………………………………… 165
 第四节 害情调查 ……………………………………………………………………………… 170
  一、破坏量的调查 ………………………………………………………………………… 170
  二、鼠害情况的估计和危害分布图 ……………………………………………………… 172
 复习思考题 …………………………………………………………………………………………… 173

第七章 鼠害的预测预报 …………………………………………………………………………… 174
 第一节 预测的基本原理 ……………………………………………………………………… 174
  一、预测的基本概念 ……………………………………………………………………… 174
  二、预测的特点 …………………………………………………………………………… 175
  三、鼠害预测预报的类别 ………………………………………………………………… 175
  四、预测的基本步骤 ……………………………………………………………………… 176
 第二节 几个实用的预测模型 ………………………………………………………………… 177
  一、一元线性回归预测法 ………………………………………………………………… 177
  二、多元线性回归预测法 ………………………………………………………………… 181
  三、模糊聚类预测法 ……………………………………………………………………… 184
  四、有效基数预测法 ……………………………………………………………………… 191
  五、预测的经验模型 ……………………………………………………………………… 191
 第三节 预测结果的判别检验与评估 ………………………………………………………… 191
 第四节 预报 …………………………………………………………………………………… 192
 第五节 测报的组织工作 ……………………………………………………………………… 192
 复习思考题 …………………………………………………………………………………………… 193

第八章 鼠害控制原理和方法 …………………………………………………………………… 194
 第一节 物理控制方法 ………………………………………………………………………… 194
  一、器械灭鼠 ……………………………………………………………………………… 194
  二、利用普通工具灭鼠法 ………………………………………………………………… 201
  三、枪击法 ………………………………………………………………………………… 202
 第二节 化学控制方法 ………………………………………………………………………… 202
  一、化学绝育剂 …………………………………………………………………………… 203
  二、驱鼠剂 ………………………………………………………………………………… 204

三、引诱剂 204
　　四、毒饵灭鼠法 205
　　五、熏蒸灭鼠法 231
　　六、灭鼠药物的安全使用 236
 第三节　生物和生态防治 238
　　一、生物灭鼠 238
　　二、生态灭鼠 243
 第四节　鼠害综合治理 244
　　一、鼠害综合治理概述 244
　　二、鼠害综合治理的策略 245
　　三、鼠害综合治理的实践 246
 第五节　常用的灭鼠试验方法 247
　　一、实验室试验 248
　　二、野外试验 253
 复习思考题 255

第九章　害鼠与鼠害的治理对策 256
 第一节　害鼠与鼠害治理决策与规划 256
　　一、害鼠与鼠害治理决策 256
　　二、害鼠与鼠害治理规划 262
 第二节　害鼠和鼠害防治实践 263
　　一、青海高寒草甸鼠害控制 263
　　二、内蒙古典型草地鼠害控制 265
 复习思考题 266

第十章　主要有害啮齿动物的生物学特性及防治方法 267
 第一节　兔和鼠兔 267
　　一、草兔 267
　　二、高原兔 268
　　三、雪兔 270
　　四、达乌尔鼠兔 271
　　五、高原鼠兔 273
 第二节　旱獭和黄鼠 277
　　一、喜马拉雅旱獭 277
　　二、灰旱獭 281
　　三、西伯利亚旱獭 283
　　四、蒙古黄鼠 284
　　五、长尾黄鼠 288
　　六、赤颊黄鼠 290

第三节 仓鼠 291
　一、大仓鼠 291
　二、灰仓鼠 293
　三、黑线仓鼠 295
第四节 鼢鼠 297
　一、中华鼢鼠 297
　二、东北鼢鼠 301
　三、草原鼢鼠 302
第五节 沙鼠 303
　一、大沙鼠 303
　二、长爪沙鼠 305
　三、子午沙鼠 308
　四、红尾沙鼠 309
第六节 田鼠 311
　一、布氏田鼠 311
　二、狭颅田鼠 314
　三、东方田鼠 315
　四、根田鼠 316
　五、鼹形田鼠 318
　六、棕背䶄 320
　七、红背䶄 322
　八、草原兔尾鼠 323
　九、黄兔尾鼠 325
第七节 跳鼠 327
　一、三趾跳鼠 327
　二、五趾跳鼠 328
　三、三趾心颅跳鼠 330
　四、五趾心颅跳鼠 331
第八节 家鼠和姬鼠 332
　一、褐家鼠 332
　二、小家鼠 336
　三、大林姬鼠 340
　四、黑线姬鼠 342
　五、黄毛鼠 345
　六、黑腹绒鼠 346
　七、黄胸鼠 347
复习思考题 349

主要参考文献 350

第一章

绪 论

内容提要：《草地啮齿动物学》已逐渐形成了自己的科学基础、科学体系、思维方法和认知规律。要学习、掌握和熟悉《草地啮齿动物学》的内容，首先应当了解或掌握啮齿动物和草地啮齿动物的概念、啮齿动物在国民经济中的作用、草地啮齿动物及其防治方法的研究现状和进展，以及啮齿动物学的主要问题及研究方法等基本知识。

第一节 啮齿动物概念和在生态系统中的地位

一、啮齿动物概念和特点

（一）啮齿动物概念

啮齿动物是指动物分类系统中哺乳纲的啮齿目和兔形目动物，即通常所说的鼠类和兔类。

啮齿动物的中文名称通常都带有"鼠"或以"鼠"为偏旁的字。但是名称中带有"鼠"或"鼠"偏旁字的动物不一定都是啮齿动物，如鼩鼱目、树鼩目和食肉目的鼬科动物都不是啮齿动物。同样，也不是所有啮齿动物名称中都带有"鼠"或"鼠"偏旁的字，如河狸、豪猪和旱獭等。实践中人们习惯于把啮齿目、鼩鼱目和树鼩目动物称为鼠形动物，或用鼠类作为啮齿动物的近义词或同义词使用。

（二）啮齿动物特点

（1）体形较小或中等。成年啮齿动物体长一般在 5.5cm（三趾心颅跳鼠）～40cm（兔类）之间。

（2）上下颌各有 1～2 对门齿，喜咬啮坚硬物体，因此得名啮齿动物；门齿仅唇面覆以光滑而坚硬的珐琅质，磨损后始终呈锐利的凿状；门齿无齿根，能终生生长；无犬齿，门齿与颊齿间有很大的齿隙，犬齿虚位，臼齿分叶或在咀嚼面上生有突起（图 1-1）。

（3）下颌关节突与颅骨的关节窝联结比较松弛，既可前后移动，又能左右错动，既能压碎食物，还能研磨植物纤维。听泡较发达。

（4）盲肠较粗大，主要以植物性食物为食。

（5）雌性具双角子宫，雄性的睾丸在非繁殖期间萎缩并隐于腹腔内，具有较强的繁殖力，因此，常能形成较高的密度。

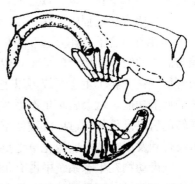

图 1-1 囊鼠（*Geomys*）终生生长的牙齿
（引自盛和林等）

(6) 在哺乳动物中，啮齿动物是种类最多的一类。全世界现有啮齿动物 2 369 种（其中，兔形目 3 科、13 属、92 种，啮齿目 33 科、481 属、2 277 种），占现存哺乳动物总种数的 43.74%。啮齿动物个体数目远远超过其他哺乳动物数目的总和。我国现有啮齿动物 2 目、12 科、79+2 属、219+20 种（其中，兔形目 2 科、2 属、32+3 种；啮齿目 10 科又 4 亚科、77+2 属、187+17 种）。

(7) 有较强的适应性。无论是高山、高原、平原、盆地、戈壁、沙漠等各类地貌单元，或是森林、灌丛、草地、草甸、农田、沼泽等各类生境中都有啮齿动物分布。

(8) 栖息类型多。啮齿动物主要营穴居生活，有些种类已成为密切依附于人类的家栖鼠种。除树栖和半水生的种类外，大多种类都生活在开阔的景观中。

(9) 啮齿动物是陆地生态系统重要的组成部分，有时对人类的生产和生活带来极大的危害。

啮齿动物的鼠类和兔类因分属于两个不同的目，它们最显著的差别在于鼠类上颌只有一对能不断生长的凿状门齿，而兔形目上颌却具有两对前后着生的门齿，后一对很小，隐于前一对门齿的后方，因此兔形目的动物又被称为重齿类。

二、啮齿动物在生态系统中的地位

生态系统（图 1-2）是生物群落与其周围环境相互作用过程中，通过物质循环和能量转化而共同构成的功能系统。例如，森林、草地、沼泽、湖泊、农田、人工林以及城市等，都是性质不同的生态系统。

生态系统的物质循环和能量转化是在生物群落的成员，其中包括植物、动物和微生物共同参与下进行的。生物群落主要是以食物链的形式组成的。组成食物链的成分，不仅有种类的变化，也有数量的增减。在长期进化过程中，在一定的数量和种类组合下，建立起互相依

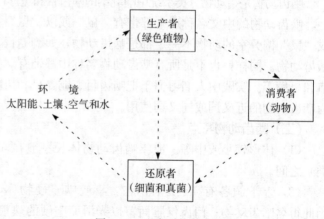

图 1-2 生态系统简化图

赖与制约的统一而协调的关系，以及整个生态系统的动态平衡。如果某一环节在一定限度内有所变化，整个生态系统可以进行适当调节，使之保持原有的平衡状态。如果变化超过系统的调节功能，就会破坏生态系统的动态平衡，以致发生连锁反应，出现难以预料甚至不可逆转的后果。例如，过度放牧使草地退化，草地退化常常促使某些适于退化草地环境条件的鼠类得到发展，从而使退化草地更趋向于恶化。

啮齿动物在生态系统中占有很重要的地位（图 1-3）。啮齿动物不但从植物中获得大量的物质和能量，而且还从草食性无脊椎动物、肉食性无脊椎动物获得物质和能量。

啮齿动物本身又是肉食性兽、禽的物质和能量的供应者，同时，它们的排泄物和遗体归还大地，又为微生物提供了物质和能量。啮齿动物是各种生物群落中的消费者，也是物质、

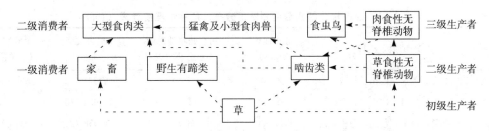

图 1-3 啮齿动物在生态系统中的地位示意图

能量的传递者。在一般情况下，由于它们体形较小，物质消耗较大，能量转化较快，在一定程度上加速了物质循环和能量转化的作用。其次，它们的挖掘活动能翻松土壤，并以粪便和食物残余增加土壤腐殖质的含量，有利于植物的生长；同时，还能使土壤向着脱盐和脱碱的方向发展。在特殊情况下，由于内外因素的作用，导致啮齿动物的数量过高、密度过大时，会影响生态系统的动态平衡，对环境及人类的经济及生活产生不利的影响。

第二节　啮齿动物在国民经济中的作用

啮齿动物在生态系统中起着重要的作用，对人类的经济活动和生活也有着有益的或有害的影响。有的种类（如河狸、麝鼠、旱獭和兔类等）的毛皮经济价值很高，可以用来制裘。一些种类的干粪便，如野兔的干粪便（望月砂）和鼯鼠科动物的干粪便（五灵脂）是中医的传统药物，但是啮齿动物中的大多数种类都是农、林、牧及卫生保健事业的有害动物，每年给人类造成巨大的经济损失。

一、啮齿动物对草地的危害

草地是畜牧业的主要饲料生产基地，草地生产力的高低直接与畜牧业的发展有关。啮齿动物在种群数量激增之后，对草地可造成多方面的危害。

2002 年，全国草地鼠害发生面积为 $8\,000\times10^4\,hm^2$，成灾面积 $2\,000\times10^4\,hm^2$，主要分布在青海、内蒙古、四川、甘肃、新疆、宁夏、西藏、黑龙江、山西、河北、陕西、吉林和辽宁 13 个省（区）；2009 年 5 个主要草地大省（区）草地鼠害发生面积已超过 $2\,000\times10^4\,hm^2$，其中，内蒙古自治区有 $733.3\times10^4\,hm^2$，甘肃省 $570.1\times10^4\,hm^2$，青海省 $540.0\times10^4\,hm^2$，新疆维吾尔自治区 $497.5\times10^4\,hm^2$，四川省 $280.0\times10^4\,hm^2$。

草地害鼠对草地的主要危害形式包括以下几个方面。

（一）啃食优良牧草

啮齿动物主要是草食性动物。生活在草地的啮齿动物大都以禾本科、莎草科、豆科和杂草类中的优良牧草为主要食物。据调查，一只布氏田鼠每日吃干草 14.5g，全年可消耗牧草 5.29kg。一只高原鼠兔每日采食鲜草 77.3g，在牧草生长季节的 4 个月内，共消耗 9.5kg。在内蒙古查干敖包地区，黄鼠为主要优势种，每鼠日食干草 18.5kg，以半年取食时间（另半年冬眠）计算，每年损耗干草在 10^6kg 左右，在鼠害大发生的年份，给畜牧业造成的损失则更大。高原鼠兔在四川甘孜藏族自治州分布广、密度大，因其严重危害曾有在局部区域摧毁草地生产力，在 20 世纪 80 年代末发生过"撵走"牧民的记载（表 1-1）。

表 1-1　四川甘孜藏族自治州鼠害分布、危害情况统计表（1988）

鼠种	分布地区（县）	分布面积（hm^2）	占全州草地总面积百分率（%）	年损失牧草（kg）	少养牲畜（羊单位）
鼠兔	石渠、色达、德格、甘孜	700 908	7.43	917 671 400	502 834
鼢鼠	石渠、德格、白玉、甘孜	149 700	1.59	75 634 378	52 403
旱獭	石渠、德格、色达、白玉、理塘、甘孜	349 500	3.71	100 058 125	54 826
田鼠	石渠、色达、白玉	80 059	0.85	17 761 289	9 732

（二）挖掘活动损失牧草

春季，牧草返青前后，一般啮齿动物的挖掘活动较为频繁。挖洞时把大量的下层土壤推到地面，在洞口前形成大小不等的土丘。在土丘覆压下，一些顶土能力弱的优良牧草因黄化而死亡，而许多顶土能力强的根茎、根蘖性的植物却能破土生长。据调查，每个鼢鼠土丘的底面积平均为 $1 875cm^2$，每公顷有 8 250 个土丘，土丘覆盖的面积为 $1 546m^2$，占 15%。每个喜马拉雅旱獭土丘的底面积平均为 $4.28m^2$，每公顷有旱獭丘 13 个，土丘覆盖总面积为 $48.43m^2$，占 0.48%。在一般鼠密度下，鼠类活动所造成的秃斑、鼠洞、跑道和土丘总面积可达 $600\sim1 300m^2$。鼠类挖掘为杂草滋生创造了条件，从而降低了草群的生产力。

（三）挖洞时推土成丘影响土壤肥力

土壤肥力最丰富的层次是 A 层和 B 层，也是草地植物的养料源泉。而啮齿动物多在这一沃土层挖洞，把肥沃的土壤翻到地面，形成土丘。在干旱多风的季节，这些疏松的土丘，往往因风蚀而夷平，因此，导致肥力的大量流失。据调查，青海省贵南县木格滩的鼢鼠土丘，由于风蚀作用，每公顷损失腐殖质 2 553kg，氮素 130.5kg。由于啮齿动物的活动，造成如此多的肥力损失，必然要影响牧草的生长。

（四）降低植被覆盖，促使土壤水分蒸发

由于啮齿动物的挖掘活动，形成土丘、鼠坑和秃斑等次生裸地，在杂草尚未定居的情况下，这些疏松次生裸地的土壤水分是极易蒸发的。根据木格滩土壤调查的资料，原生植被土壤的含水率为 29.87%，而鼢鼠造成的次生裸地的含水率仅为 21.87%；青海天峻县阳康地区，原生植被的土壤（$0\sim5cm$）含水率为 13.52%。而鼠坑次生裸地的含水率仅为 8.74%。土壤水分损失如此之多，也会影响牧草的生长。

（五）改变植被成分，引起群落演替

由于啮齿动物的活动，使优良牧草逐渐减少或消失。例如，在天峻县阳康地区，由于高原鼠兔的活动，使原生植被中多度百分率为 100% 的小嵩草（Kobresia pygmaea），在轻度危害区则减少到 53%，在中度和重度危害区依次减到 35% 和 11%，到极度危害区则全部消失。而适口性差的植物或有毒植物，则得以保存并大量滋生。

由于啮齿动物的啃食和挖掘活动，使原有植物群落的种类和数量都发生了变化，甚至失去互相依赖和制约的关系，处于不稳定的状态，并向新的稳定方向发展，从而导致植物群落的演替。在啮齿动物作用下可能会出现两种演替：一种是由于啮齿动物活动引起的退化演替；另一种是由于啮齿动物活动形成的次生裸地的恢复演替。前一种演替导致再生力弱的禾本科和莎草科等优良牧草逐渐从群落中消失，杂类草滋生，或形成次生裸地。后一种演替是由于适应土壤性质（紧实度、水分）的递变，导致不同生活型植物类群的依次演替。但在啮

齿动物继续作用下，随时可使处于不同演替阶段的群落重遭破坏。这样，就又开始了不同演替群落上的上述两种演替过程（图1-4）。

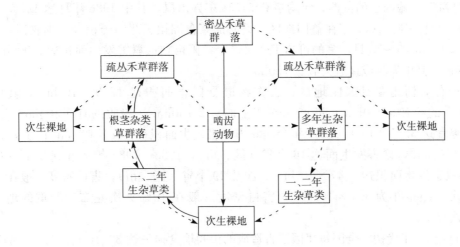

图1-4　啮齿动物作用下，导致针茅、矮蒿草群落的演替示意图
⟶ 破坏原生植被为次生裸地　--▶ 破坏处于不同阶段的植被为次生裸地
　　恢复演替　　退化演替

啮齿动物对草地植被的作用是十分复杂的。只有解除了啮齿动物的危害，退化阶段的群落才能转变为恢复演替，次生裸地的恢复才能顺利进行，使处于不同退化阶段的植物群落达到相对稳定的状态。

但是，到目前为止，对于啮齿动物在草地生态系统中的作用这一问题，了解的还很不够，需要做更多的工作，在更深入认识的基础上揭开它的奥秘，使鼠害防治工作更具有科学性。

二、啮齿动物对农业的危害

在农区，许多啮齿动物常以作物地为其临时栖息地和觅食地。在作物地里，盗食刚刚播下的种子，造成农田大面积缺苗断垄。在作物成熟季节，它们咬断茎秆，盗食粮食，并把大量粮食搬进洞穴储藏起来；咬坏棉桃；吃掉棉籽；吃油料作物的种子；或盗食成熟的瓜果和蔬菜等。从作物播种到入仓，害鼠可使农作物减产5%～20%。

根据联合国粮农组织（FAO）报告，全世界每年被老鼠损耗的粮食占全部作物总产量的10%～20%，农业因鼠害造成的损失价值在170亿美元（1975），相当于25个最不发达的发展中国家的国民生产总值，特别是在非洲、中东及东南亚的一些国家，鼠害造成的损失常常超过植物病虫草害的损失。

我国是一个农业鼠害十分严重的发展中国家。1967年，新疆北部农区小家鼠大发生，共损失粮食1.5×10^5 t。1973—1975年，厦门市郊早稻的株鼠害率平均超过株螟害率的1.5～28.8倍，而晚稻的株鼠害率平均超过早稻株鼠害率的3～6倍，全区每年减产稻谷可达1 050 t。

湖南省洞庭湖区自20世纪70年代末开始，因东方田鼠数量激增连年成灾，水稻、甘薯、花生、西瓜、黄瓜、甘蔗、芝麻、荸荠等作物皆遭成片洗劫，滨湖农田常大面积失收。东洞庭湖西畔金盆农场1981—1988年汛期（7~8月）在2 850m堤段"设障（竖40cm高的挡板）埋缸"拦截内迁的鼠群，年均拦获51.5t东方田鼠，其中1986年夏达137t，鼠入侵数量之巨可见一斑。2005年在益阳地区未设防的茶盘洲镇、北洲子镇等滨湖农田，鼠密度一般达每100m²45~75只，多的可达150只。全益阳市辖区鼠害发生面积达9 000hm²，成灾4 535hm²，其中失收或接近失收达700hm²以上。

1980年，河北省石家庄地区，农作物遭受鼠害面积达12.9×10^4hm²，其中减产5%~50%的约有9 900hm²，减产50%以上的有2 700hm²，绝收的有5 300hm²，全区约计损失粮食达3.75×10^4t。1981年全国农田鼠害发生面积在6.7×10^6hm²以上，1982年为1.4×10^7hm²，鼠害发生面达16个省（区、市），1983—1984年上升到2.4×10^7hm²，1985年鼠害发生面积达2.47×10^7hm²，涉及29个省（区、市），害鼠密度一般在10%~20%夹次，1986年为3.4×10^7hm²，害鼠密度一般在10%夹次左右，严重的地块高达60%夹次以上。

20世纪90年代初，全国每年因鼠害造成的田间粮食损失达3×10^9kg以上，棉花20多万t，甘蔗10万t以上，水稻、玉米、小麦、豆类等作物一般减产5%~10%，重者30%以上，部分农田甚至毁种或绝收。我国2/3以上的农户在不同程度上遭受鼠害，估计年损失储粮达3×10^9~5×10^9kg。1993年，湖南省发生农田害鼠面积达200多万hm²。1994—1997年，江西早稻鼠害发生面积10^6hm²、晚稻5.3×10^5hm²，受害重的稻田减产30%~50%；四川、重庆等省（市）的部分地区小麦、玉米和水稻减产30%~50%，有的毁种3~4次；黑龙江杜蒙、吉林榆树、北京顺义、河北丰宁、安徽怀远等地，大豆受害减产20%~30%，重者颗粒无收。

另据农业部全国植保总站资料，1982—1993年间，我国每年有20~27个省（区、市）发生农田鼠害，年发生面积分别达2×10^9~3.9×10^9hm²，占耕地总面积的24%~30%，12年累计发生面积为307.94×10^8hm²，仅1987年因鼠害损失的粮食达$1 500\times10^4$t。在一些偏远山村，鼠害率竟达30%~40%，严重者高达70%~80%，甚至颗粒无收。

三、啮齿动物对林业的危害

栖息在林区的啮齿动物，大量盗食树木的种子，影响天然林更新和直播造林；咬坏幼小树苗的根系，特别是冬春季节，啃咬幼树的树皮，造成幼树大量死亡。例如，黑龙江带岭林业局的樟子松，由于鼠的危害，成林的不到1/10；1965年，伊春林区各地大面积直播的红松，由于鼠的危害，棵苗未出；1977年，在六盘山人工造林地，发现油松栽苗后仅1个月，由于中华鼢鼠啃食松苗，致死率达10.89%；2004年，宁夏固原地区退耕还林，因鼢鼠危害，油松树苗成活率仅为47.0%。东北、河北以及内蒙古等地的人工幼林，鼠害也十分严重；在内蒙古西部大沙鼠危害琐琐林也屡有报道。

我国森林害鼠主要分布在22个省（区、市），其中西北及东北的局部地区发生最为严重。2005年，全国森林鼠害发生面积为1.3×10^6hm²，到2009年全国森林鼠害发生面积已达到1.4×10^6hm²。

此外，啮齿动物的活动还影响水土保持和固沙工作，至于啮齿动物对果树（如梨、苹果、桃、杏、葡萄等）危害，也屡见不鲜。

四、啮齿动物对流行病的作用

自然界各种生物群落的成员总是被交织在复杂的营养网络中，存在着这样一类群落：病原微生物通过媒介（大多数是吸血性节肢动物），在易感的野生动物（主要是啮齿类）中自发地循环，并延续后代，引起宿主种群疾病反复流行，形成所谓动物地方病区。如果这种病原微生物能感染人、畜，甚至形成人或畜间的传染病，这一动物地方病区域就称自然疫源地。显然，自然疫源地能脱离人群在自然界独立存在，并对人类社会经常性地构成威胁。目前，在世界上被确认的自然疫源性疾病，大致有下列几种：

(1) 虫媒病毒性疾病，如森林脑炎、乙型脑炎、流行性出血热和狂犬病等。
(2) 立克次体病，如恙虫病和Q热等。
(3) 细菌性疾病，如鼠疫、土拉菌病、李斯特病和布鲁菌病等。
(4) 螺旋体病，如钩端螺旋体病、蜱性回归热等。
(5) 原虫病，如利什曼原虫病等。
(6) 寄生虫病，如日本血吸虫病等。

在各种病原体的宿主中，兽类特别是啮齿动物占有相当重要的地位。鼠类不仅是病原体的宿主，而且由于鼠类本身的活动（迁移和数量变动），对病原体的传播起着不可忽视的作用。在某种意义上讲，鼠类对疾病所起的传播作用，并不亚于某些吸血昆虫的传播媒介作用。据估计，有史以来，死于鼠源疾病的人数，远远超过直接死于战争者。现已查明由鼠类传播的动物性流行病至少有30多种，其中最可怕的是鼠疫。

鼠疫是由鼠疫杆菌引起的一种烈性传染病，病原体的主要宿主是黄鼠、旱獭、沙鼠和家鼠等多种鼠类。据目前所知，全世界约有186种鼠能传染和传播鼠疫。传播的媒介主要是跳蚤。在一定的地理环境条件下，鼠疫杆菌通过跳蚤在鼠类之间不断循环，逐渐形成鼠疫自然疫源地。人感染鼠疫，主要是由跳蚤传播或接触了带菌的鼠（图1-5）。

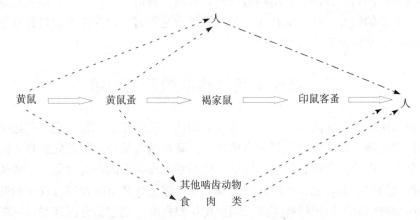

图1-5 黄鼠鼠疫传染给人的传播途径示意图
⟹ 主要传播途径　⟶ 次要传播途径　---▶ 飞沫传播途径

传染性极强，死亡率很高是鼠疫的重要特点。鼠疫在人类中流行已有1 500年的历史。

公元1世纪埃及和叙利亚也有鼠疫大流行的记载。历史上鼠疫有过3次大流行：6世纪东罗马帝国第一次大流行，流行时间长达50年，死亡1亿人；14世纪在欧洲第二次大流行，死亡2 500万人；18世纪末到19世纪初，第三次大流行，死亡4 000万人。早在清乾隆年间（1736），我国诗人师道南在他的《鼠死行》中记述了当时鼠疫流行时的悲惨景象："东死鼠，西死鼠，人见死鼠如见虎。鼠死不几日，人死如坍堵。昼死人莫问数，日色惨淡愁云护。三人行未十步多，忽死两人横截路……人死满地人烟倒，人骨渐被风吹老。田禾无人收，官租向谁考。"1994年在印度又暴发了一场肺鼠疫。

第三节　草地与草地啮齿动物学

一、草地啮齿动物学的定义

草地啮齿动物学是专门研究兔形目和啮齿目动物与草地生产的关系、鼠害的成灾规律、危害特征及其对策的科学。

草地啮齿动物学是动物学与生物科学的基础、应用相结合的学科之一。这门学科历史比较短，但发展却很迅速。近年来，由于气候变迁、草场过牧和自然资源的不适当开发利用等原因，在牧区产生了草地退化、土壤沙化及鼠类天敌动物数量减少等现象，引发了鼠类数量激增，分布区迅速蔓延和扩大，活动猖獗，从而导致了鼠害成为牧区的三大自然灾害之一。所有这些不仅影响生产，破坏草地生态平衡，而且严重危害人类的生活和健康。因而引起了人们对草地啮齿动物的关注。

草地科学的主要目的是：保护物种资源，维持遗传多样性；保护各类草地生态系统及其生态过程和草地自然景观；探索动物（包括啮齿动物在内）的活动对各类草地自然环境带来的影响和人类合理开发利用草地自然资源的途径和方法，保证草地持续利用，促进经济建设、环境建设的同步发展和繁荣科学文化教育事业。为了达到这一目的，这就要求草地啮齿动物学工作者深入实际，广泛了解草地啮齿动物，掌握其生命活动规律，诱导其朝着对人类有利的方向发展；同时，抑制有害的啮齿动物，控制其种群密度。为此，不仅应继续做好当前有利于生产方面的研究工作，而且还应加强基础理论的研究，为生产提供科学依据，把我国草地啮齿动物学推向世界先进行列。

二、草地啮齿动物学的研究对象

科学，包括生命科学在内是向两个方面发展的：一是微观，二是宏观。草地啮齿动物学同其他生物科学一样，都是要搞清楚生命的真谛。草地啮齿动物学是朝向宏观方面发展的生命科学，以草地啮齿动物个体、种群、群落、生态系统作为它的研究对象，主要研究：

（1）啮齿动物的形态，包括体内外结构及其在个体发育和系统发展过程中的变化规律。

（2）啮齿动物的分类，依据各类群之间彼此相似程度，把它们分门别类，列成系统，以阐明它们的亲缘关系、进化过程和发展规律。

（3）啮齿动物的生活机能、各种机能变化、发展情况以及对周围环境条件影响的反应等。

(4) 啮齿动物的地理分布和空间格局,包括栖息地、生态位等。
(5) 啮齿动物的种群特征,包括种群密度、年龄组成、性别比例、繁殖力和死亡率等。
(6) 啮齿动物在种群、群落及各类草地生态系统中的相互关系,包括种内、种间关系。
(7) 啮齿动物的种群数量动态规律及其预测预报等。
(8) 啮齿动物成灾规律、危害特征及防治对策。

第四节 草地啮齿动物学的发展

我国劳动人民深知鼠类的危害,长期以来积累了丰富的灭鼠经验。早在西汉时期就有关于器械灭鼠的记载,如《淮南子》书中就有"设鼠者,机动(动,发也)。发则得鼠"。东晋葛洪所著《抱朴子》书中记载有"毒粥既陈,则旁有烂肠之鼠"。但是在其后的岁月里,对灭鼠工作未予以足够的重视,使其长期处于落后状态。20世纪20~40年代,仅有个别人从事零星的鼠类研究工作,直至50年代,灭鼠工作才逐步得到重视和发展。

首先是结合治理黄河的工程,开展了防治鼠害的工作,据1950—1952年统计,在黄河下游堤岸发现并堵塞鼠、獾等的洞穴3万多处,基本上消除了河堤的隐患。1952年,曾在东北各省开展了大面积的灭鼠,消除一些动物流行病的疫点。自1956年底开始的群众性除"四害"运动,对害鼠和其他有害动物起了很大的抑制作用。自20世纪60年代开始,我国已将防治草地鼠害纳入了经常性的生产管理措施。大面积防治鼠害工作的重点,主要在我国西北和内蒙古草地,旨在保护草地和消灭自然疫源性疾病的主要宿主。内蒙古以布氏田鼠和东北鼢鼠为主要防治对象,宁夏以黄鼠、沙鼠为主要防治对象,新疆、青海、甘肃、四川和西藏则以兔尾鼠、高原鼠兔和鼢鼠为主要防治对象。

在农业区,防治害鼠也是一项经常性的工作,主要对中华鼢鼠(黄土高原)、家鼠属(热带)的黑线姬鼠(亚热带)和小家鼠(新疆)等鼠类进行了长期研究和不断地防治,均取得了显著效果。

由于大规模长期的群众性灭鼠运动,推动了科学研究工作的进展。中国科学院动物研究所、中国医学科学院流行病研究所、各大专院校的相关院系、防疫部门和广大群众开展了有关鼠类生物学和鼠害防治等方面的研究,均取得了丰硕的成果。

一、草地害鼠与鼠害的基础理论研究

(一) 区系和鼠害调查

国内不少地区在动物区系调查中,不断发现鼠类的新种,特别是青藏高原和云贵高原的收获最多。如家鼠属和鼠兔属的种类增加不少。黑龙江、内蒙古、新疆、青海、甘肃、宁夏和四川等草地大省(区)已先后完成了草地鼠情和害情调查工作,在查明本省(区)啮齿动物区系的基础上也查清楚了当地草地害鼠的种类组成,有的还以3S系统为基础编制出了啮齿动物或草地鼠害分布图,把啮齿动物区系和草地鼠害调查提高到了一个新的水平。与此同时,农、林鼠害调查也有了新的进展。

(二) 鼠类生态学研究

早在20世纪50~60年代,我国动物学家就对东北林区的鼠类进行了大量的调查研究,近年来又有了新的进展，如对黄鼠、褐家鼠以及鼠兔属、鼢鼠属、田鼠属和沙鼠属的多种鼠种的活动规律做了研究。在鼠类年龄划分与种群的年龄结构、种群的数量统计、种群繁殖、种群的空间分布格局、种群的数量动态及调节机制、数量变动规律及预测预报等方面，已进行大量研究工作，并有系统介绍，如安徽省防疫站发现黑线姬鼠在一定的时间和空间范围内，可以依体重或体长来鉴别年龄，用牙齿磨损鉴定标准加以对比，其误差只有百分之十几，对麝鼠、高原鼠兔、黄鼠、旱獭和长爪沙鼠等的年龄也进行了研究。在害鼠的食性和食量方面，过去曾对林业害鼠（如大林姬鼠、红背䶄、棕背䶄）以及草地害鼠中的黄鼠和高原鼠兔等进行了较系统的研究，对黑线姬鼠则研究了它的食物水分与食量的关系，发现含水量在50%时食量最高，为黑线姬鼠分布在潮湿区提供了理论依据。针对鼠类的迁移现象特别研究了随着农业季节而产生的迁移，如黑线姬鼠和小家鼠都随着农田作物的生长与收割情况而迁移，对布氏田鼠用标志法研究其迁移，发现距标志点4～10km的不同方向可捕到标志鼠，说明它的迁移能力是很强的。对鼠类越冬地的研究，发现新疆北部的小家鼠主要在稻田越冬；内蒙古的布氏田鼠在洼地背风积雪较厚的地区集群越冬。

自改革开放以来，鼠类生态学呈现出蓬勃发展的态势。研究工作更加深入，范围也有所扩大，如对鼠类的空间格局、鼠类群落学的研究，都有重要进展。特别值得一提的是，西北高原生物研究所坚持十余年系统研究新疆北部小家鼠的生态学，取得了显著成就，已出版我国第一部以单一鼠种为对象的专著。

（三）鼠类生态生理学研究

具有代表性的研究有：20世纪60年代关于大鼠能量代谢与水代谢的研究，70年代以来对长爪沙鼠代谢率、布氏田鼠婚配制度和繁殖行为、高原鼠兔的繁殖与神经内分泌机制研究，以及小家鼠的行为发育、化学通信、亲缘识别等的研究。同时还有中华鼢鼠和高原鼠兔的能量动态和气体代谢的研究，褐家鼠和麝鼠的水分和气体代谢的研究等。在高山地区发现大林姬鼠身体突出部分，如耳、尾等随着海拔的升高而逐渐变小；另外，研究过褐家鼠、布氏田鼠和兔尾鼠的化学信息（外激素——信息素）的作用。

（四）鼠类数量变动周期性研究

鼠类数量变动周期性是近代动物生态学的理论问题之一。我国已积累了不少资料，发现分布于长江流域及其以南地区的黑线姬鼠、黄毛鼠和小家鼠的数量随季节而变动，一年常出现两个高峰。通过对东北林区近20年的资料分析，发现以棕背䶄、红背䶄和大林姬鼠为主的鼠类，其数量变动每3年为一个周期。安徽省姜家湖地区积累了17年的资料，得知黑线姬鼠的数量受降雨量及河水水位高低的影响，降雨量大及河水水位高时，黑线姬鼠数量低，反之则高。

通过种群内部自我调节机制的研究，发现布氏田鼠和小家鼠的种群密度与肾上腺重量呈正相关，与生殖腺重量呈负相关，并从领域行为的规律证明，社群应激的高水平导致亚成体垂体——肾上腺轴刺激的加剧，因而反馈抑制了生殖功能。

（五）害鼠与鼠害的预测预报

害鼠预测预报与鼠害防治直接有关。几十年来已积累了大量资料，取得了显著成绩。如东北林区预测棕背䶄、红背䶄等冬季啃食人工幼林的危害，找到9月的数量是决定其危害程度的关键：如捕获率在20%以上，则鼠害要大发生；捕获率在10%以上，则鼠害普遍发生，危害仅次于上一种情况；如捕获率在4%以上，则局部发生鼠害；捕获率在3%以下时，则基本无鼠害。此外，对黑线姬鼠、长爪沙鼠、小家鼠、黄毛鼠、高原鼠兔、高原鼢鼠和布氏田鼠都作了比较成功的预测研究或积累了大量资料。

国际上鼠情预测预报进展很快，主要依据统计学模型，如前苏联（Saulich 等，1976），法国（Spitz，1985）和北欧的芬兰、挪威、瑞典（Myllymaki 等，1985）都已发展了较好的预测模型，对于防止鼠类大发生，减少暴发期危害起了重要的作用。几年前在马来西亚和印度尼西亚发展了一种简单适用的稻田害鼠检测方法：用序贯抽样技术和经济阈值结合起来绘成监测曲线图，供植物保护工作者确定是否需要防治（Buckle，1986）。这样，稻田鼠害综合防治系统即可以随时根据鼠情监测资料、植物生长期、经济阈值来确定不同的灭鼠对策。

近年来国内也有不少人做了这样的工作，如朱盛侃等（1981）、严之堂等（1983，1984）建立小家鼠的多元回归模型；周立（1985）用模糊聚类方法研究借助于松子产量预测灰鼠数量；李典谟等（1991）以种群动态模拟模型和灰色系统模型对小家鼠的预测；刘荣堂等（1996，1997）用模糊聚类、灰色系统及相关回归等方法建立了一系列预测高原鼠兔、高原鼢鼠和长爪沙鼠种群数量的数学模型。

二、草地害鼠与鼠害的应用研究

防治方法研究属于应用研究。在这一方面研究内容更为广泛，如在灭鼠生态观上达成了变"灭鼠"为"防鼠"的共识。同时，对鼠类的经济损害水平、经济阈值、理论防治指标、精确性可持续控制、鼠类危害级别划分和危害程度评估等方面都有大量文献报道，其中对杀鼠剂和不育剂的研发进展较快。

（一）杀鼠剂

早在 16 世纪时人们采用士的年（strychnine）、红海葱（red squill）灭鼠，到 20 世纪初开始使用磷化锌等无机化合物灭鼠，1933 年第一个有机合成的杀鼠剂——甘氟（glyftor）问世。1944 年美国的林克等合成了第一个抗凝血性杀鼠剂——杀鼠灵（warfarin），不久又相继出现了其他一些抗凝血性杀鼠剂。20 世纪 50 年代末期在英国等欧美国家发现鼠类对杀鼠剂有抗药性及交互抗性，到 60~70 年代具有选择性毒力的一系列杀鼠剂逐渐出现，70 年代末以来，能杀死抗杀鼠灵种群的第二代抗凝血杀鼠剂，如鼠得克（difenacoum）、大隆（brodifacoum）、溴敌隆（bromadiolone）等得以快速发展。近年来，对植物源杀鼠剂和微生物杀鼠剂的研究日趋活跃。

我国使用杀鼠剂历史悠久，多有史料记载，如：《神农本草经》中有"乌头……其汁煎之名射罔，杀禽兽……"，《抱朴子》中有"毒粥既陈，则旁有烂肠之鼠"，早在公元前 350 年就有使用砷化物毒杀鼠类的记载。

杀鼠剂包括化学杀鼠剂、植物源杀鼠剂和微生物杀鼠剂。

1. 化学杀鼠剂 化学杀鼠剂是相对于植物源杀鼠剂和微生物杀鼠剂而言的，根据其化学成分、作用部位、作用机理、作用速度可分别分为：无机杀鼠剂（黄磷，yellow phosphorus）、白砒（arsenic trioxide）、硫酸钡（barium sulphate）、磷化锌（zinc phosphide）等，有机杀鼠剂（鼠立死，crimidine）、氟乙酸钠（sodium monofluoroacetate）、安妥（antu）、杀鼠灵、敌鼠钠盐（sosium diphacinone）和大隆；急性杀鼠剂和慢性杀鼠剂等。其中急性和慢性杀鼠剂备受科研和生产部门关注。

(1) 急性杀鼠剂。具有代表性的是 1940 年美国研制的氟乙酸钠，它和 20 世纪 50 年代研发出的氟乙酰胺（Fluoroacetamide）、60 年代西德 Baver 公司研制出的大量氟乙酰胺衍生物（我国辽宁省化工研究院于 1972 年业合成出了一系列同类衍生物）等都属剧毒杀鼠剂。急性杀鼠剂还包括鼠立死、毒鼠强（424 tetramine）、杀鼠硅（RS-150 silatrane）、鼠特灵（SX999 norbormide）、α-氯醛糖（杀鼠糖 α-chloralose）、安妥（1-萘基硫脲）、磷化物（磷化锌、磷化铝 aluminium phosphide）、磷化钙（calcium phosphide）、甘氟、毒鼠磷（phosazetim）、氨基甲酸酯（carbamate）、灭鼠优（pyrinuron）、灭鼠宁（norbormide）和灭鼠安（3-pyridylmethyl）等。

(2) 慢性杀鼠剂。慢性杀鼠剂也称抗凝血杀鼠剂。最早的慢性杀鼠剂——鼠完（杀鼠酮 pindone）合成于 1942 年，1944 年发现其有抗凝血作用，1962 年美国 Pfizer 公司将鼠完开发成杀鼠剂，1969 年前苏联合成出了氟苯杀鼠酮（4,4′-difluorobenzophenone），我国 1983 年合成出了杀鼠酮。敌鼠（diphacinone）是 20 世纪 40 年代合成的，1954 年 Crabtr 将其作为杀鼠剂。氯鼠酮（氯敌鼠 chlorophacinone）由原西德 Chemparg 公司合成，辽宁省化工研究院在 20 世纪 60 年代合成此药。以后又逐渐出现了更多的抗凝血杀鼠剂，如氯灭鼠灵（coumachlor）、克鼠灵（coumafuryl）、杀鼠醚（coumatetralyl）和敌鼠钠盐等，包括杀鼠灵在内的这些杀鼠剂统称第一代凝血剂。1958 年英国首次发现抗性鼠，为此，70 年代英国 Sorex 公司研制出大隆和鼠得克，法国 LIPHA 公司研制出溴敌隆（20 世纪 80 年代我国军事医学科学院合成出了大隆和鼠得克，1982 年青海化工所合成出了溴敌隆）。属于这类杀鼠剂的还有杀它仗（stratagemò）和硫敌隆，它们都是第二代抗凝血剂代表。

(3) 已被停用和禁用的杀鼠剂。停用的杀鼠剂有：亚砷酸（砒霜、白砒）、安妥（1-萘基硫脲）、灭鼠优（抗鼠灵、鼠必灭）、灭鼠安、士的年（马钱子碱、番木鳖碱）和红海葱（海葱）。禁用的杀鼠剂有：氟乙酰胺（1081，敌蚜胺等）、氟乙酸钠（1080）、毒鼠强（没鼠命、四二四）和杀鼠硅（氯硅宁 RS-150、硅灭鼠）。

(4) 杀鼠剂的作用机理。杀鼠剂进入鼠体后可在一定的器官和组织内干扰或破坏正常的生理生化反应和生理代谢：作用于细胞酶时，可影响细胞代谢，使细胞窒息死亡，从而引起中枢神经系统、心脏、肝脏、肾脏的损坏而致死（如磷化锌等）；作用于血液系统时，可破坏血液中的凝血酶原，使血液失去凝结作用，引起血管出血及内出血死亡（如抗凝血杀鼠剂）。

(5) 杀鼠剂的发展方向。学者们对理想杀鼠剂的共识是：选择性强，对人、畜、禽等动物无毒或低毒；鼠类不拒食，适口性好；无二次中毒；无内吸毒性，不在植物体内转移，在自然环境中分解快；有特效解毒药或中毒治疗方法；不易产生抗药性；易于制造，性质稳定，使用方便，价格低廉等。

第 2 代抗凝血剂以及兼具上述特点的杀鼠剂新品种是当前的研发方向。

2. 植物源杀鼠剂 植物源杀鼠剂的有效成分主要是植物产生的次生代谢物，在自然界易降解，对非靶标生物比较安全、无残毒，不造成环境污染，不易产生抗性，对解决当前化学农药所引起的社会和环境问题具有重要意义，因此研究植物源杀鼠剂是当前的热点之一。

用植物杀鼠在我国早有记载，《中国土农药志》记载的 403 种植物和《中国有毒植物》记载的 943 种植物，均有杀鼠作用。但迄今开发出的植物源杀鼠剂产品却很少，原因是植物中有毒成分含量低，毒性不够强；某些无毒或有毒成分的特殊气味使鼠类拒食。

目前，陕西、新疆等省（区）已基本完成了该地区杀鼠植物的筛选工作。在国内对以下含有杀鼠活性物质的植物有较多研究，包括：毒芹（*Cicuta virosa*）、马钱子（*Strychnos pierriana*）、烟草（*Nicotiana tabacum*）、黄花烟草（*N. rustica*）、多根乌头（*Aconitum karakolicum*）、林地乌头（*A. nemorum*）、短柄乌头（*A. brachypodum*）、白喉乌头（*A. leucostomum*）、宽裂乌头（*A. kusnezoffiivar*）、石龙芮（*Ranunculus sceleratus*）、小花棘豆（*Oxytropis glabra*）、黄花棘豆（*O. ochrocephala*）、毒麦（*Lolium temulentum*）、醉马草（*Achnatherum inebriant*）、苦参（*Sophora flavescens*）、毒参（*Conium maculatum*）、白头翁（*Pulsatilla chinensis*）、曼陀罗（*Dature stramonium*）、草乌（*Aconitum kusnezoffii*）、黄花蒿（*Artemisia annua*）、接骨木（*Sambucus willamsii*）、闹羊花（*Rhododendron molle*）、瑞香狼毒（*Stellera chamaejasme*）、大戟（*Euphorbia pekinensis*）、贯众（*Rhizoma cyrtomii*）、铁棒锤（*Aconitum szechenyianum*）、牛心朴（*Cynanchum hancockianum*）、皂荚（*Chinese honeylocust*）、野八角（*Illicium simonsii*）和牛皮消（*Cynanchum auriculatum*）等数十种。研究内容主要包括：植物中杀鼠活性物质种类、含量、提取及毒理；进行灭鼠方法试验，如直接粉碎配置毒饵、煎剂灌服、煎汁浸泡饵料、最适宜浓度和配置毒饵的使用比例；测定毒饵的摄食系数、适口性指标、LD_{50}及防治效果等。

3. 微生物杀鼠剂 微生物灭鼠是指利用动物、植物、微生物产生的具有一定化学结构和理化性质的生化物质进行灭鼠，这些生化物质多为特有的几种氨基酸组成的蛋白质单体或聚合体。国际上广泛使用沙门菌系的灭鼠细菌灭鼠，澳大利亚曾使用黏液瘤菌病毒消灭穴兔，微生物灭鼠成功和失败的事例均不少见。国内也曾开展过沙门菌、鼠痘病毒等对各种鼠的致病实验，但均未投入实际应用。

目前利用肉毒梭菌（*Clostridium botulinum*）所产生的麻痹神经的肉毒毒素（botulin）进行灭鼠，产品和技术已日趋成熟。肉毒毒素制剂包括 C、D 型肉毒梭菌毒素，其剂型分液体制剂和冻干剂两种。利用肉毒梭菌毒素灭鼠是防治害鼠的一种新思路，它具有许多化学杀鼠剂所不及的优点，尤其有利于环境保护。但还有许多问题需要进一步研究，例如，毒素制剂不易保存，不适宜华南高温地区使用，毒素灭鼠的耐药性和蓄积中毒问题尚存在分歧，对非靶动物的安全性研究仍需进一步扩大动物范围等。

（二）不育剂

鼠类抗生育药剂是一种以降低害鼠出生率为目标，通过对生殖生理起作用，致使单性或两性永久不育或短时不育，从而减少后代数量，或降低子代生殖能力，这类药剂统称为抗生育剂。

采用不育技术控制害鼠种群数量始于 20 世纪 50 年代末期。1959 年 Kniplin 首先提出了雄性不育控制害鼠的观点，在其后的 40 多年里，各国学者在不育剂控制害鼠的理论与实践中做了大量有益的探索。20 世纪 70 年代有较多的实验报道，如 Fricsson、Setty、Kar、Roy 和 Chow dhury 等，但均未投入实际应用。

近半个世纪来，对鼠类不育剂的研究方向主要集中在不育剂的应用技术、给药剂量、防治效果及药效持续时间，不育剂的不育机理及特点，不育剂的毒理、毒力及其对环境有无污染和毒害作用，不育剂的合成路线，不育控制的生态学基础，不育个体的社群行为，以及给药后睾丸、附睾、大脑、卵巢、子宫及精卵细胞中的组织化学、生物化学、生化物质代谢及生殖生理等方面。

1. 不育剂的不育机理 主要是抑制滤泡形成、杀死精原细胞、抑制排卵、阻止受精、阻塞附睾管、阻止胚胎着床、阻止或延迟胚胎发育、致畸、早夭等。

2. 不育剂的类型 根据药物来源可将不育剂划分为化学不育剂、植物型不育剂、以性激素为主剂的抗生育药剂和不育疫苗，其中前三者的生物化学成分主要为雌激素衍生物和非甾体类化合物。

根据药物的作用机制可将雌性不育剂分为4大类：①抑制排卵类的药物主要包括雌激素和孕激素；②阻碍受精类的药物主要包括低剂量孕激素和绝育剂；③干扰卵巢着床类的药物主要是大剂量孕激素；④影响子宫和胎盘类的药物主要包括抗孕激素和前列腺素。

（1）化学不育剂。主要包括甾体和非甾体激素类 BDH10131 化合物、杂环类化合物、萜类与倍半萜类化合物、生物碱、环丙醇类衍生物和多元酚类物质，如醋酸棉酚（gossypolacetic acid）、3-氟-1，2-丙二醇（α-fluorohydrin）、乙炔雌二醇（ethinyl estradiol）、乙炔雌二醇甲酯（ethinylestradiol）、甲基睾酮（methyl testosterone）、Org5933、Ru486、多巴胺拮抗药（dopamine）、阿巴美丁（abamectin）杀虫剂、雌二醇（estradiol）、α-氯代醇（chlorohydrins）、三乙撑三聚氰酰胺（triethylene glycol）、1，4-丁二醇二甲磺酸脂（busulfan）、呋喃旦啶（nitrofurantoin）和己烯雌酚二辛酸脂（stilbestrol）等。

（2）植物型不育剂。主要包括有抗生育作用的天然植物及其提取物，如信子素（em-belin）、对香豆素酸（arisfolicacid methylester）、间二甲氢醌 [dimethoxyhydroquinone，2，3-(p)]、巴拉圭菊醇、褐煤醇、金雀花碱、天花粉蛋白、二碱萜原酸酯、芫花酯甲（yanhua cine）、芫花酯乙（yanhua dine）、秋水仙素、原鸦片碱（protopine）、紫堇醇灵碱（corynoline）、异紫堇醇灵碱（isocorynoline）、莪术 [Cureuma zedoria（Berg）Rose] 的醇浸膏等。

目前已登记的植物型不育剂仅有3种（第一代植物性不育剂）：雷公藤多苷及其配制的"贝奥"雄性不育、棉酚和天花粉。其中雷公藤多苷和棉酚的作用对象是雄鼠，而天花粉的作用对象是雌鼠。

（3）以性激素为主剂的抗生育剂。20世纪90年代后期，学者们又在第1代植物型不育剂的原主剂中加入莪术粉，或以人工合成类激素与棉酚混合，制成以性激素为主剂的莪术醇抗生育剂，以增强对雌性不育的力度，又称为改进型的植物型不育剂或第2代抗生育剂。

（4）不育疫苗。国内外科学家已探索出采用基因工程手段研制重组疫苗，通过免疫不育（immunocon-traception）致使害鼠终生不育。不育疫苗是蛋白质，疫苗抗体能够显著地降低雌雄两性的体内性激素水平，个别疫苗只需极微小的量即可导致绝育，抗生育效果很好，但这种疫苗在生产技术上要求很高，需要基因重组技术和分子生物学技术，产品价格也极其昂贵，在生产实践中应用十分困难。

理想的鼠类不育剂的主要特征是：经口取食，1次即可达不育剂量；低剂量有效；终生绝育或持续6个月以上；不育对雌雄两性均有效；具有种或属特异性；价格低廉；不育与致死量之间差别要大些；适口性好；易生物降解；无2次中毒；无抗药性；无影响第2次取食的明显不适反应；较为人道；容易制成各类型的毒饵；较稳定；不易被植物吸附。

近年来不育剂的应用研究，虽在控制害鼠方面初显成效，但尚有许多问题需进一步解决。大部分抗生育剂尚在实验研究中，要在野外使用还要解决减少投药次数、复方型抗生育剂的适口性及对雌雄鼠是否均有效、如何克服鼠类生殖周期的影响等问题。

（三）忌避剂和引诱剂

忌避剂曾使用过放线菌酮等以适应保护特殊物质的需要，但由于毒性过强和有效期太短，尚难推广使用。

化学引诱剂指通过气味吸引鼠类的化学物质。硫化物和长链烷基乙酸对雄鼠具有引诱作用。用动情期的雌鼠尿液来吸引雄鼠取食毒饵，曾有不少成功的报道（Field，1971）。我国于1973—1975年曾用外激素辅助灭鼠，结果褐家鼠取饵率达73%，对照组仅有17%。用布氏田鼠动情期雌鼠尿液作引诱剂，辅助磷化锌灭鼠，杀灭率比对照组提高17.6%（郭全宝等，1984；范志勤，1986）。这方面国内外均未见有实际应用的报道。不少室内外研究表明，加引诱剂可以提高灭鼠效果，缩短灭鼠时间，在鼠害防治上可能具有一定的发展潜力。

（四）遗传控制

遗传控制通常指通过释放携带致病、致死或不育基因的个体，增加野生种群的死亡率或降低其出生率。

美国俄克拉荷马州立大学的一个有关鼠类遗传学和鼠害防治研究实验室（Introgene）饲养着一系列具有致病、致死或不育基因遗传品系的鼠（Marsh，1973）。Guneberg致死综合征突变型可以使25%的杂合体双亲的子代死亡。释放遗传型不育雄鼠可使鼠类种群数量显著减少（Landreth，1973）。但类似试验并非总是成功，其可行性和可操作性尚待进一步研究。

我国学者张永莲最近发现并成功克隆了一种叫 *Binlb* 的基因，该基因所编码的蛋白直接参与精子成熟的过程，是一种天然的抗菌肽蛋白，存在于附睾头部的上皮细胞中，保护动物附睾中精子的整个成熟过程，如果利用这一特性在附睾中人为地构筑一道天然屏障，就可以阻挡精子的成熟过程。

（五）鼠类的天敌

人类早已认识到天敌可以消灭不少害鼠。但是，是否能用饲养、释放或招引天敌来灭鼠，许多学者表示怀疑，个别灭鼠专家甚至抱着谨慎的否定态度。不过，还是有不少学者顽强地探讨着鼠类及其天敌的相互关系，证明天敌对抑制鼠类种群密度并非毫无作用。目前至少已对应当保护鼠类的天敌，以维持自然生态平衡取得了共识。

（六）施药技术

现代灭鼠技术，根据鼠类的生活习性，加强了施药技术的改进，包括毒饵制作技术和投毒方式，都有严格的要求。这些对于提高灭鼠效果、效率和安全性都很重要。

在毒饵制作技术上，不仅在毒饵配制上不断改进，还发展了毒粉（舐剂）、毒水、毒糊和内吸性药物喷雾灭鼠法。

毒饵灭鼠的方法效果好，工效高，使用广。但毒饵常用粮食，一次大面积草地灭鼠，往往需要大量粮食。因此，节约用粮或完全不用粮，是一个重要问题。试验证明，在保证灭鼠效果的基础上适当提高毒饵浓度，相应地减少投饵量，是一条节约用粮的可靠途径，每千克毒饵可投5 000～10 000个鼠洞。使用鼠类喜食的牧草或野生植物，以及瓜菜、胡萝卜、甘薯、糠麸等代粮作诱饵，更适用于草地灭鼠。以草颗粒代粮作诱饵的灭鼠试验已取得了成功，这样可以机械化制作，使毒饵成批生产。

在地广人稀的草地上应用毒饵法大面积灭鼠时，如何提高工效是一个关键性问题。早在1956年就开始进行等距离投饵试验，20世纪60年代条投（条状投饵）灭鼠取得了成功，以后机械投饵和航空投饵相继进行了试验，均取得了较好效果。例如，在鼠洞的密度（每公顷100个）相同的情况下，条状投饵比按洞投饵提高工效14倍。

（七）灭鼠经济学与鼠害优化管理

近年来广泛关注灭鼠活动的经济效益，灭鼠经济学的研究日渐受到重视，不少人尝试测定鼠害的经济阈值。但经济阈值如何与灭鼠决策衔接，国内研究报道较少。

目前鼠害防治策略的研究已有不小进展。首先，从过去单一的化学防治转向综合防治。如夏武平等（1986）通过扩大耕地面积，作物随收随运，清除田间地头的杂草，推行大面积轮作等农业措施，并结合化学灭鼠来防治长爪沙鼠的危害，收到比较显著的防治效果。其次，从零星防治到大规模防治。许多国家（如科威特、韩国、马来西亚、芬兰等）均进行了大规模农村或城镇灭鼠活动，由政府部门、科研和技术人员组成专门灭鼠组织，统一组织和管理灭鼠活动，包括社会宣传教育，培养和训练指导灭鼠骨干，取得了十分显著的效益。我国许多城市亦由疾控中心牵头，组织了灭鼠达标活动，使鼠害防治成为一个优化管理过程。目前人们已经认识到根除害鼠是不可能的，只能将害鼠数量控制在一定阈值以下，这样的工作是一个复杂的系统工程。为此，就应当加强鼠情的监测和预报，在此基础上，调动一切可以使用的手段，实行鼠害最优化管理。最优化管理包括经济阈值和防治指标的确定、防治措施的制订，以及系统的运行规则等。

我国鼠害防治研究工作，虽然取得了显著的效果，但问题还很多：目前仍偏重于化学灭鼠，对包括生物防治、生态防治在内的综合防治理论及其方法研究不够；在化学灭鼠方面，灭鼠药物品种尚少，驱鼠剂、绝育剂、引诱剂的研究进展不大；灭鼠技术还不够先进，特别是对科学灭鼠的意义和方法宣传不够，使实际防治工作缺乏科学性，存在着盲目性，有的地方害鼠越灭越多，毒死有益鸟兽及人畜中毒事故时有所闻，也严重影响生态平衡；防治经济学的研究可以说尚未起步，浪费惊人。这些都需要我们继续努力，深入调查研究，掌握害鼠的生活规律，研究新的防控技术，制订出有效而又不污染环境的防控措施和鼠害管理系统，为控制其危害作出应有的贡献。

第五节　啮齿动物学的几个主要问题

一、灭鼠的生态观

鼠类达到危害的程度时，即对生态平衡产生破坏作用，此时必须防控，合理的防控能促进生态平衡的恢复或重建。这是最基本的生态观点。

（一）鼠类是生态系统的主要成分

鼠类在生态系统中属消费者，它们的作用是多方面的。在生态平衡的条件下，一般不形成危害。它们吃植物，不论是绿色部分或种子，但不能因此简单地认定它们是害兽。在生态平衡条件下，系统内已为它们准备了这份食物，在它们吃这些东西的时候，有时还可能产生有益的副作用，如吃种子有遗漏部分，并可携带至远方，这就起到了传播种子的作用。鼠类的挖掘活动似乎是有害的，但还可疏松土壤，增加土壤通透性，加快物质循环。在能量和物质循环中，它们是次级消费者——食肉动物，如狐、鼬、蛇、鹰及其他猛禽的食物，而后者多是对人类有益的。在天然林中，鼠类也吃种子，啃树皮等，但在复杂的生态系统中，谈不上鼠害。如前苏联的阔叶林中，棕背䶄所吃树叶，只占草层生物量的0.02%。但在人工林中，由于结构单一，这种老鼠却成了大害。我国东北各林区棕背䶄冬季啃树皮，对幼林造成毁灭性的打击。

(二) 在人类经济活动中的作用

由于某种原因的诱发，可使鼠类数量大增，就会引起或加剧生态平衡的失调，形成危害，此时必须防治。如农村住宅的粮食突然增多，则必然导致家鼠数量大增，搅得家宅不宁，破坏了住宅内的相对平衡。又如草地上由于放牧过度，牧草变得稀疏、低矮，此时喜开阔环境的鼠类增加，形成恶性循环。在青藏高原，由于高原鼠兔和高原鼢鼠的反复破坏，加上当地严酷的自然环境，最终形成不生草的次生裸地，俗称黑土滩。青海省有黑土滩130多万hm^2。在这样严重危害生态平衡的条件下，对害鼠必须加强防控力度。

(三) 通过灭鼠可以得到新的平衡

我们并不主张单纯以灭鼠来建立生态平衡，但也有仅仅通过灭鼠而取得平衡的事例。青海省同德县贡式布滩的灭鼠经验就是证明。该地20世纪60年代连续灭鼠，从每次灭鼠前的鼠密度看，1963年灭鼠前的密度指标为每公顷440～450个洞口，1965年即降为每公顷83个洞口。1968年又曾灭鼠一次，密度又有下降，1978年再检查时，密度指标为每公顷80个洞口。十年间基本上是低而稳定的，达到了新的平衡。从植被的恢复情况看也是如此。将恢复植被与原生植被相比，恢复植被的各项指标均高于原生植被：盖度分别为80%和75%，草层高度分别为20.0cm和10.0cm，牧草产量分别为2 826.15kg（鲜重）/hm^2和2 074.95kg（鲜重）/hm^2。此例至少可以说明灭鼠对建立生态平衡是有益的。

二、牧区鼠害类型区划问题

(一) 鼠害类型及区域性划分

鼠害几乎遍及一切环境中。由于各地区的环境条件千差万别，以及人类活动所施加的种种影响，在不同环境中生活着不同类型的有害啮齿动物群（包括啮齿目和兔形目动物），它们对人类和环境的危害特点（如危害方式、危害程度、危害周期等）都有很大差别；而在相同环境中生存的有害啮齿动物群则极为相似，其危害特点也基本一致。把在一定自然条件和人类活动作用下，逐渐形成的对人类和环境有一定危害特点的有害啮齿动物综合结构称为鼠害类型。

根据鼠害防治工作的需要，依鼠害类型的异同将全部地域划分为若干个区域单元的工作称为鼠害类型的区域划分或区划。

(二) 鼠害类型区划与鼠害防治工作的关系

害鼠的适应能力和繁殖力都极强，因而人与鼠的斗争必然是长期的。为此，在进行各种害鼠生物学规律的研究和探索控制害鼠数量方法的同时，还要开展与鼠害防治工作的组织管理密切相关的鼠害类型区划的研究。

要搞好鼠害防治工作，必须首先制订出符合我国实际情况的全面而科学的防治规划。科学防治就要探索鼠害的发生规律，就要开展因地制宜和因鼠制宜的综合防治方法。鼠害类型区划就是集中反映各地区鼠害特点、发生规律和综合防治的区域性差异的科学资料。

(三) 鼠害类型区划的原则与方法

张荣祖（1961）在进行一般性动物地理区划时提出了历史发展、生态适应和生产实践三项原则，作为经济区划之一的鼠害类型区划应突出生产实践原则。一种环境内的鼠害状况取决于该环境中的害鼠数量，即取决于那些数量高的鼠种所固有的生态特征，因此，在区划时应突出优势种和常见种。

鼠害类型区划是一项在我国基本无人研究的新工作，对鼠害防治工作具有重要的实践意义。我国牧区疆域广阔，害鼠种类多，分布广，数量大，危害严重，类型复杂，较难防治，因此，开展鼠害类型区划工作迫在眉睫。

第六节　草地啮齿动物学的研究方法

各类型的草地是一个相互依存、错综复杂的整体。在研究草地啮齿动物时，只有从整体的观念出发，在空间上，以对立统一的规律来看待它们与周围环境之间的关系，在时间上，以发展的眼光看待草地啮齿动物的过去与现在。从事草地啮齿动物学研究，必须多方面接触各类草地，丰富感性知识，然后通过整理和概括提高到理性阶段，把最本质的问题揭露出来。

除了上述指导性的方法外，草地啮齿动物学本身还有一些具体的研究方法：

1. 描述法　描述法是草地啮齿动物学研究的一种基本方法。主要是通过观察，如实地把啮齿动物的外形特征、内部结构、生活习性、成灾规律、危害特点及经济意义系统地记述下来，为有关的研究提供有用的第一手资料。有时还可附加图表和进行数理统计，也可适当作些说明。

2. 比较法　比较法是草地啮齿动物学研究的重要方法。通过不同啮齿动物的系统比较，可以发现它们的异同，从而得出规律。

3. 实验法　实验法是在一定的控制条件下，从事啮齿动物生活现象的观察，由于实验条件可随要求而变更，因此，它比一般的观察更能揭示啮齿动物生活的本质。实验法往往与比较法一起进行，通过不同条件下对草地啮齿动物行为特性进行比较，了解并掌握它们。

对在自然条件下的种群、群落和生态系统也可以应用先进科学技术进行观察和定量的实验，如利用电子仪器和遥感技术，对动植物进行取样和测量；利用数学方法和电子计算机科学地研究草地生态系统的结构和功能，并预测一种因子或几种因子综合作用的变化。

以上是几种常用的研究草地啮齿动物的方法，但不论哪种方法，最重要的还是要忠于事实、准确认真、思考精细、记载详明。

◆ **本章小结**

啮齿动物是指哺乳纲中的兔形目和啮齿目动物；啮齿动物是草地生态系统的重要组分，处于生产者和消费者的双重地位，数量激增时有害；生活在草地并可完成生育周期的啮齿动物称草地啮齿动物；草地啮齿动物学是研究草地啮齿动物形态、分类、生态及防控原理与防治方法的科学；综合防控方法、杀鼠剂、种群生态学及群落生态学是当前草地啮齿动物学研究的热点问题；将草地害鼠种群数量控制在危害的临界密度以下是现代鼠害防控的生态观。

◆ **复习思考题**

1. 什么是啮齿动物和草地啮齿动物？
2. 试论草地啮齿动物在生态系统中的地位和作用。
3. 浅谈草地鼠害的区划原则与方法。
4. 试论草地鼠害防控的生态观。

第二章

啮齿动物的分类

内容提要：本章着重介绍啮齿动物的外部形态、内部解剖结构和形态分类知识，主要内容包括：啮齿动物的躯体结构、毛被毛色、头骨、牙齿、消化系统、生殖系统、排泄系统和血液循环系统的结构及功能；啮齿动物的形态分类特征、两个目的主要科和属特征及常见种类的检索表。

第一节 啮齿动物的外部形态

一、躯体结构

啮齿动物全身被毛，肘关节向后转，膝关节向前转，啮齿动物的身体（图2-1）可分为头、颈、躯干、尾和四肢等部分。现将各部分的形态特征阐述如下。

（一）头部

啮齿动物的头部明显，脑、感觉器官（眼、耳、鼻等）和摄食器官（口，包括上下唇）主要分布在头部。

啮齿动物的眼和耳的形态因种类而异，并与其生境和生态习性密切相关。生活于开阔区域，特别是夜行性的种类，如兔和跳鼠，具有发达的听觉器官，耳壳和听泡比较大，使得它们能觉察环境中的微弱脚步声或其他声响，对其自身防卫及辨别行动方向具有重要的意义，而日行性种类，如黄鼠、旱獭或地下活动的种类（如鼢鼠），耳壳则不发达甚至无耳壳（如

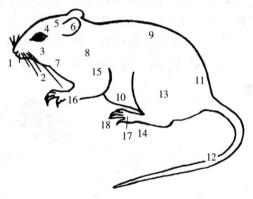

图2-1 啮齿动物的外形
1.吻 2.须 3.颊 4.眼 5.额
6.耳 7.喉 8.颈 9.背 10.腹 11.臀 12.尾
13.股 14.后足 15.肩 16.前足 17.趾 18.爪

鼢鼠）。因此，啮齿动物的耳常成为分类的标志之一。地下生活的鼢鼠不仅耳退化，眼亦极度退化，甚至连视网膜或视神经也发育不全；但生活在开阔地带的黄鼠和跳鼠的眼则很发。黄鼠的眼睛很大，常啃食牧草、瓜果和盗食粮食，因此又名大眼贼。

（二）颈部

颈部是陆生脊椎动物的典型特征。它能使头部比较灵活的转动，更有效地接受各种信息，更好地适应多变的陆生环境。哺乳动物的颈部虽有长有短，一般颈椎都只有7枚。鼢鼠的颈部短粗，不明显，这是由于善于用头部推土导致颈部肌肉发达所致。

(三) 躯干部

躯干部自最后一枚颈椎至肛门之间，占动物身体绝大部分。其中包含着全部内脏，以横膈膜和最后一枚肋骨为界区分为胸部和腹部。雌体在躯干部腹面有数目不等的（3～6 对）成对乳头，腹部后端有尿道、阴道和肛门开口。雄体在肛门之前有略带黑色的阴囊（在交配季节睾丸降入阴囊中）和埋于包皮中的阴茎，其内有支持性的阴茎骨。跳鼠类的阴茎末端龟头上有纵沟和钩刺，是某些属种的分类依据。腹部后端只有肛门和阴茎末端的一个排泄和生殖的共同开孔。

雌雄两性外部形态的鉴别，一方面决定于乳头和睾丸；另一方面还可根据腹部末端的开口数来判定，对于乳鼠和幼鼠，可以从尿殖乳突与肛门之间的距离来判断，雌性的尿殖乳突与肛门之间的距离较短；雄性的阴茎与肛门之间的距离较长。

(四) 尾部

尾部以肛门为界紧接在躯干之后，尾部的形态也因种类不同而变化很大。啮齿动物尾部的有无、尾长度、尾的形状（侧扁、圆条形成萝卜状等）、尾上鳞片的明显程度、尾毛的疏密和长短以及末端是否形成特殊的毛束等，都是常用来鉴别鼠类的依据。

(五) 四肢

四肢是连接在躯干部两侧的两对附肢，其典型结构是各具有 5 趾的附肢。啮齿动物的足型是跖行式，运动时跖（掌）趾（指）全部着地。一般啮齿动物的前后肢的长度相差不明显，但兔和跳鼠的后肢明显延长，为前肢的 2～4 倍，肌肉发达，弹跳力强，主要以后肢跳跃行走。与此相反，营地下生活的鼢鼠的前肢特别发达，连同掌部和指爪都十分强健，适于快速掘土前进。趾数亦因种而异。松鼠科的前足 4 指，后足 5 趾；跳鼠科某些种类的后足，或具 5 趾，但第一、第五趾不发达，或具 3 趾，第一、第五趾完全退化。有些鼠类（如毛跖鼠、跳鼠等）在跖部腹面和趾的两侧生有密毛。趾底的肉质跖垫数和爪的颜色也常成为种类鉴别的依据。啮齿动物的外形测量（图 2-2）主要包括以下几方面。

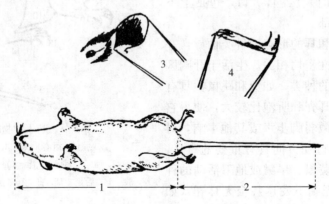

图 2-2　啮齿动物的外形测量
1. 体长　2. 尾长　3. 耳长　4. 后足长

(1) 体长。自吻端至肛门的直线距离。

(2) 尾长。自肛门至尾端的直线距离（尾端毛不计在内）。

(3) 耳长。自耳孔下缘（如耳壳呈管状则自耳壳基部量起）至耳顶端（不连毛）的直线距离。

(4) 后足长。自足跟至最长脚趾末端（不连爪）的直线距离。

二、毛被和毛色

(一) 毛被

全身被毛是哺乳动物的主要特征。毛是哺乳动物所特有的结构，为表皮角化的产物。毛由毛干及毛根组成。毛干是由皮质部和髓质部构成；毛根着生于毛囊里，外被毛鞘，末端膨大呈球状称毛球，其基部为真皮构成的毛乳头，内有丰富的血管，可输送毛生长所必需的营养物质。在毛囊内有皮脂腺的开口，可分泌油脂，润滑毛、皮；毛囊基部还有竖毛肌附着，收缩时可使毛直立，有助于体温调节。啮齿动物的毛被可分针毛、绒毛和触毛 3 种。针毛长而坚韧，依一定的方向着生（毛向），具保护作用；绒毛位于针毛之下，贴近皮肤，无毛向，毛干的髓部发达，保温性较好；触毛为特化的针毛，长而硬，常着生于上下唇部、鼻孔周围等，有触觉作用。毛被在春秋冷暖交替的季节需要更换，即换毛。

(二) 毛色

毛被的颜色与其栖息环境和季节有关。毛色与其生活环境的颜色常保持一致，通常森林或浓密植被下层的哺乳动物毛呈暗色，开阔地区的呈灰色，沙漠地区多呈沙黄色。啮齿动物不但有最常见的全身灰黑色（褐家鼠、莫氏田鼠），灰褐色（小家鼠、仓鼠），也有黄褐色（社鼠），棕褐色（黑线姬鼠），红棕色、红褐色或栗棕色（红背䶄、棕背䶄、沼泽田鼠）和沙灰色（狭颅田鼠）。有些鼠类的背腹毛色完全不同，一般背部毛色深，腹部毛色浅，如沙鼠和跳鼠的背毛为土黄色，腹毛为白色。毛被的颜色与组成毛被的每根毛的颜色有关，毛有单色，也有毛尖和毛基颜色不同的双色毛和三色毛。

第二节　啮齿动物的内部结构

啮齿动物内部构造十分复杂，现在仅把其与本课程有关的部分阐述如下。

一、头　骨

头骨包括颅骨和下颌骨两部分（图 2-3）。

(一) 颅骨

由背腹 2 组骨片连同嗅、听、视 3 对感觉囊共同组成。

颅骨的背面有成对的鼻骨、额骨、顶骨和一块顶间骨，形成鼻部和颅顶。颅骨的后端是枕骨，它由上枕骨、侧枕骨和基枕骨 4 枚骨块愈合而成。枕骨与顶间骨（或顶骨）之间由人字嵴隔开，枕骨围绕枕骨大孔，枕骨大孔是脑和脊髓相连的通道。枕骨孔的两侧各有 1 个枕骨髁，借此与第一颈椎（寰椎）相连接。

组成颅骨腹面的骨片有前颌骨（或称颌间骨）、上颌骨、腭骨和翼骨，共同组成硬腭。其前面有门齿孔和腭孔（兔和有些鼠类的两孔合为一孔，其间的隔板称颌间腭板）。硬腭与鼻骨之间是鼻道，鼻道后端的开口为内鼻孔，其间的小骨片为犁骨。基枕骨之前为基蝶骨，夹于两翼骨之间的是前蝶骨。

颅骨的两侧各有一很大的凹陷即眼眶，其上缘是由额骨向外突出形成的眶上嵴，下缘是

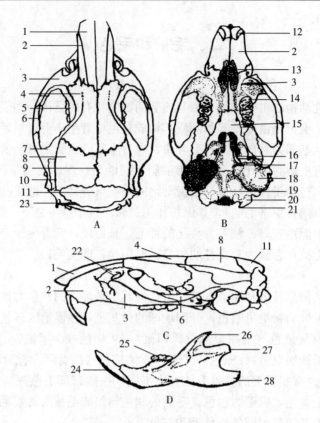

图 2-3 啮齿动物的头骨

A. 颅骨的背面 B. 颅骨的腹面 C. 颅骨侧面 D. 下颌骨侧面
1. 鼻骨 2. 前颌骨 3. 上颌骨 4. 额骨 5. 眶上嵴 6. 颧骨
7. 鳞骨 8. 顶骨 9. 矢状嵴 10. 颞嵴 11. 顶间骨 12. 上门齿
13. 腭孔 14. 上臼齿 15. 腭骨 16. 翼骨 17. 基蝶骨 18. 听泡
19. 枕骨 20. 枕髁 21. 枕骨大孔 22. 眶下孔 23. 人字嵴
24. 下门齿 25. 下臼齿 26. 冠状突 27. 关节突 28. 角突

由前面的上颌骨颧突、颧骨和后面的鳞骨颧突组成的颧弓，亦是咬肌的附着处。眼眶内的前壁有 1 块泪骨，两眼眶之间的隔壁是眶蝶骨。颧弓的鳞骨颧突发自后面的鳞骨（或称颞骨）。鳞骨的后方是鼓骨，由它形成听泡，内为鼓室，上有听孔。听泡后外侧有岩乳骨。

（二）下颌骨

由一对齿骨组成，由髁状突（或称关节突）与鳞骨腹面的下颌关节窝相联结；髁状突之前为喙状突（或称冠状突），后为角突。头骨的测量（图 2-4）主要包括以下几方面。

（1）颅全长。头骨的最大长度，从吻端（包括门齿）到枕骨最后端的直线距离。

（2）颅基长。从前颌骨最前端（上门齿的前面）至左右枕髁最后端连接线的直线距离。

（3）上齿列长。上颌颊齿列（前臼齿和臼齿）齿冠的最大长度。

（4）齿隙长。从门齿基部的后缘至颊齿列前缘的直线距离。

（5）听泡长。听泡的最大长度（不包括副枕突）。

（6）听泡宽。听泡的最大宽度。

（7）眶间宽。额骨外表面于两眶间的最小宽度。

（8）鼻骨长。鼻骨前端至其后缘骨缝的最大长度。

(9) 颧宽。左右颧弓外缘间的最大宽度。

(10) 后头宽。头骨后部（脑颅部分）的最大宽度。

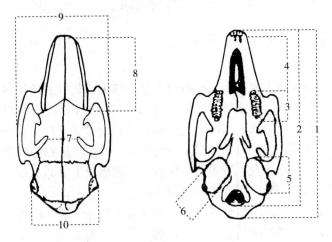

图 2-4 啮齿动物头骨测量
1. 颅全长 2. 颅基长 3. 上齿列长 4. 齿隙长
5. 听泡长 6. 听泡宽 7. 眶间宽 8. 鼻骨长 9. 颧宽 10. 后头宽

二、牙　齿

哺乳动物的牙齿着生在前颌骨、上颌骨和下颌骨上，属于典型的异型齿，即牙齿根据功能分化为门齿、犬齿、前臼齿和臼齿。门齿有切割食物的功能，犬齿有撕裂食物的功能，前臼齿和臼齿有咬、切、压、磨碎食物的多种功能。哺乳动物最初生长的门齿、犬齿和前臼齿称乳齿，需要脱换一次。臼齿无乳齿，不需要脱换。由于牙齿与食性有密切的关系，因而不同食性的哺乳动物牙齿的形状和数目均有很大变异。齿型和齿数在同一种内是稳定的，这对于哺乳动物的分类有重要意义。通常以齿式来表示一侧牙齿的数目。

$$齿式 = \frac{（上）门齿 \cdot 犬齿 \cdot 前臼齿 \cdot 臼齿}{（下）门齿 \cdot 犬齿 \cdot 前臼齿 \cdot 臼齿} = 总齿数$$

如牛的齿式为 $\frac{0 \cdot 0 \cdot 3 \cdot 3}{4 \cdot 0 \cdot 3 \cdot 3} = 32$

灵长类的齿式为 $\frac{2 \cdot 1 \cdot 3 \cdot 2}{2 \cdot 1 \cdot 3 \cdot 2} = 32$

啮齿动物没有犬齿，门齿与前臼齿之间有一宽阔的间隙，称犬齿虚位。

啮齿动物的门齿无齿根，能终身生长，因此经常咬啮磨损，所以称啮齿动物。门齿的颜色（黄、白、橙色），前缘表面有无纵沟，齿尖后缘有无缺刻，以及与上颌骨所形成的角度（垂直或前倾）等都可作为分类的依据。

啮齿动物的臼齿数不超过6枚，颊齿从前往后数，倒数3枚为臼齿，其余为前臼齿，最少的只有3枚臼齿。臼齿的形状为长柱形，由于釉质伸入齿质并发生褶皱，使臼齿咀嚼面有多种结构：兔科中呈横形的嵴状、鼠科中呈3纵列的丘状结节（或称齿突）、仓鼠亚科中呈左右对称的2纵列结节，而田鼠亚科的臼齿表面平坦，釉质在齿的内、外侧楔入齿质内，构成一系列左右交错的片状分叶。

三、消化系统

消化系统包括消化道和消化腺两大部分。

（一）消化道

消化道的基本功能是传送食糜、完成机械消化和化学消化以及吸收养分。哺乳动物的消化道（包括口、咽、食道、胃、小肠、大肠和盲肠）由直肠以肛门开口于体外（图2-5）。哺乳动物的口由上唇和下唇组成，哺乳动物的唇，具有吸吮（乳）、摄食和辅助咀嚼的功能。草食性兽类的唇尤其发达，兔形目的种类上唇有唇裂。唇裂与口腔的咀嚼活动相适应，一般哺乳动物的口裂已大为缩小。在上下颌两侧牙齿的外侧出现了颊部，在某些鼠类（如松鼠和仓鼠）的颊部还有发达的颊囊，用以暂时储存食物。

口腔内部有牙齿和舌，经咽与食道相连，食道与胃相连。啮齿动物的胃是单胃。胃的上部以贲门与食道相连；下部由幽门通往十二指肠，十二指肠之后是小肠，小肠之后是大肠，大肠分结肠与直肠，直肠经肛门开口于体外。

小肠与大肠交界处有发达的盲肠，在草食性种类特别发达。在细菌的作用下有助于植物的纤维素的消化。

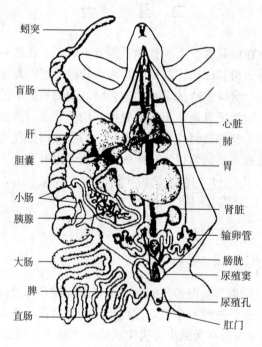

图2-5 家兔的内部解剖
（引自丁汉波）

（二）消化腺

啮齿动物的消化腺除口腔的唾液腺外，在小肠附近还有大型消化腺——肝脏和胰脏。肝脏红褐色，在腹腔内紧贴于横膈膜之下，覆盖于胃上，分5~6叶，分泌胆汁通过胆管开口于十二指肠；胰脏粉红色，分散附着于十二指肠弯曲处的肠系膜上，为分散不规则的腺体，分泌胰液，通过胰管注入十二指肠内。

四、生殖系统

（一）雌性生殖系统

雌性生殖系统（图2-6）由一对卵巢、一对输卵管、双子宫、阴道和阴门等部分组成。整个生殖器官都由系膜悬挂在骨盆腔的背壁上。许多高等哺乳动物的卵巢位于特殊的体腔壁凹陷内，鼠科的啮齿动物此凹陷变成紧闭的腔，和输卵管的喇叭口相接。鼠类性成熟以后，尤其在交配季节，从卵巢的表面可以看到数目繁多，处于不同发育阶段的滤泡（或称卵泡）。每个滤泡内含一个卵细胞，排卵后滤泡形成黄体。黄体的变化决定于卵是否受精，卵受精后则发育成妊娠黄体，在卵巢表面形成红色、橙色或乳白色的疣状体；如果卵未受精则逐渐退化，被称为假黄体，它比开始排卵的要小得多。输卵管的远端部分狭窄并稍弯曲，输卵管的近端部分与厚壁的子宫直接相连。啮齿动物的子宫是左右完全分开的双子宫，并分别开口于阴道。阴道内面为多褶的黏膜。啮齿动物的黏膜在发情期稍呈角质化。

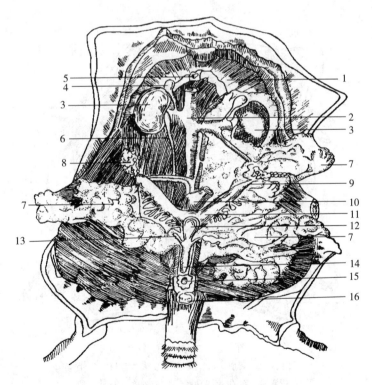

图2-6 雌家鼠生殖排泄器官
1. 横膈膜 2. 背大动脉 3. 肾脏 4. 肾上腺 5. 生殖静脉的剖面
6. 输尿管 7. 脂肪体 8. 卵巢 9. 输卵管 10. 直肠（剖面） 11. 子宫
12. 膀胱 13. 输尿管 14. 尿道下部 15. 阴道 16. 肛门

泌尿生殖共同开口的部位称前庭。在前庭内有阴道的开口和位于阴道口前面的尿道口，在前庭的腹壁上有一小突起，即阴蒂。一般阴蒂（相当于雄性的阴茎）也是由两个较短的海绵体所组成，并有圆锥形的头。啮齿动物的阴蒂都较发达，与雄性的阴茎不易区分，只能根据它与肛门间的距离来判断雌雄。

（二）雄性生殖系统

雄性生殖系统（图2-7）包括睾丸（性腺）、输精管、阴茎和一些附属腺体等。雄性啮齿动物在性成熟的时候，睾丸由腹腔逐渐下垂到阴囊中。睾丸是雄性生殖腺，内有许多生精小管，是产生生殖细胞（即精子）的器官。附着在睾丸上部的是附睾，它由睾丸伸出的细管迂回盘旋而成，当性成熟时特别明显。根据其部位不同，可以分成附睾头、附睾体和附睾尾等部分。附睾尾的末端紧接输精管，输精管由阴囊通入腹腔上行，绕过输尿管，在膀胱的背侧形成储精囊和精囊腺。储精囊中储存精液，而精囊腺的主要功能是分泌黏液，交配之后，在雌性的阴道内凝结成阴道栓，使精液不致倒流，并防止已受精的雌体二次受精。交配之后不久阴道栓即被溶解而吸收，亦有自行掉落的。左右输精管在储精囊之后汇合成射精管，通入阴茎的尿道内开口于龟头。

许多啮齿动物的阴茎具有阴茎骨，它的形状可作为分类上的鉴别依据。雄性副性腺具有稀释精液和加强精子活动性的功能。在啮齿动物，除了精囊腺外，还有前列腺、尿道球腺等副性腺体。

图2-7 雄鼠生殖系统
1. 肾上腺 2. 肾脏 3. 肾动脉 4. 背大动脉 5. 直肠
6. 精囊腺 7. 生殖腺动脉 8. 前列腺 9. 腹直肌
10. 球海绵机体 11. 阴茎 12. 附睾冠 13. 睾丸动脉 14. 睾丸 15. 附睾尾
16. 脂肪体 17. 输精管 18. 膀胱 19. 剖开的阴囊

五、排泄系统

家兔的肾脏（图2-8）为紫红色的豆状结构。位于腹腔背面，以系膜紧紧地联结在体壁上。由白色的输尿管连于膀胱。肾脏前方有一小圆形的肾上腺（内分泌腺）。尿经膀胱通连尿道，直接开口于体外。肾脏是形成尿的地方，肾脏分两层，外层称皮质，由许多肾小体组成；内层称髓质，它由许多肾小管组成。髓质部形成一个乳头状的肾乳头。肾乳头上有许多小孔，开口于周围的肾盂。肾盂呈漏斗状，是输尿管起端的膨大部分。

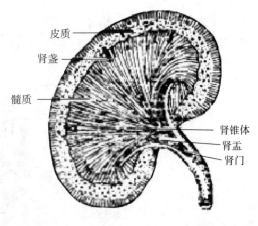

图2-8　家兔肾脏剖面图
（引自杨安峰）

肾小体有过滤作用，当血液流经肾小体时，除了血液里的血细胞和血浆原蛋白以外的物质都被过滤出来，滤过液流过肾小管时，对身体有用的物质（如葡萄糖、无机盐以及水分）几乎全被重吸收回血液中去，而把多余的水分以及代谢所产生的尿素等废物从肾小管排出，这就是尿。尿汇集到肾盂，沿输尿管流进膀胱。膀胱是暂时储存尿液的地方。尿从膀胱经尿道和尿殖孔排出体外。哺乳类的尿殖孔和肛门分别开口。

六、循环系统

哺乳动物属于完全的双循环，但只有左体动脉弓，相当于低等四足动物的成对的前主静脉和后主静脉大都被前大静脉（上腔静脉）和后大静脉（下腔静脉）所替代，肾门静脉消失。

（一）心脏及其附近的大血管

1. 与心脏相连的大血管（图2-9）

（1）大动脉弓。为一粗大的血管，由左心室伸出，向前转至左侧（左体动脉弓）而折向后方（背大动脉）。

（2）肺动脉。由右心室发出，随后即分为两支，分别进入左右两肺（在心脏的背侧即可看到）。

（3）肺静脉。分为左右两大支，由肺伸出，由背侧入左心房。

（4）左右前大静脉、后大静脉。共同进入右心房。

2. 心脏的构造　心脏位于胸腔中，心脏四室分左心室和右心室，左心房和右心房。心室与心房之

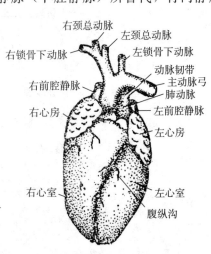

图2-9　家兔心脏结构
（引自杨安峰）

间为冠状沟，心脏腹侧具腹沟。体动脉弓与左心室相连，肺动脉弓与右心室相连；体静脉与右心房相连，肺静脉与左心房相连。

（二）静脉系统

哺乳动物的静脉系统主要为1对前大静脉和1条后大静脉，汇集全身的静脉血返回右心房。

1. 前大静脉　前大静脉分左右两支，位于第1肋骨的水平处，汇集锁骨下静脉和总颈静脉的血液，向后行进入右心房，主要由以下血管汇合而成（图2-10）。

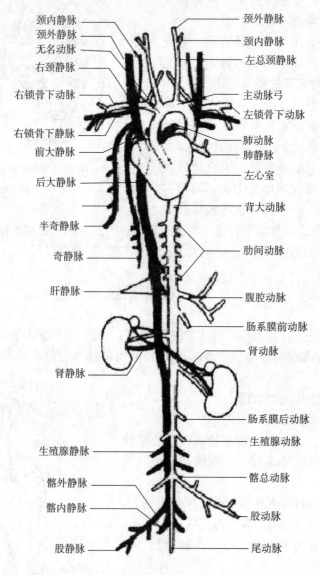

图2-10　家兔血液循环模式图
（引自丁汉波）

（1）锁骨下静脉。分左右两支，很短，自第1肋骨和锁骨之间进入胸部。此静脉主要收集由前肢和胸肌返回心脏的血液，在第1肋骨前缘汇集总颈静脉以后，形成前大静脉。

（2）总颈静脉。1对，短而粗，分别由外颈静脉和内颈静脉汇合而成，主要收集头部的血液返回心脏。

①外颈静脉：分左右两支，位于表层，较粗大，汇集颜面部和耳郭等处的回心血液。

②内颈静脉：分左右两支，位于深层，细小，汇集脑颅、舌和颈部的血液流回心脏（此血管不必细找）。

内颈静脉在锁骨附近与外颈静脉汇合形成总颈静脉，再与锁骨下静脉汇合，形成前大静脉。

（3）奇静脉。1条，位于胸腔的背侧，紧贴胸主动脉和脊柱的右侧。此血管为右后主静脉的残余，主要收集肋间静脉的血液，汇入右前大静脉。兔没有半奇静脉。

2. 后大静脉 后大静脉收集内脏和后肢的血液回心脏，注入右心房。在注入处与左右前大静脉汇合。后大静脉的主要分支由以下血管组成。

（1）肝静脉。来自肝脏的短而粗的静脉，共4～5条。此血管出肝后，在横膈后面汇入后大静脉。

（2）肾静脉。1对，来自肾脏。右肾静脉高于左肾静脉。

（3）腰静脉。6条，较细小，收集背部肌肉的血液进入后大静脉。

（4）生殖静脉。1对，雄体来自睾丸；雌体来自卵巢。右生殖静脉注入后大静脉；左生殖静脉注入左肾静脉（或入左髂腰静脉）。

（5）髂腰静脉。1对，较细，位于腹腔后端，分布于腰背肌肉之间，收集腰部体壁的血液注入后大静脉。

（6）总髂静脉。外髂静脉分为左右两支，分别收集左右后肢的血液，最后汇集入后大静脉。

3. 肝门静脉 肝门静脉汇合内脏各器官的静脉进入肝脏（收集胰、脾、胃、大网膜、小肠、盲肠、结肠、胃的幽门及十二指肠等的血液）。

（三）动脉系统

哺乳动物仅有左体动脉弓。大动脉弓由左心室发出，稍前伸即向左弯折走向后方。在贴近背壁中线，经过胸部至腹部后端的动脉，称为背大动脉。一般情况下大动脉弓分出3支大动脉，最右侧的称为无名动脉，中间的为左总颈动脉，最左侧的为左锁骨下动脉。但不同个体大动脉弓的分支情况有所不同（图2-10）。

1. 无名动脉 为1条短而粗的血管，具有两大分支，即右锁骨下动脉和右总颈动脉。

（1）右锁骨下动脉。到达腋部时可成为腋动脉，伸入上臂后形成右肱动脉。

（2）右总颈动脉。沿气管右侧前行至口角处，分为内颈动脉和外颈动脉。内颈动脉绕向外侧背方，但其主干进入脑颅，供应脑的血液；另有一小分支分布于颈部肌肉。外颈动脉的位置靠内侧，前行分成几个小支，供应头部颜面部和舌的血液（不需细找）。

2. 左总颈动脉 左总颈动脉分支与右总颈动脉相同。

3. 左锁骨下动脉 左锁骨下动脉分支情况与右锁骨下动脉相同。

背大动脉沿途分出以下各动脉：

4. 肋间动脉 背大动脉经胸腔时分出若干成对的小动脉，与肋骨平行，分布于胸壁上，称肋间动脉。肋间静脉和肋间神经与肋间动脉相伴行。

5. 腹腔动脉 将腹腔中的内脏推向右侧，可见背大动脉进入腹腔后，立即分出一大支血管，即腹腔动脉。此动脉前行 2cm 左右分成两支，一支到胃和脾，成为胃脾动脉；另一支至胃、肝、胰和十二指肠，称胃肝动脉。

6. 前肠系膜动脉 前肠系膜动脉位于腹腔动脉的下面，由前肠系膜动脉再分支至小肠和大肠（直肠除外）以及胰腺等器官上。

7. 肾动脉 肾动脉 1 对。右肾动脉在上肠系膜动脉的上方；左肾动脉在上肠系膜动脉的下方。

8. 后肠系膜动脉 后肠系膜动脉为背大动脉后端向腹面偏右侧伸出的 1 支小血管，分布至降结肠和直肠上。

9. 生殖动脉 1 对。雄性分布到睾丸上；雌性分布到卵巢上。

10. 腰动脉 腰动脉由背大动脉发出，共 6 条，进入背部肌肉。观察时应先将背大动脉两侧的结缔组织和脂肪分离开，再用大镊子轻轻托起背大动脉即可看到。

11. 总髂动脉 总髂动脉在背大动脉后端，左右分为两支。每侧的总髂动脉又分出外髂动脉和内髂动脉。外髂动脉下行到后肢，在股部开始易名为股动脉。内髂动脉是总髂动脉内侧的一条细小分支，分布到盆腔、臀部及尾部。

12. 尾动脉 尾动脉在背大动脉的最后端，从背侧分出一细小动脉通入尾部。

（四）血液

成熟的红细胞无核，呈双凹透镜形，组织液渗透进入微淋巴管，微淋巴管逐渐汇集为较大的淋巴管，有众多淋巴结阻截异物并产生有免疫功能的淋巴细胞，最后经胸导管注入前大静脉回心。

第三节 啮齿动物的分类

动物分类学是一门古老而非常严谨的学科，动物分类研究不仅对于探讨物种起源、提出新种可能形成的各种机制具有重要的理论意义，而且分类学理论研究本身与生产实践密切相关，对于有益动物种类的利用和有害动物种类的防治，对于动物区系的利用和改造、专类性和专区性系统分类研究，探索并发现新的动物资源等均可以提供有价值的线索和有科学依据的设想。

啮齿动物属于动物界，脊索动物门，脊椎动物亚门，哺乳纲的兔形目和啮齿目，是哺乳动物中种类最多的一个类群。这类动物无犬齿，都具有可以终生生长的门齿，门齿凿状，无齿根。许多种类的颊齿亦无齿根。那么，世界上到底有多少种啮齿动物？各国动物学家进行了多年的研究和探讨，发表了大量相关论文，出版了许多专著。2005 年，在美国史密森研究院和多国动物学家的支持下，美国动物学家 Wilson 和 Reeder 等修订出版了《世界哺乳动物物种》（第三版）(Mammal Species of the World, 3rd edition)，该著作的出版对世界动物分类学工作产生了巨大的影响，不仅公布了目前最完整的世界哺乳动物物种名录，而且 Wilson 等提出了新的哺乳动物分类系统，这一系统使我国啮齿动物物种的分类地位发生了很大的变化。涉及我国北方地区啮齿动物的分类变化主要有：松鼠科（Sciuridae）并入松鼠亚目（Sciuromorpha），跳鼠科（Dipididae）并入鼠亚目（Myomorpha），仓鼠科（Cricetidae）的变化最大，其中田鼠亚科（Microtinae）降为田鼠属（*Microtus*），并入䶄亚科（Arvicolinae）；沙鼠亚科（Gerbillinae）并入鼠科（Muridae）；鼢鼠亚科（Myospalacinae）并入鼹形鼠科（Spalacidae）。基于 Wilson 等（2005）的新分类系统与我国传统分类系统存在一些争议，本教材仍然采用《中国动物志》的分类编写总体框架，在涉及具体物种时，对 Wilson 等（2005）的新分类系统进行必要的说明。

我国啮齿动物的分类研究虽然起步较早，但至今仍是一个很活跃的课题。到目前，已确认我国分布的啮齿动物有 219 种，有待确认 19 种（郑智民等，2008）。啮齿动物适应能力强、分布广，在森林、草地、草甸、荒漠、沙漠、戈壁以及湿地都有它们的分布，与人类的生产和生活有着密切的关系，同时许多种类又是自然疫源的传播者和宿主。

一、兔形目

（一）目及科的特征

兔形目（Lagomorpha）包括一些中、小型兽类。在系统发生上与啮齿目的兽类较远，但在身体结构上二者却十分相似。因此曾把它们作为一种亚目（重齿亚目），而归入啮齿目中。兔形目的动物是陆地群落中的重要成员，这并不是它们种类多，而是分布广、数量大，就范围而言，全球均有分布（澳大利亚的野兔是近代从南美引进的）。包括 3 科 13 属 92 种（Wilson 和 Reeder，2005），分布于我国的有 2 科 2 属 32 种（王应祥，2003；郑智民等，2008）。

兔形目许多动物的重要特征与植食性和快速活动有关。头骨，特别在上颌骨上多有网孔结构。牙齿和啮齿动物的牙齿相似，但鼠类只有 1 对上门齿，而兔形目具有 2 对，前后排列，前 1 对较大，其前方有明显的纵沟，后 1 对极小，呈圆锥形隐于前 1 对门齿后方，无犬齿。前臼齿与臼齿的咀嚼面均分为前后两部分（上齿列的第一齿与最后一齿可能有例外），左右上齿列的宽度比下齿列宽，在同一时间只能有一侧的上下齿列相对，因而咀嚼时下颌是左右移动的。门齿孔甚大，占有硬腭的大部分。腭骨很短，在前臼齿间形成一骨桥。上颌骨的两侧有很大的三角形的空隙。无尾或尾极短。前足 5 指，后足 4 或 5 趾。除鼠兔远端趾垫以外，脚底有毛，后足慢步行走时呈跖行性。

现存的兔形目仅有 2 科，即兔科和鼠兔科。

1. 兔科（Leporidae）　分布于欧、亚、非及美洲（澳洲已引进），是一些中型食草兽类。分布于我国的只有兔属（*Lepus*）1 属共 8 种。成体体长不小于 500mm。耳长，尾短，但很明显。眼侧位，视线能达到两侧的很大范围。上唇分裂。后肢长明显超过前肢。适于跳跃。颅骨侧扁，背面呈弧形，眶上嵴发达，颧骨往后延伸稍微超过鳞骨颧突的基部。

齿式为 $\dfrac{2\cdot 0\cdot 3\cdot 3}{1\cdot 0\cdot 2\cdot 3}=28$

栖息于各种类型的环境中，如森林、草地、农田、荒漠、山坡以及河谷的灌丛中。

2. 鼠兔科（Ochotonidae）　除 2 种分布于美洲北部外，都在亚洲，分布于我国的只有鼠兔属（*Ochotona*）1 属共 24 种。鼠兔科种类是一些小型的食草兽类。体长不超过 300mm。耳圆形。无尾或仅有短小的突起，不伸出毛被外。后肢略长于前肢。上唇有纵裂。颅骨背方较平直，额骨两侧无眶上嵴，颧弓后端延伸成一很长的剑状突起，一直伸到听泡的前缘。

齿式为 $\dfrac{2\cdot 0\cdot 3\cdot 2}{1\cdot 0\cdot 2\cdot 3}=26$

第一对上门齿前方的纵沟极深，无第三臼齿，第二上臼齿的内侧后方有一小突起。多栖息于草地、草甸、灌丛以及山地砾石地带。

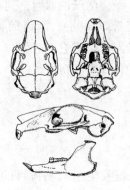

图 2-11 草兔头骨
（引自马勇等，1987）

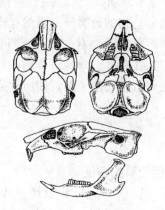

图 2-12 达乌尔鼠兔头骨
（引自黄文几等，1995）

（二）我国主要兔形目动物检索表

Ⅰ 科的检索表

1. 体形小，成体体长小于 300mm，耳圆形，前后肢几等长，无尾或尾极不明显 ⋯ 鼠兔科（Ochotonidae）
2. 体形大，成体体长大于 350mm，耳极长，后肢显著比前肢长，尾较短，露出毛被之外 ⋯⋯⋯⋯⋯⋯⋯⋯⋯⋯⋯⋯⋯⋯⋯⋯⋯⋯⋯⋯⋯⋯⋯⋯⋯⋯⋯⋯⋯⋯⋯⋯⋯⋯⋯⋯⋯⋯ 兔科（Leporidae）

Ⅱ 兔科主要属种检索表

1. 尾背方有一黑色或棕色毛区，尾两侧和腹方为纯白色（无任何灰色毛基），两种颜色之间界线明显 ⋯⋯⋯⋯⋯⋯⋯⋯⋯⋯⋯⋯⋯⋯⋯⋯⋯⋯⋯⋯⋯⋯⋯⋯⋯⋯⋯⋯⋯⋯⋯⋯⋯⋯⋯ 草兔（*Lepus capensis*）
   尾背方为棕灰色、棕色、浅灰色或白色，两侧的毛色与背方无明显的界线 ⋯⋯⋯⋯⋯ 2
2. 体形较大，成体体长不超过 550mm。尾背部白色或灰白色。冬毛白色而具黑色耳尖 ⋯⋯⋯⋯⋯⋯⋯⋯⋯⋯⋯⋯⋯⋯⋯⋯⋯⋯⋯⋯⋯⋯⋯⋯⋯⋯⋯⋯⋯⋯⋯⋯⋯⋯⋯ 雪兔（*Lepus timidus*）
   体形较小，成体体长不超过 550mm，尾背部暗黑色。冬毛不变成白色 ⋯⋯⋯⋯⋯⋯ 3
3. 耳长，前折明显超过鼻端。臀部为灰色。耳长约为后足长的 80%，尾背面黑纹皆不清晰 ⋯⋯⋯⋯⋯⋯⋯⋯⋯⋯⋯⋯⋯⋯⋯⋯⋯⋯⋯⋯⋯⋯⋯⋯⋯⋯⋯⋯⋯⋯⋯⋯⋯⋯ 高原兔（*Lepus oiostolus*）
   耳短，前折不超过鼻端。臀部不呈灰色。尾长不超过后足长之半，尾背面灰黑色 ⋯⋯⋯⋯⋯⋯⋯⋯⋯⋯⋯⋯⋯⋯⋯⋯⋯⋯⋯⋯⋯⋯⋯⋯⋯⋯⋯⋯⋯⋯⋯⋯⋯⋯ 东北兔（*Lepus mandschuricus*）

Ⅲ 鼠兔科主要属种检索表

1. 上门齿后方的门齿孔与腭孔合并成一大孔（图 2-13A） ⋯⋯⋯⋯⋯⋯⋯⋯⋯⋯⋯⋯⋯ 2
   上门齿后方的门齿孔与腭孔明显分离（图 2-13B） ⋯⋯⋯⋯⋯⋯⋯⋯⋯⋯⋯⋯⋯⋯⋯ 6
2. 体形小，体长多不超过 170mm。颅全长一般小于 40mm ⋯⋯⋯⋯⋯⋯⋯⋯⋯⋯⋯⋯ 3
   体形大，体长平均超过 170mm。颅全长大于 40mm ⋯⋯⋯⋯⋯⋯⋯⋯⋯⋯⋯⋯⋯⋯ 5
3. 体形较大，颅全长平均 28mm 左右。颧宽不小于 17mm ⋯⋯⋯⋯⋯ 藏鼠兔（*Ochotona thibetana*）
   体形略小，颅全长小于 37mm，颧宽小于 17mm ⋯⋯⋯⋯⋯⋯⋯⋯⋯⋯⋯⋯⋯⋯⋯⋯ 4

4. 颅骨狭长，颧宽小于 15mm ·· 狭颅鼠兔（*Ochotona thomasi*）
   颅骨短而宽，颧宽大于 15mm ·· 间颅鼠兔（*Ochotona cansus*）
5. 吻部上下唇深黑褐色，成体头骨额部隆起，整个头骨背面有较大的弧度，听泡较小 ··············
   ·· 高原鼠兔（*Ochotona curzoniae*）
   吻部四周非深黑褐色，头骨额部趋于平缓，听泡较大 ·················· 达乌尔鼠兔（*Ochotona daurica*）
6. 门齿孔与腭孔多少相通（图 2-13C），眶间宽大于鼻骨中部的宽度 ······ 褐斑鼠兔（*Ochotona pallasi*）
   门齿孔与腭孔完全分开 ·· 7
7. 体形小，颅基长不及 43mm，鼻骨较短 ···························· 东北鼠兔（*Ochotona hyperborea*）
   体形小，颅基长超过 43mm，鼻骨较长 ································ 高山鼠兔（*Ochotona alpina*）

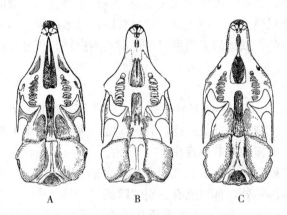

图 2-13　鼠兔的头骨（示门齿孔与腭孔）
A. 高原鼠兔　B. 狭颅鼠兔　C. 间颅鼠兔

二、啮齿目

（一）目及科的特征

啮齿目（Rodentia）是哺乳类中种类最多的一个目，包括 33 科 481 属 2 277 种。啮齿目动物主要是一些小型或中型兽类。头骨上下各有 1 对门齿，能终生生长，呈凿状。无犬齿。前白齿不超过 1/2，上下各 3 枚臼齿。臼齿咀嚼面上生有突起或平直，有些种类由于釉质楔入齿质而形成许多片状分叶。咀嚼时下颌作前后或斜向移动。

啮齿目动物在我国分布的有 12 科，包括鼯鼠科（Pteromyidae 或 Petauristidae）、河狸科（Castoridae）、竹鼠科（Rhizomyidae）、豚鼠科（Caviidae）、睡鼠科（Gliridae）、豪猪科（Hystricidae）、林跳鼠科（Zapodidae）、刺山鼠科（Platacanthomyidae）、松鼠科（Sciuridae）、仓鼠科（Cricetidae）、鼠科（Muridae）和跳鼠科（Dipodidae）。其主要科特征如下所述。

1. 松鼠科（Sciuridae）

齿式为 $\dfrac{1\cdot 0\cdot 2\cdot 3}{1\cdot 0\cdot 1\cdot 3}=22$

本科动物是啮齿目中的一大类，有树栖、半树栖-半地栖、地栖 3 种生活类型。三者在外形上有显著差异：树栖种类，尾长而尾毛蓬松，前后肢相差不显著，耳壳较大；地栖种类，适宜于挖掘活动与穴居生活，尾短而小，后肢比前肢略长，耳壳较小，有的仅成为皱褶；半树栖-半地栖的种类，形态分化属于从树栖到地栖的过渡类型。本科动物一般尾圆或扁，被覆长毛，尾上无鳞，前足 4 指，拇指极不显著，后足五趾。

头骨亦因生活型不同而有差异，树栖和半树栖类型的颅骨大都圆而凸；地栖型的则狭窄而多嵴。

树栖型的多栖息在森林中；地栖型的大都栖息于草地和农区附近。

2. 仓鼠科（Cricetidae）

齿式为 $\dfrac{1\cdot 0\cdot 0\cdot 3}{1\cdot 0\cdot 0\cdot 3}=16$

体形一般都比较小，少数种类已特化而适应特殊的生活方式，如鼢鼠适应于地下生活，前足生有锐长的爪；麝鼠适应于水中生活，后足有蹼，尾形侧扁。

臼齿或具 2 纵列齿尖，或无齿尖而形成多种形式的齿环。具分叉的齿根或无齿根（能终生生长）。

本科又分为 4 个亚科。

(1) 仓鼠亚科（Cricetinae）。本亚科主要是一些营洞穴生活的小型鼠类。腮部有颊囊。尾短，其上均匀被毛，无鳞片。前足 4 指，后足 5 趾。头骨无明显的棱角。臼齿有齿根，其咀嚼面上有 2 列齿尖，磨损后左右相连成嵴。

仓鼠亚科的鼠类主要分布于我国长江以北地区，栖息环境很广，草地、半荒漠、荒漠、农田、山麓及河谷的灌丛等处，都可能有它们的踪迹。

(2) 鼢鼠亚科（Myospalacinae）。本亚科是一些适于地下生活的鼠类。体形粗壮。耳壳完全退化。尾短而钝圆，完全裸露或被覆稀疏的短毛。四肢短粗，前足爪特别发达，其长一般均大于相应的指长。头骨前窄后宽。在人字嵴处的最大宽度等于或大于颧宽。人字嵴一般均在颧弓后缘水平。门齿特别粗大，臼齿无齿根，其咀嚼面呈"3"字形。

本亚科主要分布于我国华北、西北、东北以及内蒙古地区，栖息于各种类型的草地与农田中，主要以植物的地下部分为食。

(3) 田鼠亚科（Microtinae）。这一类群的鼠类身体都比较粗笨，毛被蓬松。四肢与尾均较短，耳亦短小。臼齿一般都分成很多齿叶。咀嚼面平坦，其上有很多左右交错的三角形齿环（少数种类其排列似左右相对），大部分种类的臼齿能终生生长；少数种类在成年之后生有齿根，在鳞骨上大都生有眶后嵴。

田鼠亚科的种类繁多，分布极广泛，在我国无论南方、北方均有分布。

(4) 沙鼠亚科（Gerbillinae）。沙鼠亚科是一种典型的半荒漠、荒漠鼠类。毛色多为沙黄色，尾较长，善于跳跃式奔跑。听泡发达，听觉和视觉灵敏。上门齿前面有 1 条或 2 条纵沟。臼齿齿冠较仓鼠亚科的为高，成体咀嚼面是平的。珐琅质形成的三角形齿环左右对立而又相连通。

沙鼠亚科动物种类较少，主要分布于我国华北和西北地区的半荒漠与荒漠环境中，大多数种类营群居生活，一般以家族为单位，极易形成数量高峰。

3. 鼠科（Muridae）

齿式为 $\dfrac{1\cdot 0\cdot 0\cdot 3}{1\cdot 0\cdot 0\cdot 3}=16$

鼠科是一些小型或中型的鼠类。适应性极强，除少数营树栖生活外，大都为陆生穴居种类。主要特征是：第一、第二臼齿具有 3 纵列齿突，每 3 个并列的齿突又形成一条横嵴；有的种类在成体时不见齿突而仅有横嵴（板齿鼠）；尾较大，毛稀，其上布有鳞片。鼠科的种类很多。尤其是家鼠属（*Rattus*）的鼠类，不但种类多，而且分布广，有的甚至是全球性的鼠种。

4. 跳鼠科（Dipodidae）

齿式为 $\dfrac{1\cdot 0\cdot 1\cdot 3}{1\cdot 0\cdot 0\cdot 3}=18$ 或 $\dfrac{1\cdot 0\cdot 0\cdot 3}{1\cdot 0\cdot 0\cdot 3}=16$

有的种因上颌缺少前白齿而仅有 16 枚。

除少数种类适应于山林生活外，绝大多数跳鼠都属于荒漠草地类型。能用后肢作长距离的迅速跳跃，与此相适应的特点是：后肢特别长，中间 3 个跖骨（至少在其下部）愈合；第一和第五趾骨不发达或消失；前肢短小，仅用于挖掘和把持食物；尾一般极长，被有密毛，末端生有扁平的毛束，在奔跑时可起到平衡器及舵的作用（图 2-14）。

头骨的特点是：眶下孔极大，呈卵圆形或圆形，颧骨的前端沿眶下孔的外缘向上伸至泪骨附近。

（二）我国主要啮齿目动物检索表

Ⅰ 科及亚科检索表

1. 颊齿 5/4 ··· 松鼠科（Sciuridae）
   颊齿小于 5/4 ·· 2
2. 上白齿 4 或 3 枚。后肢长为前肢的 2~4 倍。尾长，多数种类尾端有毛束（图 2-14） ···················
   ·· 跳鼠科（Dipodidae）
   上白齿 3 枚。前后肢长约相等，尾端无毛束 ··· 3
3. 第一和第二上白齿的咀嚼面上有 3 纵列齿突（图 2-15A、图 2-15B）或被釉质分割为横列的板条状 ······
   ·· 鼠科（Muridae）
   第一和第二上白齿的咀嚼面上有 2 纵列齿突，或完全是平的，围以各种形式的釉质齿环（图 2-15C、图 2-15D） ··· 仓鼠科（Cricetidae） ······ 4

图 2-14 跳鼠的尾部
A. 羽尾跳鼠 B. 三趾跳鼠

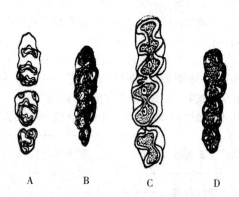

图 2-15 鼠科和仓鼠科上白齿咀嚼面比较
A. 老年鼠科动物 B. 幼年鼠科动物
C. 老年仓鼠科动物 D. 幼年仓鼠科动物

4. 臼齿咀嚼面上有明显的齿突。大多数具有颊囊 ·················· 仓鼠亚科（Cricetinae）
   臼齿咀嚼面上是平的。无颊囊 ··· 5
5. 尾长不超过体长之半，大多数种类的门齿前面无纵沟。臼齿咀嚼面形成左右交错的三角形（图2-
   16B）··· 6
   尾长超过体长之半。门齿前面有1~2条纵沟。臼齿咀嚼面上形成菱形的齿环（图2-16C）··········
   ··· 沙鼠亚科（Gerbillinae）
6. 前爪发达，爪长大于指长。营地下生活 ······················· 鼢鼠亚科（Myospalacinae）
   前爪平常，爪长显然小于指长（图2-17）························· 田鼠亚科（Microtinae）

图2-16 鼢鼠、田鼠和沙鼠臼齿咀嚼面的比较　　图2-17 鼢鼠与田鼠的前爪比较
　　A. 鼢鼠　B. 田鼠　C. 沙鼠　　　　　　　　　　　A. 鼢鼠　B. 田鼠

Ⅱ 主要属种检索表

（1）松鼠科主要属种检索表。

1. 背上有5条深色纵纹 ··· 花鼠（*Eutamias sibiricus*）
   背上无上述深色纵纹 ·· 2
2. 尾长明显超过体长之半。耳露于毛外。通常耳端有簇毛 ········ 灰鼠（*Sciurus vulgaris*）
   尾长小于体长之半。耳较短。不明显地露于毛外，耳端无簇毛 ························· 3
3. 体形小，成体体长小于400mm，后足长小于60mm ······································· 4
   体形大，成体体长大于400mm，后足长大于70mm ······································· 9
4. 尾长，不计端毛超过体长的1/3 ································ 长尾黄鼠（*Spermophilus undulatus*）
   尾短，不计端毛小于体长的1/3 ··· 5
5. 后跖裸露，只有脚掌侧面和后跟被毛 ··· 7
   后跖脚掌被毛，一直到趾基部附近的足垫 ··· 6
6. 成体体长超过185mm。背上常有浅色波纹或斑点。尾长为体长的1/3，尾端黑白双色不明显
   ··· 阿拉善黄鼠（*Spermophilus alaschanicus*）
   成体体长不超过185mm。背色一致而无斑纹。尾基无黑斑，但尾毛有显著的黑白双色 ············
   ··· 草原黄鼠（*Spermophilus dauricus*）
7. 颊部有锈红色斑 ·· 赤颊黄鼠（*Spermophilus erythrogenys*）
   颊部无锈红色斑 ··· 8
8. 体形小，体长小于230mm，后足长小于42mm。体背具隐约细斑，不杂铁锈色 ··············
   ··· 小黄鼠（*Spermophilus pygmaeus*）

体形大，体长超过230mm。体背具有清晰的杂斑，混杂铁锈色 ……　天山黄鼠（*Spermophilus relictus*）
9. 尾连端毛之长明显超过体长的1/3 ………………………………………　长尾旱獭（*Marmota caudata*）
　　尾连端毛之长不及体长的1/3 …………………………………………………………………………　10
10. 背部呈沙黄色，毛尖黄褐色 …………………………………………　西伯利亚旱獭（*Marmota sibirica*）
　　背部黑色和淡棕黄色相混杂，并形成明显的黑色波纹 ……………………………………………　11
11. 毛短，躯体背面及两侧毛色与腹面毛色无明显区别 ………………　西玛拉雅旱獭（*Marmota himalayana*）
　　毛长，躯体背面及两侧毛色与腹面毛色区别明显 ……………………　灰旱獭（*Marmota baibacina*）

　　（2）跳鼠科主要属种检索。
1. 头骨的听泡异常膨大。顶间骨退化或付缺如（若有，则其长度大于宽度，图2-18）。体长不超过70mm
　　………　2
　　头骨的听泡无异常膨大，顶间骨正常。体长超过70mm ……………………………………………　4
2. 后肢具5趾（图2-19A）。尾长不到体长的1.5倍 ……………………　五趾心颅跳鼠（*Cardiocranius paradoxus*）
　　后肢具3趾（图2-19B）。尾长为体长的1.5～2倍 …………………………………………………　3

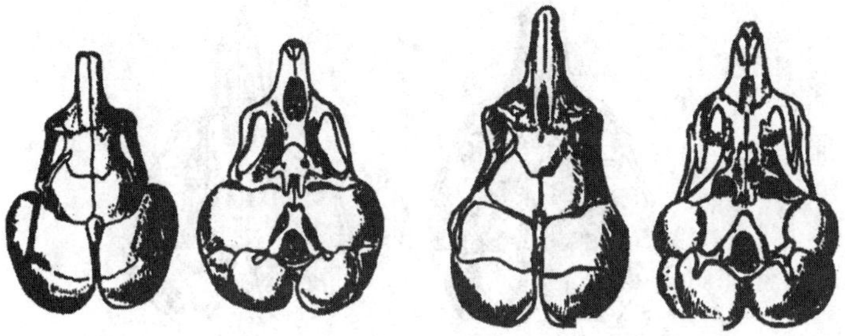

图2-18　心颅跳鼠的头骨（背，腹面）
A. 五趾心颅跳鼠　B. 三趾心颅跳鼠

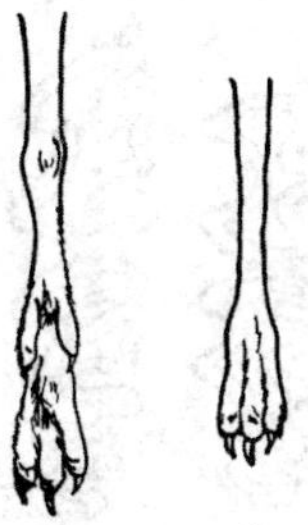

图2-19　心颅跳鼠的后肢比较
A. 五趾心颅跳鼠　B. 三趾心颅跳鼠

3. 尾短（达95mm），尾前半部或前1/3处肥大，具皮下脂肪层，尾全部被以短毛，毛仅在尾端稍长，但不形成明显的毛束（图2-20A）……………………………………　肥尾心颅跳鼠（*Salpingotus crassicauda*）
　　尾长（超过95mm）而细，不具皮下脂肪层，尾全部除被短而密的毛外，尚有细长而疏松的刚毛，并在尾端显著的变长。形成疏松的毛束（图2-20B）……………………　三趾心颅跳鼠（*Salpingotus kozlovi*）
4. 耳宽大，其长比头长大得多 ……………………………………………　长耳跳鼠（*Euchoreute naso*）
　　耳狭长，其长等于或短于头长 ………………………………………………………………………　5
5. 后足具5趾（图2-21A）。上门齿前方无纵沟 ………………………………………………………　6
　　后足具3趾（图2-21B）。上门齿前方有纵沟 ………………………………………………………　9
6. 上颌每侧具有1枚前白齿，即上颊齿共4枚（图2-22B、图2-22C）……………………………　7
　　上颌无前白齿，即每侧上颊齿共3枚（图2-22A）…………………　小地兔（*Alactagulus pumilio*）
7. 听泡大，左右听泡前端几乎接触（图2-23A）………………………　巨泡五趾跳鼠（*Allactaga bullata*）
　　听泡大，左右听泡前端几乎接触，三色"尾旗"腹面中间有一条黑褐色横线 ……………………
　　……………………………………………………………………………　巴里坤跳鼠（*Allactaga balikunica*）
　　听泡小，左右听泡前端相距甚远（图2-23B）………………………………………………………　8
8. 体形大，后足长不小于65mm。上颌前白齿直径几与最后一枚白齿之直径相等 ………………………
　　……………………………………………………………………………　五趾跳鼠（*Allactaga sibirica*）

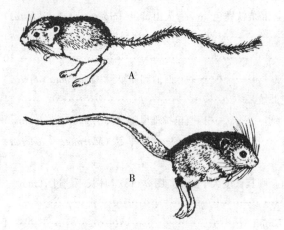

图 2-20 三趾心颅跳鼠属的外形
A. 三趾心颅跳鼠 B. 肥尾心颅跳鼠

图 2-21 五趾跳鼠与三趾跳鼠的后肢比较
A. 五趾跳鼠 B. 三趾跳鼠

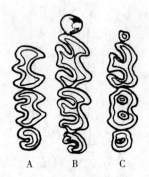

图 2-22 几种五趾跳鼠的颊齿比较
A. 小地兔 B. 五趾跳鼠 C. 小五趾跳鼠

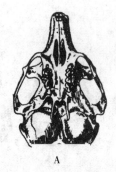

图 2-23 五趾跳鼠属的颅骨（腹面）
A. 巨泡五趾跳鼠 B. 五趾跳鼠

体形小，后足长小于 65mm。上颌前白齿之直径为最后一枚白齿直径之 1/2 或 1/3 ·························
··· 小五趾跳鼠（*Allactaga elater*）

9. 门齿表面黄色，听泡较小。尾端有黑白色长毛形成扁穗状"尾簇"（图 2-14B）·····················
··· 三趾跳鼠（*Dipus sagitta*）
门齿表面白色，听泡较大。尾端无白色长毛形成的"尾簇"（图 2-14A）·······························
··· 羽尾跳鼠（*Stylodipus telum*）

（3）仓鼠亚科主要属种检索表。

1. 整个后足掌密被白毛，足垫隐而不见（图 2-24A）··· 2
   仅后足跟部被毛，足垫清晰可见（图 2-24B）·· 3
2. 背中央有条暗色脊线。背与腹面毛色在体侧呈波形交叉 ···
   ··· 黑线毛足鼠（*Phodopus sungorus*）
   背中央无暗色脊纹。背与腹间毛色在体侧分界平直 ···
   ··· 小毛足鼠（*Phodopus roborovskii*）
3. 体形大，成体体长大于 140mm，尾上下均暗色············· 大仓鼠（*Cricetulus triton*）
   体形小，成体体长小于 140mm，尾上下均白色或上下颜色不同 ··· 4
4. 尾极短，略超过后足长。头骨的顶间骨异常退化············· 短尾仓鼠（*Cricetulus eversmanni*）
   尾较长，显著超过后足长。顶间骨正常 ··· 5

5. 背脊隐约有条黑色宽纹 ······················· 黑线仓鼠（*Cricetulus barabensis*）
   背脊不具黑纹 ··· 6
6. 腹毛全白，或仅腹部毛基呈深灰色 ··············· 灰仓鼠（*Cricetulus migratorius*）
   腹毛全具深灰色毛基，仅毛尖呈白色 ·· 7
7. 尾粗而长，尾长平均为体长的 1/2 左右，背腹面毛色在体侧呈波浪式镶嵌 ·····················
   ··· 藏仓鼠（*Cricetulus kamensis*）
   尾细而短，尾长平均为体长的 1/3 左右，背腹面毛色在体侧平直相界 ··························
   ··· 长尾仓鼠（*Cricetulus longicaudatus*）

（4）沙鼠亚科主要属种检索表。

1. 上门齿前面有 2 条纵沟（图 2-25A） ··············· 大沙鼠（*Rhombomys opimus*）
   上门齿前面有 1 条纵沟（图 2-25B） ··· 2

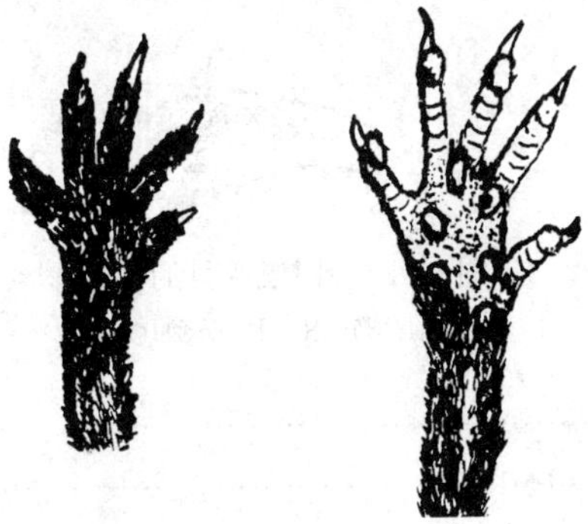

图 2-24 毛足鼠和仓鼠的后足掌
A. 毛足鼠 B. 仓鼠

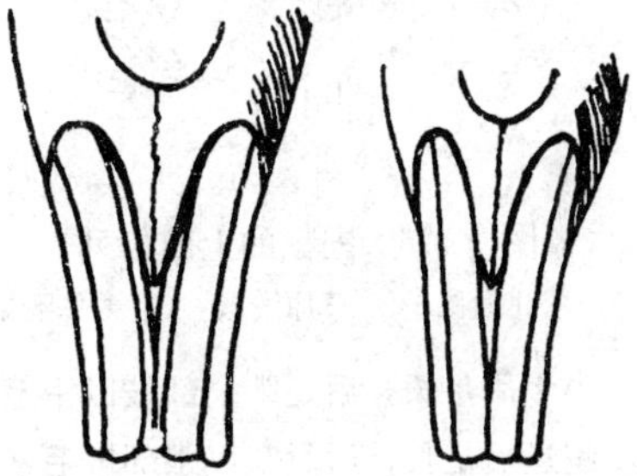

图 2-25 沙鼠的上门齿比较
A. 大沙鼠 B. 子午沙鼠

2. 耳甚短，其长约为后足连爪总长的 1/3 ··············· 短耳沙鼠（*Brachiones przewalskii*）
   耳较长，其长约为后足连爪总长的 1/2 ··· 3
3. 后足跖部具暗红色块斑，尾毛颜色上下显然不同，上面毛色同体背，而下面为白色 ··············
   ··· 柽柳沙鼠（*Meriones tamariscinus*）
   后足跖部无暗色块斑，尾毛上下颜色差别不大 ··· 4
4. 体形较大，成体体长多数大于 150mm。尾端 1/3 的部分被覆暗褐色或黑色毛 ·················
   ··· 红尾沙鼠（*Meriones libycus*）
   体形较小，成体体长多数小于 150mm。尾端 1/3 部分的毛色与基部相同，仅在最末端有黑色长毛，或完全没有黑毛 ··· 5
5. 腹部毛基灰色，爪黑色 ······························ 长爪沙鼠（*Meriones unguiculatus*）
   腹部毛基白色，爪非黑色 ···························· 子午沙鼠（*Meriones meridianus*）

（5）鼢鼠亚科主要属种检索表。

1. 头骨后端（枕骨部）不成截切面，枕骨向外斜伸一段之后再转向下方。第三上白齿后方有一延伸的小突起（图 2-26C） ······································· 中华鼢鼠（*Myospalax fontanieri*）
   头骨后端在人字嵴处成直立的截切面，仅枕骨中部略向后隆起。第三上白齿后方无向后延伸的小突起 ··· 2
2. 第一上白齿内侧只有一个很深的内陷角（图 2-26B） ······· 草原鼢鼠（*Myospalax aspalax*）
   第一上白齿内侧有 2 个内陷角（图 2-26A） ··· 3

3. 尾毛稀疏，几成裸露状 ·· 东北鼢鼠（*Myospalax psilurus*）
尾被短毛 ·· 阿尔泰鼢鼠（*Myospalax myospalax*）

（6）田鼠亚科主要属种检索表。

1. 地下活动。眼小，耳壳退化，上门齿前面白色，向前倾斜，突出于口腔之外（图2-27A）
 ·· 鼹形田鼠（*Ellobius talpinus*）
 地面活动。眼正常，耳壳亦正常，上门齿前面黄色，不向前倾斜，不突出于口腔外（图2-27B） ······ 2

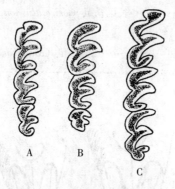

图2-26 鼢鼠的上白齿列
A. 东北鼢鼠 B. 草原鼢鼠 C. 中华鼢鼠

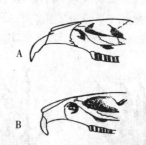

图2-27 田鼠亚科的头骨
A. 鼹形田鼠 B. 黄兔尾鼠

2. 尾很短，小于后足长，后足掌全部被以密毛（图2-28A） ····································· 3
 尾很长，超过后足长，后足掌仅跟部被毛（图2-28B） ··· 4
3. 背脊具黑色条纹。颅基长小于27mm ···································· 草原兔尾鼠（*Lagurus lagurus*）
 背脊无黑色条纹。颅基长大于28mm ···································· 黄兔尾鼠（*Lagurus luteus*）
4. 头骨硬腭后缘平直，无明显的缺刻（图2-29A） ··· 5
 头骨硬腭后缘显著弯曲，其中间部位有较大的半圆形缺刻，其后部两侧各有一个小窝被中间的骨桥分开（图2-29B） ··· 9

图2-28 兔尾鼠与田鼠的后足掌
A. 黄兔尾鼠 B. 社田鼠

图2-29 田鼠亚科的硬腭构造
A. 䶄属 B. 田鼠属

5. 背毛以灰色为主。吻部须很长，远超过头长。成体白齿无齿根，其外侧齿棱直通入齿槽内（图2-30A）
 ·· 6

 背毛多为红棕色或暗灰褐色。吻部须较短，小于头长或略超过之。成体白齿有齿根，其外侧齿棱均不

|到齿槽即消失（图 2-30B） ··· 7
6. 头骨扁平，颅高（自基枕骨到顶骨上方）约为后头宽之半（图 2-31A） ··············
 ··· 平颅高山䶄（*Alticola strelzovi*）
 头骨圆突，颅高大于后头宽之半（图 2-31B） ············· 银白高山䶄（*Alticola argentatus*）
7. 体背毛色为暗灰褐色 ·· 天山林䶄（*Clethrionomys frater*）
 体背毛色由红棕色到灰棕色 ··· 8
8. 第三上白齿内侧有 3 个凹陷角（图 2-32A） ··············· 红背䶄（*Clethrionomys rutilus*）
 第三上白齿内侧只有 2 个凹陷角（图 2-32B） ········· 棕背䶄（*Clethrionomys rufocanus*）
9. 第一下白齿在最后的横叶前方仅有 3 个封闭的齿环与 1 个前叶（图 2-33A） ········· 10
 第一下白齿在最后的横叶前方有 4 或 5 个封闭齿环与 1 个前叶（图 2-33B） ········· 13

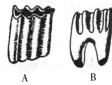

图 2-30 䶄类的上白齿齿根
A. 高山䶄 B. 天山林䶄

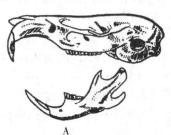 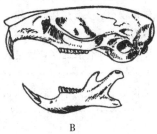

图 2-31 高山䶄属的头骨
A. 平颅高山䶄 B. 银色高山䶄

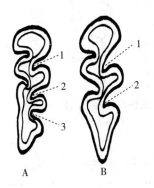 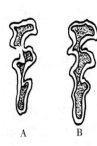 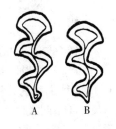

图 2-32 䶄类的第三上白齿
A. 红背䶄 B. 棕背䶄

图 2-33 松田鼠与田鼠的第一下白齿
A. 松田鼠 B. 田鼠

图 2-34 田鼠属第二上白齿
A. 黑田鼠 B. 普通田鼠

10. 第一下白齿内侧有 6 个凸出角，第三上白齿内侧有 4 个凸出角 ····· 锡金松田鼠（*Pitymys sikimensis*）
 第一下白齿内侧有 5 个凸出角，第三上白齿内侧有 3 个凸出角 ································· 11
11. 第三下白齿外侧有 3 个凸出角。背部灰褐色 ············ 帕米尔松田鼠（*Pitymys juldschi*）
 第三下白齿外侧少于 3 个凸出角。背部深棕色，暗褐色或沙黄色 ······························· 12
12. 体形较小，颅全长小于 26mm，爪细而弱 ··················· 显耳松田鼠（*Pitymys irene*）
 体形较大，颅全长大于 26mm，爪粗而强 ················· 白尾松田鼠（*Pitymys leucurus*）
13. 头骨狭长，颧宽小于颅全长之半，眶间宽小于 3.3mm ······ 狭颅田鼠（*Microtus gregalis*）
 头骨较宽，颧宽大于颅全长之半，眶间宽一般大于 3.3mm ······································· 14
14. 尾长小于后足长的 1.5 倍，第三上白齿内侧有 3 个凸出角 ··· 15
 尾长大于后足长的 1.5 倍，第三上白齿内侧有 4 个或 4 个以上的凸出角 ················· 17

15. 第一下臼齿横叶前具 4 个封闭的齿环与 1 个前叶 ·············· 青海田鼠（*Lasiopodomys fuscus*）
    第一下臼齿横叶前具 5 个封闭的齿环与 1 个前叶 ·· 16
16. 毛色淡，背部沙黄色。头骨眶上嵴显著 ·············· 布氏田鼠（*Lasiopodomys brandtii*）
    毛色深，背部暗棕色。头骨眶上嵴不明显 ·············· 棕色（北方）田鼠（*Lasiopodomys mandarinus*）
17. 第二上臼齿的内侧有 3 个凸出角，第 3 个特小，故该齿之咀嚼面共有 5 个封闭的齿环（图 2-34A）
    ··· 黑田鼠（*Microtus agrestis*）
    第二上臼齿的内侧有 2 个凸出角，故该齿的咀嚼面共有 4 个封闭的齿环（图 2-34B）·············· 18
18. 第一下臼齿横叶前有 4 个封闭的齿环与 1 个前叶（图 2-35A）·············· 根田鼠（*Microtus oeconomus*）
    第一下臼齿横叶前有 5 个封闭的齿环与 1 个前叶（图 2-35B）························ 19
19. 头骨听泡的乳突部分比较膨大，其后缘达到或超过枕髁后缘 ·············· 社田鼠（*Microtus socialis*）
    头骨听泡的乳突部分不甚膨大，其后缘明显位于枕髁后缘之前 ····················· 20
20. 体形较小。头骨腭后窝较浅 ································ 普通田鼠（*Microtus arvalis*）
    体形较大。头骨腭后窝较深 ·· 21
21. 尾长约等于体长之半，后足具 5 个足垫。头骨粗壮，眶上嵴多不明显 ··············
    ··· 沼泽（东方）田鼠（*Microtus fortis*）
    尾长小于体长之半，后足具 6 个足垫。头骨细弱，眶上嵴明显 ··············
    ··· 莫氏田鼠（*Microtus maximowiczii*）

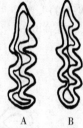

图 2-35 田鼠属第一下臼齿
A. 根田鼠　B. 普通田鼠

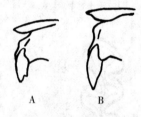

图 2-36 鼠科动物的上门齿
A. 小家鼠　B. 姬鼠属

（7）鼠科主要属种检索表。
1. 体形较大，后足长超过 25mm，体长大于 130mm ··· 6
   体形较小，后足长小于 25mm，体长小于 130mm ··· 2
2. 上门齿内侧有缺刻（图 2-36A）·························· 小家鼠（*Mus musculus*）
   上门齿内侧无缺刻（图 2-36B）··· 3
3. 体形较小，体长不超过 75mm，后足长不超过 16mm，颅基长小于 20mm ··············
   ··· 巢鼠（*Micromys minutus*）
   体形较大，体长超过 75mm，后足长超过 17mm，颅基长大于 20mm ··············· 4
4. 第三上臼齿只有 2 个齿叶，前内方的较小，第二上臼齿内前方有 1 个大齿突，外侧缺如。眶上嵴明显。尾长显然短于体长，沿背脊有一黑色条纹 ·············· 黑线姬鼠（*Apodemus agrarins*）
   第三上臼齿有 3 个齿叶。尾长大于体长或稍小于体长。沿背脊无黑色条纹 ·············· 5
5. 体形较小。头骨长不超过 22mm，无眶上嵴。第一上臼齿第三列齿突两侧者位置向前，大小相似。第二上臼齿第一列齿突，内外两侧者均存在，大小相似 ·············· 中华姬鼠（*Apodemus draco*）
   体形较大。头骨长超过 22mm，眶上嵴明显。第一上门齿第一列齿突内侧者较小。第二上臼齿前外方的齿突一般很小 ·············· 朝鲜姬鼠（*Apodemus peninsulae*）

6. 上臼齿咀嚼面上无齿突而呈板状的横嵴。第一上臼齿 3 条，第二上臼齿 2 条 ·· 板齿鼠（*Bandicota indica*）
   上臼齿的齿突很明显，排成横列，每侧 3 个 ··· 7
7. 通体黑色或黑褐色，尾长显然大于体长，后足长 31～36mm ········· 屋顶鼠（黑色型）（*Rattus rattus*）
   背毛棕褐色或黄褐色，混杂有黑毛，腹毛色淡。为白色或略带黄色 ··············· 8
8. 后足长小于 45mm ·· 9
   后足长大于 45mm，一般为 55mm ·· 14
9. 腹毛基部灰色 ··· 10
   腹毛基部白色或略带黄色 ··· 12
10. 胸毛的尖端黄褐色。前足背面的中央为深褐色，周围白色 ········· 黄胸鼠（*Rattus tanezumi*）
    胸毛的尖端白色 ··· 11
11. 体形较大，尾长显然短于体长，尾毛双色，上面黑褐色，下面乳白色。后足长大于 33mm ···············
    ··· 褐家鼠（*Rattus norvegicus*）
    体形较小，尾长等于或稍大于体长，尾毛双色不明显，上下面皆为黑褐色。后足长小于 33mm ·······
    ·· 黄毛鼠（*Rattus loses*）
12. 体形较大，后足长大于 31mm，头骨最大长度约 40mm ··········· 屋顶鼠（黄色型）（*Rattus rattus*）
    体形较小，后足长小于 31mm，头骨最大长度不超过 39mm ·············· 13
13. 背毛粗硬，混杂有刺状针毛，毛色光亮，为铁锈色或棕褐色。尾的末端非白色。耳小 ···············
    ··· 针毛鼠（*Rattus fulvescens*）
    背毛较软，至少冬毛没有刺状针毛，毛色较暗，为灰褐色，腹毛硫黄色，尾的末端白色。耳大 ······
    ·· 社鼠（*Rattus confucianus*）
14. 背毛棕褐色 ··· 白腹巨鼠（*Rattus edwardsi*）
    背毛青褐色，上面有少许白色小点 ························· 青毛巨鼠（*Rattus bowersii*）

◆ **本章小结**

外部形态和内部解剖结构是啮齿动物的主要分类特征；观察和掌握啮齿动物的外部形态、内部结构及主要分类指标的测度方法；熟悉两个目及兔形目中两个科、啮齿目中 8 个常见科的基本特点；了解目、科、属、种不同层次检索表的结构和使用方法。

◆ **复习思考题**

1. 概述啮齿动物的分类特质和主要指标。
2. 比较仓鼠科 4 个亚科的特征。
3. 雌、雄啮齿动物生殖系统解剖结构有何区别？

第三章

啮齿动物的分布

内容提要：动物分布的基本概念及分布规律、动物地理区划的原则和方法；世界动物地理分布特征及啮齿动物的地理分布特点；中国境内的古北界和东洋界及国内的7大分布区；我国的生态地理动物群。

第一节 啮齿动物分布的一些基本概念

一、动物地理学

动物地理学（zoogeography）是一门研究古代和现代动物的地理分布区，以及地球上各自然地区、地带和景观中动物分布规律的学科。其任务是研究与阐明动物的分布规律、不同地区或地带动物的种类和数量组成特征、动物与环境诸要素之间的相互关系，以及动物在时间上和空间上的分布变化情况等，最终为保护与合理利用动物资源，防止或消灭有害动物的危害及定向改造动物区系提供科学依据和实践指导。

（一）动物与环境的关系

环境（environment）一般是指生物有机体周围一切的总和，它包括空间以及其中可以直接或间接影响有机体生活和发展的各种因素，包括物理化学环境和生物环境。动物是自然地理环境的组成部分，是自然地理环境中最活跃的要素，它能敏感地反映环境的质量及其变化。生活于地球上的各种动物无不处处受到环境的限制，但也不断产生适应环境的各种特征。以进化的观点看，能够生存至今的物种，都是生存竞争的胜利者，都能选择最适宜的环境生存和繁衍。动物周围所有一切有机的和无机的因子都是它的外界环境。动物都具有与环境条件相适应的身体结构、生理机能和生活习性。这是动物在长期进化过程中自然选择的产物。生态因子直接地或间接地影响着动物的生命活动和生活周期。当然，动物对环境的适应并不是完全的、绝对的，而是有限的、相对的。环境限制动物，动物适应环境，两者之间是一种对立统一的关系。

动物的分布或动物在一定区域内生存与繁衍，主要取决于现代的自然生态条件和自然生态条件的历史变迁。人们通过分析动物赖以生存的特定生态条件，可以了解现今动物分布的格局；通过分析这些生态条件的历史演变，可以解释动物从何地何时及如何到达现在的分布地区。

1. 生态因素 组成环境的因素称为环境因子，或称生态因子（ecological factor）。任何动物在其生存的环境中，都要受到环境因素的作用。对动物起直接或间接影响的任何环境要素，称为生态因素。环境的生态因子通常可分为非生物因子（abiotic factor）和生物因子（biotic factor）。前者主要包括温度、光、湿度、pH、氧等理化因子；后者则指动物、植物和微生物等有机体。生态因素对动物的影响是多方面的，在自然界中的各种因子是相互联系、相互制约,综合地对动物有机体产生影响,但在不同条件下有着不同的主导因子起作用。分析和研究主导因子,有助于定向地控制和改造动物,使其按照我们的意向发展并加以利用。例如,限制某些种的分布区域(那里的气候和理化特性对它们不适宜),因而改变它们的地理分布;通过对各个种的生长和发育的影响,改变不同种的繁殖力和死亡率,并引起迁移,由此而影响种群的密度,促进适应变异的出现,即种群对环境变化的对策,如休眠、滞育、迁移和形态周期性变化等。

2. 利比希的"最小因子定律" 利比希是 19 世纪德国的农业化学家,他是研究各种因子对植物生长影响的先驱。他发现谷物的产量常常不是受大量需要的营养物质所限制(如二氧化碳和水,它们在周围环境中的储存量是很丰富的),而是取决于那些在土壤中极为稀少,而又是植物所需要的元素(如硼、镁、铁等)。他提出:"植物的生长取决于那些处于最少量状态的营养成分"。这就是说,每种植物都需要一定种类和一定量的营养物质。如果环境中缺乏其中的一种,植物就会死亡,如果这种营养物质处于最少量状态,植物的生长就最少,后人称此为"利比希的最小因子定律"(Liebig's law of minimum)。这个定律同样也适用于动物。

3. 谢尔福德的"耐受性定律"与生态价 利比希提出的是因子处于最小量时可能成为限制因子,但事实上,因子过量时,如过高的温度,过强的光或过多的水分,同样可以成为限制因子。因此每一种生物对每一种环境都有一个耐受范围,即有一个生态上的最低点(或称最低度,ecological minimum)和一个生态上的最高点(或称最高度,ecological maximum)。在最低点和最高点之间的范围就称为生态价(ecological valence)或生态幅(ecological amplitude,图 3-1)。任何一个生态因素在数量上或质量上的不足或过多,当其接近或达到某种动物的耐受限度时,就会使该种动物衰退或不能生存。在生态上的最低点和生态上的最高点之间又有一个生态上的最适点。

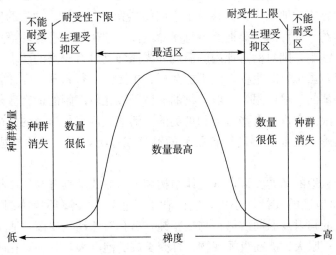

图 3-1 生物种的耐受性限度图解
(仿 Smith,1980)

由于各种动物的生态价不同,因而就有只能适应于生态因素有限变化的低生态价的种;或对多变的生态因素具有适应能力的高生态价的种。由于生态价能直接反映动物的适应能力,所以,分布广泛的种,对多种生态因子的生态价都显得较高;分布狭窄的种,至少对某一关键生态因子的生态价必然很低。当然，动物的分布，除了物种本身所具有的生态价外，还与自然历史、迁移能力及繁殖力等条件有关。

4. 限制因素　在自然界中，动物的生存和繁衍处处受到环境因素的限制。任何生态因子对动物的作用并非等价的，在众多因子中必然有一个起主导作用的因子，称为主导因子，主导因子的改变常会引起其他因子发生改变，生态因子虽非等价，但一般都不可缺少，各种生态因子不是单独地对动物发生作用，而是相互联系，相互制约，综合地在起作用。在众多的环境因素中，任何接近或超过某种动物耐受性极限而阻止其生存、生长、繁殖或扩散的因素，就称限制因子（limiting factor）。如果一种生物对某一生态因子的耐受范围很广，而且这种因子又非常稳定，那么这种因子就不大可能成为限制因子；相反，如果一种生物对某一生态因子的耐受范围很窄，而且这种因子又易于变化，那么这种因子就特别值得研究，因为它极有可能就是一种限制因子。限制因子不仅限制某种动物侵入某一环境的可能性，甚至影响动物的生长、发育、繁殖，甚至整个新陈代谢。因此，分析和找出某种动物的限制因素，在理论研究和生产实践中都有重要意义。

5. 动物的栖息地　动物是自然环境不可分割的组成部分，与地形、气候、水分、土壤、植物等要素互相依存和相互制约地融合成一个统一整体，它是在长期历史发展中形成的。动物栖息地是动物能维持其生存所必需的全部条件的具体地区，又称生境（habitat），如海洋、河流、森林、草地和荒漠等。对于某些体内寄生虫来说宿主的内脏器官就是它们的栖息地。任何一种动物的生活，都要受到栖息地内各种要素的制约。一般说来，动物的栖息地经常处于相对稳定状态，但又是时刻处在不断变化过程中，当其变化一旦超过动物所能耐受的范围，动物将无法在原地继续生存下去和进行繁殖，这个范围就是动物对环境适应的耐受区限。耐受区限决定着动物区域分布的临界线，通常每种动物的耐受区限是比较宽广的，但临界线却是很难逾越的，如印度象、野牛、长臂猿、犀鸟、太阳鸟、孔雀雉、蟒蛇、斑飞蜥等只能分布在常年无霜冻的地区，霜冻就成了它们的临界线。此外，动物的生活和繁殖还同时受到适宜区限的制约，如深海鱼类适宜栖息于盐度高、水压大的海底环境里；生活在干旱少雨和酷热荒漠中的沙蜥，则对栖息地内的温度和光照强度具有较高的要求。各种动物在适宜环境以外的地区里，虽可暂时生存，但不能久居，更无法进行繁殖。在适宜区限内，还包含着一个范围更加狭窄的最适区限，一般动物的成体可以在较广阔的适宜区限生活，但幼体发育却只能在最适区限内进行。有些鱼类和鸟类的生活适宜区限与繁殖的最适区限有着明显的差异，它们在生殖季节之前，要进行长距离的洄游或迁徙，直至到达最适区限才筑巢、交配、产卵、繁殖。

生活于不同栖息地的动物类群，其躯体结构和生活方式都具有与环境相适应的特性。跳鼠类是荒漠-半荒漠地区的夜行性小兽，它的背毛黄色，与沙漠环境协调一致，腹部洁白，能有效地反射地表的辐射高温而散热；吻端宽钝，鼻孔有活动性皮褶，适于推土封堵洞口和防止沙粒进入鼻内；眼大，能在夜间视物；耳壳长或听泡巨大，有利于在旷野中收集声浪及加强声波的共振；后肢强健，为前肢长的 2～4 倍，有发达的趾垫或趾下密生刷状硬毛，可增大与地面的接触范围，以免跳跃时陷入沙内；尾长，敲击地面时可增强弹跳力，也是跃身空中时维持鼠体平衡及控制运动方向的工具。与跳鼠栖息在同一生境中的沙鼠、沙蜥、麻蜥等也大都存在着与此类似的某些趋同特点，以适应在荒漠-半荒漠地区内生活。不同动物对栖息地的适应能力，有广、窄之别，广适性动物对栖息地的要求不严，适宜区限较宽，栖息地的范围较大；窄适性动物对栖息地的要求甚严，适宜区限狭窄，栖息地的范围也小。前者的代表动物有褐家鼠、鼹鼠、狐、黄鼬、喜鹊、北草蜥、蓝尾石龙子、蝮蛇、大蟾蜍、黑斑蛙、鲤、鲫等。窄适性动物如分布于新疆北部林区的河狸，内蒙古荒漠草地中的五趾心颅跳鼠，四川、甘肃、陕西山区的大熊猫，安徽长江下游的扬子鳄和白鳍豚等。动物栖息地扩大可使它的分布区往邻近地区逐步拓展；栖息地的环境条件恶化可导致有些动物的分布区缩小或甚至灭绝。

（二）种的分布区

种的分布区（distribution range）是动物地理学的基本单位，指某种动物所占有的地理空间，在这个空间里，这种动物能够充分地进行生长和发育，并通过生殖繁衍出具有生命力的后代。在任何一种动物的分布区内，并非到处都能发现其踪迹，它们只能生活在可以满足其生存所必需的基本条件的地方。这种地方就是动物的栖息地。分布区是地理概念，必须占有地球上的一定地区，而栖息地是生态学概念，是动物实际居住的场所。在地图上标出某种动物的分布点，然后用线将边界上的点连接起来，就能清晰地勾画出种的分布区及其边界。

从理论上讲，每种动物都有一个发生中心，由此逐渐向周围地区扩展，其分布区往往互相连接成片。但是在现代的动物分布区形成过程中，由于长时期受到地壳运动、气候变迁、人类活动以及动物自身扩展能力和适应性等各种内外条件的限制影响，使它们很难达到理论上的分布范围。许多动物的现代分布区，一般都经历过多次变迁，发生中心不一定限于现在的分布区内，有时还可能相隔得很远。例如，鼷鹿科（Tragulidae）的3种鼷鹿分别分布于亚洲的中印半岛、马来半岛和我国云南等地，而其化石种类却远在内蒙古的北部草地被发现。有些动物的发生中心也可能与现代分布区相吻合，但是这种情况只有在一个物种从出现到现今，其分布区一直处于相对稳定的条件下才有可能。通常，每种动物的个体常常占有连续的分布区，可是有的种类可能由于分布区退缩及海陆变迁等原因，被分隔成两个或更多不连续的间断分布区，如被分隔在长江和密西西比河的白鲟及匙吻白鲟（*Polyodon spathula*）等，都是以具有间断分布区而著称的动物。

动物分布区能否向外进行扩展常常依赖于两个重要因素，即动物的扩展能力及是否存在限制其分布的阻限。一般来说，动物的生态价愈高，克服阻限的能力愈强，扩展能力和分布区也愈大。例如，狼、褐家鼠、渡鸦等能栖息在各种不同环境中，分布区广泛，有的甚至还是遍及全球的世界性动物。此外，动物种的地质年龄愈古老，即在地球上出现的时间愈早，则分布区愈广；反之，地质年龄较轻的动物，分布区也较狭小。草原沙蜥是沙蜥属中的原始种类，主要分布于亚洲北部草地和荒漠草地地区，并能扩展至我国的黄土高原和华北平原，而随同青藏高原隆起而后来分化出的红尾沙蜥和西藏沙蜥，不仅生态价较低，且其分布区也局限于西藏高原境内。矛尾鱼、肺鱼、雀鳝、楔齿蜥、鸵鸟、扬子鳄、蒙古野马、五趾心颅跳鼠等均为动物中的古老种类，它们的现代分布区极其狭小，这是由于这些动物目前都处于自然衰退阶段和正经受着适应能力更强的种类排挤的结果。限制动物分布的阻限有非生物阻限和生物阻限。非生物阻限是指地形、气候、海洋、河流和沙漠等自然因素，这些都可能成为动物在扩展过程中难以逾越或克服的阻限，这就是何以在远离陆地的海洋岛屿上缺乏两栖动物和高等哺乳类。一般动物不能进入生存条件极端严酷的沙漠地带，喜马拉雅山南北两坡的动物无法交往而分别形成不同类群的缘故；生物阻限包括食源不足、缺乏中间宿主和种间竞争等因素。当动物具备克服各种阻限的能力时，便能进行有效的分布区扩展，否则，分布区就会退缩而日趋狭窄。

动物扩展的主要途径有：①走廊（corridor），走廊是一种大陆桥，可允许动物向2个方向自由移动，如修筑运河前的巴拿马与苏伊士地峡。②滤道（filter route），滤道仅允许有特殊适应的动物通过。③机会通过（sweepstake route），指仅有少数种类能靠机会通过，如极少数的动物种类能达到遥远的海岛，距大陆愈远的海岛上动物种类愈少。这样，最终导致动植物区系的不协调（dishar-monious），一些在大陆上数量很多的哺乳类、两栖类及鱼类，在某些海岛内却为稀有种或不存在。

种的分布区的地理位置、范围和大小，是在历史发展过程中和现在的生态条件下，以及人类活动等复杂因素综合作用的影响下长期适应的结果。因此种的分布区分为连续分布和隔离分布。连续分布区是指整个分布区连成一片，中间不存在隔离或断裂，这是种从发生中心逐渐向外扩展而形成的自然形式。隔离分布区由两个或几个相距很远的地区所组成，中间具有隔离的障碍，这是由于地球的历史变迁所导致的气候剧变、地势（山、水、沙漠）对动物分布的阻碍、食物条件、竞争、天敌以及人类活动对动物分布影响的结果。

种在分布区内的配置，取决于生态条件在分布区内的分布特点和种的生态价。显然，生态条件在分布区内配置越均匀，种的生态价越高，则它在自己分布区内的配置也就越均匀；反之，如果生态条件分布不均匀，种的生态价又低，则呈现出不均匀的配置，因而具有高密度地带、低密度地带和中间密度地带。就啮齿动物的分布来说，只有经常地或周期性地达到高密度的地区，才具有显著的实际意义。

（三）动物区系

动物区系可以从广义和狭义两个方面来理解。广义的动物区系，是指许多不同动物种的总和。这种总和可以从各个方面来划分。例如，按动物分类系统分为鸟类区系和兽类区系等；按自然区域分为大洋洲动物区系、非洲动物区系；按行政区来划分为中国动物区系、俄罗斯动物区系、美国动物区系、某省或某县动物区系等；按栖息环境（景观）来划分为森林动物区系、草地动物区系、荒漠动物区系、海洋动物区系、陆地动物区系等；按生活时期分为中生代、第三纪动物区系等；按经济意义划分为狩猎动物区系和农田害鼠区系等。

狭义的或者严格的定义的动物区系是指在一定的历史条件下，由于地理隔离和分布区的一致所形成的动物整体。由许多分类上明确、分布上重叠的动物种所组成。地球上的陆地被海洋所分割开，同一大陆内部被河流、山脉和沙漠等所分割而产生区域差异。这些地区的动物在很长的地质时期内相互隔离而独立地发展起来以致各自产生独立的动物区系。各个独立地区的动物区系的影响表现在两个方面：一是不同的系统类群动物（哺乳动物、鞘翅目、啮齿动物等）的个别种的分布区大致相同；二是各个动物区系隔离的时间愈长，动物区系的特殊性也愈明显。

二、动物地理区划的原则和方法

进行动物地理区划的原则和方法，不同的动物地理学派有所不同。区系动物地理学派严格地以动物系统发生学为准绳，其主要着眼点是动物区系名录，特别是其中的特有种与残存种，而把一些分布广、数量高的优势种置于无足轻重的地位。景观动物地理学派十分强调气候带和现代景观条件对动物分布的重要意义，把动物地理区划置于综合自然地理区划的从属地位。认为"动物地理学界线与相应的带、区和景观的界线是一致的"(库加金,1959)。其主要着眼点是现代景观条件的异同,动物群落的组成特点及数量,特别注意优势种和广布种。

我国学者张荣祖、郑作新(1961)提出了动物地理区划应遵循的三项基本原则,即"历史原因"、"生态条件"和"生产实践"。

1. 历史原因 任何一个地区的动物区系必有自己的发展历史,这个历史也就是动物在地理分布上不断适应其自然环境的过程。现代动物分布格局是动物整个历史发展至现阶段的反映。

2. 生态条件 任何地区的动物区系不仅受历史上自然条件的制约,而且任何动物种类都还有它一定的适应性。动物区系的种的组成(历史形成),以及种群数量是适应程度的反映,同时,作为适应指标的种群数量还经常随着自然环境的变化而变化,从而分析动物区系时,不仅注重种类的组成、特有种和残存种,更应注意优势种及其种群密度,以及对当地地理环境的适应和影响。

3. 生产实践 根据生产实践的要求,动物区划应服务于社会和生产实践。任何地区的动物区系,应分析出有生产价值的动物资源以及对人类有益和有害的种类,但也应考虑稀有种或特有种,特别是有发展前途的种,在此基础上进行动物自然保护区的规划,同时还要考虑人类经济活动对自然界的影响。任何地区的动物在人类的经济活动(开发)后可能产生演变,以及这些演变对农、林、牧业所引起的有利和不利影响,都是在区划时值得考虑的原则,尤其是在低级区划中。

上述三项原则虽然是无可非议的,但区划中的着眼点和诸原则的重要性在不同的作者眼中仍有所不同。马勇(1987)在进行新疆北部地区的鼠类区划时,对其作了修订和补充。

(1) 各区划阶元的界线都应该以动物区系或某些代表种类的自然分布为依据,而不能简单地规定某级动物地理区划界线必须与自然区划的某个阶元相符合。

(2) 亚区级以上各阶元的划分,应主要依据区系起源和区系组成中的特有动物的分类阶元,同时在弄清种的现代分布区的基础上,划分以区域分布为主的动物分布型,把各型中多数种类的分布界线作为区划界线或参考界线。

(3) 省与州级区划可较多地考虑生态地理条件的差别。但是数量指标,特别是优势种类的异同,不宜视为动物地理州级以上的区划依据。

(4) 区划工作应结合生产实践的需要,但不可过分强调这一点。可以在低级区划中指出一些区划单元中具有重要经济意义的种。然而,决不应该把这一点作为划分某一阶元的依据。实践证明,任何灭鼠区或野生动物保护区的实际界线都不可能与某一区划单元的界线相一致。

三、世界动物地理分布

德国地球物理学家魏格纳(A. L. Wegener)于1912年提出大陆漂移说(continental drift hy-pothesis),并得到了后来的板壳理论(plate tectonic theory)及其他学科的有力支持。他根据大西洋两岸,特别是非洲和南美洲海岸轮廓非常吻合等资料,推论全世界的大陆在古生代石炭纪以前,曾是一个统一的整体,为一片原始大陆,称为泛大陆(pangaea),在它周围则是辽阔的海洋。脊椎动物起源于北方大陆，逐渐向南侵入。到古生代晚期或中生代早期，泛大陆在天体的引潮力和地球自转所产生的离心力作用下，破裂成分离的大陆块，并开始像筏子一样在湖面上漂移，经历了上亿年的几度离合，终于逐步形成今日世界上各大洲和大洋的分布格局。地球上的动物也随同泛大陆的破碎、漂流，以及地壳运动的变化，在各大洲分别参与组成不同的动物区系。

整个地球表面的环境，可分为水、陆两大部分，分别生活着不同的动物，可以归结为两大动物区系。即海洋动物区系和大陆动物区系，海岛和大陆水域也归于大陆动物区系。海洋的环境条件相对来说比陆地稳定，所生活的动物不论在身体结构上还是在系统发生中的地位，都显示出它们比较简单及其原始性。陆地的自然环境复杂，气候多变以及存在着众多影响动物分布的阻碍，致使物种分化非常激烈。在大约150多万种动物中的85%以上分布于大陆动物区系，且其身体结构也较同类的海洋动物复杂而高等，但属于高级分类阶元的动物门类则不及海洋动物齐全。根据百余年对世界陆地动物区系的研究，世界陆地动物区系可划分为6个界（图3-2）。

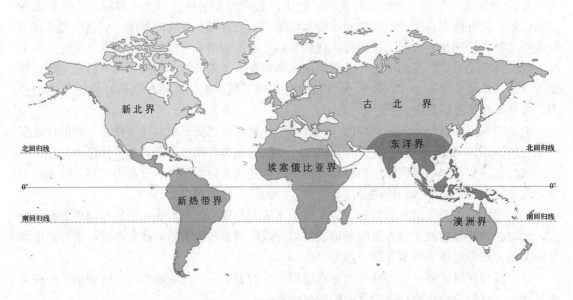

图3-2　世界陆地动物地理分区
(仿 Van Tyne)

（一）古北界

古北界（Palearctic realm）包括欧洲大陆、北回归线以北的非洲与阿拉伯半岛以及喜马拉雅山脉-秦岭山脉以北的亚洲大陆。本界为六个动物地理界中最大的一个，与新北界（北美洲）的动物区系有许多共同的特征，因而有人将古北界与新北界合称为全北界。鼹鼠科、鼠兔科、河狸科、潜鸟科、松鸡科、攀雀科、洞螈科、大鲵科、鲈科、刺鱼科、狗鱼科、鲟科及白鲑科等，均为全北界所共有。

古北界虽然不具固有的陆栖动物科，但具有不少特产属，例如，鼹鼠、金丝猴、大熊猫、狼、狐、貉、鼬、獾、骆驼、獐、狍、羚羊、野猪、牦牛、蒙古野马、黄鼠、旅鼠以及山鹑、鸨、毛腿沙鸡、百灵、地鸦、岩鹨、沙雀等。

（二）新北界

新北界（Nearctic realm）包括墨西哥以北的北美洲广大区域。脊椎动物一般与古北界相似，不及新热带界丰富，是古北界与新热带界的过渡与混杂，古北界成分往北增多，新热带界成分往南增多。本界动物区系以南部最丰富，有些动物类群东西间的差别明显。本界动物区系所含科别总数不及古北界，但具有一些特产科，如叉角羚羊科、山河狸科、美洲鬣蜥科、北美蛇蜥科、鳗螈科、两栖鲵科、弓鳍鱼科和雀鳝科等。此外像美洲麝牛、大褐熊、北美驯鹿、美洲驼鹿和美洲河狸以及鸟类中的白头海雕等亦均系本区特有种类。

（三）埃塞俄比亚界

埃塞俄比亚界（旧热带界）（Ethiopian realm）包括北回归线以南的阿拉伯半岛南部、撒哈拉沙漠以南的整个非洲大陆、马达加斯加岛及附近岛屿。埃塞俄比亚界动物区系的特点主要表现在区系组成的多样性和拥有丰富的特有类群。具有一些特有目和30多个特有科。如哺乳动物中特有的蹄兔目和管齿目，鸟类中有非洲鸵鸟目和鼠鸟目，以及哺乳动物和鸟类中许多特有科。同时本界的动物区系和东洋界有很大程度的相似性，这种相似性表现在两界共同拥有许多特有的高等分类集群。如哺乳动物中的鳞甲目、长鼻目、狭鼻目、懒猴科、犀科和鼷鹿科等；鸟类中的犀鸟科、太阳鸟科、阔嘴鸟科等，说明埃塞俄比亚界与东洋界的动物区系在过去的历史时期中有着密切的联系。

本界哺乳类的著名代表有蹄兔、长颈鹿、河马等科。还有不少种类亦仅见于本区，如黑猩猩、大猩猩、狐猴、疣猴、长尾猴、河猪、斑马、大羚羊、非洲犀牛、非洲象和狒狒等。鸟类中的非洲鸵鸟和鼠鸟（$Coliiformes$）为本区的特有目。爬行类中的避役、两栖类中的爪蟾、鱼类中的非洲肺鱼和多鳍鱼均为本区著名代表种类。

此外，有些在旧大陆普遍分布的科却不见于本区，如哺乳类中的鼹鼠科、熊科、鹿科以及鸟类中的河乌科和鹡鸰科。这显然是由于长期地理隔绝而限制了其他地区动物侵入的缘故。

（四）东洋界

东洋界（Oriental realm）又称印度-马来亚界，包括亚洲南部喜马拉雅山以南和我国秦岭山脉以南地区、印度半岛、斯里兰卡岛、中南半岛、马来半岛、菲律宾群岛、苏门答腊岛、爪哇岛和加里曼丹岛等大小岛屿。东洋界可以说是古北界的向南延伸，在更新世冰期时，自古北界向埃塞俄比亚界与东洋界迁移的成分形成本界的主要特征。东洋界动物区系具有大陆区系的特征，由于气候温暖而湿润，植被丰盛茂密，动物种类繁多。哺乳类中的长臂猿科、眼镜猴科、熊猫科和树鼩科等均为本界特有。鸟类中的和平鸟科（Irenidae）为特有科。爬行类中具有5个特有科，其中如平胸龟科、鳄蜥科、拟毒蜥科、食鱼鳄科等。

尚有一些种类分布虽不局限于本区，但仍为本界特殊产物，如猩猩、狒狒、猕猴、懒猴、金丝猴、虎、豹、獴、灵猫、鬣狗、犀鸟和阔嘴鸟等。其中有些种类或其近亲亦见于非洲。非洲狮在印度孟买北部瓦阿提卡半岛上亦存在。这也证明了本界与埃塞俄比亚界有着较密切的关系。

东洋界内大型食草动物比较繁盛，例如，印度象、马来貘、犀牛、多种鹿类、牛及羚羊。鸟类中的雉科、阔嘴鸟科、椋鸟科、卷尾科、黄鹂科、画眉科、鸭科和八色鸫的分布中心都在本界内。爬行类中的眼镜蛇、飞蜥、巨蜥、龟等在本地区的数量及分布也均较突出。

(五) 新热带界

新热带界（Neotropical realm）包括整个中美、南美大陆，墨西哥南部以及西印度群岛。新热带界动物区系的特点是种类极其丰富而特殊。兽类中的贫齿目（犰狳、食蚁兽和树懒）、灵长目中的新大陆猿猴（阔鼻类——狨猴、卷尾猴和蜘蛛猴）、有袋目中的新袋鼠科（负鼠）、翼手目中的兔唇蝠科和吸血蝠科、啮齿目中的豚鼠科等均为本界所特有。在其他大陆的某些广布种类（如食虫目、偶蹄目、奇蹄目和长鼻目等）在本界内甚为罕见。

鸟类中有25个科为本界的特有科，其中最著名的代表为美洲鸵科、喇叭鹤科和麝雉科等。蜂鸟科虽不是本界的特有科，但种类及数量均异常丰富。

爬行类、两栖类和鱼类的种类甚多，其中以美洲鬣蜥、负子蟾、美洲肺鱼、电鳗和电鲶为本界所特有。

新热带界动物种类繁盛且具特色，除了本区拥有世界最大的热带雨林之外，还与历史因素有重要关系。南美洲在第三纪以前曾与南极大陆、非洲和澳洲联系在一起，因而在动物区系上至今还残留着这种象征（如均分布有袋类、鸵鸟和肺鱼等）。但在第三纪它又与其他大陆分离，在此期间发展了许多特有种类（如阔鼻类猿猴）。至第三纪末期南美大陆又与北美大陆相联结，致使两地区的动物互相渗入，形成现今的动物区系。

(六) 澳洲界

澳洲界（Australian realm）又称大洋洲界，包括澳大利亚、新西兰、塔斯马尼亚、伊里安岛以及附近的太平洋上的岛屿等。澳洲界动物区系是现今所有动物区系中最原始、最古老的类群，在很大程度上仍保留着中生代晚期的特征。其最突出的特点是缺乏现代地球上其他地区已占绝对优势的胎盘类哺乳动物，但保存了现代最原始的哺乳类——原兽亚纲（单孔目）和后兽亚纲（有袋目）。后兽亚纲动物由于不存在与真兽亚纲进行生存斗争而获得发展，因而在本界占据着不同的生态环境并产生多样化的适应，是后兽亚纲的适应辐射中心，真兽亚纲仅有少数几种蝙蝠、啮齿动物和澳洲野犬。本界特有种哺乳动物有针鼹科、鸭嘴兽科、袋鼬科、袋鼠科、袋貂科等；澳洲界的鸟类也很特殊，鸸鹋科（澳洲鸵鸟）、鹤鸵科（食火鸡）、无翼科（几维鸟）和琴鸟科、极乐鸟、园丁鸟等均为本界所特有；现存最原始的爬行动物——楔齿蜥，仅产于本界新西兰附近的小岛上。蛇、蜥蜴以及两栖类均奇缺，特有种有鳞脚蜥科（Pygopodidae）的种类和极原始的滑跖蟾（liopelma）等；澳洲肺鱼为本区某些淡水河流中的特产。

澳洲动物区系的特点由其历史原因所决定的。澳洲大陆与新西兰均在中生代末期与大陆相隔离，当时地球上正是有袋类广泛辐射发展时期，胎盘类哺乳动物尚未出现。在亚洲、欧洲及北美大陆的白垩纪和第三纪早期地层中均见到有袋类化石。当以后其他大陆上出现真兽亚纲动物时，由于海洋阻隔而不能进入澳洲大陆，这是有袋类等低等哺乳动物类群所以能在澳洲界保留并得到进一步发展的原因。澳洲界现存的真兽亚纲动物，有的是人类带入后野化的，有的（如啮齿类）可能是借漂浮的树干等物偶然迁入而获得发展的。

第二节 我国啮齿动物在动物地理区划系统中的位置

我国动物区系属于古北界与东洋界。这两大区系在我国的分界线西起喜马拉雅山脉，经横断山脉北端、秦岭向东达于淮河一线，在我国东部地区由于地势平坦，缺乏自然阻隔，因而呈现为广阔的过渡地带。由于我国疆域广阔和多样的自然条件,动物类群极为丰富,特别是古北界与东洋界均见于我国,这是其他国家和地区所不可比拟的,这些为深入进行科学研究和广泛利用动物资源提供了优越条件。

一、我国动物区系的区域分化

据古生物学研究,我国现代陆栖脊椎动物区系的起源,至少可以追溯到距今1 200万年前的新生代第三纪后期（上新世）。当时,我国境内的动物群基本上都属于三趾马动物区系,而动物区系的地理分化并不明显,其分布范围包括欧亚大陆及非洲的大部分。那时的环境,北方属于亚热带-温带,有较广阔的草地和森林草地,草地动物丰富,有各种羚羊、马、犀、鸵鸟等；南方属于热带,森林动物占优势,草地动物很少。

第三纪后期,特别是第四纪初,中国西部以青藏高原为中心,经过喜马拉雅运动,广大的地表开始剧烈抬升,形成大面积的高原,气候往高寒方向发展,并促使亚洲大陆中心荒漠化,我国的自然环境有了明显的区域差异。这个变化对于动物区系的地区分化也产生了重大的作用。更新世以来,全球进入第四纪大冰期,气候发生了多次变动,冰期与间冰期的交替对动物区系的演化及动物分布区的变迁,都有重要的影响。

更新世早期,我国动物区系的差别已初露端倪。当时南方生活的动物属于巨猿动物区系,区系组成已初步显示出东洋界的特色；北方生活的动物属于泥河湾动物区系,其中已出现了与现代北方种类相近似的一些动物,但仍具有大量至今仅见于南方的动物。更新世的中期和晚期,巨猿动物区系发展为大熊猫-剑齿象动物区系,这一动物区系的性质与东洋界日趋接近。该动物区系的分布范围甚广,除我国南方外,还包括华北一带,当时的有些属、种目前在我国已经绝灭,如猩猩（pongo）、鬣狗（hyaena）、獏（tapirus）、犀等,而象、长臂猿、大熊猫等的分布区也已大为缩小或仅存于一隅之地。北方的泥河湾动物区系又发展为中国猿人动物区系,到更新世晚期更进一步发展成沙拉乌苏动物区系。沙拉乌苏动物区系再一次于东北地区（包括内蒙古东部和华北北部）及华北一带分别分化为猛犸象-披毛犀（mammuthus - coelodonta）动物区系和山顶洞动物区系,猛犸象-披毛犀区系中的河狸、鹿、驼鹿、狼獾、野马、野驴等一直生存至今,但分布情况已有很大变化。当时华北的气候比现在温暖潮湿,森林和草地的面积比较广阔,森林动物有猕猴、麝、多种鹿和牛属（*Bos*）动物等,草地动物则有旱獭、鼢鼠、野马、野驴等,这个动物群向西一直延伸到新疆。全新世初期,我国陆地动物区系的区域分化,基本上已呈现代动物区系的轮廓。

二、中国啮齿动物区系与区划

研究鼠类区系,对鼠类分布进行区划的意义,首先在于认识和阐明鼠类的分布规律,推测其发生中心及与古代和现代自然地理条件之间的关系,对研究鼠类演化和古地理的变迁亦有重大价值；同时,还可以估量不同环境中鼠类的益害,为利用或改造资源动物,杀灭农、林害鼠和疫源动物的区域化策略,提供理论依据。

我国动物区系分属于世界动物区系的古北界与东洋界两大区系。1956年以来,我国动物学和动物地理学工作者对我国昆虫以及陆栖脊椎动物的地理分布进行了广泛深入的研究。

根据对我国自然地理区划、动物区系和生态动物地理群的综合分析,把我国分为属于古北界的东北区、蒙新区、华北区、青藏区及属于东洋界的西南区、华中区、华南区7个区(图3-3),现将我国啮齿动物的区系,区划分述于下。

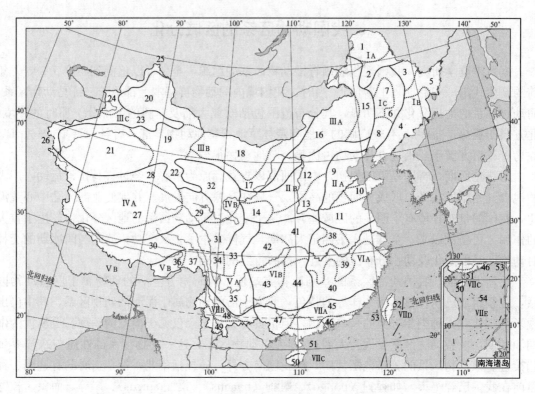

图 3-3 中国动物地理区划图
(仿张荣祖,1979)

古北界:
Ⅰ东北区:ⅠA. 大兴安岭亚区(附阿尔泰山地)、ⅠB. 长白山地亚区、ⅠC. 松辽平原亚区;
Ⅱ华北区:ⅡA. 黄淮平原亚区、ⅡB. 黄土高原亚区;
Ⅲ蒙新区:ⅢA. 东部草地亚区、ⅢB. 西部荒漠亚区、ⅢC. 天山山地亚区;
Ⅳ青藏区:ⅣA. 羌塘高原亚区、ⅣB. 青海藏南亚区;

东洋界:
Ⅴ西南区:ⅤA. 西南山地亚区、ⅤB. 喜马拉雅亚区;
Ⅵ华中区:ⅥA. 东部丘陵平原亚区、ⅥB. 西部山地高原亚区;
Ⅶ华南区:ⅦA. 闽广沿海亚区、ⅦB. 滇南山地亚区、ⅦC. 海南岛亚区、ⅦD. 台湾亚区、ⅦE. 南海诸岛亚区。

(一)古北界

古北界分为2个亚界,即东北亚界和中亚亚界。

1. 东北亚界 东北亚界包括我国东北和华北、朝鲜、前苏联东西伯利亚及乌苏里地区和日本。本区鼠类按古生物资料应与欧洲大陆相一致,但现代的鼠类区系则与欧洲呈间断型分布,可见本区鼠类在第四纪冰川期未受到大冰盖的影响,从而保存了许多较为古老原始的类群,在我国分为东北区和华北区。

(1)东北区。东北区包括大兴安岭、小兴安岭、张广才岭、老爷岭、长白山地、松辽平原和新疆北端的阿尔泰山地。兴安岭亚区包括大小兴安岭的大部分地区,植被为寒温带针叶林，是西伯利亚泰加林的南延。本区气候寒冷，冬季漫长，北部的漠河地区素有我国北极之称，夏季短促而潮湿。森林动物群繁盛，为寒温带针叶林动物群，主要由耐寒性和适应林中生活的种类组成，典型的代表动物有哺乳纲偶蹄目的麝、马鹿、驼鹿、驯鹿、野猪；兔类中的雪兔；啮齿目的灰鼠、小飞鼠、树栖啮齿类有松鼠、花鼠，地栖的主要鼠类有大林姬鼠及田鼠亚科的棕背䶄和红背䶄等。

同为西伯利亚泰加林南延部分的新疆阿尔泰山地区，其动物区系与兴安岭有较密切的关系，它们均有西伯利亚泰加林的成分。由于二者分属西伯利亚泰加林的东西两侧，故啮齿动物区系又有所不同。阿尔泰山地缺乏东北型的成分，以中亚型成分为主，有分布于林缘灌丛的林睡鼠等欧洲的种类，山地河谷中生活着河狸，山地草地广泛分布着鼹形田鼠。在中国动物地理区划中，把阿尔泰山地附于兴安岭亚区。

长白山亚区的植被主要是温带针阔混交林，北部鼠类的数量很高，种类较多，主要有棕背䶄和林姬鼠，河岸、沼泽、草甸又以黑线姬鼠及东方田鼠为优势种。

松辽平原亚区的西缘属于森林草地、草甸草地、沼泽、草地-荒漠地带，为蒙新区与东北区的过渡地带，花鼠、狭颅田鼠、沼泽田鼠、达乌尔黄鼠、三趾跳鼠等渗入本亚区。而东部平原地区全为农田啮齿动物群落，黑线姬鼠、仓鼠、鼢鼠、小家鼠占优势，黑线仓鼠在农作区数量很高，亦是危害农作物的优势种群。

(2) 华北区。本区北邻东北区和蒙新区，往南延伸至秦岭、淮河，东临渤海及黄海，西止甘肃的兰州盆地，包括黄淮平原亚区及黄土高原亚区，前者包括太行山以东的广大华北平原，后者则包括山西、陕西、甘南及冀北山地。本区位于暖温带，气候特点是冬季寒冷，植物落叶或枯萎，夏季高温多雨，植物生长繁盛。区内广大地区已被开垦为农田，仅残留部分森林零星分布于太行山、燕山、秦岭、子午岭和陇山等地，现在的植被主要为草地和灌丛。华北区的动物种类比较贫乏，特有种类少，分布于本区以及东北针叶林地带以南地区的是温带森林-森林草地、农田动物群。该二亚区主要是耕作区，鼠类主要是黑线仓鼠、大仓鼠、长尾仓鼠、棕色田鼠、北方田鼠、草地鼢鼠、花鼠、小家鼠、红背䶄、大林姬鼠、草兔等，华北平原尚有鼠属的社鼠，黑线姬鼠在某些低洼河谷及水稻耕作区的数量很多。故本区农业害鼠很多，特别是黑线仓鼠数量多，危害大。黑线姬鼠不但危害农作物，且为流行性出血热的传染源，故本区防治害兽的任务颇为繁重。

蒙新区的种类，子午沙鼠、达乌尔黄鼠分布于本亚区北缘。

2. 中亚亚界 中亚亚界包括亚洲中部地区，在我国境内自大兴安岭以西，喜马拉雅山、横断山脉北段和华北区以北的广大草地、荒漠和高原地区。各地共同生活着许多干旱草地开阔景观的动物种类，特别是有蹄类和啮齿动物，尤其啮齿动物数量较多，并因地域而不同。动物区系为中亚型成分所组成，有些种类广泛分布于全世界，高地型的种类较少，两栖动物相当贫乏，爬行动物中以蜥蜴目的种类占优势，鸟类中的百灵属、沙鸡属、地鸭属、雪雀属等广泛分布于全境。中亚亚界在我国分为两个区：蒙新区和青藏区。

(1) 蒙新区。本区的范围东起大兴安岭西麓，往西沿燕山、阴山山脉、黄土高原北部、甘肃祁连山、新疆昆仑山一线，直至新疆西缘国境线，包括内蒙古高原、鄂尔多斯高原、阿拉善沙漠、河西走廊、柴达木盆地、塔里木盆地、准噶尔盆地和天山山地等。境内大部分地区为典型的大陆性气候，属草地和荒漠生态环境。寒暑变化大，昼夜和季节温差剧烈，雨量少而干旱，土质贫瘠，致使森林不能生长，缺乏高大的乔木，耐干旱的草本植物十分繁盛。夏天和植物生长期短，动物的食源有周期性的丰歉变动；冬季漫长，积雪深厚，地表封冻期可长达 5 个月，绝对温度可降至 $-30℃$ 以下。这些自然条件对本区动物区系的组成及其生态特征具有决定性的意义。东部为草地亚区，西部为荒漠亚区及天山山地亚区。啮齿类中以跳鼠科和沙鼠亚科占优势。

东部草地亚区包括内蒙古东部与大兴安岭以南，植被主要为干草地或草甸草地，动物区系为典型的温带草地动物群组成，代表动物有达乌尔黄鼠、草原旱獭、五趾跳鼠、蒙古羽尾跳鼠、草原田鼠、狭颅田鼠、草原鼢鼠、草原鼠兔、背纹毛足鼠、长爪沙鼠等，而布氏田鼠及狭颅田鼠是草地地区突出的优势种群，数量很高，其次是草原鼢鼠、达乌尔黄鼠和草原旱獭，由东北向西南随着干旱程度的加深，长爪沙鼠的数量逐渐增高，但局部的山地丘陵及沙漠地带又有所差异。

西部荒漠-半荒漠亚区包括内蒙古中部戈壁、鄂尔多斯及阿拉善地区，河西走廊，新疆的准噶尔、塔里木盆地及昆仑山东北的柴达木盆地。境内有大片的沙漠、戈壁和盐碱滩，植被稀疏，主要生长着白刺、琐琐、骆驼刺、柽柳、红砂、沙拐枣等旱生植物，只有在沿河及山麓有高山雪水灌溉的地方才有绿洲。动物区系为温带荒漠-半荒漠动物群组成，跳鼠（五趾心颅跳鼠、三趾心颅跳鼠、长耳跳鼠、小五趾跳鼠、小地兔、羽尾跳鼠等）和沙鼠（柽柳沙鼠、红尾沙鼠、大沙鼠、短耳沙鼠等）为优势种。前者主要栖于沙质荒漠，后者则主要栖于砾质荒漠，子午沙鼠分布最广，为新疆、青海及甘肃西部的优势种，宁夏东部及内蒙古西部为典型半荒漠地区，优势种主要为长爪沙鼠，大沙鼠则分布于准噶尔盆地和河西走廊一带。

跳鼠中数量最多的为三趾及五趾跳鼠，两种跳鼠均为广布种，唯前者分布于新疆南部，而在祁连山的高山草地无分布，后者仅见于柴达木及青海东北，而新疆南部无分布。新疆北部的砾质沙漠地带小五趾跳鼠及羽尾跳鼠数量较少，这些地区是各种跳鼠的主栖地。

绿洲及农垦区的啮齿动物有子午沙鼠、红尾沙鼠、灰仓鼠、跳鼠、林姬鼠、田鼠等，而小家鼠由于人类经济活动的影响及农业的发展已成为当地主要的优势种群，此外赤颊黄鼠、沙鼠、跳鼠、长爪沙鼠等可侵入农田而成为农业害鼠，有时数量很高危害极大。

天山山地亚区包括天山山系，北至塔尔巴哈台山地。本地区鼠类为比较适应于湿润环境的种类，如灰仓鼠、草原兔尾鼠及子午沙鼠等种类。

本区西部荒漠亚区的农作区小家鼠是危害农业的主要害兽，其暴发年危害十分严重。沙鼠、仓鼠也是农作区的主要害兽。

本区是我国鼠疫的主要疫源地，黄鼠、旱獭、长爪沙鼠都是鼠疫疫源动物。本区西部尚有 Q 热、野兔热及新疆出血热等自然疫源地。

（2）青藏区。本区包括青海（柴达木盆地除外）、西藏和四川西北部，是东由横断山脉，南由喜马拉雅山脉，北由昆仑山、阿尔金山和祁连山等所围绕的青藏高原，海拔平均在 4 500m 左右，是世界上最大的高原。气候是冬季长而无夏天的高寒类型，原有的森林植被逐渐消失而代之以高山草甸、高山草地和高寒荒漠。本区分青海藏南亚区和羌塘高原亚区。动物区系主要由高地森林草地-草甸草地、寒漠动物群组成，最典型的代表有：哺乳纲中的白唇鹿、野牦牛、藏羚、藏盘羊、藏驴、喜马拉雅旱獭、白尾松田鼠、根田鼠、藏仓鼠和各种鼠兔。

青海藏南亚区由祁连山向南，包括巴颜喀拉山，横断山脉的北缘及尼泊尔、锡金、不丹交界的喜马拉雅山北麓。自然景观垂直变化比较显著，植被除在东南部有高山针叶林外，主要是高山灌丛草甸，鼠类较单纯，优势种主要是藏鼠兔和高原鼠兔，其次为旱獭、藏仓鼠、松田鼠及高原鼢等。

羌塘高原亚区包括西藏北部的昆仑山、可可西里山、唐古拉山、念青唐古拉山、冈底斯山及喜马拉雅诸大山形成的高原，海拔多在4 500～5 000m，属高寒地带，鼠类以喜马拉雅旱獭、中华鼢鼠（原鼢鼠）、长尾仓鼠、根田鼠、狭颅鼠兔、间颅鼠兔为主。

本区农业害鼠有中华鼢鼠（原鼢鼠）、长尾仓鼠、根田鼠等。本区又是我国旱獭鼠疫的主要疫源地及Q热、野兔热等自然疫源地。值得注意的是本区鼠兔种类繁多，且大多为青藏高原的特有种，因此可认为青藏区是鼠兔种、属的分布中心。

（二）东洋界

古北界和东洋界在横断山脉地区的分界线，大体位于北纬30°，由若尔盖经黑水、马尔康、康定、理塘至巴塘一线，但仍普遍地存在着两界动物过渡交错现象。

我国包括在东洋界的中印亚界内，本亚界属亚洲大陆的东南部，包括中南半岛（马来半岛除外）及附近岛屿。我国包括西南、华中、华南区。

（1）西南区。西南区包括四川西部、贵州西缘和昌都地区东部，北起青海和甘肃的南缘，南抵云南北部，即横断山脉部分，往西包括喜马拉雅山南坡针叶林以下的山地。境内多高山峡谷，横断山脉呈南北走向，地形起伏很大，海拔高度在1 600～4 000m之间，自然条件的垂直差异显著。组成动物区系的动物群有两大类：一类是分布于横断山脉等高山带的高地森林草地-草甸草地、寒漠动物群，代表动物有鼠兔、林跳鼠、喜马拉雅旱獭；另一类是分布在喜马拉雅山南坡中、低山带的亚热带林灌、草地-农田动物群，这个动物群的种类几乎全是东洋界的成分，如灵猫、竹鼠、猕猴等。本区分为西南山地亚区和喜马拉雅亚区。

西南山地亚区，本亚区为南北走向的高山及高山形成的峡谷，包括横断山、宁静山、沙鲁里山、大雪山、岷山、邛崃山等。切割深，垂直变化显著，植被为亚高山针叶林及针阔混交林。古地理资料证实，本区是由于青藏高原形成后而挤压构成的横断山区，只有顶部受到冰川的影响，谷地保持着一定的温暖而良好的条件，成为各种动物良好的避难所，保存了许多古老和原始类群的动物，是著名的大熊猫的故乡，许多单型属都在这里落户。

鼠类组成十分独特而复杂，3 000m以上地带与青藏高原基本相似，而此线以下则为暖温带或亚热带森林景观，树栖鼠以赤腹松鼠为主，其次为花松鼠、长吻松鼠、岩松鼠及多种鼯鼠；地栖则以高山姬鼠、大耳姬鼠、龙姬鼠及社鼠为主，阳坡草地的藏鼠兔数量很高。南部地区的河谷地带尚有树鼩、斯氏家鼠、黄毛鼠、板齿鼠、锡金小鼠等南方类群。绒鼠是本区常见的林业害鼠，种类较多。

喜马拉雅亚区，本区植被主要为喜马拉雅阳坡针叶林，垂直变化亦甚明显。本亚区具有许多特有鼠种如喜马拉雅山特产的锡金拟田鼠等，一般鼠类与上述亚区大致相似，也具有印度半岛区系的特色。

本区的农业害鼠主要是高山姬鼠、社鼠、斯氏家鼠等。山地耕作区内的松鼠、大耳姬鼠等均可危害农作物。本区具鼠科鼠类的鼠疫疫源地，并有Q热、野兔热、恙虫病疫源地。

（2）华中区。本区相当于四川盆地以东的长江流域地区。西半部北起秦岭，南至西江上游，除四川盆地外，主要是山地和高原，海拔大多在1 000m以上，气候较干寒，森林、灌丛常与农田交错。东半部为长江中、下游流域，并包括东南沿海丘陵地区的北部，主要是平原和丘陵，大别山、黄山、武夷山和武功山等散布其间，气候温和，雨量充沛，丘陵低缓，平原广阔，河道和湖泊密布，农业发达，素称"鱼米之乡"，包括西部的山地高原亚区及东部的丘陵平原亚区。分布在本区的动物群与西南区的中、低山带同属于亚热带林灌、草地-农田动物群。

山地高原亚区包括秦巴山区、淮阳山地西部、四川盆地及其周围部分山地、云贵高原的大娄山地、湘鄂川黔边缘山地及南岭山地。本亚区海拔高，植被保留小片原始针阔混交林及阔叶落叶林，耕作区面积较大，北部干旱，南部较温暖，四川盆地气候终年温暖湿润。

东部丘陵平原亚区包括巫山以东长江中游地带广大平原，东抵东海，南达东南丘陵的武夷山区，亚热带气候。

本区树栖鼠类以赤腹松鼠、长吻松鼠为主，部分山地草地亦有藏鼠兔。居民点及广大农耕地区以地栖鼠类黑线姬鼠、社鼠、大足鼠为优势种；林区有黑腹绒鼠、大绒鼠；南部地区黄毛鼠、黄胸鼠为优势种，尚有板齿鼠、褐家鼠、鼹鼠，以上鼠类都构成严重的农业危害，若无防治措施农业损失一般达10%左右。

本区自然疫源性疾病广泛流行的是钩端螺旋体病及流行性出血热，南部地区尚有恙虫病等。

（3）华南区。本区地处我国的南部亚热带和热带地区，包括云南及广东、广西的南部，福建东南沿海一带，以及台湾、海南岛和南海各群岛，气候属热带及亚热带，植被为热带雨林及季雨林，分五个亚区：滇南山地亚区包括云南的南部；闽广沿海亚区包括闽、广、贵南部沿海；海南亚区为海南省；台湾亚区为台湾省；海南诸岛亚区包括东、西、中、南沙群岛等岛屿。

滇南山地亚区和闽广沿海亚区的鼠类，树栖鼠类为松鼠科的赤松鼠及近1m长的巨松鼠以及多种鼯鼠，还有攀缘类型的普通攀鼠、笔尾树鼠；农田灌丛、草坡等处的优势种为黄胸鼠、黄毛鼠、板齿鼠、社鼠、大足鼠等，危害甚重，若无防治措施，农作物可损失10%～40%不等。本区自然疫源性疾病有鼠属引起的鼠疫疫源地、恙虫病疫源地。

海南岛亚区的种类比较特殊，许多种类属中南半岛、印度，甚至南洋群岛的种类。

台湾亚区鼠类很特殊，主要的种类与海南岛亚区接近，但又有一些主要分布于古北界的种类（如黑线姬鼠等）。

南海诸岛亚区都属珊瑚岛，远离大陆，曾长期与大陆隔离。据西沙群岛的调查发现黄胸鼠和缅鼠，而后者从未在大陆发现，估计均可能系人为迁移该岛所致。

第三节 生态地理动物群

我国陆地环境可分为三大自然区——季风区、蒙新高原区和青藏高原区。三大区的自然环境对动物分布的影响，分别表现为湿润、干旱和高寒3个不同条件的作用，呈现非地带性特征。我国三大自然区的三大生态地理动物群，实际上是反映了动物对大区域气候条件适应的共同性，这是我国生态地理动物群最高一级区界。生态条件是现代动物生存的决定因素。具有相同生态条件的环境，它的动物群的组成在一定程度上是一致的；具有不同生态条件的环境，它的动物群组成在质上就必然会有差异。因此，生态地理动物群能很好地表现动物与生态条件的关系。在生态条件中，气候和植被等因素，对动物生态的影响更为重要。我国各主要的气候-植被带,各具有不同的生态条件,所以在各个带中都有不同的优势种和常见种动物。它们对各带环境有较高的适应性,而且有相应的生态习性,以它们为主构成各个气候-植被带的生态地理动物群。优势种和常见种是地理环境中的一个积极因素,不但能在一定程度上影响外界环境,如植被和土壤等,而且与人类经济活动有密切的关系。啮齿动物对环境的适应能力强,且数量众多,常常成为动物群中的优势种和常见种。以它们为代表性种类,叙述我国生态地理动物群,不仅有理论意义,而且与鼠害防治有直接关系。我国有以下7个基本的生态地理动物群(图3-4)。

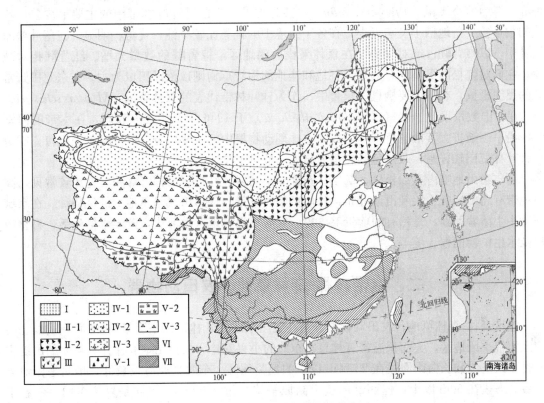

图3-4 中国生态地理动物群分布图
Ⅰ.温寒带针叶林动物群 Ⅱ.温带森林-森林草地、农田动物群 Ⅱ-1.温带森林动物群
Ⅱ-2.温带森林动物群 Ⅲ.温带草地动物群 Ⅳ.温带荒漠、半荒漠动物群
Ⅳ-1.荒漠动物群 Ⅳ-2.半荒漠动物群 Ⅳ-3.高原荒漠动物群
Ⅴ.高地森林草地-草甸草地、寒漠动物群 Ⅴ-1.高地森林草地动物群 Ⅴ-2.高地草甸草地动物群
Ⅴ-3.高地寒漠动物群 Ⅵ.亚热带林灌、草地-农田动物群
Ⅶ.热带森林、林灌草地-农田动物群

一、寒温带针叶林动物群

该动物群分布于我国的最北部,包括东北北部(大兴安岭和小兴安岭北部)及新疆最北部(阿尔泰山区)。以山地为主,海拔300~1 000m。全年气候寒冷,几乎没有夏季。年平均温度在0℃以下,植物的生长期为100~120d。全年降水量为450~550mm。植被类型大兴安岭北部主要为以兴安落叶松(*Larix dahurica*)所组成的落叶针叶林。小兴安岭北部是

以红松（*Pinus koraiensis*）为主的针阔混交林，阿尔泰区针叶林以西伯利亚松、西伯利亚落叶松和西伯利亚冷杉为主。森林分布于阴坡而与阳坡的山地草地相间。

动物的种类简单，其中占优势的是狭栖喜冷型种类。它们中的很多种类在冬季要进入冬眠或储藏食物。繁殖多在春夏季节，有季节性迁移，因而季相极为明显。与此相反，昼夜相表现得很弱。数量的周期性变动很大，少数种类有3~4年的周期性和9~10年的周期性。生物因素（竞争、天敌和寄生物）在动物生活中的作用较小，因而生态位较广。

啮齿动物中的优势种和常见种，首推树栖的松鼠、半树栖的花鼠和地栖的大林姬鼠及两种鼠平。树栖的小飞鼠（*Pteromys viloms*）甚为常见。松鼠是针叶林带中的主要毛皮兽，花鼠的数量较少。地栖小型啮齿类，在各个生境中的种类比较单纯，优势种明显。在落叶松原始林中，以红背鼠平占绝对优势。在森林采伐后的地区，棕背鼠平的数量大增。红背鼠平相对减少。它们对红松的更新均有危害。谷地和洼地的沼泽草甸则以沼泽田鼠为主。在东北田野常见的黑线姬鼠，在此主要栖息于家舍中。作为针叶林带代表的森林旅鼠（*Myopus schisticolor*）在林中数量很少。麝鼠（*Ondatra zibethica*）于1946年开始迁入我国，在本带的河湖沼泽沿岸逐渐扩大其栖息范围，已成为本地理动物群中的重要成分，是优良的毛皮兽。雪兔在针叶林带比较普遍，北鼠兔栖息于岩屑坡，数量不少。

阿尔泰山地啮齿类以松鼠、灰鼠、花鼠、小飞鼠、红背鼠平、棕背鼠平和雪兔比较常见，高山地带有高山鼠兔、狭颅田鼠分布，长尾黄鼠、旱獭、鼹形田鼠是草地上的优势种。在水域环境中生活着河狸，是稀有的珍贵毛皮兽，穴居在森林地区的河边，营半水栖生活，喜食树皮及水生植物的根、茎等。

二、温带森林-森林草地、农田动物群

温带森林-森林草地、农田动物群分布在我国东北针叶林带以南至秦岭-淮河一线以北的广大温带季风地区。大面积温带森林只在东北的小兴安岭和长白山地有保存。东北的山地主要是小兴安岭和长白山海拔在2 000m以下的丘陵地区。东北平原海拔较低，华北平原地势平缓，海拔在50m以上，但西部的黄土高原平均超过1 000m。气候是夏热多雨，冬春干冷，季节分明，季风影响显著。年平均气温北部较低，南部较高，各地差异大，但都在0℃以上17℃以下。植物生长期120~250d。年降水量一般都在500~700mm之间，有明显的雨季和干季。植被类型以落叶阔叶林为主，但大部分土地已开垦为农田，所留森林面积很小，草地所占面积也不多。

动物的种类丰富，其中广栖性种类较多，生态位比较广阔。具有明显的季节性数量变动，很多种类能进行较远的迁移。昏睡和冬眠现象很普遍。全年活动的种类中有储粮的习性。昼出种类多于夜出种类。动物数量的变化，虽不如草地和荒漠，但亦有很大的变异。

东北东南部山地森林中，小型啮齿类的松鼠和小飞鼠的数量受森林采伐的影响较大，几乎不见于次生幼林。花鼠则可见于多种环境。大林姬鼠、棕背鼠平和红背鼠平等为林下常见种和优势种。在沼泽草甸，以黑线姬鼠占绝对优势，还出现沼泽田鼠和莫氏田鼠。麝鼠在这种环境的扩展亦很迅速。高山鼠兔在长白山高山带的裸岩区数量甚多。雪兔在本带数量很少，已为东北兔所替代。

华北地区的森林已成为"孤岛"，一些在东北常见的种类极为稀少，或已经绝迹，如东

北兔和红背䶄。但华北山地出现了一些与南方共有的种类，如岩松鼠（Sciurotamias davidianus）、隐纹花松鼠（Tamiops swinhoei）、沟牙鼯鼠（Aeretes melanopterus）和大鼯鼠（Petaurista petaurita）等。这些动物均能适应森林采伐后的山地环境。在许多地方，岩松鼠、花鼠、隐纹花松鼠可以形成优势，其中岩松鼠常成为山区农林的主要害鼠。

温带森林草地南北跨越很大的范围，地栖啮齿类的组成和数量与森林带已发生很明显的变化。森林砍伐后，生活于林缘的黑线姬鼠即侵入迹地，并在老迹地中形成优势。同时，原有的几种鼠类，特别是䶄，随森林的砍伐程度而逐渐减少。华北的许多山地，在经过采伐的半旱生阔叶林地，除黑线姬鼠外，尚有一些草地的种类，如长尾仓鼠（Cricetulus longicaudatus）、大仓鼠（C. trion）、黑线仓鼠（C. barabensis）、灰仓鼠、蒙古黄鼠、中华鼢鼠和草兔，扩展其栖息范围，侵入林地。在森林砍伐后，棕背䶄还能栖息于裸岩坡及草坡，对松林更新可造成明显的危害。

在广大的黄土高原、华北平原和东北平原，大面积的森林几乎不复存在，主要为农田所占据。最普遍的田野生活的小型啮齿动物，如黑线仓鼠、大仓鼠、灰仓鼠、几种鼢鼠和小家鼠等，它们均属森林草地成分。其中黑线仓鼠在耕地、果园和荒山草坡等多种环境中数量均多，常形成绝对优势。鼢鼠营地下生活，是黄土高原和次生黄土层中典型的栖息者，并在许多地区成为优势种。主要分布在内蒙古草地的蒙古黄鼠，在北部可达嫩江平原，南部可达渤海沿岸和黄土高原。在这些地区的局部地段也可成为优势种。其他一些啮齿类，如草兔、巢鼠、褐家鼠及华北地区的社鼠等，亦可在某些环境中成为常见种类，但数量均不高。黑线姬鼠在森林砍伐后的山地得到扩展和繁盛，在黄土高原其数量仅次于黑线仓鼠，在某些低洼或潮湿环境及水稻田地区成为优势种。北部地区接近内蒙古草地的边缘地带，某些荒漠草地的种类（如长爪沙鼠和子午沙鼠）亦可成为常见种类。

三、温带草地动物群

温带草地动物群分布在内蒙古高原东部干草地地带，东起大兴安岭西麓山前平原和松辽平原西部，西至集二线北部及鄂尔多斯东部。东部边缘地区与温带森林动物相混杂，西部边缘地区有荒漠区系动物侵入。草地自然环境（景观）开阔单调，主要为干草地或草甸草地。该区内东北部地势较低，一般海拔160～190m，地势比较平缓；西部及西南部地势较高，一般海拔600～1 500m。气温属于大陆性温带气候，比其东部干燥，而且愈至西部愈甚，逐渐向荒漠过渡。年降水量从东到西由500mm逐渐降至150mm。温度的年变幅大，日温差亦较大。植被以几种针茅（Stipa spp.）、羊草（Aneurolepidium chinense）、赖草（A. dasystachys）、冰草（Agrapyron cristatum）、芨芨草（Achnatherum splendens）和蒿属（Artemisia）等为主。

动物组成较简单，优势现象明显。动物的群聚性、储粮、冬眠等习性得到了发展。在不同年份的数量波动很剧烈。昼夜相和季节相很明显。

草地啮齿动物以田鼠、鼢鼠、黄鼠、旱獭和鼠兔等属的少数种类为主要成分。组成及优势种的变化较明显。在东部地区，最突出的是田鼠：草地田鼠、布氏田鼠和狭颅田鼠。布氏田鼠几乎分布于整个内蒙古干草地，在许多地区特别是退化干草地均为优势种。在草地带东部比较湿润的高草草地中，狭颅田鼠的数量亦很多，波动也大。数量次之的是草原鼢鼠、蒙古黄鼠、达乌尔鼠兔和草原旱獭等。前三者栖于多种类型的草场，大多以退化草场的数量最多。草原旱獭主要分布在北部低山丘陵地区。黑线毛足鼠也见于草地，但一般不形成优势。从东北向西南，随着气候干旱程度的加深，出现荒漠草地的代表种，如长爪沙鼠和小毛足鼠等。长爪沙鼠在本带西部的局部沙漠和轻度盐碱化地区的数量较高，在新垦地区常成为优势种，危害农作物。主要分布于中亚干旱地区的三趾跳鼠和五趾跳鼠，在草地上数量不多。黑线仓鼠亦甚为常见，主要栖息于相对湿润的环境中。大林姬鼠和沼泽田鼠，沿大兴安岭南部伸入本带。在草地的林灌环境还有花鼠栖息，但数量不多。带内的丘陵地区还有平颅高山鼱和草兔等。由此可知，在边缘及局部地区的草地动物群是比较复杂的。

四、温带荒漠、半荒漠动物群

温带荒漠、半荒漠动物群广泛分布于内蒙古西部、新疆的准噶尔盆地和塔里木盆地、河西走廊和柴达木盆地以及各个山地的荒漠、半荒漠地带。境内海拔多在1 000m左右，柴达木盆地达3 000m左右，地势较平坦而多沙漠、盆地和盐湖，而且大部分为内陆河流。年温差大（33.8～40℃），日温差亦大（可达20℃），夏季白昼炎热而夜间寒气逼人。荒漠的主要特征是降雨量少，气候干燥，为典型的大陆气候。年降水量均在250mm以下，一般都不足100mm。主要植物有白刺（*Nertraria* spp.）、琐琐（*Haloxylon* spp.）、骆驼刺（*Alhagi sparsifolia*）、红砂（*Reaumurea soongorica*）、柽柳（*Tamarix* spp.）、沙拐枣（*Calligonum mongolicum*）、麻黄（*Ephedra* spp.）和锦鸡儿（*Caragana* spp.）等旱生灌木。在半荒漠带以针茅、狐茅及蒿属等植物为主。在高山山麓有雪水灌溉之处是农业发达的荒漠绿洲。

荒漠动物的穴居生活、冬眠和夏眠、储粮或善于奔跑等习性，比草地动物有了进一步的发展。小型动物具有耐旱的生态生理特点，能直接从植物体中取得水分和依靠特殊的代谢获得水分，并在减少水分的消耗方面有一系列的生理生态适应机制。夜出动物的百分比也较高，同种动物的个体数量很多，个别种的数量具有周期性的变化。荒漠、半荒漠啮齿动物，无论种类或数量均以沙鼠和跳鼠两个类群为主。前者主要栖息于沙质荒漠，后者主要栖息于砾质荒漠（戈壁）。沙鼠有5～6种，其中以子午沙鼠（*Meriones meridianus*）分布最广，整个荒漠、半荒漠地带均有，并向黄土高原北部森林草地延伸，垂直分布于海拔低于海平面150m的吐鲁番盆地至青海高原3 000m左右的柴达木盆地和湟水河谷，能栖息于多种环境，群体不大，在西部地区（新疆、青海和甘肃西部）为普遍的优势种，在东部地区（宁夏东部、内蒙古西部）则让位于长爪沙鼠（*Meriones unguiculatus*）。大沙鼠（*Rhombomys opimus*）主要分布于准噶尔盆地和河西走廊，最东至集二线一带，在琐琐灌丛中特别多，对琐琐（*Haloxylon ammodendron*）有大的破坏作用。柽柳沙鼠的分布类似于大沙鼠，但最东只分布于河西走廊西部，数量不多。红尾沙鼠分布局限于天山北麓和东疆局部地区，是半荒漠的种类，常成为优势种。短耳沙鼠分布局限于塔里木盆地南缘的狭长地带，数量不多。

跳鼠有11种之多，分布广泛，数量最多的是五趾跳鼠和三趾跳鼠。五趾跳鼠在荒漠、半荒漠和干草地均有，并见于柴达木盆地和青海东北部高山草甸（3 000m以上），向南可伸至黄土高原北部，但不见于南疆，栖息环境一般避开沙丘。三趾跳鼠的分布与五趾跳鼠大致相似，但包括南疆而不见于祁连山的高山草甸，一般多栖于沙丘环境，其他种类如长耳跳鼠（*Euchoreutes naso*）、地兔、小五趾跳鼠、羽尾跳鼠、五趾心颅跳鼠（*Cardiocarnius paradoxus*）等，分布比较狭窄，主要局限于中蒙交界的砾质荒漠、半荒漠地带，只有少数地区数量较多。

一般说来，在开阔盆地和平原的大部分地区，小型兽类成分均比较单纯，除跳鼠和沙鼠以外，普遍分布的只有野兔、鼹形田鼠、灰仓鼠和小毛足鼠等，通常均不形成优势。

山麓和低山半荒漠地带，小型兽类组成比较复杂，红尾沙鼠、兔尾鼠、黄鼠在不同地区可成为优势种，天山山麓还有林姬鼠、田鼠（*Microtus* spp.）自高山草地沿湿润地段下伸。兔尾鼠有数量急剧波动的特点，在内蒙古西部、准噶尔盆地周围（黄兔尾鼠）和天山西部山间盆地（草原兔尾鼠）的半荒漠环境中，均有过由于数量暴增而形成严重灾害的记载，黄鼠数量波动较小。

柴达木盆地的啮齿动物，种类较单纯，数量不高，有子午沙鼠、长耳跳鼠、五趾跳鼠、三趾跳鼠、荒漠毛跖鼠等。主要分布于青藏高原高山草甸环境的高原兔、白尾松田鼠和长尾仓鼠亦见于此。在局部水草丰富的地方，白尾松田鼠的密度较高。

绿洲环境适于许多小型兽类的栖息，子午沙鼠、红尾沙鼠、灰仓鼠、跳鼠、林姬鼠、田鼠等，均甚为常见。农田的开垦使原来的荒漠动物数量减少或只保存于小片未垦地中，同时小家鼠、林姬鼠、灰仓鼠、普通田鼠的数量有所增加，赤颊黄鼠、沙鼠、跳鼠亦侵入农田。

五、高地森林草地-草甸草地、寒漠动物群

该动物群分布在青藏高原及其周围毗连的高山，包括北部的帕米尔、天山，南部的喜马拉雅和东部的横断山脉等高山带。青藏高原的东南边缘，森林与草地交错，自然环境比较复杂，动物的栖息条件较好。但从整体来看，分布最广的环境是高山草地和高寒荒漠。

高山草地的气候寒冷而风大，全年无夏。高原内部和高海拔地区，植物生长期只有 2~3 个月，草类生长矮小，草地的分布比较分散，对动物的生活有较多的限制，动物比较贫乏。高地森林草地和草地动物，不但在区系关系上与内蒙古草地接近，而且在生态特点上亦与内蒙古草地相似，动物的穴居、冬眠、储草和迁移等习性得到进一步强化，而群聚动物大量密集的现象，没有内蒙古草地那样普遍。寒漠地带气候更为严酷，空气稀薄，栖息条件更为恶劣。寒漠动物群主要由少数适应于高寒条件的种类所组成，特有种极少。

青藏高原的东南边缘属于高地森林动物群。啮齿动物中的优势种和常见种主要属于草地成分。其中有些种类属于广布种，有些则属于狭布种。如主要生活于草地的高原兔、喜马拉雅旱獭、中华鼢鼠、长尾仓鼠和松田鼠等也栖于灌丛、林缘或林间草地。根田鼠同时栖于森林和草地。在植被条件单纯的条件下，往往由单一种类栖居，形成栖地专一化现象，如在高山灌丛中以山柳（阴坡）、浪麻为主时，只有狭颅鼠兔；而根田鼠则仅仅栖息于以金腊梅（阳坡）为主的生境中。鼠兔的栖地分化现象甚为明显，如在横断山脉北部至东祁连山一带，藏鼠兔栖于林缘和林间草地；间颅鼠兔栖于草甸草地和灌丛；狭颅鼠兔栖于高山灌丛；红耳鼠兔除森林外广泛栖息；高原鼠兔几乎栖息于各种环境中。高山环境对啮齿动物数量的影响很明显，例如，在东祁连山区的草甸草地上，植物丰富，啮齿动物的种类较多，主要吃植物的绿色部分营群聚生活的旱獭、鼠兔和营地下生活的鼢鼠成为优势种，其中以高原鼠兔数量最多，是主要的草地害鼠。在比较湿润的草甸草地上，中华鼢鼠很多，亦严重破坏草场。长尾仓鼠的数量亦不少。

青藏高原西北部，特别是羌塘高原，属于寒漠动物群。动物种类不多，啮齿类中以高原兔和高原鼠兔最普遍。高原鼠兔在不少地区数量很高，其次是旱獭、白尾松田鼠、藏仓鼠和高原䶄等。白尾松田鼠是藏北高原谷地草甸中常见的种类，在一些地方数量很高，对草地有很大的危害。

天山一带高山的生态地理特征与青藏高原基本相同。整个来说，天山高山带以高山草甸为主。啮齿类的优势种以旱獭为主；高山䶄、天山林䶄、红背䶄、狭颅田鼠等，多生活于森林边缘和森林中。

六、亚热带林灌、草地-农田动物群

亚热带林灌、草地-农田动物群分布在自云南、广西、广东和福建的北部至秦岭淮河一线间的辽阔地区，是热带和温带的过渡地带。地势西高东低，西部海拔 1 000～2 000m，东部多为 200～500m。自北向南暖季增长，冬季也比较温暖，年平均温度在 15℃ 以上，一般不超过 22℃，降水量 800～2 000mm。无霜期 220～245d 以上。天然植被是常绿阔叶林，但区内农业开发的历史较久，绝大部分山地丘陵的原始森林，早经砍伐并经人工经营，次生林地和灌丛、草坡所占面积很大。平原及谷地几乎全部为农区，大部分是水田。

亚热带森林动物群的原来面貌有了极大的改变，沦为次生林灌、草坡和农田动物群，并普遍受到人类活动的影响。其特征是：狭布类型较多，季节性迁移的程度较小，繁殖的季节性表现比较清楚，数量的季节变化亦很明显，但数量的暴发则很少。

林栖动物只保存于少数面积不大的森林中。啮齿类的赤腹松鼠、长吻松鼠（*Dremomys* spp.）、花松鼠（*Tamiope* spp.）等在许多地区为林中的优势种，由于树木稀疏，主要过着地栖生活。在本带西部山地，岩松鼠亦成为林区的常见种，多栖于高处。在亚热带茂密的竹林中，栖息着专以竹笋和竹根为食的灰竹鼠（*Rhizomys sinensis*）。

已经开发的山地及丘陵次生林灌和草地，常见有短耳兔（*Lepus sinensis*），北部还有北方常见的草兔。在广大的农耕地区，以黑线姬鼠、黄胸鼠、黄毛鼠、褐家鼠和小家鼠为优势种，在农耕地区黑线姬鼠的数量较其他鼠类为高。但在本带边缘地带情况有一些变化，数量高的鼠种在浙江南部和福建北部有黄毛鼠，在贵州北部有社鼠，在贵州南部的某些地方有针毛鼠，在四川盆地西部山地有山地姬鼠，在云南北部黑腹绒鼠（*Eothenomys melanogaster*）占优势，在长江以北的平原地区，常见种中出现了黑线仓鼠，在东部平原丘陵地区的一些沿河岸潮湿环境中，东方田鼠可形成绝对优势种。

七、热带森林、林灌、草地-农田动物群

热带森林、林灌、草地-农田动物群分布在我国的西藏、云南、广西、广东和福建的南部（包括海南岛和台湾）。境内除个别山地海拔较高外，一般为数百米的丘陵或数十米的台地，气候温暖炎热。全年无霜，年降水量为 1 200～2 000mm。天然植被属热带雨林及季雨林和雨林性常绿阔叶林。但保存较好的森林，现已不多。在广大开发地区，则以次生林灌、芒草坡和农田为主。

动物的种类丰富，个体数目却比较少，即狭布种类占优势。生态现象的季节性不明显，

包括换毛、繁殖和迁移等。在次生林灌、草坡和农田，种类趋于简单，地栖动物显著增加，出现优势现象。

树栖啮齿类种类很多。特别是松鼠科和鼯鼠科（Pteromyidae）的一些种类，最常见的是赤腹松鼠。在林缘和林中稀旷处，地栖鼠类增多，最常见的啮齿动物有豪猪（Hystrix spp.）和多种家鼠属的鼠类等。

森林砍伐后，许多地方成为次生林灌丛、草坡和农田，原来地栖的动物数量增加，形成优势，几乎完全代替了树栖的种类。赤腹松鼠、花鼠等则转变为半树栖生活，甚至可进入家舍盗食，并在大部分地区成为优势种或常见种。原来生活在竹林中的竹鼠（Rhizomys spp.）和林缘的豪猪得到很大的发展，在许多地方竹鼠成为优势种。

在农田环境中，往往以3~5种鼠类占绝对优势，其中以板齿鼠、黄毛鼠的分布最广泛，在南部沿海平原为主要的优势种，栖于多种环境，在水稻田中的数量很高。板齿鼠、青毛鼠、针毛鼠和小家鼠，在一些丘陵地区亦可成为主要的优势种。新垦地中，以板齿鼠和黄毛鼠的数量最多。其他如黄胸鼠、褐家鼠、社鼠和大足鼠（Rottus nitidus）等均为常见种。

◆ 本章小结

　　动物地理学是研究古代和现代动物的地理分布区，以及地球上各自然地区、地带和景观中动物分布规律的学科。生态因素、最小因子定律、耐受性定律、生态价、限制因素和栖息地等都是研究与阐明动物分布规律、不同地区或地带动物的种类和数量组成特征、动物与环境诸要素之间的相互关系，以及动物在时间和空间分布变化情况的主要理论依据。

　　种的分布区是动物地理学的基本单位，指某种动物所占有的地理空间，在这个空间里，这种动物能够正常生长和发育，并通过生殖繁衍出具有生命力的后代。

　　不同的动物地理学派坚持不同的动物地理区划原则和方法。我国学者张荣祖、郑作新提出了历史原因、生态条件和生产实践的动物地理区划三项基本原则。

　　我国动物区系属古北界与东洋界，其分界线西起喜马拉雅山脉，经横断山脉北端、秦岭向东达于淮河一线。东部地区由于地势平坦，缺乏自然阻隔，因而呈现为广阔的过渡地带。我国境内的古北界含东北区、蒙新区、华北区和青藏区，东洋界含西南区、华中区和华南区。

　　生态条件是现代动物生存的决定因素。我国有7个生态地理动物群。

◆ 复习思考题

1. 我国动物区系属于哪两个界及每界动物的分布特征是什么？
2. 我国动物地理区划中包括哪几个区？每个区的动物分布特征有哪些？
3. 我国包括哪几个生态动物地理群？每个生态动物地理群的特征是什么？
4. 世界陆地动物区系中包括哪几界？每界动物的分布特征是什么？

第四章
啮齿动物个体与种群生态学

内容提要： 本章通过栖息地-个体-种群-种间作用这条主线，系统地介绍了啮齿动物个体、种群生态学中涉及的理论、概念、方法，包括栖息地理论，啮齿动物活动规律性，营养、繁殖、种群动态、空间格局、种间关系和复合种群理论等啮齿动物生态学研究的经典和热点问题。通过对本章的学习有助于对啮齿类的生活规律和个体、种群与环境之间的相互关系有一个整体的了解，并掌握主要的理论和知识点。

要科学和有效控制鼠害，人们就必须具有啮齿动物生态学的知识。生态学是研究生物与其周围环境之间相互关系的科学。科学的发展，沿着微观和宏观这两个相反的方向发展。动物生态学主要就是由个体至种群、到群落、再到生态系统的研究，是向宏观方向发展的不同水平的生物科学。研究环境条件对动物个体影响的（如温度、湿度等环境条件对动物个体的营养和繁殖等方面的影响），称个体生态学；在一定空间范围内以某一动物的种群为主，研究其分布、结构、动态和自我调节等的，称种群生态学；研究一定范围内生物之间的相互关系、群落的结构和演替等的，称群落生态学；在能量流通、物质循环和信息传递的基础上，研究生物群落与环境之间相互关系的，称生态系统生态学。就动物生态学来说，种群生态学的研究一直是动物生态学中研究最为活跃的领域。当今群落生态学、景观生态学等研究中也将啮齿动物作为其研究的重点内容，我们学习啮齿动物生态学，就是要通过不同的生态水平，了解各种鼠类的生活规律以及它们与环境之间的复杂关系。从个体水平、种群水平、群落和生态系统水平上进行必要的基础理论性研究，了解其个体和种群与环境之间的相互关系，掌握其种群本身数量变动的规律。阐明啮齿动物在不同群落和生态系统中的地位和作用，从而为有效地治理鼠害提供合理而科学的理论依据。

第一节　啮齿动物的一般生态

一、栖　息　地

要了解啮齿动物的一般生态特点，首先必须了解和研究其生活的地方，通俗一点说就是生活的场所，即栖息地。栖息地是指某种动物在其分布区内的生活场所，也称为生境。生物种类是环境长期作用的产物，有什么样的环境，就有与之相适应的生物类群。如森林中分布有适于树栖的松鼠，草地中有适于草地生活的田鼠、沙鼠和黄鼠等，农田中有仓鼠、大家鼠和小家鼠等。通过对栖息地的研究，可以揭示生物与环境间的关系。通常可按植被、土壤、地形等因素将动物的栖息地分为以下几种不同的类型，即生境类型。

1. 最适生境 这种栖息地能够为动物提供良好的空间、食物和水分条件。动物在这类栖息地中能正常繁殖和生存,并形成较高密度。如草群低矮的退化草场是布氏田鼠的最适生境。

2. 可居生境 在这种栖息地中,动物能够生存、繁殖,但形不能形成较高的密度。

3. 不适生境 就是不适宜动物栖息、生存的地方。

栖息地类型是一个相对概念,并不是一成不变的,它可随着环境条件的改变而相互转化。最适生境可能变成不适生境,如春季在一块低洼的地方具有较好的食物条件和温暖的小气候,这对许多鼠类来说都是最适生境,但到雨季由于积水或者被雨水淹没就变成了不适生境。又如在内蒙古新巴尔虎左旗干草地区,春季浅沟中布氏田鼠密度较其他生境密度高出 2~4 倍,但 8 月由于连续集中降雨,沟内不利于田鼠生存,有大量个体迁到沟外(施大钊,1986;武晓东,1990)。

4. 储备地 储备地是指一些特殊的生境,当大部分生境处于不利的情况下,这种栖息地中的动物还能维持生存,对动物起储存保留的作用;当条件较好时,大量繁殖向外扩散,起到发源地的作用。因此,在防治鼠害时,在防治鼠害的年月里应特别注意这类生境,采取重点防治措施可获事半功倍的效果。草地啮齿动物对栖息地的选择是当前行为学研究的热点问题之一。

二、洞穴及其结构

啮齿动物除某些树栖、半水栖的松鼠、河狸等少数种类外,绝大部分是营地下穴居生活的。洞穴是啮齿动物避敌、生殖、育雏、储粮、越冬及应对各种气候变化的场所。例如,当地表温度为 59℃时,在大沙鼠的洞内 70cm 深处的温度仅 28℃;当地表温度低到 -45℃时,洞内 40cm 深处的温度变化是 1.5~4.8℃,在 80cm 深处的变化是 3.6~4℃。

啮齿动物的洞穴结构一般包括洞口、洞道、窝巢、仓库和便所等几个部分。

1. 洞口 洞口的数量、大小和形状因鼠种类而异。如跳鼠只有 1 个洞口,黄鼠最多不超过 2 个,而沙鼠洞口多到十几个或者几十个,布氏田鼠可以在 10m×20m 范围内的 3 个洞群上有 65 个洞口。多种鼠的洞口前都有土丘,由于各种鼠类的挖掘力不同,所抛出土丘的大小也彼此各异。

2. 洞道 洞道的长短、直径和深浅与鼠类的体形大小、生活方式有直接关系。就某一种而言,夏季洞和临时洞的洞道都比较短浅,分支也少;冬季洞和永久洞的洞道非常复杂,迂回曲折,分支较多,长达数米至数十米,而营地下生活的鼢鼠洞道长度甚至可超过 0.5km。

3. 窝巢 一般都位于洞道的末端或洞系的中央部分,距离地面较深,而冬眠鼠的窝巢均在冻土层以下,是洞道的扩大部分。巢垫物由细软的碎草、鸟羽和兽毛等组成。洞道中时有膨大部分,可作为鼠进出时转身和临时伏卧用。窝巢大小因鼠而异,如一个布氏田鼠洞群内窝巢大小可达 40cm×40cm×30cm。

4. 仓库 不冬眠的鼠类,洞穴中都有大小不一、数目不等的仓库,是秋季储存食物的地方。

5. 便所 为冬季或夜晚排便的地方,一般 1~2 个。

6. 盲道和暗窗 指从洞道或窝巢发出的不通地面的部分。

一般来说,冬眠种类和夜间活动种类,如跳鼠、仓鼠、黄鼠洞穴结构简单,一鼠一洞,非冬眠和白天活动的鼠洞结构复杂，如鼠兔、沙鼠、田鼠等的洞穴结构就比较复杂（图4-1）。这也是一种生态学上的适应，因为冬眠鼠类要靠睡眠度过整个寒冬，所以较多的洞口是不适宜的，且不需要仓库。此外，夜间活动降低了鼠类被天敌发现的相对风险，因此也不需要临时避难洞等。

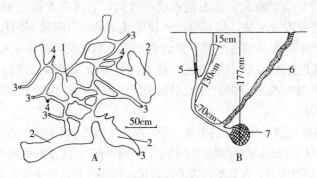

图4-1 啮齿动物的洞穴

A. 布氏田鼠洞系平面图　B. 草原黄鼠的冬眠洞

1. 巢　2. 仓库　3. 明洞口　4. 暗洞口　5. 堵塞部分　6. 往年废弃洞　7. 冬眠洞

三、活动节律和范围

（一）活动节律

生物在一天中都要经历光亮和黑暗的昼夜交替。啮齿动物对于这种节律反应是十分多样的，归纳起来，大致可分为昼出活动、夜间活动和全昼夜活动3种类型。如果将动物活动的频次与24h的关系用图表示，则见有单峰型、双峰型和多峰型等。

草地啮齿动物大都是白天活动的类型，如黄鼠、旱獭、鼠兔、布氏田鼠、黄兔尾鼠和长爪沙鼠等。高原鼠兔在夏秋季节，每天上午8时左右和下午5时左右出现两次活动高峰（图4-2），但以上午活动比较频繁，活动时间也较长。而在气温最高的中午12时至下午3时，很少活动。

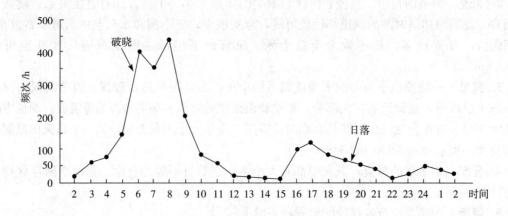

图4-2 高原鼠兔昼出活动的双峰型

光照是大多数动物调节昼夜活动节律的基本信号。营地下生活的鼢鼠和鼹形田鼠与昼夜交替没有多大联系，而属于全昼夜活动的多峰型鼠类（图 4-3），其夜间活动时间长于白昼，以午夜的高峰值最高。一般上午 7~10 时和下午 5~7 时有明显的活动，中午 12 时至下午 4 时活动很少。

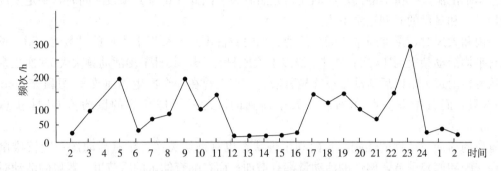

图 4-3　中华鼢鼠昼夜活动的多峰型

夜间活动的鼠类有跳鼠、仓鼠、褐家鼠、姬鼠和子午沙鼠等。褐家鼠大体上自下午 5 时起逐渐开始活动，活动高峰出现在午夜 0 时至凌晨 2 时（图 4-4），而上午 8 时至下午 6 时，则基本处于极少活动状态。

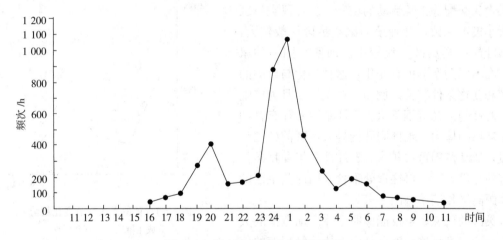

图 4-4　褐家鼠夜间活动的单峰型

典型的夜间活动的林姬鼠，以种子为主要食物，其食物的营养价值较高，饱餐一顿可以维持较长的时间，因此出洞的频次较少，一般每昼夜有日出和日落后两次活动高峰。由于夜出活动，被天敌发现和捕获的机会要比白天少，另一方面由于种子的来源较为分散，得之不易，为寻找食物需要走出较远的距离和付出较大的活动量。因此，姬鼠一般都有发达的四肢，跗跖部也较长，并具眼大、耳高等特征。草地上生活的一些鼠类，如黄鼠、田鼠和鼠兔等啮齿动物，皆以植物的绿色茎叶为主要食物，其食物的含热量少，为了获得足够的营养，必须经常采食，多次出洞活动。这些鼠类，一般都属于白天活动为主的类型。白天出洞被天敌发现和捕获的机会较多，其活动范围一般不能过大，洞穴结构一般较复杂，尤其需要较多的洞口以躲避天敌。其身体结构也往往是四肢短小和耳壳不发达，活动能力较强。

鼠类的活动与温度、光照等环境因子关系较为密切，通常白昼活动的鼠类都是在洞内外温差最小的时候活动较为频繁。例如，布氏田鼠在夏季虽然整天可以见到它们在洞外活动，可是仍以日出之后和日落之前活动最多,每天出现两个活动高峰;但到冬季时,田鼠出洞的时间都在中午气温最高的时候。大沙鼠冬季只在温暖时出洞,且活动时间极短,春秋两季整天活动,尤其在上午 10 时至下午 4 时活动最为频繁,而在夏季只在凌晨和黄昏时活动最多,中午基本不出洞穴。鼠类的出没时间还与光照有关。因此在记录其出没时间时,一定要同时把当地日出和日没的时间记录下来。

大雨和大风时,鼠类通常要减少活动。如内蒙古 1 月 4 级以上大风的日数为 17d,长爪沙鼠日平均活动频次为 14 次;2 月 4 级以上大风只有 5d,其日平均活动频次大 79 次之多。

鼠类在雨过天晴以后活动量往往显著增高。有人曾在一个次生林地放 80 只鼠笼,6d 共捕鼠 38 只,而其中 5 只是在雨后一天中捕到的,这一天捕获到的鼠约占 6d 捕获总数的 39%。

鼠类的活动与动物的性别、年龄和生理状态也有密切关系。雄鼠活动量一般较雌鼠为大;在交配和储粮季节,两性的活动量都有增加;而在哺育幼鼠的季节里,雌鼠的活动时间则显著减少。

(二) 活动范围与领域

1. 鼠类的巢区 动物以其巢穴为中心,都具有一定的经常活动场所,这就是动物的活动范围或称巢区(homerange)。巢区是鼠类进行采食和交配等正常活动的场所。各种鼠类巢区的大小极不一致,食种子的鼠类巢区一般较大,食茎叶的鼠类巢区一般较小。即使是同一种鼠类,在不同的季节也有变化,这种变化与鼠类的繁殖和食物条件有关。例如,黄鼠在 4 月为交配期,两性的活动范围都大,7 月雌性要补充育幼时消耗掉的体力,雄性则开始进入冬眠前的肥育阶段,活动范围再次扩大,8 月是全年食物条件最好的月份,不必再往远处采食,因此其巢区的活动距离又复缩小(图 4-5)。

巢区的研究,不仅能探明个体活动范围的大小,并能得到种群密度和种内个体接触程度的信息,灭鼠时还可以帮助确定布饵带之间的距离。

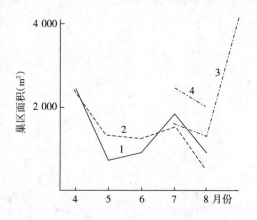

图 4-5 黄鼠巢区季节变化趋势
1. 成年雄性 2. 成年雌性
3. 未成年雄性 4. 未成年雌性

2. 鼠类的领域 领域(territory)是指巢区范围内不准其他个体侵入的部分,它的范围比巢区小。所有动物都有巢,但不一定都有领域。每个(或每群)动物的领域必须要有足够的大小,以保障能源的供应,维持该动物的生存。有人研究松鼠领域的大小与它全年需要的能量成正比,如以单位面积产量为标准,则产量和领域大小成反比。

四、营 养

动物在新陈代谢过程中除了和环境进行气体交换外,还必须从环境中摄取水分、盐类和有机物质等,以作为维持其生命活动所需要的物质和能量,并作为其生长、发育、生殖和建造机体的物质基础。动物的这些有机物质由食物而来。自 20 世纪 60 年代以来,随着冻原带旅鼠（*Lemmus*）种群周期营养恢复学说的问世（Pitelka，1964；Schultz，1964），研究啮齿动物食物数量和质量、营养适应以及营养对种群特征作用的规律，已发展成为一门基础性学科——营养生态学。

（一）食性

动物的食性决定了它在生物群落中的地位和作用。根据动物的食性可以评价动物对人类生活和生产活动的作用；根据某种动物食物条件的丰歉，可以推断该动物种群的数量变化；灭鼠时采用什么样的诱饵，亦应根据鼠类对食物的喜食程度而定。

一般根据动物所食食物的狭窄，将动物分成狭食性动物（stenophagy）、广食性动物（eurgphagy）和杂食性动物（omnivory）。所取食物种类越少，其特化程度越高。

啮齿动物是草食性动物，但也有转化为杂食性的。仓鼠、跳鼠、黄鼠均兼食动物和植物性食物；生活在新疆喀什谷地的天山黄鼠，其胃容物中，蝗虫的比例在 60% 以上，个别的竟达到 100%；而褐家鼠则是典型的杂食性鼠类，凡是能吃的东西几乎无所不吃。

1. 食性的特化 有些鼠类的食性比较窄，属于狭食性鼠类。如竹鼠，仅吃嫩竹及其地下茎；黄喉姬鼠因食性的限制，仅分布在栎树和椴树林中。鄂毕旅鼠（*Lemmus obensis*）也是狭食性的，它专门以苔草和羊胡子草为食。分布在一般草地上的啮齿动物，大多为广食性的种类。如高原鼠兔，在笼中喂饲 31 种植物，采食的有 28 种，蒙古黄鼠经常采食的植物也有 19 种之多。虽然它们采食的植物种类较多，其中仍然有喜食程度不同的差异。根据鼠类对食物的喜食程度（频次或数量）不同，可以将食物分成最喜食（10%以上）、喜食（5%～10%）、较喜食（1%～5%）、不喜食（1%以下）和不采食 5 个等级；也有分成基本食物（经常取食）、次要食物（胃中发现的频次和食量较少）、偶然被吃的食物（在胃中很少发现）和被迫取食的食物等。

近年来评价植食性哺乳动物食物组成与饲料可利用量之间关系的方法很多（Lechowice，1983），如对田鼠类采用选择性指数（preference index，PI）分析二者关系的各种模式。某种食物的选择性指数

$$PI = \frac{Di}{Vi} = \frac{在该鼠食物中所占比例}{在饲料供应总量中所占比例}$$

（Batzli，1983）

假定动物对特定食物种类具有稳定的选择，则该种食物在食物总量中的比例与该食物在饲料中所占比例之间存在正的线性关系（图 4-6）。Batzli（1980，1983）研究阿拉斯加地区田鼠类食物选择与饲料适口性时指出，当某种食物始终得到强烈选择时，$PI>1$；若始终避免选择时，$PI<1$；当选择的比例与供应比例相等时，则 $PI=1$；当动物以相对恒定的数量选择某种食物，即为无固定选择

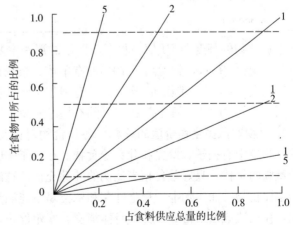

图 4-6 食料供应与取食比例的关系
[实线为不同的选择性指数（*PI* 值），
虚线表示取食比例不受食料供应的影响]
（仿 Batzli，1983）

时，PI 则依食物可利用量的增大而降低。选择指数与实验室通过摄入测定的饲料适口性等级之间具有如下关系：

$PI<1/2\sim1/10$，　　　　不适口；
$PI\geqslant1$，　　　　适口；
或 $1<PI\leqslant2$，　　　　适口性低；
$2<PI\leqslant5$，　　　　适口性高；
$PI>5$，　　　　适口性最高。

王桂明等（1992）应用 Baezli 等介绍的选择性指数公式，研究了布氏田鼠对某种植物喜食程度，规定如 $PI>1$，为喜食；$PI<1$ 不喜食。其结果如表 4-1 所示。

表 4-1　布氏田鼠夏季食物选择性指数和植物的频度

（引自王桂明等，1992）

食物种类	植物频度（%）	选择性指数
羊草 *Aneurolepidium chinense*	100	2.6
糙隐子草 *Cleistogenes squarrosa*	100	0.1
冷蒿 *Artemisia frigida*	94	0.4
冰草 *Agropyron cristatum*	92	1.1
克氏针茅 *Stipa krylovii*	92	0.3
杂花苜蓿 *Medicago ruthenica*	70	6.8
阿尔泰狗娃花 *Heteropappus altaicus*	44	32.9
二裂委陵菜 *Potentilla bifurca*	40	1.2
菊叶委陵菜 *Potentilla tanacetifolia*	8	91.0
并头黄芩 *Scutellaria scordifolia*	48	0.1
寸草苔 *Carex duriuscula*	100	0.0
灰藜 *Chenopodium album*	60	0.0

根据植物的频度和 PI 值，将布氏田鼠的夏季主要食物分为 3 类：

第一类：$PI>1$，频度高于 70% 的有羊草、杂花苜蓿、冰草；

第二类：$PI>1$，频度低于 50% 的有阿尔泰狗娃花、菊叶委陵菜、二裂委陵菜；

第三类：$PI<1$，频度高于 90% 的有糙隐子草、冷蒿、克氏针茅等。

2. 食物对鼠类生物价值的差异　各种食物对鼠类的生物价值是很不一致的。例如，在松鼠食物单中有松子、蕈类和叶芽等食物。在松子丰收的年代，鼠类主要食物为松子；但在松子歉收的年代，只好采食相当比例的叶芽充饥。这时如果剖检鼠胃，就可能误以叶芽为松鼠的主要食物，而实际上，只吃叶芽和蕈类是不能满足松鼠营养需要的。因此在松子歉收的年代，往往造成松鼠营养不良，身体消瘦，繁殖停止，对疾病的抵抗力减弱，导致松鼠的数量急剧下降；但在松子丰收的年代，虽然其包含有松子的胃的平均重量还不到充满叶芽的胃重的 1/4，可是因为松子的营养价值远远高于叶芽，松鼠得到了良好的生长和发育，并且能够顺利地繁殖，使种群数量明显地上升。由此可见，松子是松鼠的生产性食物，而叶芽仅是它的维持性食物。

对田鼠营养生态学的研究揭示了田鼠对可消化干物质的摄入率,直接影响其体重增长(图 4-7)。田鼠繁殖季节的长度、胎仔数、体重增长及存活率均与天然食物的营养成分有关 (Cole,1979;Hoffmann,1958)。富有营养的食物能维持田鼠在冬季(Cole 等,1979)和夏季(Ford,1978)的繁殖。Cole 等(1979)报道,*Microtus ochrogaster* 在具有高质量的自然食物条件下,体重增长更快;在夏季,加州田鼠由于所食的植物种子缺乏钠和钙,使其繁殖力降低,在围栏条件下,由于补饲钠及钙,提高了草地中田鼠的繁殖力和存活率(Aumann 等,1965)。

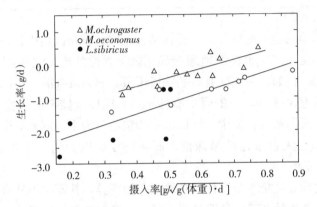

图 4-7 田鼠类体重生长率与人工食物可消化干物质相对摄入率的关系

(仿 Shenk,1976)

3. 食性的变化 鼠类的食性,也不是一成不变的,不同的季节有不同的食谱,尤其在我国东北、西北和内蒙古等地,环境的季节变化很明显,鼠类的食性必然要随着季节交替而发生变化。如青海的高原鼠兔,6 月喜食针茅,7 月对针茅取食较少,8 月对其根本不取食;又如布氏田鼠、蒙古黄鼠食性的季节变化也比较明显(图 4-8、表 4-2);一些林栖的啮齿动物,夏天比较喜食多汁食物,后改食果实,到冬季则特别喜食种子。因此在选择灭鼠的饵料时,不但要注意杀灭对象的食性特点,还要注意其食性的季节变化。否则就可能因为用饵不当而影响灭鼠效果。

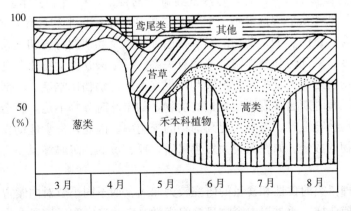

图 4-8 布氏田鼠食物组成的季节性变化

表 4-2　蒙古黄鼠食物组成的季节变化

食物种类	3月	4月	5月	6月	7月	8月	9月	10月
绿色植物		++	++	++	++	++	++	+
种子	+	+					++	
花			+					
根	+	++						
昆虫碎片	+	++	++	++		++	++	+

注：+代表食物的有无和多少。

食源的状况能影响动物的地理分布，而在某种动物的分布区域内，不同的环境条件也可以影响动物的食性，使之产生食性的地理变异。鼠类食性的地理变异不如季节变化那么明显，但变化是存在的。例如，前苏联北方的普通田鼠（*Microtus arvalis*），在夏季有 26% 的胃中有种子，而在南方仅有 10.4% 的胃中有种子；布氏田鼠储藏的植物种类与其环境中的植物来源有关。在一般洞系的仓库中，常以禾草和猪毛菜为主；洞系周围长有丰盛的绿珠藜的田鼠仓库中，则储有大量带穗的绿珠藜；而在离麦垛近旁的一个田鼠洞系中，总共有 6.5kg 储粮，全部是麦穗。

总之，鼠类的食性无论是季节变化还是地理上的变异，其原因不外有两个方面：一是出于鼠类本身的需要，如冬秋季节，气温日趋下降，一般鼠类都趋向于采食发热量比较高的食物（如果实、种子等）；二是根据环境提供的条件，即获得某种食物的可能性，如棕背䶄冬季啃食树皮，绝不是出于它对树皮的偏好，而是因为环境中缺乏食物所致。各种鼠类的生态特点，都是在漫长的岁月中经过自然选择形成的。对于一种土著动物，既然已经成为生物群落中固有的一个组成成分，那么，除非出现异乎寻常的变动，一般来说，环境中的食物来源应该是能够满足鼠类的基本需要的。但在不同的季节和年度里，气候或其他条件的变化，如果影响鼠类的食物条件，就可能影响当地某些鼠类的数量。上面提到松子产量和松鼠的关系，即是一个比较典型的例子。

（二）鼠类的食量

一般指的食量标准常常是与体重比较的相对重量。鼠类的食量是十分惊人的。田鼠每昼夜的食量可达到它体重的 1～3 倍。通常鼠类每天的食量，相当于它体重 1/10～1/15。例如，体重 41g 的长爪沙鼠平均日食 4g；体重 60g 的成年褐家鼠平均日食 8.38g。鼠类食量的大小与食物中所含热量的多少、动物的新陈代谢强度以及和代谢有密切关系的生理特性、生态特性、生长速度、活动性和外界温度等都有关系。一般肉食性动物比草食性动物的食量较小；而在草食性动物之间，食种子、果实和块根（茎）的动物比吃茎、叶部分的动物食量较小。动物在生长发育时期通常需要较大量的食物，如果此时食物不足，就会使动物的生长发育受到抑制。当食物充足时，能大大提高动物的繁殖率。因此，肉食性动物的生殖率通常直接取决于其捕获物的数量。如在鼠类大发生以后，狐、黄鼬、鸱鸮等鼠类天敌的数量会明显地增多。

目前有关各种鼠类的食性和食量的研究较为深入。如不同季节对内蒙古典型草地区域的布氏田鼠进行铗捕取样，通过胃内容物显微组织学鉴定法确定布氏田鼠食物中的植物种类和比重，分析该鼠在春、夏两季的食性（王桂明等，1992）。秋冬季布氏田鼠主要以其储草为食，故可通过储草分析确定该鼠在秋冬季的食性。

布氏田鼠的日食量与体重的关系可用回归方程（周庆强等，1992）

$$y=-13.36+20.77\lg x$$

来表示（$r=0.739$，$d_f=48$，$p<0.01$）。式中，y 为日食量（鲜重，单位为 g）；x 为布氏田鼠体重（单位为 g），利用这个方程，可以根据每一个体的体重，估算其日食量。

沙鼠的食量与环境温度变化有很大关系，在 $24\pm0.7℃$，长爪沙鼠消耗食物达 1.47kJ/g（体重），当气温降到 10～15℃，消耗量增加 50%，继续降温至 0℃，其消耗食物量比 10℃ 时降低 25%（Mele，1972）。

高原鼠兔的食量很大，一只成年鼠兔日平均采食鲜草 77.3g，是其体重的 50% 左右；而一头重 375 kg 的空怀母牛，日消耗牧草 18kg，只占体重的 4.8%。1 只成年鼠兔在牧草生长季节的 4 个月中，可消耗牧草 9.5kg。56 只成年鼠兔日消耗牧草相当于 1 头藏绵羊的日食草量。

采用野外直接观察法、胃检法和笼养观察法对黑线仓鼠的食性和食量研究发现，平均每只成年黑线仓鼠在夏秋两个收获季节的日食量分别为 5.2g 和 5.3g。

对中华鼢鼠以当地的野燕麦、菜豆角、马铃薯、胡萝卜、大豆、玉米和谷物等 14 种作物和野生植物为饲料测定其日食量结果得出，幼体和亚成体（体重不足 300 g 的鼢鼠个体）平均日食量 57.78 g；成体（体重在 300 g 以上）日食量 200.25 g。这一试验同时反映出中华鼢鼠最喜食马铃薯、胡萝卜等多汁液食物。幼体（♀1 只，♂1 只）、亚成体（♀2 只，♂3 只）和成体（♀2 只，♂6 只）的中华鼢鼠平均日食量为 133.8 g。

柳枢等（1991）用测定日食指数的方法测定了棕色田鼠的日食量，其计算公式为

$$日食指数=平均日食量（g）/体重（g）$$

由此可以了解不同体重鼠日食量的大小。从 1993—1995 年，春、夏、秋 3 个季节分别用不同的食物测定棕色田鼠的日食量，所喂食物主要是棕色田鼠危害的农作物和蔬菜以及常见杂草，实验结果如表 4-3 所示。

表 4-3 棕色田鼠在不同季节对不同食物的日食量（1993—1995 年）

季节	食 物	试验鼠数（只）	平均体重（g）	平均日食量（g）	平均日食指数
春（3～5 月）	苹果 Malus pumila	15	25.81	39.13	1.52
	胡萝卜 Daucus carota	6	27.00	38.75	1.44
	车前 Plantago spp.	10	23.95	16.71	0.70
	小麦苗 Triticum aestivum	6	21.33	30.95	1.45
	苹果枝 Malus pumila	6	21.33	14.00	0.66
	卷心菜 Brassica oleracea var. capitata	7	27.07	42.51	1.57
	平 均	8	24.42	35.00	1.22
夏（6～8 月）	苹果 Malus pumila	14	25.06	21.06	0.84
	西葫芦 Cucurbita pepo	5	28.84	75.21	2.61
	马铃薯 Solanum tuberosum	4	23.00	21.31	0.93
	胡萝卜苗 Daucus carota	3	29.00	25.80	0.89
	豇豆 Vigna unguiculata	12	26.77	39.53	1.48
	平 均	6	26.12	36.50	1.40

(续)

季节	食物	试验鼠数（只）	平均体重（g）	平均日食量（g）	平均日食指数
秋（9~11月）	苹果 *Malus pumila*	8	14.71	25.92	1.05
	萝卜 *Raphanus sativus*	5	23.96	17.46	0.73
	卷心菜 *Brassica oleracea* var. *capitata*	3	25.43	40.47	1.59
	马铃薯 *Solanum tuberosum*	4	23.20	25.61	1.10
	甘薯 *Ipomoea batatas*	3	24.97	10.60	0.42
	平　均	5	24.45	24.01	0.98

（三）水的需求

水是动物有机体重要的组成部分，也是正常生命活动所必需的。体内的一切生理过程都离不开水。动物在没有食物时，其生存时间要比缺水时长；一般高等动物，如果长期缺乏食物而使体重减低40%时，对生命不会有多大威胁，但失水10%，就可能引起生命活动的严重失调，若失水达到20%时，就可能致死。

动物一般通过饮水或从食物中获得水分。不同地带的鼠类需水量各不相同，例如，栖居于森林地带的根田鼠以干物质饲喂，平均每日每克体重耗水0.344mL，而栖息于干草地的兔尾鼠只消耗0.100mL。褐家鼠有饮水的习性，它的日食量和食物的含水量成正比，当食物的含水量达到一定程度后，虽然不饮水也能生活，但仍保持一定的饮水量。生活在干草地和荒漠地区的鼠类，多采食带露水或鲜嫩多汁的植物以补充水分。在干旱季节，黄鼠成片地咬断植物的茎秆，从中吸取所需要的水分。在干旱地区的鼠类，对其体内水分的保存和补充还有其他方面的适应，如通过直肠、膀胱和肺对水分的重吸收，以减少失水量，或利用代谢所产生的水分。如大鼠每昼夜肺部的失水量为87mL/kg，而栖居在荒漠草地的大沙鼠，在20℃时，失水量仅为52mL/kg；每100g脂肪充分氧化后能产生107g的水，所以荒漠地区的肥尾心颅跳鼠具有储存大量脂肪的胡萝卜状的尾巴。

（四）鼠类的代谢率

20世纪60年代以来，在国际生物计划（IBP）的推动下，小哺乳动物能学研究得到了广泛而深入的发展，哺乳动物的能学研究首先是在实验条件下对各种哺乳动物能量代谢、气体代谢和水分代谢的测定。啮齿动物代谢率的研究即属于动物生理生态学研究的主要内容之一，也是实验生态的研究对象。常用的代谢率指标有基础代谢率（basal metabolic rate，BMR）、静止代谢率（RMR）和平均每日代谢率（ADMR）。人们发现，代谢率（即单位时间的产热量或耗氧量）与环境温度关系密切。当动物暴露在某一特定温度区时，如果动物呈安静状态，其产热最少，即代谢率最低，其体温正常；如果动物暴露在高于或低于这一温度区时，产热量都能增加，即代谢率和体温都将升高。上述特定的温度区就称中性温度区，其上端的环境温度称上临界温度，其下端的环境温度称下临界温度。基础代谢率，一般是指恒温动物暴露于中性温度区，当空腹而安静时，在24h内，维持体温及器官系统生理活动所需的能量。静止代谢率系指动物处在安静、禁食、不繁殖条件时的能量代谢率。而平均每日代谢率，则是最接近于动物在自然状况下，维持消耗的能量代谢，用它估算动物的每日能量需求是最方便的。

贾西西等（1986）对根田鼠的 ADMR 测定（表 4-4）表明：根田鼠的 ADMR 水平，除受季节影响外，还随环境温度的变化而发生改变。同时他们测定了根田鼠的静止代谢率（RAM），发现其 RAM 水平明显高于体重相似的其他田鼠。根田鼠主要分布在欧亚大陆北部的广大区域，是长期生活在寒冷环境中的种类，它较高的 RAM 水平具有明显的适应意义。王祖望等（1979）对高原鼠兔和中华鼢鼠的研究结果说明，这两种栖息于青海高原高寒草甸中的动物的 RMR 也高于一般哺乳动物。宋晓葳等（1991）测定黄鼠（*Citellus dauricus*）的基础代谢率时，以下临界温度测得的静止代谢率作为基础代谢率，结果表明，黄鼠的 BMR 在春季最高。同时将达乌尔黄鼠与其他冬眠鼠的基础代谢率进行比较（表 4-5），发现各种冬眠啮齿动物的 BMR 比较接近，冬眠动物在非冬眠季节的 BMR，一般也低于同体重水平的非冬眠动物。

表 4-4 根田鼠平均日代谢率 [mL (O_2) / (g·h)]

物候期	平均体重(g)	10℃	15℃	20℃	25℃	30℃	平均ADMR
草返青期	23.67	5.61±0.29 (8)*		3.98±0.16 (8)		3.78±0.12 (8)	4.46
草生长盛期	25.33	6.00±0.58 (8)	4.92±0.22 (8)	4.26±0.17 (11)	3.53±0.21 (12)	4.17±0.16 (12)	4.58
草枯黄期	24.06	6.24±0.16 (12)	5.49±0.13 (12)	5.04±0.16 (12)	4.52±0.14 (11)	5.24±0.19 (12)	5.13

注：* 实验动物数

表 4-5 几种冬眠鼠的基础代谢率

（引自宋晓葳等，1991）

动物名称	季节	体重 (g)	BMR [mL/ (g·h)]	作者
Citellus laterali	夏	257.6	2.270 0	Hock，1969
Tamias striatus	夏	108.2	2.080 0	Davis，1976
Citellus richardsoni	春	220.0	4.908 1	Harding 等，1983
	秋	350.0	3.237 7	
C. armatus		307.0	2.910 2	Hudaon 等，1973
C. beldingi		289.8	2.541 7	
C. spilosoma		180.3	2.520 6	
C. towrsondi		231.0	2.434 2	
C. dauricus	春	184.9	3.618 2 (13*) ±0.505 0**	宋晓葳等，1991
	夏	259.0	2.639 6 (14) ±0.317 1	
	秋	250.3	2.600 5 (10) ±0.383 8	

注：*，实验动物数；**，标准差。

关于气体代谢和水分代谢，孙儒泳等（1973）研究了褐家鼠和社鼠的耗氧量，以协方差的方法消除体重不同造成的耗氧量的差别,得出褐家鼠比社鼠有较高的静止代谢率。王祖望等(1979)研究了高原鼠兔和鼢鼠的气体代谢,比较了地下鼠(鼢鼠)与地上鼠(鼠兔)的代谢水平,得知由于地下缺氧,鼢鼠的反应为基础代谢率较低。韦正道等(1983)对比了3种啮齿动物的气体代谢,代表地下穴居者为棕色田鼠,代表掘洞活动者为大仓鼠,代表地上活动者为黄胸鼠。也发现地下鼠的基础代谢率最低,地上活动者最高,大仓鼠居间。水分代谢的研究目前国内的工作多用观察鼠类肺皮失水的情况来研究其水分代谢的水平,例如,孙儒泳等(1973),蔡正伟等(1982)。

五、繁殖与生活史

繁殖是最重要的生命现象之一。繁殖的结果,不仅维持了种族的延续,而且增长了数量。

啮齿动物是胎生动物。因此,就有发情、交配、妊娠、产仔和哺乳等一系列与繁殖有关的生理生态现象。

(一)两性差异

大型兽类两性差异比较明显,但鼠类中,除外生殖器和大(雄)小(雌)有别外,很少有两性差异的副性特征。雄性长爪沙鼠在性成熟后,自喉部至胸腹部有一条纵行的土黄色长纹,而雌鼠则不明显或完全没有,可称为繁殖期的两性差异,即婚色。

(二)性成熟

性成熟是指生殖器官已发育完成并开始具有生殖能力。各种鼠类自出生后达到性成熟的年龄极不一致(但是雌性比雄为早),这与动物的寿命和体形大小有关(表4-6)。

表4-6　性成熟与体形大小和寿命的关系

种类	体形大小	寿命	性成熟
小家鼠、普通田鼠、䶄	较小	1.5~2年	2个月
鼠属	较大	2~3年	2~3个月
花鼠	较大	6~7年	6个月
黄鼠	较大	5~6年	1年

(三)性周期

动物达到性成熟以后生殖器官发生一系列的变化,导致雌性准备和雄性交配的生理状态,称动情期。这种现象雌性比雄性表现得更为明显。动情期在有些鼠类一年只发生一次,即单周期的鼠类,如冬眠鼠类和高寒地区的鼢鼠皆属于单周期;有些鼠类一年发情多次,是多周期的鼠类。

1. 雌性的动情期

(1)动情前期。动情期前不久,垂体前叶分泌促性腺激素的作用增强,促使卵巢中的滤泡迅速发育,而成熟的滤泡所分泌的滤泡激素进入血液,并通过神经系统引起生殖器官充血和阴门肿胀增大。雌性的精神状态显得不安,但此时还不接受雄性交配。

(2)动情期。卵巢发育到最大的体积,如野兔在安静期的卵巢重量为180~200mg,到了动情期则达到 1 000~2 140mg，个别达 5 350mg；普通田鼠在安静期卵巢只有 2mg，而到了动情期则达到 84~100mg。阴门开放，周围略为肿起，与其他兽类相反，阴道上皮显得角化，分泌黏液不多。滤泡中的卵已成熟，滤泡破裂，卵进入输卵管。卵子由卵巢排出过程叫做排卵。多数种类能自发排卵，排卵后才与雄性交配；少数种类（如野兔、黄鼠）须交配之后，才排卵，称诱发排卵。啮齿动物的动情期延续的时间很短，如家鼠仅为 12~21h。一般排卵之后动情期的表现也就逐渐消失。

如果卵已受精，就进入妊娠期，黄体开始发育，动情期也就停止。分娩之后，多周期的鼠类，相隔几天甚至当天，重新出现动情周期；而单周期的鼠类则一直要到第二年才能出现动情期。如果卵没有受精，则转入动情后期。妊娠雌体的比例大小即妊娠率，常是某种动物种群繁殖强度变化的重要指标之一。

（3）动情后期。排卵后滤泡内形成的假黄体开始萎缩，生殖器官逐渐恢复原状，性欲显著减退，进入安静期。

（4）安静期。安静期也称间情期，是介于两个动情期之间的时期。雌性的生殖器官处于安静状态，子宫紧缩，阴门缩小，卵巢退化，乳头小，乳腺不发达。

啮齿动物的动情周期，一般限于 1 周之内，松鼠科的种类可达 2 周以上。

现在，对影响雌兽性周期的内外因素及其机制了解地比较清楚，其中最重要的是滤泡素、垂体促性腺激素和黄体酮激素。调节机制的中心是垂体。垂体接受来自两方面的作用：一是来自食源中的维生素和类固醇；另一是外界的信号，通过大脑作用于垂体。由滤泡、胎盘和黄体分泌的激素也作用于垂体，大脑皮层的兴奋，引起垂体前叶分泌滤泡刺激素和黄体刺激素，分别促进滤泡的成熟、排卵和促进黄体的发育（图 4-9）。

2. 雄性动情期 雄性动情期与雌性的动情期相一致。主要表现是精巢的体积增大，如野兔从 3mm 增大到 36mm；棕背䶄从 3~4mm 增大到 10~12mm，并降入阴囊；精子逐渐成熟，精囊腺肥大，精神状态发生一系列波动，如串洞、追逐、鸣叫、争雌咬斗和产生外激素等。从生物学意义上来看，这些表现都是促进完成交配和受精过程的复杂行为，即使是雄兽间的咬斗行为，也有利于种群的复壮。

动情期之后，精囊腺缩小，精巢退化并退入腹腔。由于鼠类常为一雄多雌交配，交配之后机体大为衰弱，致使雄鼠死亡率增高。

3. 繁殖期 啮齿动物的繁殖期是自然界食物条件最有利于育仔的时期。单周期的冬眠鼠类，在早春出蛰

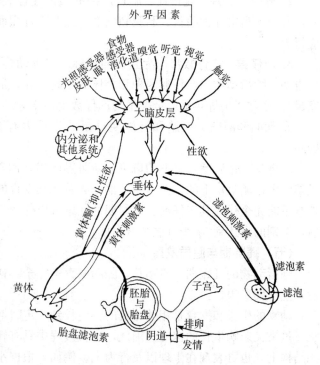

图 4-9 雌兽性周期调节机制

后不久即开始发情交配。出蛰日期以纬度的差异和气候的变化情况而定。早獭出蛰（3月底、4月初）后于4月中下旬（喜马拉雅旱獭）或5月（西伯利亚旱獭）发情交配，动情期约为20d左右；蒙古黄鼠出蛰（3月底至4月上旬）经数日到1周后，就进入动情交配期；跳鼠类也在4月出蛰，于中旬发情交配。多周期的非冬眠鼠类，一年内可重复发情多次。例如，在西宁地区小家鼠每年自3~9月可产仔2~4次，产仔间隔为25~102d，平均间隔时间为50.9d，由此推测小家鼠一年约可产仔7.1次。长爪沙鼠在牧区全年都能发情和受孕，农区也仅在12月暂时中断繁殖。根据在野外捕回的孕鼠待其产仔后，使两性同居60d即有再次产仔的情况，推算出每只雌鼠每年可能繁殖4~6次，作为种群的繁殖期，可以全年进行交配和产仔，但一年中的个体繁殖次数只能到2~3次。

（四）妊娠期与胚胎发育

卵子在输卵管中受精之后，就是妊娠期的开始。受精卵从输卵管移入子宫，在未植入子宫壁之前，依靠子宫乳的营养度过最初发育阶段，称妊娠潜伏期。一般啮齿类的妊娠潜伏期平均为5d，如黄鼠、小家鼠4~5d，褐家鼠5~6d。但多周期鼠类如果上窝仔鼠出生之后，不久又妊娠，则出现下一胎的妊娠期与上一窝的哺乳期的重叠现象，潜伏期可能会延长。但胚胎植入子宫壁之后，胚胎发育的日期一般没有变化。

1. 妊娠期 啮齿动物妊娠期的长短因体形的大小而异；就同种来看，亦因个体间的营养状况和潜伏期的长短而不同。一般松鼠科的妊娠期较长，如旱獭约为40d左右，花鼠35~40d，而小型啮齿动物的妊娠期则较短，如小林姬鼠的妊娠期为23~29d，巢鼠21d，小家鼠平均为18.8（16~25）d，褐家鼠21d，黑线仓鼠20~21d，长爪沙鼠21d，中华鼢鼠约为1个月。

2. 分娩 分娩就是产仔。临近产期的田鼠往往表现得很不安宁，甚至有停食现象。产后，有的种类常吞食胎盘、胎膜和黏液，这对因妊娠而消耗养分较大的母体是非常有益的适应行为。

3. 产仔数 产仔数常作为繁殖的指标。啮齿动物是双子宫动物，每次排卵数多，产仔数也多。啮齿动物的产仔数因种和个体的不同而异，最少的仅一只，最多时可达十几只（褐家鼠）。通常，中等年龄的个体平均产仔数要多于老年和初次参加繁殖的个体。

4. 死胎和胚斑 死胎和妊娠期母鼠的生活力有关，随着雌鼠年龄的增加，死胎率也增高。

胚斑是产仔后胎盘留下的斑痕。新斑黑而粗，旧斑淡而细，新旧两代的胚斑相间排列。虽然胚斑是胎盘留下的，但由于一部分胚胎在其发育的各阶段死亡而被吸收，所以母鼠的胚斑数不能完全代表其产仔数。单周期的胚斑可以保存3~6个月；多周期的保存到6个月以后，个别的竟达到17个月之久（鼢鼠）。

（五）哺乳期与胎后发育

啮齿动物的妊娠期一般不长，胚胎发育不完全：初产仔全身无毛，眼耳紧闭。但出生之后，生长发育很快。

动物的生长和发育是相辅相成的，生长到一定时期，就进入发育上的变化阶段，发育变化反过来又影响生长的速度。因此，生长过程中具有转折点和阶段性。阶段性既可表现在形态结构上，也可表现在生理以及行为上。例如，根据小家鼠的形态、行为和性的发育，可以把它的胚后发育大致分成4个阶段。

1. 乳鼠阶段 自初生至 15 日龄。此阶段体温调节机制尚未形成，气体代谢水平较低。形态发育迅速，体重、体长、尾长和后足长在此期高速增长（图 4-10），至 15 日龄后减缓；同时，披毛在此期内基本长全，睁眼，耳孔开裂，门齿长出，开始断乳过程。

2. 幼鼠阶段 15～25（或 30）日龄。此阶段生长率下降，但仍保持较高水平；气体代谢水平最高，体温调节机制在 20 日龄时形成，断乳。形态上重要标志是上下颌臼齿长全，并开始独立觅食。

3. 亚成体阶段 自 25（或 30）～70（或 75）日龄。此阶段最明显的特征是两性生殖器官迅速发育，雄鼠在 55～65 日龄时

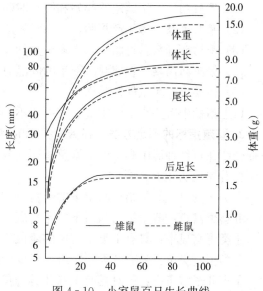

图 4-10 小家鼠百日生长曲线

睾丸重达最高点，并降入阴囊，附睾具精子；雌鼠在 70～75 日龄间阴门开孔。生长率在此期间明显下降，60 日龄后体重、体长等的瞬时生长率均降至 1% 以下。气体代谢水平下落，但保持相对平稳。少数个体在春夏季参加繁殖。

4. 成体阶段 70 日龄以上。两性生殖腺完全发育成熟，并参加繁殖。严格地讲，雄鼠在 65 日龄左右，雌鼠在 75 日龄左右达到成熟，其标志雄鼠是睾丸降入阴囊，雌鼠是阴门开孔。此期内生长率均降至 1% 以下，体长、尾长和后足长在 90 日龄后基本停止增长，气体代谢水平进一步下降。

啮齿动物胎后发育与环境条件的变化有密切关系。多周期的鼠类，春季出生的个体生长发育较快，当年可以达到性成熟，并能参加繁殖；但夏末秋初出生的个体，发育较缓慢，入冬后甚至停止发育，直到翌年春季才达到性成熟，开始参加繁殖。单周期的鼠类都到第二年或第三年才达到性成熟，并开始繁殖。例如，武晓东（1990）调查发现，1986 年 5 月重捕到一只 1985 年 9 月标志的、体重 25g 的布氏田鼠，经过 8 个月的时间，体重只增加 9g。

幼鼠阶段的个体，能逐步离开母巢独立觅食并过渡到过独立生活。例如，布氏田鼠一般在 5 月中、下旬大量幼仔出巢活动，出巢活动时的体重多数在 10～15g 之间。幼鼠在洞外活动 7～10d 后，即开始分居。幼鼠离开母巢后独立生活是逐步进行的。开始时仍回到母巢，先在离母巢较近的距离内（10m 之内）挖几个临时洞，也利用离母巢较近的废弃洞。逐渐离母巢远去，最后在距母巢的一定距离外定居下来。从开始分居到幼鼠定居，需 3～5d 的时间（武晓东，1988）。但群栖性的鼠类，当年最后一窝仔鼠常与母鼠集群而居，而旱獭（一年产一窝）也与母鼠同居越冬。像这种冬季的群聚生活，也是对不良环境的一种适应。幼鼠分居以后，离母巢的距离因种而异：黄鼠距母洞 20～90m 建筑洞穴，个别的达 104～106m；棕背䶄为几十米；而麝鼠可达几千米以上。

（六）鼠类的繁殖指标和繁殖力

1. 鼠类的繁殖指标 一个物种可以有不同的种群，种群之间差异为种内差异。对于一个种群来说，其繁殖指标包括以下几项。

(1) 繁殖期。每年繁殖的起始和终止时间及长度。
(2) 年胎次数。每年产几胎。
(3) 平均胎仔数。每胎平均产多少只幼仔。
(4) 繁殖间隔期。相邻两次繁殖的间隔时间长度。
(5) 怀孕率。雌鼠的怀胎率。

以上指标中有些在不同年龄组间可能不一样,在具体工作中最好按年龄组统计。

2. 繁殖指标的测定方法 在繁殖指标的测定中,室内的测定比较具体,这里不作赘述。下面介绍在自然种群中测定以上繁殖指标的方法,主要根据张知彬(1991)对大仓鼠的工作介绍。首先说明几个名词。

Ⅰ类子宫斑:雌鼠第一胎留下的子宫斑。

Ⅱ类子宫斑:雌鼠第二胎留下的子宫斑。(余类推)

Ⅰ类子宫斑率:具有Ⅰ类子宫斑的雌鼠所占雌鼠总数的百分率。

Ⅱ类子宫斑率:具有Ⅱ类子宫斑的雌鼠所占雌鼠总数的百分率。(余类推)

Ⅰ+Ⅱ子宫斑率:同时具有Ⅰ和Ⅱ类子宫斑的雌鼠所占的百分率。

Ⅰ+Ⅱ+Ⅲ子宫斑率:同时具有Ⅰ、Ⅱ和Ⅲ类子宫斑的雌鼠所占的百分率。(余类推)

连续捕鼠,解剖并记录雌鼠怀孕率、Ⅰ类子宫斑率、Ⅰ+Ⅱ类子宫斑率、Ⅰ+Ⅱ+Ⅲ类子宫斑率,并计算出各个时间的雌鼠怀胎率。利用这些数据制成图 4-11。

利用求几何平均数的公式 $T = E = \sum(T_i \cdot X_i)/\sum X_i$ 计算各个相邻峰期间的平均长度。式中 T_i 为第 i 个样本的日期,X_i 为比率。所得平均长度 T 的时间单位与 T_i 的相同。T_i 的值要转化为绝对时间长度单位(如天),不能以公历日期表示。从图 4-11 利用上述公式可估计出下列指标:

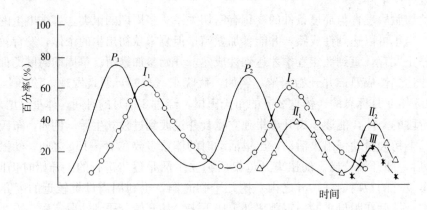

图 4-11 鼠类繁殖参数估算方法图
(引自张知彬等)

成熟历期:幼仔产出后至首次产仔的间隔历期。可用两相邻怀胎率峰期间的平均时间长度(P_1-P_2 或 P_3-P_4)估算,也可用相邻子宫斑峰期之间的平均时间长度(I_1-I_2 或 I_2-I_3)进行估算。

繁殖间隔期:雌鼠两次繁殖间的间隔时间长度。可用相邻子宫斑峰期间的平均长度(Ⅰ类子宫斑和Ⅰ+Ⅱ类子宫斑间或Ⅰ+Ⅱ类子宫斑和Ⅰ+Ⅱ+Ⅲ类子宫斑间)估算。

结合幼鼠比率资料，用这个方法还可以估算幼鼠上夹历期，即幼鼠自产出后被夹捕到的平均历期。

胎次数、平均胎仔数及性比等可以从解剖结果中直接统计出来。

3. 各类害鼠的繁殖力 研究不同害鼠的繁殖力应注意区分物种繁殖力和种群繁殖力。一个物种可以有不同的种群，物种间繁殖力的比较在指标上是不同的。不同鼠种之间繁殖力的差别主要表现在以下几个方面。

（1）性成熟速度。性成熟越早，世代平均长度就越短，鼠的繁殖力就越高。如河狸的性成熟年龄是 20 个月左右，而一般小型鼠类仅为 2 个月左右。

（2）年胎次数。每年产仔的胎次数越多，繁殖力就越高。如河狸每年最多产一胎，而一般小型鼠类则每年可产仔 3 胎左右，有的甚至达 4 胎。

（3）每胎产仔数。每胎产仔数越多，繁殖力越高。如河狸每胎只产 3～4 仔，而一般小型鼠类平均可达 6～8 仔。

（4）妊娠期长度。妊娠期越长，繁殖力越低。如河狸的妊娠期为 128d，而一般小型鼠类仅为 20～24d。妊娠期长度制约着年胎次数，但年胎次数又不完全决定于妊娠期长度。因此，把它们分别考虑。

（5）繁殖长度。即鼠类从开始繁殖至失去繁殖能力的时间长度。繁殖长度越长，鼠的繁殖力越高。如自然界河狸的繁殖长度为 8 年左右，而一般小型鼠类仅为 8 个月左右。繁殖长度与寿命有关，但有的动物至老年后无繁殖能力，故不能以寿命为指标。

一些常见鼠种的繁殖指标如表 4-7 所示。

表 4-7 不同鼠类的繁殖指标比较

科 名	鼠 种	性成熟时间	妊娠期长度*	年胎次数	平均胎仔数
松鼠科（Sciuridae）	岩松鼠（Sciurotamias davidianus）			1	2～5
	花鼠（Eutamias sibiricus）		35～40	1～2	4～6
	达乌尔黄鼠（spermophilus dauricus）	11 个月	28	1	5～6
鼠科（Muridae）	板齿鼠（Bandicota indica）			∞	4～6
	小家鼠（Mus musculus）	1.5～2 个月	19～20	2～4	4～7
	巢鼠（Micromys minutus）			1～3	6～7
	黑线姬鼠（Apodemus agrarius）	2～3 个月		2～4	4～7
	大足鼠（Rattus nitidus）			∞	7～10
	黄毛鼠（R. rattoides）	3 个月		∞	6～8
	黄胸鼠（R. flavipectus）	2～3 个月		3～4	5～7
	褐家鼠（R. norvegicus）	2～3 个月	21～22	2～4	8～10
	白腹巨鼠（R. edwardsi）				2～6
仓鼠科（Cricetidae）	灰仓鼠（Cricetulus migratorius）			3	6～7
	黑线仓鼠（C. barabensis）	1～2 个月	18～21	2～4	5～7
	大仓鼠（Tscherskia triton）	1～2 个月	19～22	2～4	8～10
	长爪沙鼠（Meriones unguiculatus）	3～4 个月	20～25	3～4	6～7
	子午沙鼠（M. meridianus）			2～3	5～7

科 名	鼠 种	性成熟时间	妊娠期长度*	年胎次数	平均胎仔数
	东北鼢鼠（*Myospalax psilurus*）			1	2~4
	中华鼢鼠（*M. fontanieri*）			1~2	2~4
	甘肃鼢鼠（*M. cansus*）			1	2~5
	鼹形田鼠（*Ellobius talpinus*）			2~3	2~5
	大绒鼠（*Eothenomys miletus*）			2~3	2~5
	根田鼠（*Microtus oeconomus*）			2	3~6
	东方田鼠（*M. fortis*）			3~4	5~8
	棕色田鼠（*Lasiopodomys mandarinus*）				3~4
	布氏田鼠（*L. brandti*）			3~4	8~10

注：∞示全年都能繁殖。* 妊娠长度的单位为天。

4. 鼠类繁殖力的时空变异 鼠类和其他动物一样，为了使自己的种族更加繁荣，必须在繁殖上适应栖息地的环境条件，以使繁殖更有成效和把繁殖浪费减少到最低程度。同种或亲缘关系相近的种，由于地理分布不同，其繁殖特征会有差异，即鼠类繁殖力的空间变异。鼠类繁殖具有季节性，其繁殖强度随季节变化而变化，这是鼠类对外界环境条件季节性变化的适应。这种适应性使鼠类的繁殖更有成效并减少了繁殖浪费。鼠类繁殖强度的这种时间上的变化即为繁殖强度的时间变异，可以分为季节周期和年周期。

（1）繁殖强度的时间变异。研究鼠类繁殖强度的时间变异及规律，对于研究鼠类种群数量的季节消长规律和年周期具有十分重要的意义，对于预测预报鼠害的数量发生更是不可缺少。

虽然鼠类的排卵周期只有4~5d，但其繁殖强度在整个繁殖期内并不是均等的，具有明显的季节性变化。鼠类繁殖强度的这种季节性变化可以从以下两个方面解释：①这是环境因子对鼠类繁殖活动的影响作用的结果。自然环境因子具有季节动态，特别是气候因子的季节性变化更为明显。在农业区，人类的农事活动季节性很强，野外植被、食物条件和栖息空间都受到这些季节性活动的影响和作用。而这些季节性变化直接影响着鼠类的繁殖活动，使鼠类的繁殖强度具有明显的季节性变化；在自然环境中，气候因子的季节性变化影响着植物的季节性变化，从而间接影响鼠类的繁殖。②这是鼠类长期对环境条件的变化在繁殖上形成的适应。鼠类的适应性很强，在脊椎动物中是生存力最强和最成功的类群。它们在繁殖上的成功和适应性成为它们的生存优势之一，并能够将自身繁殖调节与外界环境条件的季节变化相一致，即鼠类自身具有繁殖强度的季节性变化。

鼠类繁殖的季节性变化特点与地理位置有重要关系，纬度越高其季节性明显。高纬度地区一般每年只有一个繁殖高峰，而中纬度地区则具有两个繁殖高峰，夏季的繁殖低谷为雨季造成，因为雨季抑制鼠类的繁殖。在雨季不明显的低纬度地区，鼠类的繁殖往往全年持续进行，无明显的繁殖高峰期。我国大部分地区处于温带，有明显的雨季，因此鼠类多具有两个繁殖高峰。

在山东境内，大仓鼠和黑线仓鼠一般每年有两个繁殖高峰，一个在开春后的3~5月，另一个高峰在雨季过后的8~10月，期间的雨季则为繁殖低谷（卢浩泉等，1987）。北京地区的大仓鼠和黑线仓鼠亦为两个繁殖高峰（张洁，1986；1987）。祝龙彪等（1982）报道上海郊区的黑线姬鼠每年也是两个繁殖高峰。分布于我国南方的黄毛鼠在3～11月的怀孕率均较高，其中9～10月达最高峰，12月至翌年2月期间为繁殖低谷期，即只有一个明显的繁殖高峰。

（2）繁殖强度的空间变异。在地球上，不同地理位置的环境条件及其季节变化特点各不相同，这主要是由于不同的纬度地区受阳光照射的时间长短和角度不同而造成的。各种气候因子（如温度、湿度、光照、降雨、降雪等）以及这些因子的季节性变化，随纬度的变化而呈现规律性变化，因而引起不同纬度鼠类繁殖上的变异。动物在长期的进化过程中不断适应生态环境，其中繁殖上的适应是最为重要的方面之一。繁殖上的这种适应则表现在动物的繁殖策略上，主要包括繁殖强度本身的高低、繁殖参数的特征和季节变化规律这3个方面。作为一个物种或是一个地理群，繁殖策略是长期进化形成的，具有较大的相对稳定性。

纬度越高，气候因子的季节性变化越强，冬季的环境条件越恶劣，这些地区动物的繁殖期就越短、越集中。动物为了在较短的繁殖期内维持和扩大种群数量，就采取加大繁殖强度的生态策略。表现在繁殖策略上即为随纬度增高其繁殖强度增大、胎仔数增多和季节性明显（繁殖期短）。而低纬度地区则繁殖策略趋于相反的方向。

地球上气候随经度的变化很小，若无特殊地形地貌的变化，一般气候类型及动物特征的变化都不太明显。鼠类的繁殖也是如此，在较小的经度范围内其繁殖对策一般不会有明显变化。但若地形的明显变化引起气候类型较大变化，则鼠类的繁殖指标也会有所变化。对于动物的体形大小、世代长度及寿命与地理纬度的关系（即与气候的关系），国外有些学者曾从能量代谢和适应性方面进行了大量研究总结，如著名的贝格曼定律（Bergaman's rule），Millar（1973，1974）、May（1976）、Lord（1960）、Sage（1981）等都做过研究论证。张知彬等（1991）利用国内已发表的资料总结了我国不同地理位置的小型啮齿动物的繁殖对策，对广布全国的东方田鼠（*Microtus fortis*）、黑线姬鼠（*Apodemus agrarius*）、褐家鼠（*Rattus norvegicus*）和小家鼠（*Mus musculus*），广布南方的黄胸鼠（*Rattus flavipectus*）和黄毛鼠（*Rattus losea*）及广布北方的大仓鼠（*Tscherskia triton*）和黑线仓鼠（*Cricetulus barabensis*）进行了比较分析。对比中使用了胎仔数、性比、繁殖期、怀胎率和生殖强度〔（胎仔数×怀胎率）/性比〕这些指标。结果表明：①随纬度或海拔高度的增加，胎仔数、怀胎率和生殖强度有增加的趋势，其繁殖期也变短。②性比与纬度无明显变化规律。③各参数与经度无明显变化规律。④环境条件严酷的野外小家鼠比居民区的小家鼠胎仔数、雌性比例、怀胎率和生殖强度都大。

不同地理位置的鼠类每年繁殖季节的长度不一，纬度越高则繁殖期越短。如纬度较低的珠江三角洲的黄毛鼠基本全年不停止繁殖（长弘等，1990）。随着纬度增高，山东地区的黑线仓鼠只在冬季气温较低的月份停止繁殖较短时间，其他月份不停止繁殖（卢浩泉等，1987）；北京地区的黑线仓鼠每年的11月至翌年1月间停止繁殖（张洁，1986）；旅大地区的黑线仓鼠则自5～8月繁殖，休止期较长（董谦等，1966）。

由于地理隔离形成的特殊环境中的种群其繁殖参数与同一地区的同种鼠类也可能有所差异，环境条件越恶劣，繁殖强度则越有增大的趋向，但目前还缺乏具体资料。

六、越　　冬

低纬度的热带地区的气候季节变化不明显，水、热变化的幅度不大，气候温和，食物丰富，鼠类全年都有优越的生活条件；家栖鼠类，因生活在人为的环境条件下，故自然界对它们的影响相对较小；而高纬度的温带、寒带地区，气候的变化十分明显；夏季温度较高，雨量较多，食物丰富；冬季气候寒冷，牧草枯黄，生活条件极为严酷。生活在这些地区的啮齿动物，通常以储藏食物越冬或进行冬眠。

（一）储粮

食物条件的季节变化，促使许多种动物在进化过程中形成了储粮的本能。高纬度地区不冬眠的鼠类，一般都有贮粮的习性。例如，鼠兔、田鼠、沙鼠和仓鼠等，都具有储粮的习性。一般认为激发鼠类进行储粮活动的外界信号是食物丰富、气温下降和日照缩短等因素。例如，布氏田鼠从8月开始就清理仓库，逐渐转入紧张的储粮活动，将收集来的草和种子运入洞内，并分别储存于不同的仓库中；草原鼠兔在储粮时常将草咬断后拉到洞口附近，堆成30~40cm高的草堆，晒至半干后再推入洞内储存。每一洞系储粮的种类和数量，随鼠种和参加储粮活动的鼠数以及食物来源的条件而异。布氏田鼠每一洞系多达10kg，长爪沙鼠20~30kg；大沙鼠每一洞系储粮的总量有时可达50kg。

高原鼢鼠4~7月仍有储粮活动，此时植被尚未返青，储存营养物质丰富的地下根茎有助于补充哺乳期营养需求。

鼢鼠的掘土和储粮效率极高。据对无线电标记鼠的遥测跟踪观察，在10月中下旬大地封冻之前的10余天内，就可完成新洞系的构建及越冬储粮活动。一次偶然的机会发现1只鼢鼠在10d内通过新挖掘的通道将埋在地窖内的200kg胡萝卜全部拖入其洞道的各个储粮洞中（张知彬，1998）。

黑线仓鼠以颊囊搬运食物入洞，其活动距离常不超过200m，巢区范围多在1.5hm^{2}以内，最大不超过5hm^2。秋季自9月下旬开始储存食物，直至田间缺乏食物来源为止。黑线仓鼠夏季也储存少量麦粒等。秋季每窝黑线仓鼠可将食物分散藏匿于数个粮仓内，且多不霉变。

（二）蛰眠

蛰眠是北方中小型啮齿动物渡过不良环境条件的一种适应现象，包括夏眠和冬眠。夏眠与夏季的干旱有关，不一定每年都出现；冬眠则是每年一定出现的习性。啮齿动物的冬眠大致可以区分为3种类型。

1. 不定期冬眠　如松鼠、小飞鼠等在冬季特别寒冷的日子里，可以暂时进入蛰眠状态。

2. 间断性冬眠　蛰眠的程度较深，体温也有下降，但容易惊醒，在冬季较温暖的日子里，甚至可以外出活动，并有储粮的习性，如花鼠。

3. 不间断冬眠　例如，旱獭、黄鼠和跳鼠等都是典型的冬眠鼠类。这些动物进入冬眠之后，不食不动，完全依靠体内储存的脂肪维持其有限的代谢作用和生命活动。机体呈昏睡状态，心跳、体温和呼吸都急剧下降，血液中CO_2的含量增高，对外界的刺激和疾病的感染都比平时差，甚至受到轻度伤害也不惊醒。

入蛰是温度下降、光照缩短以及食物丰富等环境因素综合作用的结果，但在饥饿状态下，更容易进入冬眠。

除了外界因素的作用之外，冬眠动物本身还有其自身的生理基础；在体内储存有一定数量的营养物质，作为冬眠时能量消耗的物质基础；体温能随着环境温度的变化而升降；当代谢作用降低时，仍能维持机体内各种生理过程的协调作用。

冬眠动物的体温，一般认为在0.1～1℃到8～10℃之间。低于0℃或1℃时，动物会被冻僵；高于10～12℃时，会使动物苏醒而恢复活动状态。因此冬眠动物的越冬窝巢都在冻土层以下，1～10℃之间。

当气温升高到0℃以上时，冬眠鼠类就开始苏醒出蛰。通常最高地温超过20℃和平均气温在0℃以上时，就会见到出蛰的黄鼠，如果这个温度持续下去，出蛰鼠数就会陆续增加，并于短期内出蛰完毕。

冬眠期一般长达半年之久或更长。冬眠对啮齿动物生态的影响有以下三方面。

(1) 冬眠鼠类的繁殖次数少。每年仅有一次，繁殖期短，但因冬眠期鼠的死亡率较小，使它们的种群数量仍然保持在一个比较稳定的水平上。

(2) 冬眠动物的活动期较短。栖居地比较稳定（跳鼠例外），因而其活动范围不大，一般也不做远距离的迁移。

(3) 出蛰时间能影响鼠类的繁殖期。不同年份的出蛰时间相差可达数周，因而也影响到它们的繁殖期。

第二节 啮齿动物种群生态学

种群是在一定生境中同种个体的组合。对种群生态的研究历来是生态学，特别是动物生态学最为活跃的领域。种群生态以种群作为研究对象，主要研究种群的动态及其数量控制问题。

一、种群特征

(一) 种群的概念

种群（population）是在一定空间中同种个体的组合。这是最一般的定义，有时候种群这个术语也用来表示包括几个异种个体的集合，在这种情况下，最好用混合种群（mixed population）一词，以便与单种种群（single population）相区别。种群的概念，既可以从抽象上，也可以从具体上去应用。讨论种群生态学理论，这里的种群是抽象的；讨论某块森林中的梅花鹿种群，某个池塘中的鲤种群，则是具体的某个种群。当从具体意义上用种群这个概念时，无论从空间上和时间上的界限，多少是随研究工作者的方便而划定的。例如，大至研究全世界蓝鲸种群，小至一块草地上的黄鼠种群。实验室中饲养的一群小家鼠，也可以成为一个实验种群。

一般来说，自然种群有3个基本特征：①空间特征，即种群具有一定的分布区域；②数量特征，每单位空间上的个体数量或生物量（即密度），这往往是变动的；③遗传特征，种群具有一定的基因组成，即基因库，以区别于其他物种或种群，但基因组成同样是处于变动之中的。

(二) 种群密度

种群密度 (population density) 通常以单位空间的个体数或生物量来表示。种群的大小是以种群数量的多少来定的。种群密度的大小与环境条件有关系，也与动物本身的生物学特性有关。因此，动物的种群密度具有种间差异和空间差异。了解动物的种群密度具有重要的意义。因为在生物群落中，某一个种的作用，在很大程度上取决于它的密度。

严格说来，密度和数量是有区别的，但是在生态学文献中，数量、大小、密度3个词常常指的是同一回事。

(三) 出生率和死亡率

1. 出生率 出生率 (natality) 是指单位时间动物出生个体数的百分比。常常区分最大出生率 (maximum natality) 和实际出生率 (relized natality)，或称生态出生率 (ecological natality)。最大出生率是指种群处于理想条件下（即无任何生态因子的限制作用，生殖只受生理因素的限制）的出生率。在特定环境条件下种群实际上的出生率称为实际出生率。

鼠类是以繁殖力强而著称的，但是各种鼠类的繁殖力亦有很大的差异。一般不冬眠的鼠类比冬眠的黄鼠和旱獭等鼠类的出生率高，地表活动的鼠类比终生栖居地下的鼠类高。鼠类出生率的大小，主要取决于鼠类本身的繁殖特点，如一年中动情期开始的迟早、妊娠期和哺乳期的长短、每年窝数和每窝仔数、幼鼠性成熟的年龄、当年出生的幼鼠是否参加繁殖、母鼠产仔以后是否能紧接着再受孕、种群中死胎和吸收胚的比例、性成熟母鼠的妊娠率以及雄鼠的繁殖强度等，都对鼠类的出生率有直接影响。此外，种群的年龄组成和性别比例等也都是关系到出生率的重要指标。

2. 死亡率 死亡率 (mortality) 是指某一时间内种群个体死亡的百分数。有指整个种群的平均死亡率，也有处于不同发育阶段群体的特殊死亡率。同样，可以区分为最低死亡率 (minimum mortality) 和生态死亡率 (ecological mortality)。最低死亡率是种群在最适条件下，种群中的个体都是由于年老而死亡，即动物都活到了生理寿命 (physiological longerity) 才死亡的。种群的生理寿命是指种群处于最适条件下的平均寿命，而不是某个特殊个体可能具有的最长寿命。生态寿命则是指种群在特定环境条件下的平均实际寿命。显然，只有一部分个体才能活到生理寿命，多数则死于捕食者、疾病、不良气候等原因。动物死亡的原因，不外有下列几种：

(1) 达到生理寿命而死亡。
(2) 因食物不足饥饿而死。
(3) 因细菌、病毒、原生动物、蠕虫和节肢动物的寄生而引起动物发生疾病而死。
(4) 竞争者和食肉动物的侵害。
(5) 天敌和不良气候条件的影响，例如，严寒、酷暑、水灾、火灾、暴雨和冰冻等。
(6) 其他偶然性的死亡。

动物不同的发育阶段死亡率也有差异，这种差异依赖于种的遗传性和生活条件。例如，通过对内蒙古东部地区322只雌性黄鼠的调查，观察到从胚胎至幼鼠成长的全过程中，胚胎期死亡 19.6%，哺乳期死亡 9.8%，定居期的幼鼠死亡更多，达 21.6%。最后剩下的当年生幼鼠仅为 27.2%，即 72.8% 在发育和成长的不同阶段死亡了。动物死亡率的大小，在很大程度上取决于该种动物对环境的适应能力。一般生殖力较低的鼠类，寿命相对较高，如河狸可活 50 年，旱獭可活 15 年，一般松鼠科的鼠类可活 10 年左右。出生率高的种类，其寿命要短得多，如小家鼠和田鼠一般只能活 1～2 年。短寿命的鼠类的死亡率也高。故有人认为，鼠类的极高出生率是对极高死亡率的一种适应特点。

假设在迁出等于迁入的情况下，死亡率对动物种群数量变动的影响往往更为明显一些，因为高的出生率可因高的死亡率而失去作用；反之，低的出生率可因低的死亡率而使种群持续扩大。不过对于绝大多数啮齿动物，尤其是那些繁殖力强、死亡率高、寿命仅 1～2 年的小型鼠类，在繁殖季节主要应注意其出生率，当繁殖结束后，就应该把注意力集中在它的死亡率上。

(四) 种群组成

1. 年龄组成 种群的年龄组成与种群的出生率和死亡率有密切关系。种群的生态年龄通常划分为 3 个时期：生育前期、生育期和生育后期。在一个种群之中，如果包含大量的幼体，种群将迅速增大；各年龄组的分布比较均匀时，种群比较稳定；而具有大量老年个体时，种群数量就要下降。各个龄级的个数与种群个体总数的比例，称龄级比例（age ratio）。动物即使在生育期中，不同的年龄，其生育力也不相同。因此研究种群的数量动态，不能离开种群内的年龄分布状况。通过种群的年龄组成，可以大致看出种群变化的动向。这种动向，可用年龄锥体（age pyramid）来表示。即从下到上，以一系列不同长度的横柱表示各年龄组的个体数或百分比。如黑田鼠的两个实验种群的年龄锥体（图 4-12）。左侧表示在合适而未受限制的环境条件下，动物数量呈指数增加；右图表示在受限制的环境条件下，出生率和死亡率相等而较为稳定的种群。

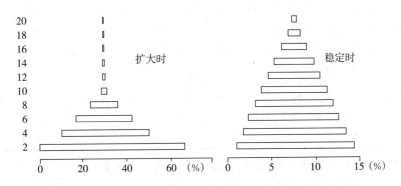

图 4-12 两个黑田鼠实验种群的年龄椎体
(引自 Odum，1971)

有些动物由于年龄鉴别困难，也可以分成两组：性成熟和未成熟。如麝鼠在两个不同年度中（图 4-13），比例较高的幼体（85%）发生在前几年强烈捕猎种群密度下降以后，使存留部分的出生率提高；而在另一年度比例较低的幼体（15%）则形成另一种极端，二者形成鲜明的对照。这是在 14 年的调查数据中抽出的两个最低和最高的典型，其间还有很多过渡的情况。

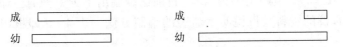

图 4-13 麝鼠年龄组成中的两种极端情况

2. 性比 种群中两性个体数目的比例称性比。自然界鼠类的性比一般为 1：1，但性比往往有年度和季节差异，不同鼠种的性比或同一鼠种在不同时期、不同年龄组成的性比也有差异（表4-8）。

表4-8 黑线仓鼠雌雄性比（♂/♀）

（引自张洁，1986）

年	月	幼年组		亚成年组		成年Ⅰ组		成年Ⅱ组		老年组		总计	
		只数	性比	只数	性比	只数	性比	只数	性比	只数	性比	只数	性比
1982	9～10	7	0.40	10	1.00	5	0.67	14	1.33	6	5.00	42	1.10
	11～12	0		9	0.80	8	3.00	5	0.67	0		22	1.00
	小计	7	0.40	19	0.90	13	1.60	19	0.89	6	5.00	64	1.07
1983	1～2	3	2.00	4	0	8	0.33			2	2.00	22	0.75
	3～4	5	0.25	23	0.10	19	0.46	17	2.40	4	3.00	68	0.55
	5～6	21	0.62	41	1.05	19	3.75	11	1.75	2（♂）		94	1.35
	7～8	7	0	18	0.39	24	0.85	24	3.80	6	5.00	79	1.19
	9～10	21	0.50	14	0.75	20	0.82	20	2.33	11	1.75	86	1.00
	11～12	14	0.17	36	0.33	14	1.33	12	1.40	10	9.00	86	0.69
	小计	71	0.46	136	0.50	104	0.96	88	2.12	36	3.25	435	0.90
1984	1～2	0	0	18	0.29	9	3.50	3	2.00	6	5.00	36	1.12
	3～4	9	0.50	3（♀）	0	5	0.25	7	6.00	3	2.00	27	0.80
	5～6	11	0.22	32	1.00	20	1.00	14	0.56	10	1.50	87	0.81
	7～8	12	0.71	29	0.45	25	0.56	28	1.00	6	1.00	100	0.68
	9～10	6	2.00	41	0.95	36	0.50	38	1.24	5（♂）		126	0.97
	11～12	11	0.22	25	0.56	12	1.00	7	1.33	9（♂）		64	0.88
	小计	49	0.49	148	0.64	107	0.73	97	1.18	39	3.33	440	0.85

根据柳枢（1965）的调查：3 347只黄鼠中，性比（♀∶♂）为1∶1.27；247只五趾跳鼠为1∶1.02；106只花鼠为1∶0.98；82只大仓鼠为1∶0.67；58只黑线仓鼠为1∶0.87；111只中华鼢鼠为1∶0.82。严志堂等（1985）还分析了1970—1983年14年间新疆塔西河小家鼠性比的年变化：7 007只鼠种雄性占了42.99%，各年中大多数不足50%，最高年为50.69%，最低年为35.37%。

（五）生命表和存活曲线

1. 生命表的编制 生命表（life table）是描述种群死亡过程的有用工具。它最初出现在人口统计学中，用以估计人的期望寿命。1921年由Raymond Pearl第一次引入普通生物学。20世纪60年代以来，应用更加广泛，目前已编制出不少鼠种的生命表。现以梁杰荣等对根田鼠实验种群的资料为例说明生命表的编制方法。表4-9即根田鼠实验种群的生命表。

生命表包括若干栏目，每栏都用符号代表，这些符号在生态学中已成习惯用法，其含义如下：X为按年龄的分段，本例是每3个月为一段；n_x为在x期开始时的存活数目；l_x为在

x 期开始时的存活分数（或存活率）；d_x 为从 x 到 $x+1$ 期的死亡数目；q_x 为从 x 到 $x+1$ 期的死亡率；e_x 为 x 期开始时的平均余年或期望寿命。

年龄段的划分，根据实际情况可粗可细，例如，对人常用 5 年一段，对于鹿用 1 年，鼠类常用 1 个月。年龄段越短，生命表所表示的死亡变化图越详细。

生命表中各栏都是有关系的，只要有 n_x 或 d_x 的实际观测值，就可以计算出其他各栏。这些数据有助于从不同的角度去探讨问题。各栏间的关系如下

$$n_{x+1} = n_x - d_x$$

$$q_x = \frac{d_x}{n_x}$$

$$l_x = \frac{n_x}{n_0} \times 1\,000$$

例如，根据表 4-9a 的数据

$$n_3 = n_2 - d_2 = 75 - 23 = 52$$

$$q_2 = \frac{d_2}{n_2} = \frac{23}{75} = 0.307$$

$$l_5 = \frac{n_5}{n_0} \times 1\,000 = \frac{16}{124} \times 1\,000 = 129.03$$

各栏中只有计算生命期望（或平均全年）e_x 比较复杂。为此，首先要求出每一龄短的平均存活数 L_x。显然

$$L_x = \frac{n_x + n_{x+1}}{2}$$

例如，仍用表 4-9 中的数据

$$L_1 = \frac{n_1 + n_2}{2} = \frac{91 + 75}{2} = 83$$

$$L_2 = \frac{n_2 + n_3}{2} = \frac{75 + 52}{2} = 63.5$$

那么，存活于某一龄段的个体在该龄段总共存活了多少时间呢？应该是诸个体存活时间的总和。但由于该龄段中死亡个体具体的死亡时间各不相同，如果没有详细的纪录，其存活总时间无从知晓。在编制生命表时，可以假定死亡个体都死于该龄段的中点，就可以近似地认为由 L_x 个体存活于整个龄段，其存活时间的总和（T_x）即不难求出。每一龄段中总存活时间等于 L_x 与龄段时间的乘积。如表 4-9a 例中即为 $L_1 \times 3 = 83 \times 3 = 249$（个体·月）。在具体编制生命表时，常先求出每一龄段的 L_x，然后由表底逐个垒加 L_x 的值，就可以算得 T_x。

$$T_x = \sum L_x$$

T_x 的含义是活到 X 龄段的个体还能存活时间的总和（不理会每一龄段的具体时间，把它视作一个时间单位即可）。例如表 4-9 的例子，$T_{11} = L_{11} = 0.50$；$T_{10} = L_{11} + L_{10} = 0.50 + 2.00 = 2.50$；$T_8 = L_{11} + L_{10} + L_9 + L_8 = 18.00$……最后，用 T_x 除以存活个体数 n_x，就得到平均余年 e_x，即

$$e_x = T_x / n_x$$

所以 $e_5 = 56.00 / 16 = 3.500$，$e_2 = 186.50 / 75 = 2.487$ 其时间单位为 3 个月，若改用

月为单位，则 $e_5=3.500\times3=10.5$（月），$e_2=2.487\times3=7.461$（月）。

表 4-9 根田鼠实验种群生命表

(引自梁杰荣，1985)

月龄组 (x)	存活数 (n_x)	存活率 (l_x)(‰)	死亡数 (d_x)	死亡率 (q_x)	L_x	T_x	期望寿命 (e_x)
a. 雄性							
0 (0~3)	124	1 000.00	33	0.266	107.50	377.00	3.040
1 (3~6)	91	733.87	16	0.176	83.00	269.50	2.962
2 (6~9)	75	604.84	23	0.307	63.50	186.50	2.487
3 (9~12)	52	419.36	19	0.365	42.50	123.00	2.366
4 (12~15)	33	266.13	17	0.515	24.50	80.50	2.440
5 (15~18)	16	129.03	3	0.188	14.50	56.00	3.500
6 (18~21)	13	104.84	1	0.077	12.50	41.50	3.193
7 (21~24)	12	96.78	2	0.167	11.00	29.00	2.417
8 (24~27)	10	80.65	1	0.100	9.50	18.00	1.800
9 (27~30)	9	72.59	6	0.667	6.00	8.50	0.945
10 (30~33)	3	24.20	2	0.667	2.00	2.50	0.833
11 (33~36)	1	8.06	1	1.000	0.50	0.50	0.500
b. 雌性							
0 (0~3)	105	1 000.00	26	0.247			3.176
1 (3~6)	79	752.38	13	0.165			3.057
2 (6~9)	66	628.57	16	0.242			2.561
3 (9~12)	50	476.19	16	0.320			2.220
4 (12~15)	34	323.81	17	0.500			2.030
5 (15~18)	17	161.91	5	0.294			2.560
6 (18~21)	12	114.29	2	0.167			2.417
7 (21~24)	10	95.25	2	0.200			1.800
8 (24~27)	8	76.21	4	0.500			1.125
9 (27~30)	4	38.11	3	0.750			0.750
10 (30~33)	1	9.53	1	1.000			0.500

2. 生命表的种类 生命表分两大类，即动态生命表（dynamic life table）和静态生命表（static life table）。它们收集数据的方法各有不同。

所谓动态生命表，就是根据观察同一时间出生的生物群的死亡历程而获得的数据编制成的生命表，如表 4-9a 就是连续记录 124 只根田鼠雄性个体的生命历程而编制成的。因此，动态生命表也称为特定年龄生命表（age specific life table），或同生群生命表（cohort life table）。

静态生命表是根据在某一特定时间，对种群作年龄结构调查，并根据其结果而编制成的。所以静态生命表又称为特定时间生命表（timespecific life table）。典型的静态生命表是迪维（Deevey，1947）根据穆丽（Murie）在美国阿拉斯加民族公园中搜集的 608 只达氏盘羊（*Ovis dalli*）的头骨，确定其死亡年龄而编制的生命表。表 4-10 是杨赣源等（1988）根据野外捕获的 911 只灰旱獭（*Marmota baibacina*）经鉴定划分为 12 个年龄组编制的静态生命表。

表 4-10　灰旱獭种群的生命表

（引自杨赣源等，1988）

年龄组	存活数 n_x	性别	存活数 l_x (‰)	死亡数 d_x	死亡率 q_x	期望寿命 e_x
0～1	154		1 000.00	77	0.500 0	2.879 8
1～2	77		500.00	5	0.064 9	4.259 7
2～3	72		467.53	23	0.319 4	3.523 1
3～4	49		318.18	0	0.000 0	3.938 8
4～5	49		318.18	6	0.122 4	2.938 8
5～6	43	♂	279.22	8	0.186 6	2.279 0
6～7	35		227.27	11	0.314 3	1.685 7
7～8	24		155.84	9	0.375 0	1.229 2
8～9	15		97.40	13	0.866 6	0.666 6
9～10	2		12.98	1	0.500 0	0.500 0
10～11	1		6.49	1	1.000 0	0.750 0
合计	521			154	0.295 6	
0～1	99		1 000.00	51	0.515 2	3.439 3
1～2	48		484.84	5	0.104 2	5.562 5
2～3	43		434.34	1	0.023 3	5.151 2
3～4	42		424.24	4	0.095 2	4.261 9
4～5	38		383.83	2	0.052 6	3.657 9
5～6	36		363.63	8	0.222 2	2.833 3
6～7	28	♀	282.82	5	0.178 6	2.500 0
7～8	23		232.32	4	0.173 9	1.934 6
8～9	19		101.91	12	0.631 6	1.236 8
9～10	7		70.70	2	0.285 7	1.500 0
10～11	5		50.50	3	0.600 0	0.900 0
11～12	2		20.20	2	1.000 0	0.500 0
合计	390			99	0.253 8	

3. 存活曲线　存活曲线对研究种群死亡过程是很有价值的。迪维（1974）以相对年

龄（即以平均寿命的百分比表示的年龄）作为横坐标，存活率 l_x 的对数作纵坐标，画成存活曲线图（图 4-14），以比较不同寿命动物的存活曲线。他把存活曲线划分为 3 种基本类型。

A 型：凸形的存活曲线。表示种群在接近于生理寿命之前，只有少数个体死亡，即绝大部分个体都能达到生理寿命。

B 型：呈对角线的存活曲线。表示各年龄期的死亡率是相等的。

C 型：凹型的存活曲线。表示幼体的死亡率很高，以后的死亡率低而稳定。

在现实生活中的动物种群，不会有这样典型的存活曲线，但可接近于某型或中间型。大型哺乳动物和人的存活曲线，接近于 A 型，海洋鱼类、海产无脊椎动物和寄生虫等，接近于 C 型，许多鸟类接近于 B 型。图 4-15 是根田鼠和灰旱獭的存活曲线。

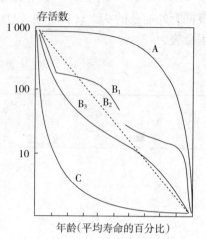

图 4-14 存活曲线的类型
（仿 Odum，1911）

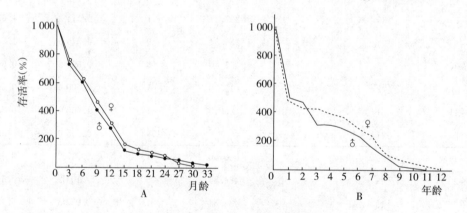

图 4-15 根田鼠和灰旱獭的存活曲线
A. 根田鼠 B. 灰旱獭
（仿梁杰荣等，1985；杨赣源等，1988）

二、种群增长

当一个物种被引入到一个新的地方，或者说一个数量较小的动物种群生活在一个空间和食物都比较充足的地方时，其种群的迁出量和死亡率很小，它的种群数量就会得到增长。

理论上讨论种群的增长，一般从两个方向进行描述，一个就是种群在理想条件下，或者一个种引入到某一新地区开始时的种群增长过程；另一个就是在实际环境条件下的增长过程，或一个种引入一个新地区后的全部增长过程。

（一）几何级数增长

几何级数增长（geometric growth）数学表达式为

$$\frac{dN}{dt} = rN$$

式中，N 为种群的数量，t 为时间，dN/dt 为种群数量随时间的变化率，r 为种群平均的瞬时增长率。

若以 b 和 d 表示种群平均的瞬时出生率和瞬时死亡率，那么 $r=b-d$（假定没有迁入和迁出或迁入等于迁出）。

其积分形式

$$N_t = N_0 e^r$$

现举一例来说明种群几何级数的增长过程。假设初始种群 N_0 为 100，r 为 0.5/年（雌性），则以后种群数量变化如表 4-11 所示。

表 4-11　种群数量的几何级数增长

年	种群大小	年	种群大小
0	100	4	$100 \cdot e^{2.0} = 739$
1	$100 \cdot e^{0.5} = 165$	5	$100 \cdot e^{2.5} = 1\ 218$
2	$100 \cdot e^{1.0} = 275$	6	$100 \cdot e^{3.0} = 2\ 009$
3	$100 \cdot e^{1.5} = 448$		

从表 4-11 可见种群的变化过程随着年度的增加，一是其指数（0.5、1.0、2.0、2.5……）在增长，因此，这种增长也称为指数式增长，二是种群数量呈几何级数增长。以种群数量 N_t 对时间作图（图 4-16），说明种群的指数增长呈"J"形，因此，种群的几何级数增长又称为"J"形增长。

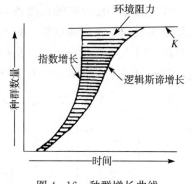

图 4-16　种群增长曲线
（仿 Kendeigh, 1974）

（二）种群在有限环境中的逻辑斯谛增长

任何物种的增长实际上都不可能是无限的，都要受到包括空间、食物等因素的限制，因而不可能按理想状况无限地增长下去。增长开始逐步加快，当达到高速点后，速度逐步递减，最后不再增长，种群数量稳定在某个水平上，也可能在某一特定水平附近波动。这样就形成了所谓逻辑斯谛增长或"S"形增长或对数式增长（图 4-16）。

上述增长方式有两个基本假定：

（1）设想有一个环境条件所允许的最大种群数量，称为环境容纳量或负荷量（carrying capacity），通常以"K"表示。当种群数量达到 K 值时，将不再增长。

（2）设想环境对种群的阻力是按比例随密度上升而上升的。种群每增加一个个体，对增长率产生 $1/K$ 的负影响。如果 $K=100$，每一个体产生 1/100 的抑制性影响。

其增长速度的变化趋势，可以用下列数学模型加以描述

$$\frac{dN}{dt} = rN\left(1 - \frac{N}{K}\right)$$

此模型称作逻辑斯谛方程，其积分式是

$$N_t = \frac{K}{1+e^{a-n}}$$

式中 K、e、r、t 定义一如上述，参数 a 的取值取决于 N_0。

显然，随着 N 的上升，$1-\frac{N}{K}$ 越来越小，$\frac{dn}{dt}$ 也越来越小，当 $N=K$ 时，$1-\frac{N}{K}=0$，$\frac{dn}{dt}=0$。由此可见，种群增长率 $\left(\frac{dn}{dt}\right)$，等于种群潜在的最大增长（$rN$），与最大增长的可实现程度 $\left(1-\frac{N}{K}\right)$ 的乘积。

逻辑斯谛增长有5个阶段：

（1）初始的低速区。种群开始增长，繁殖基数很低，虽然阻力很小，但增长不快。

（2）加速区。阻力增大一些，但仍然较小，随着繁殖基数逐渐加大，增长速度越来越快。

（3）拐点。随着个体数目增加，阻力进一步加大，将在某一点抵消了增长率上升的势头，增长速度不再上升。这一点称为拐点，它处于 $K/2$ 的地方。

（4）减速区。阻力进一步加大，增长速度越来越慢。

（5）饱和区。阻力已大到接近 K 值，增长越来越慢，最后完全停止，种群数量达到环境容纳量。

在自然界中已存在的自然种群，种群建立已久，其种群密度已经在 K 值附近波动，所以很难观察到逻辑斯谛增长；只有将种群引入新环境时，才会出现这种增长方式。如1800年将绵羊引入塔斯马尼亚岛以后的种群增长（图4-17），在增长前期显出一个"S"形曲线，1850年后种群在1 703头上下作不规则的波动。

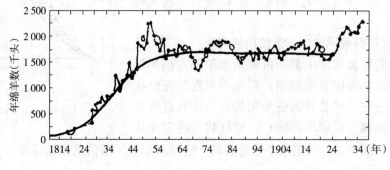

图4-17　绵羊引入塔斯马尼亚岛的增长曲线
（仿 Kormondy，1976）

三、种群数量波动

在种群逻辑斯谛增长模型中，K 值是可以无限接近而不可超越的。但实际上，种群可以超过 K 值，同时 K 值本身也不是一个不变的量，当种群增长到 K 值附近时，其变化有几种可能性（图4-18），或种群在相当长的时期内维持在一个水平上；或种群崩溃，甚至灭亡。这两种情况都比较少见。通常种群数量达到一定水平以后，经常进行有规律或无规律的波动。

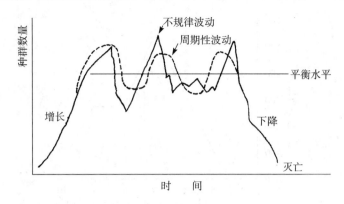

图 4-18 种群数量变化的不同形式

（一）周期性数量波动

周期性数量波动是有规律的数量波动，包括季节波动和年度波动。

1. 季节波动 一般具有季节性繁殖的动物，都是繁殖开始之前数量最低，繁殖开始之后数量逐渐增加，繁殖结束时数量最高，以后数量又逐渐下降，直至下次繁殖前的最低数量。

比较南北地区鼠类数量的异同，北方鼠类季节数量曲线多呈单峰型。单周期的鼠类数量高峰在夏季，即幼鼠出窝活动之后，如黄鼠和鼢鼠（图 4-19）。多周期的鼠类，数量高峰多出现在秋季繁殖初停进入冬季之前（图 4-20）。南方鼠类数量的季节波动，在长江流域及其以南，除波动幅度较小外，多数种类在春秋两季各有一个高峰，在热季及冷季各有一个数量低谷，呈双峰型（图 4-21），有时亦呈多峰型。

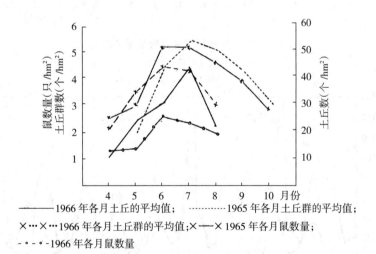

——1966 年各月土丘的平均值； ……… 1965 年各月土丘群的平均值；
×…×…1966 年各月土丘群的平均值；×——×1965 年各月鼠数量；
-·-·-1966 年各月鼠数量

图 4-19 鼢鼠 1965—1966 年各月鼠数量之消长曲线
（仿王祖望等）

2. 年度变动 年度变动是几年一个周期的数量变动。啮齿动物周期性数量变动最典型的例子是美洲雪兔（*Lepus americanus*）和猞猁（*Felis canadensis*）的数量变动，周期为 9.6 年。美洲雪兔最高产量与猞猁比较，一般提前 1～2 年。这是因为猞猁是以美洲雪兔为食，猞猁数量的变化与其捕获量有关（图 4-22）。

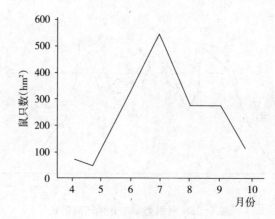

图 4-20　布氏田鼠种群密度的季节动态曲线
(仿房继明等，1989)

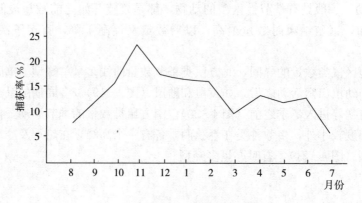

图 4-21　黑线姬鼠种群数量季节消长
(仿祝龙彪等，1982)

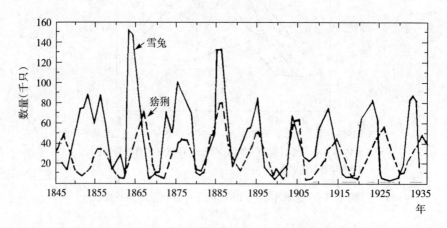

图 4-22　加拿大猞猁与美洲雪兔产量周期变化

栖息在冻原的北极鸮（*Nyctea acandia*）、北极狐（*Alopex lagopus*）以及环颈旅鼠（*Dicrostonyx*）（为前两种动物的主要猎食对象）具有平均 4 年一周期的特点。

我国黑龙江伊春林区根据 1965—1973 年 9 年的资料分析，棕背䶄具有 3 年周期性的数量变动。夹日捕获率，低时为 0.5%，高时为 34%，相差 50~60 倍。这个 3 年周期数量变动与林木被害的周期性相符合（图 4-23），并与红松子 3 年一丰收的周期性相一致。

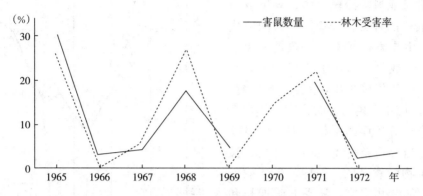

图 4-23　害鼠 9 年夹日捕获率与林木受害率

种群数量周期性变动，以北方寒漠带和荒漠带的针叶林带较为常见。这些生境的共同特点是生物群落的结构都比较简单，数量高峰有时可以在广大范围内同时出现。但不同种类或同一种类在不同地区，其数量高峰不一定总是一致的。

（二）非周期数量变动

这种变动无周期性的规律，具有难以预测的特点。严志堂等（1984）对新疆北部农田中灰仓鼠和小家鼠种群 16 年的动态进行分析，结果发现灰仓鼠年间数量动态平稳，小家鼠起伏很大，两种鼠的数量均无明显年间周期变化（图 4-24）。

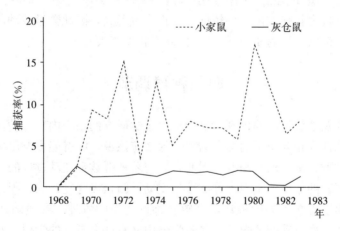

图 4-24　灰仓鼠和小家鼠历年平均捕获率比较
（仿严志堂等，1984）

布氏田鼠是生活在内蒙古干草地的主要害鼠之一，其种群数量波动剧烈。在其数量最低年份，平均每公顷只有 1.3 只，而在数量最高年份，可高达每公顷 786 只，两者竟相差 600 倍。在布氏田鼠低数量的年份，它们通常分散栖居于最适的生境中；但到其数量高峰期，会占据几乎所有生境，并由散点状分布转为成片分布。此外，它们往往还向各个方向迁移，使分布区暂时扩大。

分布于内蒙古干旱区的长爪沙鼠，其种群数量的年间变动无周期性规律，图 4-25 为内蒙古阴山以北后山地区四子王旗农业区长爪沙鼠 1964—1969 年的数量动态。

一般根据啮齿动物种群数量变幅的大小将其分为极不稳定和不稳定的类型。

1. 种群数量极不稳定的类型 该类型包括许多田鼠亚科、沙鼠亚科、仓鼠亚科以及一些鼠科的种类。这些鼠类共同的生态特点是：生态寿命较短，一般是一年或小于一年；性成熟早，只有1~3个月，至多4个月；每年繁殖多次，一般3~4窝，多至11窝；每年出生力有时很高，死亡率往往也很高；对环境的抵抗力差，数量波动很剧烈。当环境条件不良时，出生力猛减是有其生物学意义的；同样，当环境条件有利时，如食物丰富、秋季温暖期长和冬季较温和等，出生力猛增也是有利于充分利用资源的。因此，种群数量的剧烈波动具有一定的适应意义。这一类型的动物在数量最低时，只集中栖居于最适生境中；而当数量高峰时则分散占据了所有的生境，并向各个方向扩散，故其分布区逐渐扩大。这就意味着严重鼠灾的发生。

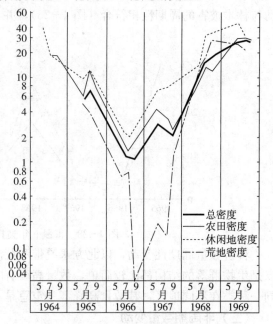

图4-25 1964—1969年长爪沙鼠种群的数量变动
(仿夏武平，1982)

2. 种群数量不稳定的类型 兔科和松鼠科的某些种类属于这一类型。它们的生态寿命较长，对环境的抵抗力较强，出生率较低，死亡率也不高，因此数量波动的幅度不大。如兔的最高数量一般为最低数量的4~6倍（越偏北方相差越大）。

四、种群调节

种群数量变动及数量变动的机制，是种群生态学研究的核心内容。种群的数量变动是出生和死亡、迁出和迁入相互作用的综合结果。那么应该说，所有能影响出生率、死亡率和迁移的因素，都对种群数量变动有影响。因此，决定着种群数量变动过程的是各因素的综合作用，而不是单一因素的作用。正因为种群数量变动原因是极为复杂的。因此，一直存在着比较大的争议。提出了许多不同的说法，来解释种群动态的机理。有强调外因的，如气候学派；有强调内因的，如自动调节学派。在各学派中又有许多不同的学说，有强调捕食的、疾病的、食物的、内分泌调节、行为调节、遗传调节等不同的学说。总的来说，说明种群数量变动原因的理论有三类：第一类认为种群的数量变动主要是受气候因子控制，而生物因素与密度关系不大是非密度制约的（density‑independent）。第二类正相反，认为种群的密度的数量增长的速度随密度增加而减慢。种间、种内、捕食和寄生等影响密度的因子才能控制种群的数量，即种群的数量变化是密度制约的（density‑dependent）。第三类是一种折中学说，认为种群的数量变化，既与密度无关的因素（如气候、理化条件等）有关系也与密度部分有关因素（捕食现象、寄生现象、种间竞争）以及与密度有关因子（种间、种内竞争、捕食、寄生）都有关系。

（一）与密度有关的因素

种群增长速度随密度增高而减慢。这种普遍现象，是动物种群具有相对稳定性的主要原因。无论是在实验室条件下，还是在自然界中，都能看到当种群密度增加时，繁殖减少的情况。例如，如果笼内关着过多的鼠，即使给以足够食物，胚胎仍可能在母体子宫中死亡。说明鼠类的正常繁殖除了食物条件以外，并取决于鼠的数量与空间大小的比例，笼里鼠数量过多，雌鼠会发生生殖器官退化现象。周庆强等（1992）对布氏田鼠栖息密度不同的种群同时进行取样，研究密度对布氏田鼠种群发展的调节作用。结果表明，在高密度区布氏田鼠种群繁殖强度受到抑制，雌鼠怀孕率、雄鼠睾丸下降率、储精囊肥大率和睾丸长度都小于低密度种群。其繁殖季节结束时间也早于低密度种群，幼鼠肥满度较小，性成熟速度较慢，在种群年龄结构中，幼鼠所占比例小于低密度种群。又如栖息在亚寒带针叶林的红背䶄，如果5月种群密度增高，当年生的性成熟个体数即减少。有时种群增长的速度，因种群一直没有达到最高密度，所以几乎没有变化，而达到最高密度后，增长速度就很快下降。这种情况，常见于数量变动急剧的种，如旅鼠。

强调与密度有关因素的是生物学派，其中又分为种内调节学派和种间调节学派。

1. 种内调节 该学派将研究的焦点放在种群内部个体成员之间的相互关系上，即种内关系，在它们的行为，生理和遗传特征上。自动调节学派的一个共同前提是种群密度影响种群的成员，从而使出生率、死亡率和迁移（迁出和迁入）发生改变。他们认为种群调节是物种的一种适应性反应，这种方面适应性反应能带来一种进化上的利益。目前说明种内自动调节的学说有：行为调节——温·爱德华（Wyune-Edwards）学说；遗传调节——奇蒂（Chitty）学说；内分泌调节——克里斯琴（Christian）学说。

（1）温·爱德华学说（行为调节学说）。美国的生态学家温·爱德华认为社群行为是一种调节种群密度的机制，种群中的个体有等级之分，有从居地位的、有支配地位的。当种群密度上升时，种群内居支配地位的个体由于竞争的关系将那些从居的个体排挤出去（即从最适合的生境排挤出去），因而使种群的密度不至上升很多。英国的生态学家沃森对苏格兰雷鸟种群动态的一系列研究证明了这一学说。

（2）奇蒂学说（遗传调节学说）。Chitty在对啮齿动物的研究中提出种群具遗传两型（genitic dimorphism）和遗传多型（genetic polymorhism）。在比较简单的情况下，一种遗传型在种群密度增加或高峰时占优势，另一型在下降时占优势。每个遗传型上有若干变型，但下面一种情况看来比较可能，第一组的遗传型是高进攻的，繁殖机会大，出生率高；另一组遗传型是繁殖率低，适应于密集性生活。当种群的数

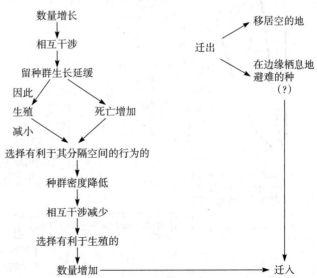

图4-26 奇蒂（Chitty）学说（遗传调节学说）模式图

量上升时,自然选择有利于第一组,并逐步代替第二组,种群的数量继续上升。但当种群数量达到高峰时,由于社群压力增加,个体间相互干涉增加。自然选择不利于高繁殖率的,而有利于适应密集的遗传型。于是种群数量就下降,这样种群就进行自我调节(图4-26)。Chitty对黑田鼠的研究证明了这一学说。

(3) 克里斯琴学说(内分泌学说)。Christian(1964)认为种群密度的调节机制是行为-内分泌的反馈调节作用(图4-27)。随着种群密度的增加,种群内个体间经常相遇,引起彼此争斗和干扰,作为群居心理的刺激性刺激,从中枢神经系统特别是从视丘下部,经由脑下垂体-肾上腺功能失调而出现低血糖,随之发生不正常的心理状态(休克)。此病的宏观指标是肾上腺皮质肥大、胸腺萎缩和生殖机能衰退等生理变化。即反馈抑制了繁殖力,提高了死

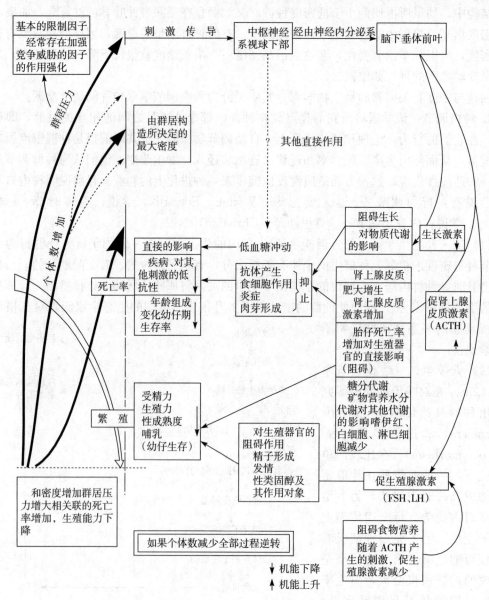

图4-27 行为-内分泌反馈机制(Christian学说)的模式图

亡率，因而种群密度下降。

我国学者对布氏田鼠、小家鼠和黑线仓鼠种群的研究，也证明种群密度与肾上腺重量呈正相关，与生殖腺重量呈负相关。即通过垂体-肾上腺系统反馈抑制生殖腺功能的效应。

目前，随着对化学信息研究的逐步开展，已经知道许多啮齿动物在拥挤条件下，分泌出数种促使分散、抑制繁殖、破坏妊娠和增强进攻性行为的外激素于体外，它们从各方面影响种群的数量。无疑，化学信息为一崭新的领域，这方面的研究定将有助于揭示动物种群调节规律；还可望为鼠害防治提供一条不造成环境污染的新途径。

2. 种间调节学派（生物学派） 生物学派的代表是澳大利亚的尼科尔森，他把研究的焦点集中在种间关系上。认为调节种间密度的因素始终是竞争，包括竞争食物、竞争生活场所和捕食者与寄生者的竞争。

（1）捕食与被捕食的关系。捕食与被捕食的关系常取决于种群密度。捕食作用为一种限制因素，在一定条件下，其作用是很显著的。例如，猛禽和食肉兽可以限制旅鼠的数量。

当被食动物的数量增加时，捕食动物的繁殖能力也提高，致使捕食动物种群数量增加。如果被捕食动物对捕食动物的影响是无可置疑的话，那么后者对前者的影响却不完全是这样。在一般情况下，由于被捕食动物的数量远远超过捕食动物的数量，如在田鼠数量多的年份，比其天敌（鼬、狐等）的数量可高出四五千倍之多。而且鼠类有洞穴作隐蔽，它自有一套防御的适应能力。捕食动物常常只能捕食病态的动物，从而使被捕食动物种群成分的质量提高。19世纪末，挪威狩猎学会为保护雷鸟而捕杀猛禽和食肉兽，结果适得其反。捕食与被捕食是相互依赖关系，而不是单方面的依赖关系。

（2）寄生虫与寄主的关系。寄生物（寄生虫、病原微生物）可以致病，但宿主也能产生免疫力等自卫反应。因此，只能在一定条件下，寄生物才能成为大量死亡的原因，并不是经常起作用的因素。

（3）食物关系。食物的数量、质量以及水分含量，可直接影响到动物的生理状况（生活力），从而也能影响动物的繁殖力。例如，松子歉收，松鼠的营养不良，种群内不孕鼠的比例升高，秋季幼鼠的百分数比丰收年下降1/4多（82%～50%），而且雌性的比例也低于一般水平；大沙鼠在正常年份，妊娠率仅为65%～70%，多则80%，但在气候和食物良好的年份，妊娠率可达85%～90%，甚至95%；食物中水分含量低于60%时，田鼠就会停止繁殖。

生态系统中能量转化的研究表明，动物对其所拥有的食物远远未充分利用，这至少对草食动物是这样；但对杂食和肉食动物来说，食物可能与密度的关系更为密切。

（二）与密度无关的因素

1. 气候因素 个体生态学的研究表明，温度、湿度和光照等因素对动物的寿命、生殖力以及其他许多特性都有影响，这些影响有的是直接的，有的是间接的，也是经常起作用的因素。例如，春天来得早，能使当年新生的仔鼠性成熟（多周期鼠类）并参加繁殖，从而使种群数量增加；春季过冷，可使繁殖推迟，使当年出生的仔鼠达不到性成熟，或仅有少数个体达到性成熟，从而使种群数量增长缓慢。雪被过薄、春季忽冷忽热、夏季干旱以及秋雨连绵等都对鼠类的生活十分不利。小家鼠在18℃时繁殖旺盛，而超过30～31℃时，则繁殖停止。大沙鼠的繁殖强度与前一年10月至当年5月的降水量成正比。

光照通过神经-内分泌影响动物的性活动，春夏开始繁殖与长日照有关，秋后繁殖结束是短日照的结果。

分布于新疆北部的小家鼠，初春种群的繁殖基数（亦即越冬鼠存活数量）主要受冬季的雪被厚度和40cm地温影响，两者皆为显著正相关；秋末种群高峰期数量与上冬的雪被、春季气温和地温之间，皆为极显著正相关。由此可见，这些因素的影响较强烈。

如有人对新疆小家鼠，按冬、春、夏、秋4个季节的气候条件对种群密度的影响进行分析，发现开春的数量基数（就是越冬存活数量），主要与冬季雪被厚度和40cm地温的影响呈正相关。进而通过春季种群而影响秋季高峰期的数量。春季的气温波动性和夏季半年的降水与种群数量呈负相关。在3个数量高的年份（1967、1972、1974）都有以下几个气候特点。①上冬雪被好、气温高。②上冬40cm地温偏高。③春季中后期（4月中到5月中）的气温和地温偏高且较稳定。④夏季半年（4～9月）尤其是春季，降水量和雨天日数偏少。⑤夏季气温较高。⑥日平均气温≥10℃，积温偏高。但恒温动物的体温调节机制比较完善，对气候的依赖性相对不大。种群增长率的变动，外界的影响也是通过内部的反馈作用来起调节作用的。

应该指出，恒温动物的体温调节机能比较完善，相对地不依赖于气候条件。如我国学者研究新疆北部小家鼠种群数量消长同气候的关系所得的结论认为：种群增长率的变动，通常主要取决于内部因素，实际上仍是种群本身反馈的表现。由于存在反馈作用，不同数量级种群对外界的反应有明显的差别。当种群处于上升阶段时，对外界的影响通常比较敏感，一旦各种有利条件综合出现，就能使种群数量暴发，暴发之后，种群内部即产生反馈。在反馈过程中，内部因素起支配作用，外部因素的作用就被削弱，甚至被排斥或掩盖。因此，认为种群内部的反馈作用是种群数量消长的根本原因。

2. 空间因素 生活空间也是限制种群增长的因素。如前所述，鼠类能够得以正常繁殖，取决于鼠的数量与空间大小的比例。其次，与适宜生活地点的数量亦有关系。例如，在麝鼠没有固定的生活地区时，其死亡率比有固定地段的麝鼠死亡率高。所以天然的居住环境的间断性和变异性，是限制有机体大量繁殖的最本质的因素之一。

（三）折中学说

米恩（Micne）是折中学说的代表。承认密度制约因素对种群密度的作用，也承认非密度制约因素也有决定种群密度的作用。

五、迁 移

迁移是指构成种群的个体迁入或迁出种群所占区域的活动。一个生境内啮齿动物的数量变动，除受出生与死亡影响之外，还受迁入和迁出活动的影响。

动物的迁移可以分为两种类型：周期性迁移和非周期性迁移。

（一）周期性迁移

1. 季节性迁移 这种迁移是因为生活区的食物条件发生了变化或因为要定期迁到越冬条件较好的地方去而发生的。例如，栖息于东北红松林内的大林姬鼠，以种子为食。暖季采伐迹地内的食物丰富，冷季林内的隐蔽条件较好。所以，春季它们从林内迁入采伐迹地，秋后，由迹地又迁入林内。蒙古黄鼠季节性地侵入或迁出各种农田，在各种生活区的分布密度也是依季节变化和食物条件为转移的。这种季节性的迁移活动，有利于生境间种群的个体交换、混合和重新组合。

2. 繁殖期的迁移 即繁殖开始或结束时个体的重新组合以及当家族解体时幼体的分居。当然，这种迁移也是与环境条件的变化相关联的，但不是直接的，而是间接的。这种迁移是由动物生理状况的变化以及与其有关的种内关系的变化所引起的。

每年繁殖一次的鼠类，家族的解体（或幼体的分居）发生在秋季（如黄鼠），或春季集体越冬之后（如旱獭）。一年繁殖多次的种类，幼体分居延续的时间很长，这种分居时期的迁移活动是一切动物共同的特性，因为每个动物都必须有自己的巢区，否则就不能维持自己的生命或延续种的生命。

迁移动物群的性别和年龄的组成表明迁移与繁殖的关系。在未成熟的田鼠迁移群中性比近于 1∶1；在已性成熟的田鼠群中，大部分是雄的。这是因为繁殖时期，雄性的活动力比雌性大，雌性对洞穴的依恋性强。正是由于雄性的迁移活动强，使不同亲缘关系的个体得以混杂，有利于减少或消除近亲繁殖的不利影响。

动物的迁移也是一种寻求最适生境的适应活动，既有利于与其食物分布相适宜的重新分配和种群的生存和发展，亦有利于维持并进一步扩大其分布区。

（二）非周期性的迁移

当生活条件恶化时，就会发生非周期性的迁移。旅鼠和松鼠在大量繁殖年代，如果遇上食物条件不足时，就会发生大规模的定向迁移。标志调查结果表明，松鼠能迁移到 200km 以外的地方，但这种迁移，大多数个体都死于迁移途中。自然灾害，如水灾、大风雪和火灾等，都能引起鼠类的非周期性迁移。分布于湖滨地区的黑线姬鼠，当发生内涝时，就有向高地或人房内迁移的现象。

布氏田鼠大发生之后引起的非周期性迁移现象，对于扩大分布区具有重要意义。这种扩大往往是暂时的，因此被称为分布区界线的波动。

六、种群的空间格局

种群数量在时间上的变动是种群动态一个方面的表现，另一方面是组成种群的个体在空间上的分布及其动态。个体在其生活空间中的位置状态或布局，称为种群的内分布型（internal distribution pattern）或空间格局。

20 世纪 60 年代以前，啮齿动物空间格局研究尚属定性阶段，研究工作主要集中在栖息地与空间分布的关系上。20 世纪 60 年代以后，在引入植物生态学的分析方法的同时，又发展了许多适应于动物空间格局的数学分析方法，加之自 20 世纪 50 年代后出现的某些新的野外生态研究技术和方法，才使得空间格局研究水平从定性研究上升到定量研究。

目前昆虫、鸟类的空间格局工作进展比较深入。啮齿动物由于其活动性强，特别是其隐蔽性，造成很难精确获得在任一时刻、任一地点，某种群全部个体的空间格局资料。因此，多数研究者都假定用鼠夹或鼠笼所捕捉到鼠的位置，可代表其在生境内的空间位置。目前对鼠类空间格局的研究已有 25 种之多。

（一）种群的空间分布型

1. 三类主要分布型 组成种群的个体在其生活空间中的位置状态或布局，称为种群的密度分布型（distribution pattern，或译分布格局）。种群的分布型，一般分为三类：随机的

(random)、均匀的（uniform）和成群的（clumped）或称聚集的（aggregated）（表4-16、图4-28）。按照种群本身的分布状况，后者又可分为均匀群（uniform clumped）、随机群（random clumped）和聚集群（aggregated clumped），后者具有两级的成群分布。啮齿动物空间格局主要是聚集分布（表4-12）。

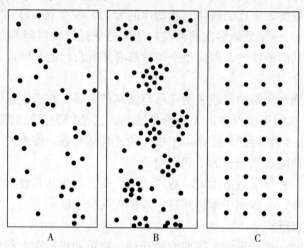

图4-28 随机的、聚集的和均匀的3种分布型
A. 随机的 B. 聚集的 C. 均匀的
(仿丁岩钦，1994)

表4-12 啮齿动物空间分布格局分析

物种	空间格局					
	种群	雄鼠	雄鼠	雌-雄	最近邻体	越冬
Apodemus flavicollis	a/r	a	r	—	—	c
Apodemus speciosus	a	—	—	—	—	—
Apodemus sulvaticus	a/r	a	r/u/a	r/a	os	c
Clethrionomys glareolus	—	—	a/u	—	—	c
Clethrionomys rufocanus	r	—	—	—	—	—
Clethrionomys rutilus	a	—	—	—	—	c
Microtus agrestis	—	u	a	—	—	c
Microtus arvalis	—	—	—	—	—	c
Microtus brandti	a	—	—	—	—	c
Microtus californicus	a	u	a	—	—	—
Microtus pontanus	—	—	—	—	—	c
Microtus ochrogaster	u	u	u	—	os	—
Microtus pennsylvanics	—	r/a	u	—	—	c
Microtus pinetorum	a	—	—	—	—	c
Microtus xanthognathus	—	—	—	—	—	c
Myospalax baiteyi	a	—	—	—	—	—
Ochotona curzoniae	a/r	—	—	—	—	—

(续)

物 种	空间格局					
	种群	雄鼠	雄鼠	雌-雄	最近邻体	越冬
Ochotona princeps	—	—	—	—	os	—
Peromysus maniculatus	a	u	u	r/a	os	—
Peromysus leucopus	—	—	—	—	—	c
Reithrodontoma megalotis	a	—	—	—	—	—
Sciurus carolrinenisis	a	—	—	—	—	—
Sciurus niger	a	—	—	—	—	—
Synaptomys cooperi	u	u	u	u	os	c

注：a，聚集分布；r，随机分布；u，均匀分布；os，异性；c，群居。

2. 决定种群分布型的因素 动物种群的分布型主要决定与个体间的相互作用和栖息环境的特点。动物种群中的个体，可能是彼此间互相吸引、排斥或中性的。相互吸引就会引起集群，即成群型分布。个体间互相避开，就可能产生均匀分布，而中性关系就可能促成随机分布。从环境特征而言，如果食物、合适的营巢地等的分布是斑块状的，就可能导致成群分布。如果资源本身是分布均匀的、丰富的，就可能出现随机分布，甚至出现均匀分布。

动物生活史中不同的时期，所处环境的季节变化，其分布型都会有变化，特别是种群密度的升降对分布型的变化具重大的影响。为了深入了解种群内部的空间组织关系及其变化，研究可以从种群水平深入到雌、雄、成、幼的层次上，并研究其季节差异乃至年际差异。

啮齿动物的空间格局，随着季节变迁、繁殖状况的改变，可以发生相应的改变。例如，布氏田鼠在春季繁殖前期分群，其空间分布格局由聚集分布转为随机分布，当幼鼠离巢后，种的空间分布由随机转为聚集（房继明等，1991）。也存在空间格局不随季节、繁殖状况改变的鼠种，例如，米景川等（1990），调查蒙古黄鼠种群空间分布格局时，抽样单位为 $1hm^2$，在 4 块样地内分别在蒙古黄鼠的交尾期和幼鼠分居期调查了 184 块和 191 块样方，结果显示蒙古黄鼠种群的空间分布格局在这两个不同的生态期都属 Possion 分布（随机分布），环境与密度制约因素不显著。

气候和地理因素会对空间格局产生影响，高原鼠兔在大雪后数量下降，其空间格局由聚集分布转为随机分布，但地下生活的高原鼢鼠仍保持聚集分布不变（宗浩等，1991）。

3. 检定均匀型、随机型和成群型分布的定量方法 如果把图 4-28 的均匀型分布分成许多小方格，那么每一方格中的点数就应该是相等的。也就是说，当我们以小方格的面积对均匀型分布的种群进行取样时，各个方格中的个体数将是相等的。那么，以此取样结果进行统计分析，计算出平均数和标准差时，由于各样方个体数相等，标准差就会等于零。这就是说，对均匀型分布进行抽样调查时，由于标准差等于零，所以方差/平均数这个比率就等于零。

对随机型分布的种群进行同样的抽样，其结果又会怎样呢？假如种群得分不是随机的，那么，含有 0、1、2、3、4……个体的样方，其出现的频率是符合于波松分布序列的。波松分布的一个特征是：方差（S^2）和平均数（m）相等。以此，其方差/平均数比率必然明显地大于1。

根据上面的分析，可以知道检定分布性属于均匀型、随机型和成群型的标准，是方差/平均数之比，即 S^2/m。若 $S^2/m=0$，均匀分布；若 $S^2/m=1$，随机分布；若 S^2/m 明显地>1，成群分布。

其中
$$m = \frac{\sum fx}{N}$$

$$S^2 = \frac{\sum (fx)^2 - \left[(\sum fx)^2/N\right]}{N-1}$$

式中，$\sum$ 为总和；x 为样本中含有的动物个体数；f 为出现频率（含有不同个体数样本的出现频率）；N 为样本总数。

4. 对方差/平均数（S^2/m）比率方法的评价　在生态学研究结果中，最常见的情况是方差比平均数大，即种群内的个体有成群的倾向。所以此方法一般说来是适用的。但是，这种检验方法还有一些缺点，首先是样本面积的大小对于结果有较大影响，这可以设想图 4-28 的随机型或成群型分布，按样方面积由小到大几个等级进行抽样，最后发现，样本的大小不同，其结果很不一致。所以，要解决种群内个体空间的配置问题，还有许多工作有待研究。

研究种群分布型的意义有：①种内个体间的相互关系，可以通过分布型反映出来。个体间相互吸引，就会出现聚集；而个体间相互独立，就会出现随机分布；个体间相互排斥，就会出现均匀分布。②研究空间分布型，有助于发展精确而有效地抽样技术。③有助于对研究资料提出适当的数理统计的方法，包括合适的数据代换。

分布型的研究是静态的研究，它比较适用于植物或营固着生活的动物，也适用于测量动物群集和栖局所的空间分布，后者如狐窟、鼠穴、鸟巢等。而对于在分布区内经常移动位置的动物本身，静态的分布型是难以适用的。一些学者从种群利用空间资源的方式来探讨空间关系，这种作法对于动物，尤其是高等动物更具有普遍意义。一般来说，种群的空间资源利用方式分为两类，即分散的利用（单体或家族的生活方式）和集群的共同利用领域。这两类利用空间的方式各有其对生存的价值和优缺点，而且与物种的生理和行为特征有密切的关系。

动态的研究还涉及扩散和迁移，个体的迁移经常改变着种群在空间上的分布。扩散之后若能定居，就有可能重建种群，甚至扩大种群的分布区。迁移又可分为迁入、迁出和来回迁移。

（二）空间尺度和种群的空间结构

尺度（scale）一般是指某一研究对象在时间上或空间上的量度，分别称为时间尺度和空间尺度，它们对于生态学研究及其结论具有重大的影响。生态学家在观察某一现象，或对其进行实验研究时应该使用哪一时空尺度，即地区大小和时间长短，在其设计研究中必须有很好的考虑。

Weins 等（1986）强调，空间尺度由小到大是一个连续体，但大体而言，可以看到 5 个点，即：

(1) 个体空间（individual space）。个体占用的空间，尽管定居动物与运动的生物间有很大的区别。

(2) 局域斑块（local patch）。许多个体占用的空间斑块。

(3) 区域尺度（regional scale）。包括许多局域种群，或通过扩散而由许多斑块连接而成的相当大的地区。

（4）封闭系统（closed system）。一个包含有封闭的生态系统（如营养物质循环）得很大空间。

（5）生物地理学尺度（bigoegraphical scale）。可以包括不同的栖息和气候的空间尺度。

把空间尺度视为连续体，并按空间连续大小划分不同等级（即其等级结构 hierarchical structure）的思想是有远见的，并为大多数生态学家所接受；但是五个点的定义，还是相当不完善的，有待于进一步发展。例如，俄国学者纳乌莫夫和希洛夫（HayMOB，1963；Шцaoв，2000）在他们的生态学教科书中，讨论种群空间结构时从动物空间利用的方式出发，把动物分为分散的利用空间和集群的共同利用空间两类，并且前一类营单体或家族（solitary family）的生活方式，而后一类营集群（aggregative）的生活方式。因为集群利用空间往往易导致资源耗尽，所以该类动物多数是营游牧（nomadism）生活方式。他们还认为，在两类之间有许多中间的过渡型，并论述各自的利弊，即对物种生存的意义。

由于各种动物在形态、生理、生态、行为特征上的不同。各物种种群的合适空间尺度也应该不同，也就是说，空间尺度具有相对性，研究昆虫种群与大型兽类的空间尺度应该不同，水生的鱼类和兽类（如鲸）也有所不同。空间生态学（space ecology）是新兴的生态学的一个领域，以目前的积累资料显然也不可能提出完善的空间等级的划分。

◆ 本章小结

本章包括两节内容，第一节啮齿动物的一般生态，重点介绍了啮齿动物的洞穴结构及其对栖息地选择的行为机制；介绍了啮齿动物活动规律性、营养及繁殖特性。第二节种群生态学，涉及种群动态、种群动态调节及种群的空间格局的相关内容。本章内容是生态学理论在啮齿动物研究中的具体应用。学习本章内容需要具备普通生态学和动物生态学的基本理论和基本知识，通过对本章的学习，可以了解和掌握啮齿动物个体和种群与环境之间的相互关系，理解啮齿动物种群变动机制，为有害啮齿动物的有效防治提供生态学上的科学依据。

◆ 复习思考题

1. 啮齿动物个体生态学和种群生态学的研究对鼠害防治有何理论和实践意义？
2. 如何理解啮齿动物对栖息地的选择？影响这种选择机制的因素有哪些？
3. 如何评价啮齿动物的繁殖力？造成啮齿动物繁殖力时空变异的原因是什么？
4. 调节种群数量变动的机制是什么？
5. 什么是啮齿动物复合种群？复合种群的类型有哪些？

第五章

啮齿动物群落生态学与生态系统

内容提要： 啮齿动物群落生态学是动物生态学中研究较为深入的领域，对于生态学理论的发展和丰富具有重要意义。本章依次介绍了啮齿动物群落生态学的主要研究内容和方法，包括啮齿动物群落的命名方法、群落特征以及群落的分类与排序等。同时，阐述了当前生态学前沿理论——干扰生态学理论在啮齿动物群落生态学中的应用。最后，阐述了啮齿动物在草地生态系统中的地位及其对生态系统能量流动的作用。本章内容还可以使学生深入了解啮齿动物群落生态学的研究现状及其未来的发展方向。

生物群落（biotic community），指一定时间内居住在一定空间范围内的生物种群集合，包括植物、动物与微生物等具有各种直接或间接关系的物种种群，是生态系统的生命构成部分。通过群落物种间的集合机制以及群落与环境之间的耦合作用，群落在生态系统中形成了一个特殊的生物组织层次，具有特定的生态功能。

我国有关啮齿动物群落的研究起步较晚，20世纪60年代夏武平等（1966）首次调查了荒漠草地撂荒地内鼠类和植物群落的演替趋势及其相互作用。80年代对啮齿动物群落的研究逐步增多。目前，在生态系统的整体水平上对草地啮齿动物群落的演替规律及其机理进行了较为深入的探究，大量的研究成果为草地啮齿动物的生态调控奠定了坚实的理论基础。

第一节 啮齿动物群落命名及群落特征

一、群落命名

对于动物群落的命名尚没有较为统一的标准，更没有形成完整的命名体系。针对不同的研究角度与目的，应采取与研究目标相适应的群落命名方法。目前，动物群落的命名方法主要根据群落的优势种以及群落所居的自然生境进行命名。

啮齿动物群落一般以群落的优势种组成来进行命名。依据群落组成鼠种的捕获率（或者是捕获数量比例）的大小，依次确定群落组成中的优势种和次优势种，并以"优势鼠种"＋"次优势鼠种"的方式进行群落命名。其中，优势鼠种与次优势鼠种一般均为1个鼠种。但为更好地进行区分和反映群落结构，次优势鼠种可按捕获数量比例大小的顺序，增列为2~3个鼠种。

有时，为反映群落分布的微生境特征，或者针对不同研究角度，还可以在群落组成优势种名称的前面冠以生境、地形、地貌等名称，如内蒙古阿拉善荒漠啮齿动物群落、甘肃安西荒漠鼠类群落、北美Chihuahuan荒漠啮齿动物群落、准噶尔盆地南沿鼠类群落等。

二、群落的基本特征

群落有一些基本特征,能说明群落是生物种群组合的更高层次上的群体特征。

1. 物种多样性 物种多样性(species diversity),即区别不同群落的第一个特征是群落是由哪些动植物组成的。组成群落的物种名录及各物种种群大小或数量是衡量群落多样性的基础。

2. 生长型和结构 描述群落的另一重要特征是植物的生长型(growth form),如乔木、灌木、草本等,或进一步划分为针叶、阔叶等。生长型又决定群落的分层结构。

3. 优势度 优势度(dorminance),群落中各个物种在决定群落的结构和功能上,其作用是不相同的。优势种和从属种等的划分是根据这种需要而产生的。

4. 物种相对多度 组成群落的各个物种,其个体数量相差很大。物种相对多度(relative abundance of species)是指群落中各物种的个体数量占群落总个体数量的比例。

5. 群落的空间和时间格局 群落的空间格局(spatial pattern)包括垂直分层现象和水平格局。群落的时间格局(temporal pattern)分昼夜相和季节相。

在啮齿动物群落研究中,其群落的特征经常以群落结构的物种组成、分布范围、多样性与均匀性以及群落结构的年间和季节动态等方面来进行分析。随着群落生态学与景观生态学、区域生态学、恢复生态学等研究领域的互动发展,一些新概念、新理论和新方法已逐步在啮齿动物群落生态的研究中得到了应用,其中体现较为突出的就是格局-过程-尺度理论在啮齿动物群落研究中的应用,特别是尺度概念的引入为啮齿动物群落特征的研究注入了新的动力。

三、群落结构与分布

(一) 群落结构

动物群落的结构通常是指群落的生物学结构,即构成群落的物种组成、相对多度和多样性等,它是了解群落功能和演替的基础。借助于对结构的分析,可以认识动物群落与环境的关系。

群落结构包括群落的空间结构和时间结构。

1. 群落的空间结构 空间结构包括垂直结构和水平结构。群落的垂直结构也称为群落的垂直分布格局,它包括不同类型群落的垂直分布和群落本身的垂直分层两个概念。前者主要指不同海拔高度的陆生群落和不同水深的水体群落的类型不同,组成群落的物种和数量不同;后者是指不同的物种及其数量构成群落内部的不同层次。

群落水平结构的形成与构成群落成员的分布情况有关。动物群落的水平格局,由于受动物生活方式的限制,研究比较困难,可以应用多元统计方法加以研究。

2. 群落的时间结构 由于许多环境因素具有明显的时间节律(如昼夜节律、季节节律),所以群落结构也有时间变化,这就是群落的时间结构或时间格局。啮齿动物群落具有昼夜相的例子很多。例如,森林中松鼠在白天活动,鼯鼠、林姬鼠等在夜间活动;草地上布氏田鼠、蒙古黄鼠在白昼活动;五趾跳鼠、黑线仓鼠在夜间活动。由于这些明显的变化,使群落结构的昼夜相迥然不同。啮齿动物群落结构的季节相也很明显,而年度变化更大。曾宗永(1994)曾从 6 个方面描述了 Chihuahuan 荒漠啮齿动物在 92 个月中的动态(图 5-1)。他所使用的生态学变量有:

(1) 物种数(S)。

(2) 各种群密度之和(N),$N = \sum N_i$。

(3) 生物量(B),即单位面积上各种群全部个体体重之和。

(4) 群落的多样性指数:

① Shannon - Wiener 指数(H),$H = -\sum \frac{N_i}{N} \times \ln \frac{N_i}{N} + \frac{S}{2N}$;

② Simpson 指数(D),$D = 1 - \sum \left(\frac{N_i}{N}\right)^2$。

(5) 均匀性指数(E),$E = \frac{H}{\ln S}$。

(二) 群落的分布

基于生境对物种分布的基础性作用,群落结构与群落分布之间有着十分密切的关系。一定的群落结构总是与其相适应的群落分布相对应,群落结构与群落分布共同表征了群落的外貌属性。与个体和种群这两个组织层次相比,群落的结构相对比较松散,且难以划定较为明确的边界,这一特性在动物群落上的体现尤为突出。

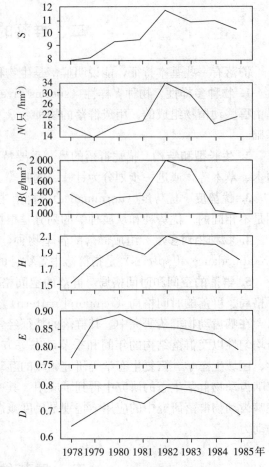

图 5-1 Chihuahuan 荒漠啮齿动物群落 6 个生态学变量的年间变动
(仿曾宗永,1994)

群落结构的内在本质在于群落的物种组成及物种间的相互关系。群落分布则是群落在一定生境中的时空占据,是群落结构属性的外在表现形式。群落结构总是在一定的群落分布中得以体现,反过来群落分布也必然呈现一定的群落结构。群落结构与群落分布紧密相关,但二者的生态学意义却各有侧重。群落结构着重于分析群落内部组成物种之间的复合机制,而群落分布则更注重群落与生境之间的关系。

通过群落物种组成与分布来间接分析、探究群落特征、结构与功能是研究啮齿动物群落的一条重要途径,一般都要结合群落分类进行研究。

四、群落相似性分析

为分析已划分或指定群落之间的差异规律,以群落相似性公式进一步分析各群落之间的相似性,有助于了解啮齿动物群落与其所居生境之间的相互关系以及群落时空分布的变异规

律。计算方法一般采用 Whittaker（1960）相似性指数，其计算公式为

$$I = 1 - 0.5 \times (\sum_{i=1}^{s} |a_i - b_i|)$$

式中，I 为群落相似性指数；s 为 A、B 群落中相对应的物种数；a_i 和 b_i 为物种 i 的个体数分别在 A 和 B 群落中的比例。

较为常用的两种计算方法还有 Jaccard 相似系数和 Sarensen 相似系数，Jaccard 相似系数的计算公式为

$$I = \frac{c}{a+b-c} \times 100$$

式中，I 为群落相似性指数；a 为群落 A 中种的总数；b 为群落 B 中种的总数；c 为群落 A 与群落 B 中的共有种数。使用这个公式时，所取样方的面积必须相等。

Sarensen 相似系数的计算公式为

$$I = \frac{2c}{a+b} \times 100$$

式中，I、a、b、c 的代表意义同公式 $I = \frac{c}{a+b-c} \times 100$。

有学者以 Bray-Curtis 距离 $[D(j,k)]$ 表示群落间的相异性，以 $1-D(j,k)$ 转化为相似性系数，其计算公式为

$$I = 1 - D(j,k) = 1 - \frac{\sum_{i=1}^{s} |X_{ij} - X_{ik}|}{\sum_{i=1}^{s} |X_{ij} + X_{ik}|}$$

式中，I 为群落相似性系数；$D(j,k)$ 为群落相异性距离系数；s 为群落 j、k 中相对应的物种数；X_{ij} 与 X_{ik} 分别表示物种 i 在群落 j、k 中的个体数比例。

也有学者用 Goodall 百分率相似性指数（PS_{jk}）比较群落的相似性，其计算式为

$$PS_{jk} = \sum_{i} \min(P_{ij}, P_{ik})$$

式中，PS_{jk} 为群落 j 与群落 k 的百分率相似性系数；i 为群落的第 i 个鼠种；P_{ij} 为群落 j 第 i 个鼠种鼠种组成比例；P_{ik} 为群落 k 第 i 个鼠种鼠种组成比例。

在研究过程中具体选择哪种方法，往往需要结合具体的研究内容通过结果比较与理论分析，选择最具生物学意义的方法进行相似性分析。就目前而言，上述几种方法以 Whittaker 相似性指数在啮齿动物群落相似性研究中的应用较为普遍。

通过群落相似性公式计算，得到各群落之间相似性系数矩阵，进而可以得出群落基于相似性系数的树状聚类图。群落的相似性分析往往要结合群落的结构组成分析，群落所居生境类型及其相互之间的关系以及对群落的多样性、均匀性、群落优势度等指标的分析，研究群落的时空分布特征及其演替规律。

五、群落多样性与均匀性

（一）群落多样性内涵及其测度

1. 群落多样性内涵 群落多样性一般指群落内的物种多样性，Fisher 等人（1943）第

一次使用种的多样性名词时，他所指的是群落中物种的数目和每一物种的个体数目。之后，物种多样性概念在分子、物种到生态系统等层次均得到了延伸和发展。归纳起来，群落多样性包含物种丰富度和均匀度两个方面的含义。物种丰富度（species richness）是指一个群落或生境中物种数目的多寡。物种均匀度（species evenness）是指一个群落或生境中全部物种个体数目的分配状况，它反映的是各物种个体数目分配的均匀程度。可以说，群落多样性是度量物种分布及其相互集合关系的一个生态学概念，是用以表征群落生物组成结构化程度的重要指标，它不仅可以反映群落组织化水平，而且可以通过结构与功能的关系间接反映群落功能的特征。

2. 群落多样性测度 生物群落多样性研究工作最初主要集中于群落中物种面积关系的探讨和物种多度关系的研究。1943 年，Williams 在研究鳞翅目昆虫物种多样性时，首次提出了"多样性指数"的概念。之后，有关群落物种多样性的概念、原理以及测度方法的论文和专著大量发表。20 世纪 70 年代以后，Whittaker 与 Pielou 等学者对生物群落多样性测度方法进行了比较全面的综述，基于不同空间尺度和范围归纳了群落多样性的测度方法。从目前来看，生物群落的物种多样性指数可分为 α 多样性指数、β 多样性指数和 γ 多样性指数三类。

（1）α 多样性指数。α 多样性是在栖息地或群落中的物种多样性，包含物种丰富度与物种均匀度两方面的含义。

①Gleason（1922）丰富度指数：

$$D = S/\ln A$$

式中，D 为丰富度指数；A 为单位面积；S 为群落中的物种数目。

②Margalef（1951，1957，1958）丰富度指数：

$$D = (S-1)/\ln N$$

式中，D 为丰富度指数；S 为群落中的总数目；N 为观察到的个体总数。

③Simpson 多样性指数：

$$D = 1 - \sum P_i^2$$

式中，D 为丰富度指数；P_i 为物种 i 的个体数占群落中总个体数的比例。Simpson 多样性指数的最低值是 0，最高值是 $(1-1/S)$，其中 S 表示物种数。最低值出现在全部个体均属于一个种的时候，最高值出现于每个个体均属于不同的物种。

④种间相遇几率指数：

$$D = N(N-1)/\sum N_i(N_i-1)$$

式中，D 为丰富度指数；N_i 为种 i 的个体数；N 为所在群落所有物种个体数之和。

⑤Shannon - Wiener 多样性指数：

$$H = -\sum P_i \ln P_i$$

式中，H 为多样性指数；$P_i = N_i/N$，N_i 与 N 的代表意义同种间相遇几率指数。

⑥Pielou 均匀度指数：

$$J = H/H_{max}$$

式中，J 为均匀度指数；H 为物种多样性指数；H_{max} 为最大的物种多样性指数；$H_{max} =$

$\ln S$，S 为群落中的总物种数。

(2) β多样性指数。β多样性是指群落沿着环境梯度变化时物种替代的程度。从一个生境到另一个生境所发生的种的多度变化的速度和范围；不同群落或某环境梯度上不同点之间的共有种越少，β多样性越大。群落的β多样性可以指示生境对物种的隔离程度；也可以用来比较不同地段的生境多样性与异质性。

①Whittaker 指数（β_w）：

$$\beta_w = S/\alpha - 1$$

式中，S 为所研究系统中记录的物种总数；α 为各样方或样本的平均物种数。

②Cody 指数（β_c）：

$$\beta_c = [g(H) + l(H)]/2$$

式中，$g(H)$ 为沿生境梯度 H 增加的物种数目；$l(H)$ 为沿生境梯度 H 失去的物种数目，即在上一个梯度中存在而在下一个梯度中没有的物种数目。

③Wilson-Shmida 指数（β_T）：

$$\beta_T = [g(H) + l(H)]/2\alpha$$

该式是将 Cody 指数与 Whittaker 指数结合形成的，式中变量含义与上述两式相同。

(3) γ多样性指数。γ多样性是指一个地理区域内一系列生境中的多个群落的总种丰富度，是这些生境的α多样性和β多样性两者的结合。α和β多样性都可以用纯量来表示，而γ多样性不仅有大小变化，并还有方向变化，因此是个矢量。3 类多样性的关系为 $\gamma = \alpha \times \beta$。其中，α多样性指数和γ多样性指数属于调查多样度（inventory diversity），即实际上调查取样所得到的种丰富度；β多样性指数属于差别多样度（differentiation diversity），即调查取样单位间种丰富度的差别大小程度。总之，物种多样性是群落生态组织水平可测定的生物学特征，是反映群落特征与功能的重要指标。

（二）啮齿动物群落多样性与均匀性分析

在啮齿动物群落多样性研究中，最为常用的分析方法有 3 种：Shannon-Wiener 多样性指数（H）、Pielou 均匀度指数（J）与 Simpson 多样性指数（D）。也有的学者以 Simpson 优势度指数来分析群落物种组成的优势度。前 3 种方法已在上文中进行了介绍，Simpson 优势度指数实质是 Simpson 多样性指数的转化形式，其计算公式为

$$C = \sum (n_i/N)^2$$

式中，C 为优势度指数；n_i 为第 i 种的个体数；N 为总个体数。

在啮齿动物群落多样性研究中，Shannon-Wiener 指数与 Pielou 指数的应用最多。

六、生　态　位

（一）生态位的概念

生态位（ecological niche）的概念最早是格林尼尔（Grinell）在 1917 年应用的，以表示对栖息地再划分的空间单位，换言之，即生物出现在环境中的空间范围。1927 年 Elton 提出，生态位是有机体在群落中的机能作用和地位（functional role and position），使生态位的概念得到了扩展。之后，哈里森（1958）把环境因素数值化，并把环境变量的多维概念引入生态位中（图 5-2、图 5-3），认为生态位是群落中每一物种需要的特殊环境

（物理与生物的复合体）及其独特功能，形成"超体积生态位（hypervolumen niche）"的概念。能够为某一物种所栖息的理论上最大空间，即为基础生态位（fundamental niche）。但实际是很少有一种动物能全部占据其基础生态位，当竞争存在时，此一物种必然只能占据基础生态位的一部分空间，这一空间就称为实际生态位（realized niche）。参与竞争的种越多，该种占有的实际生态位的空间越小。

生态位研究是近一二十年来群落生态学研究中非常活跃的一个领域，已经由定性描述发展到定量分析，如对生态位宽度、生态位重叠等问题已经有了数学分析的方法。

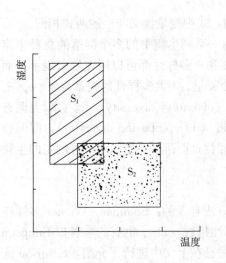

图 5-2 物种 S_1 和 S_2 的生态空间模式图

（仿 Krebs，1978）

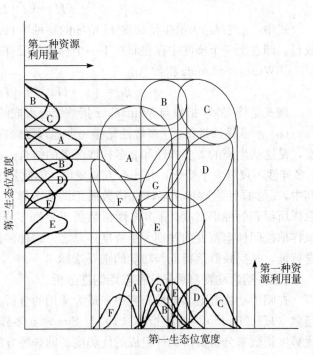

图 5-3 7 个假定种对两种资源的利用曲线

（仿 Putman，1980）

（二）生态位分析方法

生态位宽度（niche breadth）与生态位重叠（niche overlap）是进行生态位分析的重要内容。生态位宽度是指物种利用，或占据生境与资源幅度的大小程度，以某一物种所利用各种资源的总量来衡量。生态位重叠是指物种之间利用资源的相似或重叠程度。生态位宽度指数与生态位重叠指数是进行生态位分析的两个重要指标。生态位宽度指数用来描述单个物种在群落中的地位与作用。生态位宽度指数越大，该物种的生态位就越宽，生境适应范围广，种间竞争力强；相反，一个物种的生态位宽度指数越小，其生态位就越窄，生境适应范围小，尽管其特化适应程度可能很强，但种间竞争力相对要弱。生态位重叠指数则是用来描述物种间相互关系的。在传统的生态位理论分析中，生态位重叠指数往往被用来分析种间竞争关系。一般认为，生态位重叠指数小，物种间的竞争就弱，物种生态位的分离趋势就弱；相反，生态位重叠指数越大，物种间的竞争就越强烈，物种生态位的分离趋势就强。

1. 生态位宽度指数计算方法

(1) Shannon-Wiener 生态位宽度指数。其计算公式如下

$$B_i = [\lg \sum N_{ij} - (1/\sum N_{ij})(\sum N_{ij} \lg N_{ij})]\lg r$$

式中，B_i 为物种 i 的生态位宽度；N_{ij} 为物种 i 利用 j 资源等级的数值；r 为生态位的资源等级数；B_i 值的大小在 0~1 之间。

(2) Simpson 生态位宽度指数。其计算公式如下

$$B_i = 1 - \sum P_{ij}^2$$

式中，B_i 为物种 i 的生态位宽度；P_{ij} 为物种 i 利用 j 资源等级的数量比例。

(3) Levins 生态位宽度指数。其计算公式如下

$$B_i = 1/r \sum P_{ij}^2$$

式中，B_i 与 r 的代表意义同 Shannon-Wiener 生态位宽度指数；P_{ij} 的代表意义同 Simpson 生态位宽度指数。

2. 生态位重叠指数计算方法

(1) Cowll 和 Futuyma (1971) 的生态位指数。其计算公式如下

$$O_{ik} = 1 - 1/2 \sum |N_{ij}/N_i - N_{kj}/N_k|$$

式中，O_{ik} 为 i 种和 k 种之间的生态位重叠指数；N_{ij} 为 i 种在 j 资源等级中出现的数值；N_i 为 i 种在所有资源等级中的数值；N_{kj} 为 k 种在 j 资源等级中出现的数值；N_k 为 k 种在所有资源等级中的数值；C_{ik} 数值的大小在 0~1 之间。

(2) Pianka 生态位重叠指数。其计算公式如下

$$O_{ik} = \sum P_{ij}P_{kj}/(\sum P_{ij}^2 \sum P_{kj}^2)^{1/2}$$

式中，O_{ik} 意义同 Cowll 和 Futuyma 的生态位指数，P_{ij} 和 P_{kj} 分别为 i 种和 k 种利用 j 资源等级的比例。

(3) Levins 生态位重叠指数。其计算公式如下

$$O_{ik} = \sum P_{ij}P_{kj}/\sum (P_{ij}^2)$$

式中，O_{ik}、P_{ij} 和 P_{kj} 定义同 Pianka 生态位重叠指数。

有关生态位宽度和生态位重叠的测度方法还有很多，这些方法的合理性和可操作性一直被生态学者所关注。在进行群落生态位研究时，一般要对多种方法的分析结果进行比较，并结合具体的研究实际而做出较为合适的理论分析。

第二节 啮齿动物群落分类与排序

所谓分类，就是对实体（或属性）集合按其属性（或实体）数据所反映的相似关系把它们分成组，使同组内成员尽量相似，而不同组的成员尽量相异，不同的分类方法是进行此项工作的实现过程（阳含熙，1981）。

动物群落的分类基本是源于植物群落的分类方法，特别是应用多元分析方法中的等级聚

类法和 PCA 法对群落进行分类较多。近年来国内也有应用多元统计方法进行啮齿动物群落分类的报道。

一、啮齿动物群落分类

基于生境类型以及生境变化对于群落结构的基础性作用，群落与其所居生境之间在特定的时空分布中具有特定的生态适应性，啮齿动物群落一般直接以不同的生境类型或同一生境在不同的时间分布上而进行群落的界定与分类。

针对不同的研究目的或角度，应进行不同的生境类型，或者是时间段的选择与划分，进而实现与研究目的相适应的群落分类。群落的数量分类是近年来啮齿动物群落分类研究中应用较为深入的方法之一。其基本思想是依据群落的某些特征性属性（或实体）组建数据矩阵，并按照数据所反映的相似关系对群落样本进行分组，使同组之间尽量相似，不同组之间尽量相异。聚类分析（cluster analysis）就是基于这样的分类思想，定量地确定群落样本之间的亲疏关系，并按这种亲疏关系程度实现对群落的分类。

聚类分析的方法有很多，包括系统聚类、快速聚类、有序样品聚类、模糊聚类和图论聚类等。其中，系统聚类与快速聚类是啮齿动物群落分类研究中应用较为深入的两种多元分析方法。在 SAS 与 SPSS 等统计分析软件的支持下，系统聚类与快速聚类方法实现了对群落分类工作的方便与快捷性操作。特别是对于研究区域较大、样本数量较多的群落研究工作，系统聚类与快速聚类克服了依据生境划分而直接进行群落分类的主观性，往往能够更好地反映群落的实际分布特征，是目前啮齿动物群落研究中用于数量分类的主要分析方法。

（一）群落的系统聚类分析

系统聚类（也称分层聚类，hierarchical cluster）是应用最广泛的一种聚类分析方法，可以用于样本聚类（称为 Q 型聚类分析），也可以用于变量聚类（称为 R 型聚类分析）。啮齿动物群落的系统聚类分类一般直接以捕获率为基础数据，以每个调查样本作为一个单独的类，进而根据不同的类间距离对各样本进行聚类。常用的类间距离定义有 8 种方法：最短距离法、最长距离法、中间距离法、重心法、类平均法、可变类平均法、可变法、离差平方和法。

（二）群落的快速聚类分析

快速聚类也称 K-均值聚类（K-means cluster），是非系统聚类中最为常用的聚类方法。快速聚类首要先按照一定的原则选择一批凝聚点，然后让样品向最近的凝聚点凝聚，这样就由点凝聚成类，初始分类不一定合理，再按最近距离原则进行修改，直至分类合理，并得到最终的分类为止。由于群落调查中重复取样所获得的大量样本，在系统聚类中最早的一些合并可能是无信息的，它仅能起到归并重复样方的作用。因此，有人认为系统聚类分析中有意义组分节点的确定是一个难于解决的问题。非系统聚类指定分类凝聚点对于大型数据快速的最初分类是有用的，这样的聚类可以减轻随机干扰。

如图 5-4 所示，为其具体运行步骤。由于框图中每一步都有多种方法，因此根据框图进行组合就得到各种不同的快速聚类法。常用的方法是按批修改法，也称为最小距离法，具体计算步骤如下：

(1) 选择 K 个凝聚点。

(2) 计算每个样品于每个凝聚点间的距离，按距离最小归类，将每一样品归到离它最近的凝聚点的所属类，这样全部样品就分成 K 类。

(3) 计算每一类的重心，将重心再作为新的凝聚点，再回到步骤（2），直到某一次计算的重心与前次的凝聚点重合，则过程停止，这种过程也称迭式过程。

快速聚类的优点是计算机运行所占用内存较少，计算量小，处理速度快，适合于大样本的聚类分析。缺点是应用范围有限，聚类之初要求用户给定分类数目的初始值，且只能对样本进行聚类，而不能对变量聚类，所使用的聚类变量也必须是连续性变量。

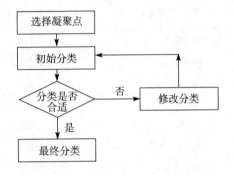

图 5-4 快速聚类计算机运行步骤

二、啮齿动物群落排序

群落排序就是按照群落的某种相似度对群落进行位置、位序的排定，用于分析群落之间以及群落与生境之间的相互关系。排序方法一般可分为两类：一类是以群落本身的属性（如物种出现的多度、频度等）进行排序，另一类是以群落生境或其中某一生态因子的变化进行排序。排序的实质是一个将群落相互关系进行几何转化分析的过程，即把群落实体作为点在以群落属性为坐标的 N 维空间（即 N 个群落属性）中进行排列。通过排序可以显示出群落在群落属性空间中的相对位置关系，并借以分析群落之间的相互关系与变化趋势。

PCA（principal component analysis）是排序分析应用最多的一种方法。一般而言，很难直接主观断定各组成鼠种对于多个群落的重要性，对于由 n 个属性变量（一般为鼠种组成）描述的 m 个啮齿动物群落，需要对 n 个属性变量进行降维分析，找出关键变量。这就需要运用 PCA 分析方法压缩数据空间，将群落的多元数据特征在低维空间（一般为三维）中直观地表示出来，通过空间位置关系来考察各群落之间的相互关系。

其基本的运算步骤是：

(1) 计算群落数据矩阵 $\boldsymbol{X}$（$m \times n$）的协方差矩阵 $\boldsymbol{S}$。

$$S = \frac{1}{m-1} \sum_j (x_j - <x>)(x_j - <x>)^T$$

$$<x> = \frac{1}{m} \sum_j x_j$$

式中，$j=1, 2, \cdots, m$。

(2) 计算协方差矩阵 $\boldsymbol{S}$ 的特征向量的特征值 λ_i，$i=1, 2, \cdots, N$。特征值按大到小排

序：$\lambda_1 > \lambda_2 > \Lambda > \lambda_N$。

(3) 投影数据到特征矢形成的空间中，这些特征矢相应的特征值为 λ_1，λ_2，λ_3，数据在三维空间中展示为云状点集。前三维特征值方差累计贡献率一般要达到 70% 以上。

武晓东等（2005）对内蒙古荒漠区啮齿动物群落 9 个地带性群落在区域内随环境变化进行了 PCA 排序分析。用组成 9 个群落的 23 个鼠种加上每个群落包括的鼠种数组成分析矩阵，以 SAS8.1 软件进行主成分分析，结果如表 5-1 所示。9 个地带性鼠类群落的三维排序图如图 5-5 所示。

表 5-1 内蒙古荒漠区 9 个地带性群落的 PCA 分析结果

	Prin 1（第一主成分）	Prin 2（第二主成分）	Prin 3（第三主成分）
累计贡献率（%）	38.727	62.772	75.602
群落 Ⅰ	0.007	−0.069	−0.019
群落 Ⅱ	−0.044	−0.122	0.465
群落 Ⅲ	0.055	−0.166	0.513
群落 Ⅳ	0.384	−0.068	−0.006
群落 Ⅴ	0.420	−0.211	0.045
群落 Ⅵ	−0.058	0.477	−0.217
群落 Ⅶ	0.348	0.016	0.007
群落 Ⅷ	0.033	0.181	0.270
群落 Ⅸ	−0.158	0.570	−0.072

注：表中第一行数据为特征值的方差贡献率之和，其他 9 行数据为 9 个群落在前三维主成分上的因子载荷量。

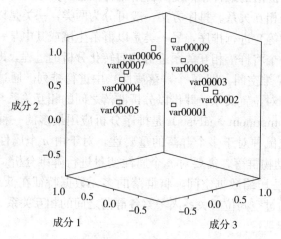

图 5-5 9 个地带性鼠类群落的三维排序图
（图中 var00001~var00009 分别代表内蒙古荒漠区的 9 个地带性群落 Ⅰ 至 Ⅸ）

由图 5-5 可看出，9 个地带性鼠类群落在三维空间的排序中，群落 Ⅱ 和 Ⅲ 为一类，空间的距离很近；群落 Ⅵ、Ⅷ 和 Ⅸ 为一类；群落 Ⅳ 和 Ⅶ 为一类；群落 Ⅴ 和群落 Ⅰ 分别各一类。排序结果完全与用群落相似性指数分析的结果一致，充分显现了随区域内环境变化 9 个地带性鼠类群落所呈现的特征。

三、啮齿动物群落的 GIS 分析

地理信息系统（geographic information system, GIS）是一种采集、存储、分析、显示与应用地理信息的计算机系统，是分析和处理海量数据的通用技术。GIS 在最近 30 多年内取得了惊人的发展，并广泛地应用于资源调查、环境评估、区域发展规划、公共设施管理、交通安全领域。

20 世纪 70 年代以后野生动物管理者逐渐将 GIS 应用于管理野生动物生境。由于 GIS 具有强有力的空间分析能力，80 年代后开始普遍应用于野生动物的保护与管理，诸如预测动物的丰富度、多度和密度、分析动物的空间分布格局和生境，确立生境丢失最终对动物产生的影响（Johnston C. A. 等，1988），设计动物的保护体系、生物多样性保护对策等。我国 GIS 在动物研究中的应用起步较晚，但 GIS 在生物多样性保护、生物资源管理方面已呈现良好的势头，并取得较好的效果。如欧阳志云等（1995）应用 GIS 对卧龙自然保护区大熊猫生境进行评价；周立志等（2000）以 GIS 的叠加和空间分析功能，结合 1∶4 000 000 比例尺中国植被图和 1∶1 000 000 比例尺中国草地资源图，对我国大沙鼠的地理分布进行了系统研究；在 GIS 分析物种分布图的基础之上，周立志等应用等级聚类研究了中国干旱区啮齿动物地理分布的区域分布和差异。

目前鼠害治理越来越要求人们必须从系统的角度、区域的角度进行综合治理，这就要求在鼠类生态的基础研究方面，要有相应的理论成果作为制定区域鼠害策略的依据。

第三节 干扰与群落结构

干扰是自然界普遍存在的生态现象。干扰对群落结构、动态的影响是啮齿动物群落研究的一个重要内容。特别是农、牧业生产活动对于啮齿动物群落干扰性的研究，为鼠害的生态调控与综合治理奠定了理论基础。

一、斑块与干扰

（一）斑块

斑块化作为一个如何描述系统的因素已经得到了公认，这一术语涉及一个系统的空间尺度。适用于一个空间尺度的不同群落的斑块化和结论不一定适用于其他空间尺度。通常有 5 种空间尺度的斑块：

(1) 一株植物或固着动物所占据的空间或一个动物个体的巢区。
(2) 局部斑块，被许多植物或动物个体所占据。
(3) 区域，被许多局部斑块或通过扩散连接的局部种群所占据。
(4) 封闭系统（如果它存在的话），或者一个大到足以封闭迁入迁出的区域。
(5) 生物地理尺度，包括不同气候和不同群落的地域。

通常所指的斑块涵盖几平方米至几公顷。斑块不一定是完全空间离散的，也不一定是完全均质的。

(二) 干扰

干扰是指破坏群落结构以及改变可用资源和基质可利用性或者物理环境的任何非连续性事件。干扰可以通过多种途径来衡量（表5-2），这些途径绝大多数都是通过时、空概念定义的。干扰可分为外因（来源于群落外部，如火）干扰和内因（由生物学的内部相互作用造成的，如捕食作用）干扰，这是干扰类型统一体的两个极端。很多群落都要受到这两种干扰的综合作用。对于生态学家来说其中的一项挑战就是通过合并众多的干扰度量标准来了解干扰是如何影响特定群落的。

表5-2 干扰度量指标的定义

指标	定义
分布	空间分布，包括对地理学的、地形学的、环境的和群落梯度的关系
频度	每个时期内事件的发生次数
返回间隔期或周转期	频度的倒数：两次干扰间的时间
轮作期	干扰一个与研究区相当的区域所需时间（研究区必须被限定）
可预测性	返回间隔期内方差的反函数
面积或大小	被干扰面积。可表示为：面积·事件$^{-1}$、面积·时期$^{-1}$、面积·（事件·时期）$^{-1}$或者总面积·（干扰类型·时期）$^{-1}$
幅度	研究对象在空间和时间上的持续范围
强度	事件的物理力量·（区域·时期）$^{-1}$（如飓风风速）
严重度	对群落的影响程度（如去除基底区）
协同效应	对其他干扰产生的影响（如干旱增加火灾的发生强度，或者虫害增加了对风暴的敏感性。）

注：修改自Pickett和White，1985。

二、干扰类型及其特征

干扰类型的划分依据有很多（图5-6），准确定位干扰类型有益于选择恰当的分析指标，对于确切了解干扰的性质、特征及其对群落的具体影响机理是十分必要的。

干扰类型及其特征
- 依据干扰是否人为的性质来划分
  - 自然干扰：非人为介入的干扰，如气候变化、地质活动、洪灾、生境变化、生物捕食等
  - 人为干扰：人为介入的干扰方式，如灭鼠、放牧、农业活动等
- 依据干扰是否直接作用于群落来划分
  - 直接干扰：干扰因素直接作用于群落内部因素，其效应往往比较明显
  - 间接干扰：通过群落外部因素进行间接影响，如干旱引起群落生境的变化等
- 依据干扰对于群落的影响程度来划分
  - 轻度干扰：影响小，效应不明显，也称扰动
  - 中度干扰：影响较大，影响效应较为明显
  - 重度干扰：影响很大，往往引发结构性变化
- 依据干扰因素的生物属性来划分
  - 生物性干扰：干扰的主体因素为生物，如生物入侵、食物链、人类活动等
  - 非生物性干扰：干扰的主体因素不是生物，如气候、地质活动、洪灾等
- 依据干扰对于群落的来源来划分
  - 群落内部干扰：干扰来源于群落内部因素，如种间关系、数量动态等
  - 群落外部干扰：干扰来源于群落的外部因素，如气候、捕食、放牧、生境变化等

图5-6 干扰基本划分类型的说明图

在干扰生态学研究的早期，自然干扰对于群落演替的作用机理是群落干扰研究的主要内

容。期间，中度干扰说的创立，为干扰理论的发展奠定了较为坚实的理论基础。进入20世纪90年代以来，随着人类生产与社会活动范围的不断扩展，人类主导的自然景观变得更加普遍，对生物群落和物种栖息地破碎化（habitat fragmentation）的了解已成为生物多样性保护与生态建设等工作的首要任务，人为干扰的生态学问题也因之而越来越受到广大学者的关注。多角度、多层次地进行干扰性质与特征研究，有助于进一步揭示干扰的内在作用与机理，特别是对于群落物种多样性与稳定性关系的深入理解具有重要意义，有利于干扰理论的不断丰富与发展。

三、干扰与群落的格局

由于人类主导的景观变得更加普遍，人类活动导致了栖息地的破碎化（habitat fragmentation），结果，自然栖息地的斑块（patch）变成了景观的永久结构特征，对生物群落和种的栖息地具有破碎化的效果。

（一）空间异质性与景观破碎化

空间异质性（spatial heterogeneity）是指某种生态学变量在空间分布上的不均匀性及复杂程度。空间异质性是空间缀块性（patchness）和空间梯度（gradient）的综合反映。缀块性强调缀块的种类组成特征及其空间分布与配置关系，比异质性在概念上更为具体化一些。而梯度则指沿某一方向景观特征有规律地逐渐变化的空间特征。异质性可根据两个组分来定义：即所研究景观的系统特征及其复杂性和变异性。系统特征可以是具有生态学意义的任何变量（如植物生物量、土壤养分、温度等）。所以，异质性就是系统特征在时间上和空间上的复杂性和变异性。

空间异质性依赖于尺度（粒度和幅度），粒度和幅度对空间异质性的测量和理解有着重要的影响（图5-7）。当景观幅度（整个研究区域，图中虚线框）和粒度（样方或取样面积，图中实线框）改变时，空间异质性也随之变化。空间异质性的确定还与数据类型有关。对于点格局数据，空间异质性可以根据点的密度和最近邻体距离的变异来测定。对于类图形（如

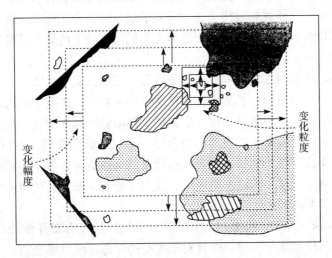

图5-7 空间异质性、缀块性、空间格局及它们对尺度（粒度和幅度）的依赖性
（引自Wiens，1989；邬建国，2002）

土地利用图、植被图），空间异质性可以根据其缀块组成和配置的复杂性来测定（图 5-7）。缀块组成包括缀块类型的数目和比例，而配置则包括缀块的空间排列、缀块形状、相邻缀块之间对比度、相同类型缀块之间的连接度、各向异性特征。对于数值图（如生物量分布图、水分或养分含量图），空间异质性可以根据其变化趋势、自相关程度、各向异性特征来描述。

空间格局、异质性和缀块性是相互联系，但又略有区别的一组概念。它们最重要的共同点就是强调景观特征在空间上的非均匀性，及其对尺度的依赖性，也是景观生态学研究的核心所在。非生物的环境异质性（如地形、地质、水文、土壤等方面的空间变异）以及各种干扰是景观异质性产生的主要原因。

干扰对景观破碎化的影响比较复杂。一些规模较小的干扰可以导致景观破碎化，例如，基质中发生火灾，可以形成新的斑块，频繁发生的火灾将导致景观结构的破碎化。然而当火灾足够强大时，将可能导致景观的均质化而不是景观的进一步破碎化，这是因为在较大干扰条件下，景观中存在的各种异质性斑块逐渐会遭到毁灭，整个区域形成一片荒芜，火灾过后的景观会成为一个较大均匀基质。但是这种干扰同时也破坏了原来所有景观生态系统的特征和生态功能，往往是人们所不期望发生的。干扰所形成的景观破碎化会直接影响到物种在生态系统中存在（Farina，1998）。

（二）干扰与啮齿动物群落格局

干扰出现在从个体到景观的所有层次上。干扰是景观的一种主要的生态过程，也是景观异质性的主要来源之一。不同尺度、性质和来源的干扰是景观结构和功能变化的根据。干扰是引起景观异质性的第一原因。理论和实践研究已证明，时间和空间异质性影响群落中物种的多样性、物种间的共存和生态阈值。许多干扰减少了优势种群的丰富度，增加了资源的可利用性，并且为竞争力弱的物种创造了组群的机会。干扰创造了在不同演替阶段的斑块类型的镶嵌体，从而导致在区域内从一点到另一点在资源利用性、物种组成、植被结构和系统过程的高度变异。在草地生态系统中，在一个复杂的干扰界内干扰之间的相互作用可能是时间和空间异质性的源头。人为干扰是区别于自然干扰的一种主要干扰方式，是指人类生产、生活和其他社会活动形成的干扰体对自然环境和生态系统施加的各种影响。人为干扰体及其对生态系统影响的研究，已经成为现代生态学研究的热点。当今国际上的发展趋势是深入研究和揭示栖息地破碎化和景观的斑块对动物群落在不同尺度域上的影响特征和动物群落对生态学干扰的反应。

大量研究证明，在不同放牧强度、不同频次和规模的火灾、水灾、雪灾、乱垦滥挖、干旱、低温冻害和大风沙尘暴等自然与人为干扰因子的影响下，改变了啮齿动物栖息环境的植被、土壤、微地形、温度、湿度等条件，造成栖息环境破碎和异质性，导致资源配置格局发生相应变化，进而影响啮齿动物形成新的群落格局，包括群落演替、群落类型、群落配置、群落多样性、种的丰富度等。例如，在青藏高原及其周边地区，由于多种因子干扰，高寒草地和高寒草甸从高草变低草、密草变疏草，大量双子叶杂草滋生，使得适宜该生境的高原鼠兔群落和鼢鼠群落异常演替。

Timothy 和 Janet（2006）指出，预测群落对干扰的反应需要详细的有关物种相互作用的机制模型，但这些模型难于构建，而且对于大量的生态系统很难利用。

（三）干扰对啮齿动物群落的尺度效应

关于干扰在群落演替中的生态作用，经典的机体论者把干扰视为扰乱了顶级群落的稳定性，不利于群落顶级演替的进展；然而，近代的个体论者把干扰视为一种有意义的生态现象，认为干扰引起了群落的非平衡性，在群落的结构形成和演替中有积极作用。中度干扰（intermediate disturbance）理论认为，中度干扰导致最大的群落多样性。即在中度干扰作用下，一些新的物种或外来物种尚未完成发育就又受到干扰，这样在群落中新的优势种始终不能形成，

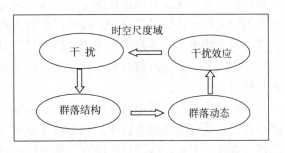

图5-8 干扰与群落结构、动态的关系示意图

从而保持了较高的物种多样性。格局-过程-尺度理论则从干扰的尺度内涵提出了干扰的等级缀块动态机制，认为生态学系统是一个不同尺度上缀块的动态镶嵌体，低层次的干扰非平衡过程要被整合到高层次的稳定过程当中，其系统的稳定性只是干扰在时间与空间尺度上的一个相对函数。因此，干扰对群落结构的效应实质就是干扰在一系列时空尺度上作用于群落结构所产生的群落动态，图5-8是对干扰、群落与尺度之间基本关系的一个粗略表示。

群落结构是保持群落本质属性的基础，干扰必须作用于群落结构，并通过群落结构特征（如种群组成、数量密度、多样性、均匀性等）的动态变化来体现干扰效应，进而通过干扰效应的分析来探究干扰的性质、特征及其发生、发展规律。群落又总是与特定的时空尺度域相对应，对于发生在啮齿动物群落上的干扰，由于研究尺度的不同，群落所表现的干扰的性质与特征也就不同。就小、中、大3个尺度域而言，发生于啮齿动物群落的干扰及其表现的干扰效应在内容与性质等方面均有不同的侧重（表5-3）。

表5-3 不同尺度域上啮齿动物群落的干扰与干扰效应

尺度域	时空范围	干扰	干扰效应
小尺度	时间从几天到几年，空间从几厘米到上百米	气候波动、捕食、微栖地变化以及捕杀等小范围的人类活动等	密度、分布、数量动态是反映啮齿动物群落对某一特定小尺度上生物及非生物因子对群落动态的影响
中尺度	时间从几年到几十年，空间从几百米到几百千米	气候变化、洪灾、病疫、大面积灭鼠、物种入侵与转移、放牧以及农业生产等经济活动	物种丰富度、多样性差异、种间关系、生境联系、群落结构以及演替反映啮齿动物群落对中尺度上环境变化的响应
大尺度	时间从上百年到几千年，空间从上千千米到几千千米	气候变迁、植被类型演替、大的地形变化、地质活动以及全球范围的人类活动	物种分类地位、生态、形态、生理和遗传学特征反映啮齿动物群落对大尺度上环境的系统进化的适应

由于干扰本身具有尺度效应，就某一尺度域内以一定的尺度变化来考察干扰的性质、特征及效应，有助于准确把握干扰的本身尺度，并分析干扰的内在作用机制。

当然，对于干扰及其尺度效应的研究方法与途径还有很多，研究者要结合研究的实际需要进行选择。一般而言，要以群落的结构组成、密度、多样性、均匀性、优势度、生境选择与分布、种间关系等方面的动态为基础，在生境类型较为一致的空间中考察不同干扰斑块之

间群落的动态变化及其所体现的干扰效应。研究条件允许的情况下,再在一定的时空尺度梯度系列中考察干扰的尺度效应。随着尺度研究在啮齿动物群落研究中的深入发展,一些新的尺度分析方法也不断地被引入到干扰的多尺度研究当中。总之,啮齿动物群落干扰效应及其多尺度研究是一个较为前沿的工作领域,许多方法与理论尚不完善,需要继续进行不断的探索与积累。

啮齿动物是天然草地数量较大的野生动物类群,从干扰的不同层面深入研究啮齿动物群落与各种干扰之间的生态机理,对于防止草地退化、实现草地生态的优化管理具有十分现实的指导意义。目前,啮齿动物群落干扰的研究往往集中于某一特定类型,缺乏从不同的角度与层次对各种干扰的系统研究,研究结果往往仅停留在对干扰效应的描述,而缺乏对干扰机制的深入探讨,在今后的工作中亟待加强。

第四节 啮齿动物与草地生态系统的能量转化

一、生态系统中的食物链与食物网

生产者固定的能量和物质,通过一系列的取食和被食关系而在生态系统中传递,各种生物按其取食和被食的关系而排列的链状顺序称为食物链(food chains)。生态系统中的食物链彼此交错连接,形成一个网状结构,这就是食物网(food web)(图5-9)。生态系统中的食物链不是固定不变的,它不仅在进化历史上有改变,在短时间内也有改变。一般来说,具有复杂食物网的生态系统,一种生物的消失不会引起整个生态系统的失调;但食物网结构简单的系统,尤其是在生态系统功能上起关键作用的种,一旦消失或受到严重破坏,就会引起系统的激烈波动。

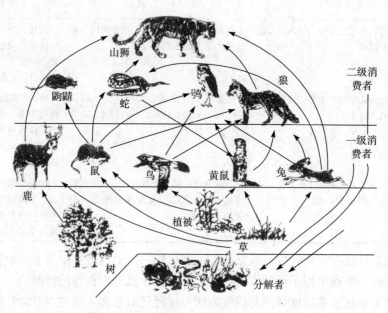

图5-9 一个陆地生态系统的部分食物网
(引自孙儒泳等,2002)

捕食食物链和碎食食物链是生态系统中的两个主要的食物链，前者以活的生产者为基础，从植食动物取食活体植物开始，如草地中的青草→鼠兔→狐→狼；后者以死的动物碎屑为基础，从分解者利用碎屑开始，如森林中的植物残体→蘑菇→松鼠→猛禽，或枯枝落叶→螨、跳虫→食虫昆虫、蜘蛛→鸟、鼠等。寄生物和腐蚀动物形成辅助食物链，有的寄生物还有超寄生，组成寄生食物链，如鸟、兽→跳蚤→细滴虫→细菌→病毒；其中，细滴虫（$Leptomonas$）是一种寄生原生动物，可寄生在跳蚤身上，而它又可被细菌寄生，此种现象称为超寄生。腐蚀食物链以动物尸体或粪便为基础，如动物尸体→丽蝇，丽蝇幼虫不吃固体组织，而是分泌特殊的酶把兽肉降解为腐臭物质，依赖其中的蛋白质为生，这种蛆和蝇可成为其他动物的食物，有些著作将此也归为碎屑食物链。

二、草地生态系统的能量分析

（一）草地生态系统能量流动的一般模型

Heal 和 MecLean 曾根据一个草地生态系统的初级生产量，按图 5-10 所示各个营养级的同化效率、生产效率和利用效率，做了一个假定草地生态系统的能流模拟研究（表 5-4），可以预测流经各条能流途径的定量。

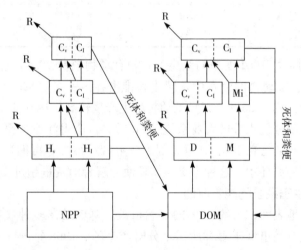

图 5-10　陆地生态系统营养结构和能流的一般模型
V. 脊椎动物　C. 肉食动物　I. 无脊椎动物　D. 食碎屑动物　H. 植食动物
NPP. 初级净生产量　M. 微生物　DOM. 死有机物　Mi. 食微生物动物
（仿 Begon，1986）

表 5-4　一个假定草地生态系统的净初级生产量（100kJ/m²）流经消费者和分解者亚系统的能量
（引自 Begon，1986）

	消费者 C	同化 A	推出 FU	生产 P	呼吸 R
消费者亚系统					
植食动物					
脊椎动物	25.00	12.50	12.50	0.25	12.25
无脊椎动物	4.00	1.60	2.40	0.64	0.96

(续)

	消费者 C	同化 A	推出 FU	生产 P	呼吸 R
肉食动物					
脊椎动物	0.16	0.13	0.03	0.003	0.127
无脊椎动物	0.17	0.135	0.035	0.040	0.095
分解者亚系统					
分解者+碎食动物					
微生物分解者	136.38	136.38	0	54.55	81.83
碎食的无脊椎动物	15.15	3.03	12.12	1.21	1.82
食微生物的					
无脊椎动物	10.91	3.27	7.64	1.31	1.96
肉食动物					
脊椎动物	0.04	0.03	0.01	0.001	0.029
无脊椎动物	0.65	0.52	0.13	0.16	0.36
总的	192	157	35	58	99
通过消费者亚系统百分比（%）	15.2	9.2	42.9	1.6	13.5
通过分解者亚系统百分比（%）	84.8	90.8	57.1	98.4	86.5

从模拟预测看到，每 100J 的净初级生产，植食动物消费 29%，包括脊椎动物的 25%，无脊椎动物的 4%。脊椎动物的消费中，同化和排出各占一半（12.5%），同化中大部分为呼吸消耗，净生产量只有 0.25%。无脊椎动物净生产量较高，达 0.64%。

植物净生产量大部分进入分解者亚系统（84.8%），值得注意的是分解者的消费量超过 100J（植物净初级生产量只有 100J），这是因为分解者亚系统有再循环：第一摄食中未被同化的可以再次进入下一循环中，这种多次再循环使分解者消费量超过 100J。

（二）不同草地生态系统的能量流动

草地是占地球陆地表面积大约 25% 的自然植被。草地是在多种气候条件下土壤中的可利用水分在较长一段时间里低于森林所需水分时产生的。1968 年国际生物圈项目对全球多个草地进行了研究（Coupland, 1979）。北美国际生物圈项目研究草地生物群落的主要目的是分析天然草地群落是如何运转的（French, 1979），研究地点主要为北美地区的 12 个草地。

草地的初级生产力与降雨量成正比，与温度和湿度引起的周期性干旱有关。草地类型包括从几乎处于连续干旱的荒漠草地直到热带的湿草地。6 个气候类型的草地的平均初级生产力为 100~600g（干物质）/（m^2·年）（图 5-11）。北美草地的初级生产力处于这个范围的较低水平（Lauenroth, 1979）。Eltonian 金字塔决定了生产者、消费者和分解者生物量在群落中的分布情况。图 5-12 为一个高草草地的营养级金字塔，金字塔底部为生产者生物量（g/m^2），中部为食草动物，顶部为食肉类。垂直虚线右边为地上生物量，左边为地下生物量。食草动物的生物量仅为地上活体植物的 0.04%。高草草地的年间变动较小，主要特征为地下生物量远远超过地上生物量。

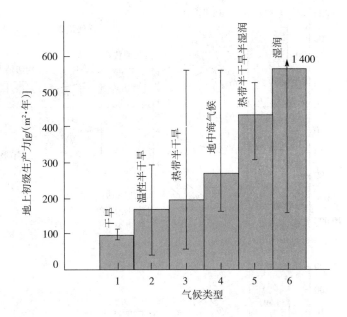

图 5-11　6 个不同气候类型草地的地上初级生产力
（竖线表示各类型初级生产力的变化范围）
（引自 Lauenroth，1979）

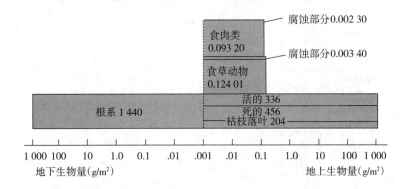

图 5-12　高草草地 7 月中旬生长旺盛季节的生物量金字塔

　　将食草动物和食肉类作为消费者分析草地群落中生产者和消费者的特征。图 5-13 为美国高草草地和矮草草地中生产者、初级和次级消费者之间的能量流动示意图。几个显著特征为：草地系统中大多数的能量流动发生在地下部分；高草草地中鸟类和哺乳动物仅分别消费地上初级生产力的 0.05% 和 2.5%；地上昆虫也消费一定数量的初级生产力，最主要的消费者是土壤生物尤其是线虫，土壤线虫消费的初级生产力超过了总消费植物组织的一半以上。因此，线虫是控制草地总的初级生产力的主要因素。

　　草地中只有小部分的初级生产力被动物消费。表 5-5 表明食草动物吃掉地上初级生产力的 2%～7%，吃掉地下部分的 7%～26%。相反的，至少地上部分所有的次级生产力（食草动物）几乎都被食肉类所消费。高草草地中生产和消费的生物量高于矮草草地。

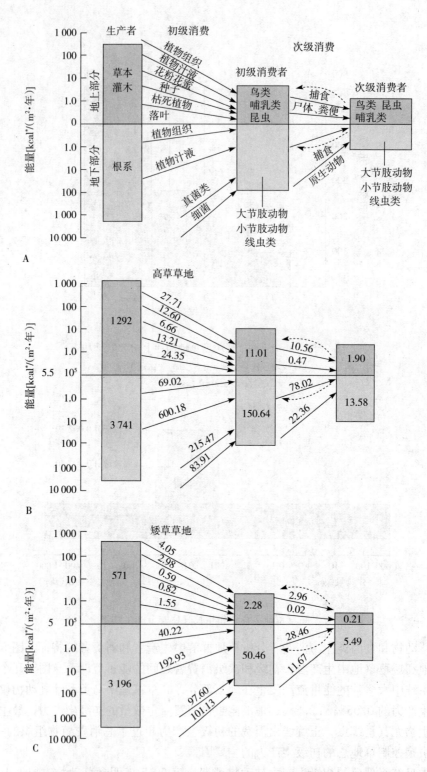

图 5-13 美国草地系统中生产者、初级和次级消费者之间能量流动示意图

A. 能量流动的构成因子 B. 高草草地中的能量值 C. 矮草草地中的能量值

(*cal 为非法定单位，1cal=4.2J)

表 5-5　美国西部 4 个类型草地中食草动物消费和浪费的植物生物量，
食肉类消费和浪费的食草动物生物量

		荒漠草地（%）	矮草草地（%）	混合草地（%）	高草草地（%）
草食动物消费的植物生物量	地上部分	4.3	1.7	3.6	6.5
	地下部分	—	7.3	26.4	17.9
草食动物浪费的植物生物量	地上部分	6.3	3.4	8.4	10.2
	地下部分		13.0	41.1	28.9
食肉类消费的食草动物生物量	地上部分	110.9*	119.7*	51.1	85.4
	地下部分	—	50.9	76.1	47.5
食肉类浪费的食草动物生物量	地上部分	120.5*	124.5*	60.5	97.2
	地下部分	—	61.0	91.3	57.0

注：因为消费的部分不能超过100%，这些值可能是过高的估算了消费部分或者是过低的估算了生产力。

从草地生态系统分析中可以得到这样的假说，草地植物生物量受到线虫、水分、营养和光的限制，而初级消费者的种群数量是由捕食者控制的（Scott 等，1979）。Dodd 和 Lauenroth（1979）为了验证这个假说在美国科罗拉多州中北部 $1hm^2$ 矮草草地上通过提供水和氮的方法进行了 6 年的实验研究，设置了施氮肥、灌溉、灌溉＋氮肥 3 个处理。草地的初级生产力在提供水和氮的处理下均表现出升高的趋势，而在同时供给水和氮的处理下显著升高（图 5-14）。土壤线虫数量在灌溉和灌溉＋氮肥的两个处理中增加了 4 倍。由于灌溉＋氮肥样地中草本植物的盖度增加，小哺乳动物（地松鼠和田鼠）的数量明显增加。这些实验结果证实了水和氮限制草地生态系统的生产力假说。

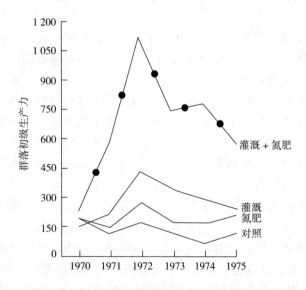

图 5-14　美国科罗拉多州中北部矮草草地草地初级生产力的变动特征
（引自 Dadd 和 Lauenroth，1979）

三、啮齿动物在生态系统能流中的作用

啮齿动物的种类多、数量大、分布广，是食物链上的重要一环，它们的存在对维持生态系统平衡具有重要意义。大多数啮齿动物为植食动物或杂食动物，是生态系统中重要的初级消费者，它们处在生态系统中的中心位置。小型哺乳动物通过食物链或食物网直接和间接作用于生态系统。它们的存在，利于养分的循环，有利于植物的正常生长发育和植物开拓新的生存环境和扩大分布区；同时，它们的存在对维持物种多样性具有重要作用。无论是从物质循环的角度还是从能量转换的角度来看，啮齿动物在生态系统中的作用均是不可忽视的。甚至有人把小哺乳动物看做是生态系统中的控制组分。但是，如果它们数量过高时又会暂时地引起植物生产力和多样性下降，并有可能造成植被沙化和退化使生态系统走向恶性循环。

1. 啮齿动物的能量测定　　能量生态学是研究生命系统与环境系统之间的能量及其能量运动规律的科学，是传统的生物能量学（bioenergetics）与生态学相互渗透而形成的一门交叉学科（祖元刚，1990），主要研究能量与含能量物质在生态系统各层次的传递、转化和动态平衡，以及能流与生物适应性的关系等。研究范围涉及生命系统的各个层次及其各自所处的相应生态环境所构成的各个生态层次中的能量关系。

能量生态学研究注重能流的速度和强度，是一项定量的研究（陆健健，1987），同时包括生物的基本特征——适应性与能量的关系。利用生态学的途径，密切结合生理、生物化学等学科，强调自然环境中生物的能量动态平衡及各层次之间的传递效率。

研究动物能量动态，包括能量摄取、收支与分配等问题，具有重要的理论和实践意义。动物的能学特征是其行为和生理适应综合作用的结果，是理解动物适应和进化的关键之一，整个生物界的进化过程可以理解为是有机体对资源的摄取、利用和分配对策的选择过程，要正确理解这一过程，就必须研究各类动物的取食对策、消化对策、能量收支及分配对策等一系列问题。

鼠类在生态系统中属初级消费者，是生态系统中一重要组成部分，参与并影响系统的能量流动和物质循环。研究鼠类的能量收支及动态，可以了解其基本的生理生态特征，提出有效的防治措施，为农林牧医业服务。

评价鼠类在生态系统中的地位的有效手段是研究通过其种群或群落的能流。能量动态是整个生态系统研究的基础工作，了解每个营养级上分配于维持和生长的能量，对于群落能量学的理解是评价生态系统功能的基础。通过研究生态系统不同层次的能流，可以更深入地认识生态系统的整体和本质，是全面研究其结构与功能所不可缺少的基本资料，可为综合管理生态系统提供科学的理论依据。

鼠类取食植物而获得能量，用以自身的维持、活动、逃避天敌、觅食、繁殖及生长等。测定动物的能量方法很多，主要有实验室测定与野外测定两大类。IBP（国际生物学计划）已发表了许多手册和专著，国内也有一些介绍，具体测定方法，见《草地保护学实验实习指导》。在此只简要介绍测定基本能学参数的一些常用方法和最新进展，并给予简略的评价。

（1）室内测定。主要采用呼吸测定及食物消耗两个途径。估测动物呼吸代谢的能量收支时，有3个基本参数：基础代谢率（BMR）、静止代谢率（RMR）、平均每日代谢率（ADMR）。三者关系如表5-6所示。

表 5-6 3 种代谢指标的组成部分

(引自 Grodzinski 和 Wunder, 1975)

指标	BMR	热能调节价	食物特殊动力作用	活动代谢
BMR	+	−	−	−
RMR	+	+	+	−
ADMR	+	+	+	+

呼吸代谢测定装置主要有封闭式系统和开放式系统两种。前者主要根据物理气体定律，在一定温度压力下，气体体积（一般是氧气）的变化量，常用的有 Kalabukbov-Skvortzov 流体压力呼吸计和 Morrison 呼吸计等（Gorecki, 1975），后者是根据流进、流出呼吸室的气体中的氧浓度，计算氧气消耗，如 Beckman 公司的顺磁式及极磁式氧气分析仪等。具体操作可参阅 IBP 手册 24 卷（Grodzinski 等, 1975）及王祖望和孙儒泳（1982）的介绍。封闭式系统较易操作，但要求控温条件严格，而且气体浓度达到较低水平时会影响动物的代谢；开放式系统操作方便，反应迅速，准确性高，但影响因素较多，如进出呼吸室气体中 CO_2 的清除问题，对于计算耗氧量影响很大。有关问题 Depocas 和 Hart（1997）及 Hill（1972）已有专论。

封闭式测得的是一积累量，动物的活动情况不好控制，一些"坏值"只能在计算时剔除；开放式测定的是瞬时值，且动物的活动情况与耗氧量同时记录，因此测定要求灵敏度高的参数时较为优越。封闭式测呼吸商比较麻烦，而开放式则比较方便，如配以 CO_2 分析仪则更为方便。用此法亦可得到动物的活动、繁殖和生长的有关能学参数。

食物消耗亦称平衡法，是利用代谢笼测定动物的食物消耗量、排出粪便及尿量，并测定其热值，即可得出动物对食物的消化率及同化率等，从而可算出对初级生产的利用及自身维持、活动及繁殖等能耗。假定消化能为 D，粪便损失能为 F，同化能为 A，尿液损失能为 U，则

摄入能：$C = D + F = A + FU$

消化率：$DE = \dfrac{C-F}{C} \times 100\%$

同化率：$AE = \dfrac{A}{E} \times 100\% = \dfrac{C-F-U}{C} \times 100\%$

具体操作程序可见王祖望和孙儒泳（1982），王祖望等（1980）及 IBP 手册 24 卷（Grodzinski 等, 1975）中的有关论述。

实验室测定可得到许多有用的能学参数，利用这些参数可对能量消耗的生理因素之间的相互作用进行分析，但遗憾的是不能直接应用于野外能耗的估算。由于呼吸室内的物理化学条件及动物因受限制而表现的行为与野外情况是大不一样的，因此一些野外测定能耗的方法逐渐发展起来。

(2) 野外测定。时间-能量收支法（time-energy budget, TEB），上述的室内与野外测定的不协调性，可以通过室内测定各种活动的维持价与野外花费在这些活动上的各种行为比例相结合而加以避免，此即 TEB 法。此法首先由 Pearson（1964）提出，以后应用较广，用该法估计的能耗一般是 BMR 的 2~4 倍。Nagy（1989）运用双标水（doubly labled water, DLW）的测定结果作为标准值，与其他方法进行比较，表明无论在什么生境、季节，

哺乳类中 TEB 测定的结果均比 DLW 法低。最基本的误差可能是由于对动物的热环境测定不够准确所致，尤其在小型兽中，热环境对生理行为功能影响较大。迄今 TEB 法还不能给出比较准确的野外代谢率（field metabolic rate，FMR），此法优点是在野外应用较易，比较经济，对动物没有破坏性和侵害性，但不足之处是工作量太大。

①生物物理法：该法要求对动物的热环境和对流环境的生物物理参数进行比较准确的测定，才能得到可信的 FMR，条件比较严格。研究表明此法与 DLW 法测定结果在年周期中吻合较好，但在繁殖期有些差异。

②生态同化及粪便收集法：在野外种群水平上测定动物的生长和繁殖的生产量时，可与 TEB 估测的 FMR 结合起来，计算利用的能量摄入率。但应注意的是，种群密度值的误差将对同化值有很大影响，这种影响有时比动物本身生理上的差异还大。同时，如果测定动物在野外某一特定时间内排泄的粪便量，即可得到吸收率，此法在饲养动物中结果比较理想，但在野外应用还需精确验证，由于在自然环境中要全部收集到动物排泄的粪便是很困难的。

③放射性钠法：在自由生活动物中，通过测定 Na 同位素 ^{22}Na 的衰变率，直接测定吸收率是可能的，此法在饲养动物中结果较准确，但如果食物变化或食谱在相互交换 Na 含量时差别较大，则会产生较大的误差，在野外应用此法成功的例子还不多见。

④双标水法：此法的要点是以水的形式注入动物体内的氢同位素（^{2}H 或 ^{3}H）和氧同位素（^{18}O）很快在体内达到平衡，并通过代谢作用排出体外，其中 ^{18}O 通过代谢以 CO_2 和 H_2O 的形式排出，而 ^{2}H（或 ^{3}H）只以 H_2O 的形式排出，故两种同位素的周转率不同，这种差异与 CO_2 产量成比例，所以通过测定体内各同位素含量即可计算出 CO_2 产量和水循环，Lifson 等（1966）及 Nagy（1983）已有详细论述。Lifson 于 1955 年发明了用 DLW 法测定 CO_2 产量，避免了动物在室内受限制情况下所造成的误差。此法不仅可对野外动物直接进行能耗测定，同时亦可对其他野外方法的可信性进行验证。DLW 法应用于小型哺乳类的野外能量收支还是近期的事情。此法的关键是同位素丰度的测定，微小的误差对结果影响较大。现在应用此法的学者越来越多，同时方法上也有许多简化和改进，如用 ^{3}H 替代 D 等，但每个改进都有局限性。从当今文献看，与实验测定结果相比，鸟兽 CO_2 产量的准确性为 ±4%，目前 DLW 法可谓最佳选择。该法缺点是价格比较昂贵，测试仪器设备复杂，所得结果主要是野外代谢率（field metabolic rate，FMR），其他组分（如维持、繁殖、生长、活动及取食等）尚需进行推算，不能同步获得。

⑤动物身体成分及能量分析：方法已基本规范化，不再细述。整体及各部分热值用热量计测定；脂肪含量用索氏提取法，总灰分含量可用马福炉氧化法测定；蛋白质含量用凯氏定氮法，蛋白质含量＝6.25×氮含量，具体可参阅 IBP 手册 24 卷及 Grodzinski 和 Wunder（1975）。

有关鼠类在自然条件下消化率研究，国内外已有许多报道。一般认为草食性种类（如田鼠、兔形目等）消化能力和同化水平较低（65%～67%），杂食性种类，能量利用水平要高些（75%～77%），食种子种类消化能力更高，接近 90%（Grodzinski 和 Wunder，1975）。Batzli 等（1979）认为田鼠等草食性种类消化率范围在 30%～90%，因鼠种及其消耗的食物种类而异，且消化率具变异性，如黄腹田鼠（*Microtus ochrogaster*）对紫苜蓿和蓝草的消化率分别为 67% 和 50%，但这两种植物的能量密度是相似的，因此动物对天然食物消化率还需详细深入的研究。

王祖望等（1980）对高寒地区的高原鼠兔（*Ochotona curzoniae*）和高原鼢鼠（*Myospalax baileyi*）的消化率和同化水平的研究中发现，两种动物均具季节性变化，且与摄取的食物密切相关，如高原鼠兔摄食纤维含量较低的蕨麻时，消化率为75%，而摄取纤维含量高的混合牧草时，消化率为64%。胡德夫和王祖望（1991）在根田鼠（*M. oeconomus*）中也发现相似的趋势，消化率的季节动态范围是63.5%～82.1%；同化率为59.3%～79.1%，与摄取食物中的水分和纤维含量密切相关。如草返青期，根田鼠主食单子叶植物（占71.3%），粗蛋白、粗脂肪及热值等含量均高于双子叶植物（王祖望等，1980；曾缙祥等，1982）。草盛期，因单子叶植物水分降低，纤维含量升高，而转食双子叶植物的浆果，经胃内含量分析，双子叶植物占55.1%。枯黄期，各类植物水分含量下降，地上营养物多转入地下根茎，因而主要以根茎组织和种子为食，可占胃内含量中的16.7%和14.9%，这个时期消化率和同化率最高。

（3）能量分配。鼠类获得能量主要用于体温调节、产热及活动等维持方面和生长、繁殖等生产方面。

鼠类调节体温的方式多种多样，有些种类在环境压力大时，采用日休眠（daily torpor）或冬眠等方式，而非冬眠种类，尤其不储存食物者，在严冬时期热能调节价可能较大。

一般而言，地上活动的鼠类比地下活动者体温调节能力好，寒冷地区种类抵抗冷压能力比热带种类好，但抗高温能力可能较差，如高原鼠兔35℃时1h左右即出现死亡现象，根田鼠37.5℃即出现死亡。沙漠地带种类，蒸发失水散热是一重要热调节方式，可占总产热量的54%（Duplessis等，1989），而高寒地区高原鼠兔仅占9%～18%（王德华等，1993），Deavers和Hudson（1981）在田鼠类啮齿动物中发现占12%。

活动代谢是动物能量学中的一个重要组成部分，已受到广泛重视，尤其DLW法的应用，使得在自然条件下对自由生活的动物能耗作出较为确切的估计成为可能，发展更为迅速。活动是影响动物能耗的一个重要因素：①可影响热能收支，因为恒温动物代谢产热是其获能的重要组分，活动亦可影响蒸发和对流热散失。②活动本身也需化学能，生态学和进化生物学的许多重要假说都涉及能量交换的作用，故活动能耗值估计显得尤为重要，这已成为近代发展的生物物理生态学中的一个热点（Karasov，1989）。关于鼠类活动能耗的研究还很不够，Karasov（1989）在黄鼠研究中表明，活动价占每日能耗的50%，活动期间平均能耗约为 $3 \times BMR$，Karasov（1989）对17种哺乳动物活动价进行了总结，表明活动价为 $2.7 \times BMR$，活动时陆地哺乳类为 $4.1 \times BMR$。Nagy（1987）对自由活动动物的野外代谢率（FMR），作过总结，啮齿类经验公式

$$\ln FMR \text{ (kJ/d)} = 1.022 + 0.5071 \ln W \text{ (g)}$$

Taylor等（1982）在室内研究了不同种类、不同体重哺乳类的活动价，关系式（包括部分鸟类）为

$$MR = 0.533 W^{-0.316} \cdot V + 0.300 W^{-0.303}$$

式中，MR 为代谢率，$mL(O_2)/(kg \cdot s)$；W 为体重，kg；V 为运动速度，m/s。

地下活动鼠类（如鼢鼠、囊鼠等）一项重要内容是为了取得食物而进行的挖掘活动，为一非常耗能的过程。Vleck（1979）曾报道，囊鼠（*Thomomys bottae*）运动相同距离，挖掘运动比地上运动能耗高360～3400倍之多。近年来，有一个与此相关的值得注意的倾向，即动物生惠性能（physiological performance）的测定，如最大代谢率、最大消化率等生理

极限值受到重视，发展较快。Bozinovic 和 Rosenmann（1989）总结啮齿类最大代谢与体重的关系为

$$M_{max}=28.3W^{-0.338}$$，该领域我国仍为空白，应予以重视。

生长和繁殖也是动物能耗的一个重要方面，生长与组织的能值密切相关，组织中的能价计算式为

生长时期组织中汇集的能量＝增加的组织重量×热值密度

生长耗能的另一方面是形成其他组织的代谢价，这方面工作主要集中在繁殖研究中。快速生长，尽早性成熟等已被认为是动物生活史中的一个重要特征，Mcnab（1980）认为，代谢周转率增加可使个体生长加速。

繁殖一般分为妊娠期和哺乳期，这两个时期的能量投入无论在程度上还是机制上都是不同的，这一点可从两方面着眼考虑能量需求：①能量增加需从环境中摄取更多的食物；②增加能量以消化食物和合成化合物，供胎儿或幼体生长和维持之需。

王祖望等（1982）应用呼吸代谢测定法，首次在国内报道了根田鼠繁殖时期的能量需要。妊娠期和哺乳期个体能量需求分别增加了24%和38%，并且发现哺乳-妊娠期重叠母鼠再次怀孕后，能耗比正常妊娠鼠高7%，并在此基础上估算了繁殖价（王祖望等，1992）。结果为根田鼠繁殖期间通过雌体同化能增加81%，生产一只幼仔并哺乳至断奶，母鼠需额外同化能433.58kJ，妊娠和哺乳期维持价分别增加24%和38%。如果在种群水平上，假定雄鼠在繁殖季节能耗增加为零，则繁殖期通过种群的同化能增加40.6%。草返青期和生长盛期繁殖价分别为18.2%和5.1%（王祖望等，1993）。

(4) 能量收支模型。早期估计小型哺乳动物的能流模型只是简单地用 BMR×2 作为野外能耗（McNab，1963），以后逐渐建立了 RMR 模型（Wunder，1975）、ADMR 模型（Grodztnski 和 Wunder，1975）。近年来 DLW 法的成功应用，以 FMR 为基础的每日能量收支（DEB）模型也逐渐发展（Nagy，1987，1889）；另外生物物理生态学的迅速发展，气候空间（climate space）、有效作用温度（operative temperature）等新概念及新途径的引入和应用，使 DEB 模型日趋完善，下面简述 RMR 和 ADMR 等模型。

鼠类的 DEB 模型涉及的因子很多，主要有：个体大小、气温、巢的隔热性、群聚效应、性别及繁殖、活动程度、光照、季节性等。

①RMR 模型：Wunder（1975）设计了一个用以估计呼吸量的通用模型，数学表达式为

$$R=a(3.8W^{-0.25})+1.05W^{-0.5}[(38-4W^{0.25})-T_a]+(8.46W^{-0.40})\cdot V$$

式中，a 为用以修正活动姿势代谢的系数；T_a 为环境温度，℃；W 为体重，g；V 为运动速度，km/h。

②ADMR 模型：以 ADMR 为基础的 DEB 模型，是国内外学者公认的一个比较严谨的经验模型（Gebcynska，1970；Grodzinki 和 Wunder，1975；Petrusewicz 等，1983；Grodzinski，1971；王祖望等，1987、1993；贾西西和孙儒泳，1986）。目前建造 DEB 模型一般由以下内容组成：动物在巢内的时间及群聚效应的影响；动物在巢外活动时间；繁殖价；校正后的 ADMR，然后乘以种群中个体的平均体重即为每个体的 DEB。取 20℃ 的 ADMR 为基准，啮齿类 DEB 模型为

$$DEB=[2.437+f(2.3278-0.1164T_a)]W^{-0.50}$$

式中，f 为一天中巢外活动比例；其他参数同 RMR 模型。

孙儒泳和景绍亮（1984）经研究后指出，由于 RMR 与 T_a 的回归斜率与 ADMR 和 T_a 的回归斜率有差异，20℃以下 RMR 高于 ADMR，故简单取 20℃的 ADMR 值作为估计每日能量需要的方法应予修正。王祖望等（1987，1993）曾以 ADMR 为基础，估测了高原鼠兔和根田鼠的 DEB，结果与上述预测模型有些差异。

地下鼠的能耗估计一直受到关注。Anderson 等（1981）建立了地下活动的北囊鼠（*Thomomys talpoides*）的 DEB 模型，只考虑了 4 种活动类型：在巢内和巢外静止休息及巢内和巢外活动如取食、掘土等；如果只简单将活动分为挖掘和其他一般活动，次级生产假定为零，则

$$DEB = W \left[(24 - t_B) \cdot ADMR + M_B \cdot t_B \right]$$

式中，t_B 为一天内挖掘时间；M_B 为掘土代谢率。

根据 DLW 法测定的 FMR，可对 DEB 得出较为准确的估计。FMR 包含 BMR、热能调节价、运动价、取食价、风险价、警戒、姿势、消化、食物解毒作用、繁殖、生长及其他能耗等。以 FMR 估测 DEB 被认为是最佳途径（Nagy，1987，1989）。该 DEB 主要包含以下成分：BMR；营养物质同化；体温调节；活动；生产（生长、储存、繁殖等）（Karasov，1989）。

将每日能耗综合起来即可得年能量收支（YEB）

$$YEB = \sum_{i=1}^{365} DEB$$

必须指出，每年的不同时期 DEB 是不同的，对以下因素应加以考虑：动物是否休眠？休眠时间、程度及环境条件；野外环境条件之变化；动物行为之季节变化，如聚群、筑巢及利用、换毛等；雌体妊娠和哺乳期的长短等。

2. 啮齿动物种群能量动态　从能量角度观察可利用性食物的消耗及在动物种群内的生产状况，可以较清晰地显示自然环境中种群的能量需要及其动态。描述种群的能流，一般可以简单地综合代谢特征，利用 ADMR 模型或其他模型，综合代谢投入与时间支出等参数，这些方法已有一些评论（王祖望等，1987，1993；Ferns，1980；Grodzinski 和 Wunder，1975）。

将能流模型从个体扩展到种群（方法和途径是相同的），可以了解鼠类种群对群落功能的影响，以及在这些功能中能量学的地位。能流模型可以说明：①通过群落的能流有多少流入鼠类种群？动物又是如何影响群落的生产量及其过程？②能量可利用性或能量需要的季节性，是如何影响种群过程的？③在不同的生态型（Ecotype）中，群落功能的变化模式是怎样的？Ferns（1980）曾以黑田鼠（*Microtus agrestis*）为对象对此进行了比较系统的讨论。

(1) 生物量或现存量。估计种群能量收支的第一步是估测一年内不同季节或时期鼠类的数量及生物量（biomass）。如果种群密度估计不准确，其他成分即使估计得再精确，种群能量收支的结果也是不确切的。

影响生物量变化的主要因素是：收获量（yield）或去除量（elemination），生长及繁殖。

生物量是活组织的现存量（standing crop）或重量的一种度量。在鼠类中，由于种群周转率较高及对环境变化的适应，其生物量的季节变化及年间变化是很大的，且因生境而异。在周期性波动的啮齿类中，变化幅度较大，如北极冻原的旅鼠（*Lemmus*）低峰是 $0.4kg/km^2$，高峰为 $400kg/km^2$（Batzli，1975），在前苏联及波兰草地的田鼠也能达到这个高峰（Grodzinski 和 Trojan，1971），在尼日利亚热带雨林连续 7 年观察，表明地面活动啮齿类生

物量为 23~123kg/km², 在巴拿马森林为 402~630kg/km², 马来半岛为 84kg/km², 而灌丛和草地混合区更高, 如扎伊尔东部为 115~1 646kg/km² (Delany, 1982)。我国研究鼠类生物量的工作不多, 王祖望等 (1987) 对高原鼠兔连续 3 年观察, 平均值为 9 054.76g/hm² (62 578.226kJ/hm²), 吴德林等 (1988) 研究结果表明, 热带山地雨林中鼠形啮齿类生物量鲜重平均 711.62g/hm², 亚热带山地森林为 530.19g/hm², Hayward 等 (1979) 曾总结过 11 种类型生态系统中小型兽类的生物量, 发现低纬度区生物量较大, 并认为主要是热带具相对高的初级生产力和全年可利用的食物所致。生物量的情况从一个方面反映了动物在生态系统中的地位及其功能。

（2）生产量。通过测定个体的生长增加, 便可得到种群生产量, 每年新个体的加入与生长是很重要的两个方面, 种群的存活情况及年龄结构也很重要。一般利用动物的生物量热值来解释种群内个体的差异, 大多数小哺乳类为 6.3~7.5kJ/g, 如北美洲几种啮齿动物 *Perognathus* 为 6.49 kJ/g, *Onychomys* 为 6.74 kJ/g, 白足鼠为 6.53 kJ/g, 鼩为 7.07kJ/g (Delany, 1982); 高寒地区几种鼠类为: 高原鼠兔 6.78kJ/g, 根田鼠为 6.45kJ/g, 高原鼢鼠为 6.53kJ/g (曾缙祥等, 1981)。影响热值的主要因素是脂肪、灰分和水分等。

估计小哺乳动物种群生产量的方法较多, 目前较广泛应用的主要有以下两种

$$P = P_g + P_r$$

$$P = \overline{K}_b (\overline{N} \cdot \overline{W} \cdot \Theta_N)$$

式中, P_g 为个体生长或增重的生产量部分; P_r 为个体繁殖后代的生产量部分; $\overline{K}_b$ 为动物的生物量热值的平均值; $\overline{W}$ 为在实际标志期间标志动物的平均体重; $\overline{N}$ 为在 T 时间内单位面积上的平均个体数; Θ_N 为个体周转率。

上述参数中, 只有个体周转率较难得到, Petrusewicz (1975) 认为 Θ_N 的概念可用以下公式表示

$$\Theta_N = r_T / \overline{N}$$

式中, r_T 为在 T 时间内离散个体的总数量, 是在同一时间内种群的平均数量, 由于

$$r_T = \overline{N} \cdot T / \bar{t}$$

式中, t 为 T 时间种群内个体留居的平均时间, 也称生态寿命, 因此 $\Theta_{N_T} = T/\bar{t}$

如果研究周期为一年, 则 $\Theta_{N_T} = 1/\bar{t}$

P_r 一般用下式计算

$$P_r = \frac{\overline{N} \cdot f \cdot L \cdot T}{2 t_p} \cdot \overline{W}_r$$

式中, f 为 T 时间内雌体怀孕率; L 为胎仔数; t_p 为妊娠期。P_g 的计算公式为

$$P_g = V \cdot N \cdot T$$

式中, V 为在 Δt 时间内体重的改变量, 即 $V = \Delta W / \Delta t$。

其他有关计算方法可参阅孙儒泳和王祖望 (1982) 的介绍。

王祖望等 (1987) 用周转率法计算了高原鼠兔 3 年的生产量, 1980 年和 1981 年分别为 213.16×10³kJ/(hm²·年) 和 248.80×10³ kJ/(hm²·年); 由于 1982 年冬一场罕见的大雪, 1983 年高原鼠兔数量锐减, 下降 87%~98%, 生产量下降 89.5% [26.15×10³ kJ/(hm²·年)]。魏善武等 (1992) 采用周转率法、生长繁殖法及生长存活曲线法同时计算了根田鼠 3 年的生产量, 3 种方法的计算结果相近 (表 5-7)。

表 5-7 根田鼠种群生产量比较

(引自魏善武，1992)　　　　　　　　　　　　　　　　　单位：g/(hm²·年)

方法	1980	1981	1982
周转率	2 136.58	2 644.56	2 399.71
生长-繁殖 (P_g+P_r)	1 926.17	2 694.19	2 236.20
生长-存活曲线 (Growth-survivorship)	2 000.31	2 763.46	2 188.76

在小哺乳动物种群中，种群生产量可通过呼吸量得到（Grodzinski 和 Wunder，1975）。Grodzinski 和 French（1983）曾对欧洲、北美洲和中美洲的 9 个生态系统中 102 个小哺乳动物种群的生产量和呼吸量的资料进行了统计分析，发现哺乳动物种群中生产量 P 和呼吸量 R 之间存在显著的回归相关关系，他们根据动物的不同食性或其分类地位，分别进行了回归分析，草食性啮齿类的回归方程为

$$\ln P = 1.091 \ln R - 1.994$$

用上式估计的 P 值高于实测值，相对误差为 13%～51%，但对高寒草甸的高原鼠兔则估计偏低（王祖望等，1987），高原鼠兔 R 值按 $R = ADMR(N \cdot W) \times T$ 计算得：1980 年为 $5\,008.43 \times 10^3$ kJ/(hm²·年)，1981 年为 $5\,845.84 \times 10^3$ kJ/(hm²·年)，1983 年为 614.36×10^3 kJ/(hm²·年)。

(3) 种群能量收支与能流估计。种群每日能量收支可通过下式得到

$$DEB_{pop} = \sum_{i=1}^{n} DEB \qquad (n \text{ 为种群数量})$$

要得到比较精准的估算必须考虑下列参数：①种群数量及种群年龄结构；②活动水平及个体所处的条件；③种群中繁殖个体比例及繁殖期长短等。同样种群的年能量收支 YEB 可以将 DEB_{pop} 综合，即

$$YEB_{pop} = \sum_{i=1}^{365} DEB_{pop}$$

Grodzinski 和 Weiner（1984）将 YEB 划分为包括 SDA 的 RMR、热能调节价、运动活动价及雌体繁殖价 4 个部分。

通过小哺乳动物种群能流的估计一般采用两个途径，即

$$A = P + R \tag{1}$$

$$A = C - F - U \tag{2}$$

第一种途径需要对动物的呼吸量（R）和生产量（P）进行较细致地研究；第二个途径除了进行精确地密度调查外，尚需对动物的能量摄入（C），以及随粪便（F）和尿（U）损失的能量进行较精确地测定，一般认为第一种方法较复杂，但结果比较准确，后一种方法较为简便，但结果较粗略，大多数研究者对两种途径兼而用之（王祖望等，1987，1993；Ferns，1980；Grodzinski，1975；Grodzinski 和 Wunder，1975；Petrusewicz，1983）。在实际应用时，上述（1）、（2）两个公式可变换为

$$A = \sum_T \overline{K}_b (\overline{N} \cdot \overline{W} \cdot \Theta_N) + M(\overline{N} \cdot \overline{W}) \cdot T$$

$$A = K_c(\overline{K} \cdot C \cdot T) - [K_f(\overline{K} \cdot F \cdot T) + K_u(\overline{N} \cdot U \cdot T)]$$

式中，$\overline{N}$ 为 T 时间内单位面积上的平均个体数，采用标志重捕法估计种群密度（只/

hm²);$\bar{K}_b$ 为动物的生物量热值 [kJ/g(活重)];$\bar{W}$ 为标志动物的平均体重(g,活重);Θ_N 为个体周转率;M 为平均每日代谢率(ADMR)[kJ/(g·d)];C 为动物个体每日摄入天然食物的干物质量(g),或摄入能[kJ/(hm²·年)];F 为动物个体每日排出粪便的干物质量(g),或随粪便损失能量[kJ/(hm²·年)];U 为动物个体每日排出尿量(g,液重),或随尿损失能量[kJ/(hm²·年)];K_c 为天然食物的热值(kJ/g,干物质除灰分);K_f 为粪便的热值(kJ/g,干物质除灰分);K_u 为尿的热值[kJ/g(液重)];T 为计算能流平衡的总时间(d)。

王祖望等(1987,1993)采用第一种途径($A=P+R$)计算了高原鼠兔的能流(表 5-8),采用上述两种途径分别对根田鼠种群的能流进行了计算,结果表明,第一方法比第二种方法低 25%左右(王祖望等,1993)。

表 5-8 高原鼠兔种群的生产量(P)、呼吸量(R)、同化量(A)和消耗量(C)
(引自王祖望等,1987)

单位:kJ/(hm²·年)

年份	生产量(P)	呼吸量(R)	同化量(A)	消耗量(C)
1980	213.16×10³	5 008.43×10³	5 221.59×10³	7 627.21×10³
1981	248.80×10³	5 845.84×10³	6 094.65×10³	8 902.26×10³
1983	26.15×10³	614.36×10³	640.51×10³	935.60×10³

Ferns(1980)认为,一旦生产量(P)和同化量(A)已得到,就无需进行严格的呼吸量(R)测定,因为 R 可以从 $A=P+R$ 关系式中得到,但生态学家往往十分谨慎地测定 R,结果是两者误差达 10%~30%。他还认为,用 $R=A-P$ 途径所得的结果,可用以检验以 ADMR 为基础,经过校正的 DEB 模型计算出的 R 的可靠性。波兰著名生态学家 Petrusewicz(1883)认为,用 ADMR 测定的 R 与 $R=A-P$ 得到的 R 确实存在差异,并指出这一误差可用 DLW 法进行检验。

王祖望等(1993)认为,用 ADMR 法测定的 R 与由 $R=A-P$ 途径估计所得 R 之间的差别,主要是前者在实验室中测定,动物处在空间十分有限的呼吸室中,活动受到很大限制,将室内所得 ADMR 值外推到野外,估计种群的呼吸量(R),必然会造成很大的误差,野外自然条件下各种物理化学因素及社群因素对动物的影响,与室内也是大相径庭的,因此用 ADMR 法估计种群的呼吸量(R)有一定的局限性。

Whitney(1977)对红背䶄和根田鼠的种群能流作过研究,指出"北极和亚北极群落具较低的生产量"的说法欠妥,并发现两种动物的维持能价除繁殖期外,冬季是夏季的两倍,与 Gebczynska(1970)的观点相反;Stenseth 等(1980)从种群能学角度,分析了许多小哺乳动物的能量模型,表明由于能量的原因,黑田鼠(*Microtus agrestis*)的繁殖受到限制;Ferns(1980)指出,居住在开阔环境中的种群比其他生境中的年能流要高。王祖望等(1987),曾将高原鼠兔的能流与 Ferns(1980)报道的不同生态系的 27 种小哺乳动物进行比较,发现通过高原鼠兔种群的能流比温带草地生态系统及其他生态系统中种类高许多,仅次于耕地中的普通田鼠(*Microtus arvalis*)和溪流边的水䶄(*Arvicola terrestris*)。高寒草甸矮嵩草草甸上,净初级生产量(地上部分)(Pn)为 60 451.77×10³ kJ/(hm²·年),低于温带的某些森林生态系统[179 912×10³ kJ/(hm²·年)](Grodzinski,1975),但它可供啮齿动物利用的潜在食物却比森林、荒漠和冻原等生态系统丰富。Grodzinski(1971)报道,不同森林和荒漠灌丛生态系统的净初级生产（Pn）可被啮齿动物利用的比例 Fa/Ph 为 4.4%～56%（Fa 为可利用性食物），而高原鼠兔达 80%，其用于维持的能量较高，占同化量（R/A）的 96%，而用于生产的能量仅占同化量（P/A）的 4%。

同一地区的根田鼠种群，可利用食物 Fa 占 Pn 的 70%（胡德夫和王祖望，1991），能量摄入占 Fa 的 2.7%～7.3%；根田鼠种群随粪损失能量 3 年平均为 $279.603×10^3 kJ/(hm^2·年)$，随尿损失能量为 $32.353×10^3 kJ/(hm^2·年)$，消化能量为 $764.920×10^3 kJ/(hm^2·年)$，同化能量为 $732.567×10^3 kJ/(hm^2·年)$，用于种群生产的能量只占同化能（A）的 1.6%，而用于种群维持的能（R）高达 98.4%。对地下鼠类种群能流研究较少，Andersen 和 MacMahon（1981）对北囊鼠（*Thomomys talpoides*）的种群能流做过估计，该鼠的年能量需要为 50～75MJ，雌体繁殖价为 4 665KJ，同化能的 6%～9% 用于生产，91%～94% 用于维持。

囊鼠比地面活动鼠种群能流要高得多，在草甸地区高密度时最小能流为 $1 087MJ/(hm^2·年)$（Andersen 等，1981）；Humphreys（1979）曾总结过 50 个小哺乳动物种群能流，60% 的种类年能流小于 $210MJ/(hm^2·年)$，96% 的种类小于 $835MJ/(hm^2·年)$，可见地下鼠与高寒草甸鼠类的能量转换效率是相当可观的，因此它们在生态系统中充当了相当重要的角色。

从能流上看，鼠类对生态系统影响也是严重的。王祖望等（1987）分析了矮嵩草草甸高原鼠兔和藏系绵羊种群的能流（表 5-9）。

表 5-9 高原鼠兔与藏系绵羊的能量摄入与同比的比较

（引自王祖望等，1987）

种类	密度（只/hm²）	平均体重	生物量	能量摄入（C）		能流（A）	C/Pn（%）	A/Pn（%）
				[kJ/(kg·d)]	[10^3kJ/(hm²·年)]	[10^3kJ/(hm²·年)]		
藏系绵羊	0.51	48.30	24.63	695.09	6 248.82	3 982.4	10.3	6.6
高原鼠兔	104.62	0.123	12.87	1 759.37	8 264.74	5 658.1	13.7	9.4

注：表中数据为 1980 和 1981 两年的平均值

每公顷藏系绵羊的生物量是高原鼠兔的 1.91 倍，而高原鼠兔每日每千克体重耗能为羊的 2.5 倍，羊摄入能量仅占矮嵩草草甸初级净生产（C/Pn）的 10.32%，同化能占（A/Ph）6.58%，而高原鼠兔即使在正常密度下 C/Pn 为 13.7%，A/Ph 为 9.4%，是绵羊的 1.3 倍，在高密度年份，消耗则远远超过绵羊的消耗量，因此能量分配是非常不合理的，从人类福利、经济效益等考虑，必须采取措施改造生态系统的结构。蒋志刚和夏武平（1987）研究表明：鼠兔、绵羊及牦牛干物质摄入量、能量摄入量与体重的比值，鼠兔是最高的，为牦牛的 4.98 倍，绵羊的 8.61 倍，因此高密度的鼠兔与家畜争夺能量，严重影响了经济效益，调整次级营养层次上的能量分配是必要的。

实际上消费者只消耗年初级生产量的很少一部分，一般小于 20%（Chew，1974），但较小的啃食可能导致对生态系统的巨大影响，如鼠类获取相同的热量，啃食幼芽（叶）和成熟的叶子，对植物生长的影响是不同的，同样,取食种子和叶子对生态系统影响又是不同的。另外消费者影响生态系统许多方面似乎与物流和能流无直接关系，如践踏、打洞等物理影响,因此鼠类等消费者对生态系统影响主要有两个方面：①直接与物流和能流有关,其重要性可通过测定能流、物流而确定；②对生态系统影响较大但与能流和物流关系不大(Gessaman 和 MacMahon，1984)。

还有一个方面，即食肉动物通过对鼠类的捕食，从而影响生态系统结构与功能，在生态系统能流中，食肉动物的地位非常重要，它对害鼠的数量有一定的影响，鼠类数量又直接影响到捕食者的生存。人们对食肉动物的能量动态研究较少，在美国密歇根州弃耕田中倭伶鼬（*Mustela rixosa*）每年消耗31%的草原田鼠（Golley，1960），而伶鼬（银鼠）（*M. nivalis*）每年消耗小哺乳动物生产量的14.2%（Hayward和Philipson，1979）。梁杰荣（1986）对高寒地区香鼬（*M. altaica*）种群的能流进行了测定，结果为全年通过香鼬种群摄入能为 192.263 0×10^3 kJ/（hm^2·年），能流为157.435×10^3 kJ/（hm^2·年）；其日食量相当一只鼠兔，全年可消灭360只鼠兔，而同一地区的艾虎（*M. eversmanni*）主要捕食鼠兔和鼢鼠，全年能消灭鼠兔1 544只或鼢鼠471只，通过种群摄入能为484.320×10^3 kJ/（hm^2·年），能流为383.856×10^3 kJ/（hm^2·年）（梁杰荣等，1985），因此高寒草甸生态系统中，二级消费者的摄入能和同化能是比较少的，应对其采取保护措施，增加其数量，改变能量分配比例，这对于有效地控制鼠害，保持生态平衡是有益的。

还应指出的是，鼠类并不总是有害，只有当数量高，能量分配不合理，影响经济效益时才有害，这里有一个阈值问题。它们对于生态系统有益的方面也不少，如在高寒草甸生态系统中，根据密度计算，高原鼠兔随粪便排出无机物质13.14～52.03 kg/（hm^2·年），有机物质84.58～312.22 kg/（hm^2·年），高原鼢鼠相应数字为5.82 kg/（hm^2·年）和19.79 kg/（hm^2·年）；一年中从粪便中损失的能量远大于其本身组织热量，鼠兔为46倍，鼢鼠为22倍，因此它们在生态系统中确实起了加速物质循环和能量流通的作用（王祖望等，1980）。另外高原鼠兔等还啃食部分毒草（如棘豆、狼毒等），挖掘活动可使雨水下渗，松翻土壤等，也有一些益处，食肉类的维持也依赖于鼠类，因此从生态系统整体上看，鼠类作为一个重要组成部分，其相互联系，相互制约的关系牵扯到许多方面，益害可以相互转化，不宜随便采取灭绝的策略，要从整体上考虑，作出有依据的合理的控制方案。

◆ **本章小结**

本章主要阐述了啮齿动物群落的命名方法、群落特征以及群落的分类与排序等内容。对动物群落进行命名是群落研究的重要内容，但目前群落的命名尚没有较为统一的标准和完整的命名体系，针对不同的研究角度与目的，应采取与研究目标相适应的群落命名方法。群落的基本特征（物种多样性、优势度、物种相对多度）可以说明生物种群组合在高层次上的群体特征。通过对群落的空间和时间格局研究，可以认识动物群落与环境之间的关系。本章同时阐述了生态学前沿理论在啮齿动物群落生态学中的应用，并且通过有针对性地介绍相关学者的研究成果，可以使学生对啮齿动物群落生态学的研究现状及其未来的发展方向具有较全面的理解。

◆ **复习思考题**

1. 群落的基本特征包括哪些？
2. 生物群落的物种多样性指数可分为几类？其具体的生态学意义是什么？
3. 什么是生态位？生态位的分析方法有哪些？
4. 啮齿动物群落分类与排序的方法及其意义是什么？
5. 简述干扰的类型及其特征。
6. 简述啮齿动物在草地生态系统及其能量流动中的地位和作用。

第六章

啮齿动物调查方法

内容提要：啮齿动物调查方法是做好啮齿动物生态学研究和有害啮齿动物防治工作必备的基本技能。由于调查的目的不同，所采取的调查方法也不尽相同。本章依据不同的调查目的，对区系调查、数量调查、生态调查和危害调查的方法、内容以及结果的有效统计进行了详细阐述，还选用了必要的图表、公式，力求对文字内容进行补充、完善，以利于掌握和理解。

一、调查的目的

开展草地啮齿动物调查，一般来说有两个目的，一是以防治鼠害为目的，首先必须对危害地区啮齿动物的种类、数量及危害程度进行认真的调查，才有可能采取经济有效的防治措施。调查不仅是防治的基础，而且是制订防治规划及其方案的科学依据。没有周密的调查研究，盲目行动，不但容易造成人力、物力和财力的浪费，有时还可能导致更严重的后果。二是以啮齿动物生态学研究为目的，主要针对种群密度、组成、空间分布以及群落结构、组成和多样性进行调查。

二、调查的类型及准备

对啮齿动物的调查，依据不同的研究目的或工作目标，所进行的调查和采取的方法不尽相同。调查类型一般包括：区系调查、数量调查、生态调查和危害程度调查（害情调查）等。以生态学研究为主要目的，一般进行区系调查、数量调查和生态调查；以灭鼠为主要目的，一般进行数量调查和危害程度调查。为了完成好上述调查工作，应做好以下两方面的准备工作。

（一）资料准备

指的是查阅文献资料，其中包括国内外已经发表的有关论文以及工作地区的地形图、行政区域图、人文地理、地质、土壤、气候、植被等自然条件和社会经济状况等材料，以及当地草场经营情况，以往鼠害发生和防治情况的资料。这些文献资料不仅对制订调查计划有参考意义，而且对调查中的资料分析及总结等也是必不可少的资料。

（二）物质准备

在野外进行啮齿动物调查研究时，必须准备一个工作箱和一些必备的仪器、药品和工具等，便于开展工作。

1. 工作箱　长为70～80cm，宽、高为35～40cm，如图6-1所示。箱子两侧安装两个把手，箱内用胶合板（插在榫槽里），分成若干活动的方格，胶合板可抽出来，也可

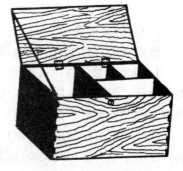

图6-1 工作箱

随时插上去。

2. 仪器　显微镜、解剖镜、望远镜、最高最低温度计、GPS仪、海拔仪、罗盘、500万像素以上数码照相机、摄像机、越野型汽车1~2台等。

3. 药品　砒霜、灭蚤灵、来苏儿、乙醇、甲醛、乙醚、亚砒酸、明矾、滑石粉、碘酒及其他常用药品等。

4. 捕鼠工具　根据工作任务,携带一定数量的鼠夹、捕鼠笼等捕鼠工具和锤、钳、锉刀、钉、铁丝等简单的修理工具,以及铁锨、铁镐等。

5. 其他　鼠袋、解剖刀(剪)、镊子、骨剪、医用橡胶手套、医用口罩、白大褂、袖套、培养皿、载玻片、盖玻片、脱脂棉、纱布、胶布、硫酸纸、针线盒及文具、生活用品等。

第一节　区系调查

区系调查的目的,在于正确认识啮齿动物区系组成的特征和动物分布的规律,以及啮齿类动物与各种自然条件之间的相互关系。通常区系调查的内容包括自然概况与生境条件的分析、区系组成、动物群落的调查。

一、自然概况与生境条件的分析

动物的地理分布与自然环境条件之间有密切的关系。在调查啮齿动物区系时,首先应注意与动物生存有关的地理位置、海拔高度、气候条件、地质与土壤、水文以及植被等的特点。这些资料,不一定都要亲自去调查,亦可查阅当地有关的文献资料来获得。

由于气候、土壤以及地形所引起的土壤水分的差异,植被类型亦有明显的不同。不同的生态条件的差异,也会影响动物分布和组成的特点。因此,地形与代表性植被类型常常是划分动物生境的主要依据,并以此命名。例如,滩地及山地阴坡草甸、山地阳坡草地化草甸、山间洼地沼泽化草甸、山地阴坡、河滩灌丛、人工草地与耕地、撂荒地等。在草地地区做自然概况和生境条件调查时,一定要查明草地类型和植物种类组成,有山地的地方,还要做植被的垂直发布和结构的调查。在中、小尺度范围调查,要收集土壤、地形、气候等生态因子信息;在大尺度范围调查,则必须明确景观类型及其结构。

二、区系组成

(一)种类组成

即组成区系的不同种的啮齿动物。

1. 标本采集　在不同生境内,用各种方法日夜捕捉各种啮齿动物。一般说来,调查的时间越长,调查的次数越多,所获得的动物越齐全。将捕获的动物制成标本,然后借助检索表及有关专著鉴定种类。

此外,也可根据鼠洞、鼠丘、鼠粪或动物活动的痕迹,间接识别鼠种。不过,此种方法必须在积累了大量实践经验的基础上才能采用。通常仅适用于优势种和常见种或具有显明特征的某些种属,一般仅作为辅助的调查方法。

2. 标本制作 将捕获的动物装入布质的鼠袋中，并附一张注明采集时间和地点的卡片，将袋口扎紧。需要处死活鼠时，可用粗长针经耳孔刺入延脑深处即可。杀死大型的鼠类时，最好用折断其颈椎的方法处死。原则上一鼠一袋，亦可一袋装一种鼠。

将死鼠及鼠袋一并放入可密闭的容器内，放入适量的乙醚或氯仿，进行灭虫灭蚤。在疫源地区，操作时一定要加强防护，注意安全。

供剥制标本的动物，应力求新鲜完整，但新捕获的鼠一般要等死鼠血液凝固之后，才可操作。具有保存价值的鼠种，即使有些损坏，亦应制成标本。如果捕获物过于腐败或损坏实在不能剥制时，亦应进行称重、测量、编号、剖检和登记，以备统计和查考。

在剥制标本之前，先要称重，测量体长、尾长、后足长和耳长。同时，将测量的结果分别登记在采集簿（登记卡片，表6-1）和标签上（图6-2），并编号。

表6-1 啮齿动物登记卡片

号　　码_____ 日　期_____年_____月_____日	
采集地点_____ 采集方法_____	
生　　境_____	
学　　名_____	
别　　名_____	
性　　别_____ 年　龄_____	
体　　重_____g 体长_____mm 尾长_____mm 后足长_____mm 耳长_____mm	
雌体状况：	
乳腺_____ 阴道口_____	
胚胎数左子宫_____ 胚胎最大宽_____ 长_____mm	
右子宫_____ 胚胎最大宽_____ 长_____mm	
吸收胚数左子宫_____ 右子宫_____	
子宫斑数第一代左侧_____ 右　侧_____	
第二代左侧_____ 右　侧_____	
雄体状况：	
睾丸重量_____ 长　度_____ 是否下垂_____	
附睾有无精子_____	
胃内容物充满度_____ 重量_____g	
成分_____	
备　注_____	
采集人_____	

剥皮时，将鼠体仰卧在平板上或解剖盘内，头朝右边尾在左边。先用左手的拇指和食指轻轻捏起皮肤，在腹中线胸骨后缘用剪刀剪一小口，再用剪刀尖向后剪开皮肤，直至肛门（不可过深，以免切开肌层，露出内脏）。用解剖刀小心地把两侧的皮肤与肌肉分开，并推出后腿的关节，用旧剪刀或小骨剪在膝关节处剪断（图6-3A），轻轻地把小腿拉出，直到足跟部为止。此时，小腿的毛已向内翻，并把腿上的肌肉刮掉。另一侧用同样的方法处理。然后，切开肛门附近的肌肉，一手捏住尾基部的毛皮，另一手慢慢用力将尾椎全部抽出（图6-3B）。切记不要用力过猛，否则会抽断尾椎。接着翻转前半部的皮肤，翻到胸部时，最好用解剖刀把胸部的皮肤和肌肉分离一下，以免刀口延长或撕破皮肤。一手握住鼠体，另一手慢

```
编　号_____  日期_____年_____月_____日
采集地_____
俗　名_____性别_____
种　名_____
```
正面

```
体　长_____  尾　长_____
后足长_____  耳　长_____
体　重_____  采集人_____
```
背面

图 6-2　标签（8cm×3cm）

慢用力拉，使皮肤和肌肉分开，露出肩部后，应换手捏住肩部一侧前肢（肩胛骨），另一手将前肢的皮肤与肌肉分开，将皮肤翻到前掌部为止，在肘关节处剪断，去掉前肢上的肌肉。最后，剥颈部和头部，亦是从后向前，使毛向内翻转。剥到头部时，在紧贴听泡的地方切断耳根。紧接着在皮与眼球之间可以看到一个白环，那就是眼睑，从白环与眼球之间剪开，注意不要损坏眼睑。随后剥离下颌和下唇，慢慢将下颌的皮与颌骨分开。剥上唇时，要先剥口角和鼻部的后端，最后才剥鼻尖。头从颈

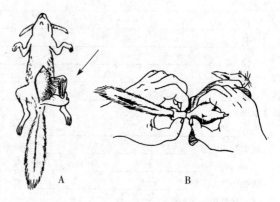

图 6-3　剥制标本过程
A. 截断膝关节处　B. 往外抽尾椎

部剪下。用铅笔在纸条上标明号码，卷紧，放入鼠口腔内，另行处理。

　　剥皮后进行填装，首先把皮上的残肉和脂肪清除干净，把破裂的地方缝好，然后涂上防腐剂（砒矾粉或砒皂膏），特别是头、耳、四肢及尾部都要涂到。取一根比原尾椎长5～10cm（视标本大小而定）的鸡翅羽的羽轴或削制的竹签（野外工作时可以用芨芨草棍代替），插入尾皮中代替原来的尾椎。在前、后肢骨上缠上棉花，多少与原来肢骨肌相似。然后把皮翻转过来，毛向外仰卧在平板上。先填装头部、颈部和胸部。用镊子夹紧棉花或其他代用品，慢慢填装。要求不要做成圆团，比原体略大些。再填装前肢的内外两侧和胸部。注意，肩部要衬出，胸部不要填装过多。再填装后肢和臀部。取两小块棉花球，用镊子插到前肢与皮肤之间，使前肢朝前，紧靠胸部，掌面朝下。最后填装腹部，使后肢紧靠臀部，向后伸直并拢，掌面朝上。尾紧靠后肢，贴紧平板。臀部亦要显示出来。填装完毕之后，将口唇合拢，把腹面的切口从前到后缝合。

　　将标本摆正，用镊子将眼球鼓圆，耳展开，摆正胡须，再用软毛刷将毛刷顺、刷干净。在右腿上系上标签。然后，将标本伏卧于平板上，分别在前后掌部用大头针加以固定，放在阴凉处。把头骨用水煮到能撕下肌肉时取出，挖掉舌、眼球和脑髓，再把所有的肌肉清除干

净,用水冲洗后晒干即可。最后用绘图墨水分别在头骨顶部和下颌骨一侧标明号码,将头骨系在左腿上,或装入小指瓶或塑料袋中与同号标本放在一起。

标本入库前要用药物熏蒸和灭菌杀虫,然后放入较为严密的木柜或箱中保存,同时,要加放樟脑,以防虫蛀;并要保持干燥,以防霉烂。标本入库后,必须有专人负责保管,严防混乱和丢失(图6-4)。

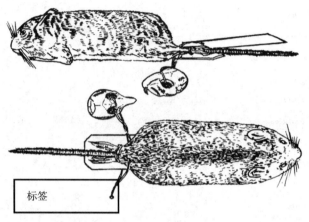

图6-4 鼠类的假剥制标本

(二)数量组成

即调查地区各种啮齿动物的比例关系,确定该种动物区系的优势种、常见种和稀有种。一般数量统计的结果用级数来表示,定为三级,每级之间相差5倍或10倍,并以"+"号代表级数。例如,优势种为"+++"代表;常见种为"++"代表;稀有种为"+"代表。用夹日法进行统计时,其标准是:优势种,捕获量比例在10%以上,常见种,捕获量比例为1%~10%;稀有种少于1%。通常在一种环境中或某一地区内,优势种一般只有1~2种;常见种的比例较大;而稀有种的种数较少,一般也是1~2种。

通常,对某一地区的啮齿动物调查完成后,其优势种、常见种和稀有种的捕获率数值不一定完全符合上述数值范围。一般要依据调查的实际情况,将捕获量比例最高的1~2种确定为优势种,捕获量比例少于1%的1~2种确定为稀有种,其余均可视为常见种。

最后,将调查结果经过整理分析,提出该地区啮齿动物区系组成的种类及其数量的百分比和数量级别,用表的形式列出,表的格式如表6-2所示。如果调查范围不大,选代表性地点按生境进行工作,而又采用相对数量的对比时,其通用的表式如表6-3所示。

表6-2 某地区啮齿动物捕获量总表

序 号	种 类	个体数量	捕获量比例(%)	数量级
1				
2				
3				
⋮				
N				
合计				

表 6-3 内蒙古阿拉善荒漠区不同生境啮齿类数量组成（夹日法）

	I		II		III	
	数量	捕获量	数量	捕获量	数量	捕获量
间颅鼠兔 Ochoton cansus			4	4.21		
草原黄鼠 Spermorphilus dauricus					12	2.34
子午沙鼠 Meriones meridianus	19	19.20			114	22.22
长爪沙鼠 Meriones unguiculatus					1	0.20
大沙鼠 Rhombomys opimus					9	1.75
黑线仓鼠 Cricetulus barabensis					10	1.95
短尾仓鼠 Cricetulus eversmanni	2	2.02			4	0.78
长尾仓鼠 Cricetulus longicaudatus			45	47.37	4	0.78
灰仓鼠 Cricetulus migratorius					12	2.34
柽柳沙鼠 Meriones tamariscinus					8	1.56
小毛足鼠 Phodopus roborovskii	48	48.48			19	3.70
大林姬鼠 Apodopus roborovskii			42	44.21		
社鼠 Rattus confucianus			4	4.21		
五趾跳鼠 Allactaga sibirica	4	4.04			151	29.44
五趾心颅跳鼠 Cardiocranius paradoxus					3	0.58
三趾跳鼠 Dipus sagitta	21	21.21			100	19.49
三趾心颅跳鼠 Salpingotus kozlovi	5	5.50			11	2.14
肥尾心颅跳鼠 Salpingotus crassicauda					3	0.58
长耳跳鼠 Euchoreutes naso					26	5.07
巨泡五趾跳鼠 Allactage bullata					26	5.07
合计	99	100	95	100	513	100
鼠种总数		6		4		17
夹日数		1 796		2 050		24 387

注：表中各鼠种数据为捕获量比例（%）；I，沙地；II，贺兰山山地；III，天然草地

三、动物群落的调查

（一）动物群落组成调查

划分群落的具体指标是种类组成及其优势程度，同时，结合生态条件（主要是地形、植被）来考虑。优势种在群落中起着主要作用，它与群落中其他种类具有一定的结合。对某些具有特殊指示意义的稀有种亦应注意。此外，要注意到个别地段由于地形的局部变化以及人类活动的影响，引起某些种类数量的特殊变化与其他一些种类的出现。

群落的命名，以群落组成中的优势种及次优势种的顺序排列，如缺乏次优势种，则仅以优势种命名。

调查群落时，需要在大面积范围内进行，对同一景观来说，至少需要 1km² 的面积。然后根据地形和植被的变化，确定样方位置和数量，一般样方不应少于 3 个，每个样方面积不

小于 0.25hm²。调查中,对小型鼠类可用同一种方法,对不同种类采用不同方法和数量指标。根据调查结果,确定出群落组成,并在 1/50 000 的地形图上,参考地形和植被的界限,描出群落分布图,缩小后制成该地区啮齿动物群落分布图(图 6-5)。

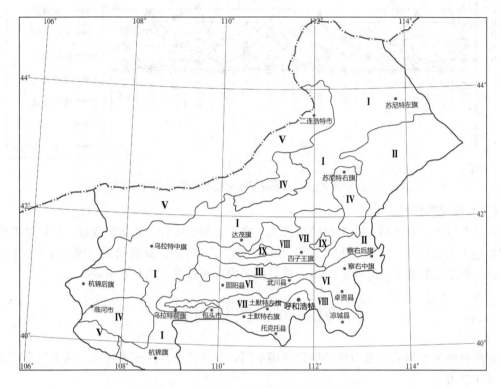

图 6-5　内蒙古半干旱区啮齿动物群落分布

Ⅰ.巨泡五趾跳鼠+五趾跳鼠+长爪沙鼠群落　Ⅱ.三趾跳鼠+子午沙鼠+小毛足鼠群落　Ⅲ.草原黄鼠+五趾跳鼠+长爪沙鼠群落　Ⅳ.赤颊黄鼠+黑线小毛足鼠+五趾跳鼠群落　Ⅴ.巨泡五趾跳鼠+五趾跳鼠+蒙古羽尾跳鼠群落　Ⅵ.黑线仓鼠+长爪沙鼠+小毛足鼠群落　Ⅶ.小毛足鼠+三趾跳鼠+长爪沙鼠群落　Ⅷ.长尾仓鼠+大林姬鼠+棕背鼠平群落　Ⅸ.五趾跳鼠+草原黄鼠+黑线小毛足鼠群落

鼠类群落组成并不是一成不变的,常有明显的季节变化,不同生境中鼠类群落季节变化的程度也不一样。调查时,可在不同环境中的调查区各选 3～4 个点,逐月进行数量调查,以研究群落组成的季节变化(表 6-4)并作出其季节变化图(图 6-6)。

表 6-4　阿拉善荒漠不同干扰条件下啮齿动物群落组成数量季节变动特征

	2002 年			
	4 月	7 月	10 月	Σ
开垦区	0.215 1	0.267 1	0.328 8	0.271 3
轮牧区	0.276 2	0.105 0	0.198 4	0.186 1
过牧区	0.244 2	0.390 4	0.255 4	0.303 5
禁牧区	0.264 5	0.237 4	0.217 4	0.239 1
Σ	1.000 0	1.000 0	1.000 0	1.000 0

注:表中数据为捕获量比例

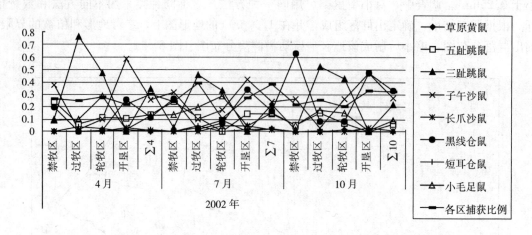

图 6-6　阿拉善荒漠不同干扰下啮齿动物群落组成的季节变化

（二）群落多样性调查

群落多样性是指构成某个群落的物种的丰富程度和个体分布的均匀程度，是反映群落结构和功能主要特征的一个重要指数。常用的计算公式有香农-威纳指数（Shannon-Wiener index）、辛普森指数（Simpson index）等，相关内容和计算方法见第五章。

第二节　数量调查

因各种啮齿动物的生态习性和栖息环境不同，数量调查方法亦不相同。这里只介绍常用的几种主要方法。

一、夹日法

一夹日是指一个鼠夹捕鼠一昼夜，通常以 100 夹日作为统计单位，即 100 个夹子一昼夜所捕获的鼠数作为鼠类种群密度的相对指标——夹日捕获率。例如，100 夹日捕鼠 10 只，则夹日捕获率为 10%。其计算公式为

$$捕获率 = \frac{所捕获鼠数量}{所布夹数量} \times 100\%$$

或

$$P = \frac{n}{N \times h} \times 100\%$$

式中，P 为夹日捕获率；n 为捕获鼠数；N 为鼠夹数；h 为捕鼠昼夜数。

夹日法通常使用中型板夹，具托食踏板或诱饵钩的均可。诱饵以方便易得并为鼠类喜食为准，各地可以因地制宜。同一系列的研究，为了保证调查结果的可比性，鼠夹和诱饵必须统一，并不得中途更换。鼠夹排列的方式有两种。

1. 一般夹日法　鼠夹排为一行（所以又称夹线法），夹距 5m，行距不小于 50m，连捕 2 至数昼夜，再换样方，即晚上把夹子放上，每日早晚各检查一次，2d 后移动夹子。为了防止丢失鼠夹，或调查夜间活动的鼠类时，也可晚上放夹，次日早晨收回，所以又称夹夜法。

2. 定面积夹日法　25~50 个鼠夹排列成一条直线，夹距 5m，行距 20~50m，并排 4

行，这样 100 个夹子共占地 1~10hm²，组成一单元。于下午放夹，每日清晨检查一次，连捕两昼夜。在野外放夹时，最好两个人合作。前一人背上鼠夹并按夹距逐个把鼠夹放在地上，后一人手持一空夹，在行进中固定诱饵（也可预先把难以脱落的诱饵固定在鼠夹上）并支夹，将支好的夹放在适宜地点，顺手拾起地上的空夹，继续支夹、放夹。放完一行鼠夹，应在行的首尾处安置醒目的标记。由于风雨天鼠类活动会发生变化，故风雨天统计的夹日捕获率没有代表性；若鼠夹击发而夹上无鼠，只要有确实证据说明该夹为鼠类碰翻，应记作捕到 1 鼠。每一生境中至少应累计 300 个夹日才有代表意义。夹日法适用于小型啮齿动物的数量调查，特别是夜行性的鼠类。

二、统计洞口法

统计一定面积上和一定路线上鼠洞洞口的数量，也是统计鼠类相对密度的一种常用方法。这种方法，适用于植被稀疏而且低矮、鼠洞洞口比较明显的鼠种。

统计洞口时，必须辨别不同鼠类的洞口。辨别的方法是对不同形态的洞口进行捕鼠，观察记录各种鼠洞洞口的特征，然后结合洞群形态（如长爪沙鼠等群居鼠类）、跑道、粪便和栖息环境等特征综合识别。同时，还应识别有效鼠洞（居住鼠洞）和废弃鼠洞。有效鼠洞通常洞口光滑，有鼠的足迹或新鲜粪便，无蛛丝。

根据不同的调查目的，选择有代表性的样方，每个样方面积可为 0.25~1hm² 不等。还可根据不同需要，分别采用方形、圆形和条带形样方进行统计。

（一）方形样方

常作为连续性生态调查样方使用。面积可为 1hm²、0.5hm² 或 0.25hm²。样方四周加以标志，然后统计样方内各种鼠洞洞口数。统计时，可以数人列队前进，保持一定间隔距离（宽度视草丛密度而定，草丛稀可宽些，草丛密可窄些）。注意避免重复统计同一洞口或漏数洞口。

（二）圆形样方

在已选好的样方中心插一根长 1m 左右的木桩，在木桩上拴一条可以随意转动的测绳，在绳上每隔一定距离（依人数而定）拴上一条红布条或树枝。一人扯着绳子缓慢地绕圈走，其他人在红布条之间边走边数洞口（图 6-7）。最好是数过的洞口上用脚踩一下，作为记号，以免重数或漏数。如果只有两人合作，可用 3 条长度相同的绳子。绳子一端拴上铁环，另一

图 6-7 圆形样方统计洞口示意图

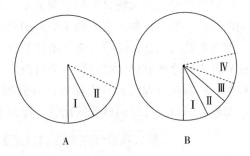

图 6-8 圆形样方单人或双人统计洞口示意图
A. 单人 B. 双人

端拴上铁钉。某甲将铁环套在圆心的木桩上，某乙将铁钉按一定距离固定在圆周上。然后，某甲在第一格中从圆心向圆周数洞口，某乙在第二格中从圆周向圆心数洞口。第一次数完后，移动绳子。某乙从内向外数第三格，某甲从外向内数第四格。如此，反复交替数完为止（图6-8）。如果只有一人操作时，也可以从外边开始，把测绳分段，每绕一圈数一层，分几圈数完为止。圆形样方半径与面积换算如表6-5所示。

表6-5　圆形样方面积与半径长度换算

圆形样方面积（hm^2）	半径长度（m）
1	56.4
1/2	40.0
1/4	28.2

（三）条带形样方

多应用于生境变化较大的地段。其方法是选定一条调查路线，长1km至数千米，要求能通过所要调查的各种生境。在路线调查时，用计步器统计步数，再折算成长度（m）；行进中按不同生境分别统计2.5m或5m宽度范围内的各种鼠洞洞口数。用路线长度乘以宽度即为样方面积。这种调查最好两人合作进行。

在大面积踏查时，条带形样方调查可乘马、乘车进行，骑马时线路长度用平均速度与统计时间的乘积表示，乘汽车时可采用汽车里程表上的数据；条带宽度以能清晰地观察统计目标（如洞口、土丘、储草堆等）的距离为准。这种方法统计的结果虽然很粗，但能在短期内统计相当大的面积，仍不失为一种简便而适用的方法。

应用条带形样方统计大沙鼠洞群密度时，可先假定直线所穿过的洞群数，等于路线带中具有的洞群数，带的宽度相当于洞群的平均横径（与路线方向垂直的横径）。这样，在调查中，只要统计直线所通过的洞群数目，即使是通过其少部分的也计算在内，并测定洞群的横径，然后根据许多洞群的横径，求出平均横径。以直线的总长度乘以平均洞群横径，就是路线带的总面积。那么，只要以直线所通过的洞群数除以路线带的总面积，就会得到洞群密度，即单位面积中的洞群数。这个方法较为简便，误差小，结果可靠。其计算公式为

$$洞群密度 = \frac{路线所通过的洞群总数}{路线总长 \times 洞群平均横径}$$

（四）洞口系数调查法

洞口系数是鼠数和洞口数的比例关系，表示每一洞口所占有的鼠数。应测得每种鼠不同时期的洞口系数（每种鼠在不同季节内的洞口系数是有变化的）。

洞口系数的调查，必须另选与统计洞口样方相同生境的一块样方，面积为$0.25\sim1hm^2$。先在样方内堵塞所有洞口并计数（洞口数），经过24h后，统计被鼠打开的洞数，即为有效洞口数。然后在有效洞口置夹捕鼠，直到捕尽为止（一般需要3d左右）。统计捕到的总鼠数，此数与洞口或有效洞口数的比值，即为洞口系数或有效洞口系数。

$$洞口系数（或有效洞口系数） = \frac{捕获鼠总数}{洞口数（或有效洞口数）}$$

可分出单独洞群的群居性鼠类，可不设样方，直接选取5～10个单独洞群，统计并计算其洞口系数或有效洞口系数。用有效洞口系数求出的鼠密度准确度较高，但费工也多。

调查地区的鼠密度，在查清洞口密度或有效洞口密度的基础上，用下式求出

$$鼠密度 = 洞口系数 \times 洞口密度$$

或

$$鼠密度 = 有效洞口系数 \times 有效洞口密度$$

三、目测统计法

用肉眼或借助于望远镜直接观察统计鼠数的方法。适用于开阔地带统计白天活动的鼠类，如旱獭、黄鼠和鼠兔等。

如在地形复杂的山区统计旱獭时，可带望远镜，从山沟一侧的山坡上统计另一侧山坡上活动的旱獭数，并在离开前有意识地站起来，或采用引起旱獭警觉的动作，以查出静止观察中未发现的个别个体。继而再转到另一侧山坡上去调查。这种方法即使在最高活动时间去调查，还是有一些个体在洞中未被观察到。因此，要将调查结果进行适当调整（表6-6）。

表6-6 目测旱獭数量结果的调整

旱獭的生活周期	调整系数	最适观察时间
从出蛰完全到幼体出现于地面	1.4	7：00~12：00
幼体出现后第一月	1.7	6：00~9：00
幼体出现后第二月	2.0	6：00~9：00
地面活动最后一月	2.0~4.0	8：00~10：00

四、开洞封洞法

开洞封洞法适用于鼢鼠等地下活动的鼠类。其方法是：在样方内沿洞道每隔10m（视鼠洞土丘分布情况而定）探查洞道，并且挖开洞口，经24h后，检查并统计封洞数，以单位面积内的封洞数来表示鼠密度的相对数量。

统计地下活动鼠类的数量时，还可采用样方捕尽法、土丘群系数法和土丘群法。

（一）样方捕尽法

选取$1/2hm^2$的样方，用弓箭法或置夹法，将样方内的鼢鼠捕尽。捕鼠时，先将鼠的洞道挖开，即可安置捕鼠器，亦可候鼠堵洞，确知洞内有鼠后再置捕鼠器。鼠捕获后，一般不必再在原洞道内重复置夹，但在繁殖前或产仔后或个别情况下，偶有2鼠同栖一洞时，仍应采用开洞法观察一个时期，防止漏捕。一般上午（或下午）置夹，下午（或次日凌晨）检查，至次日凌晨（或次日下午）复查。每次检查以相隔半日为宜，捕尽为止。这一方法所得结果，接近于绝对数值。但费时费力，大面积使用比较困难。

（二）土丘群系数法

先在样方内统计土丘群数（土丘群由数量不等的土丘或龟裂纹组成，或密集成片，或排列成行，在数量少的样方内，有时只有一个土丘或龟裂，为了计算方便，亦计作一个土丘群），按土丘群挖开洞道，凡封洞的即用捕尽法统计绝对数量，求出土丘群系数。求出土丘系数后，即可进行大面积调查，统计样方内的土丘群数，乘以系数，则为其相对数量。这种

方法所得结果与捕尽所得结果相吻合，而且计算简单，便于掌握，适用于统计鼢鼠的数量。

$$土丘群系数 = \frac{每公顷实捕鼢鼠数量}{每公顷土丘群数量}$$

五、沟道埋筒捕鼠法

用其他方法不易捕获的鼠类，都能用这种方法捕获，如林跳鼠、旅鼠等。在所调查的生境内挖一条不深的沟道，沟底平坦光滑，沟道深 10~12cm，宽可为 5~8cm 至 20~25cm，长 20~25m。沟道仅起着左右动物移动方向的作用，而不是用来捕鼠的。在沟道中央埋一个金属圆筒，或在距沟道两端 1m 处各埋一个圆筒，金属圆筒是真正的捕鼠器。圆筒的深度为 40~50cm，埋入沟底的圆筒边缘不得高于沟道底平面，圆筒的口径不能小于沟道宽度。金属圆筒用薄铁皮做成，平时将 4~6 个圆筒相互套在一起，用时抽开使用，或准备一些简单的薄铁皮和小圆木块，在现场临时做成圆筒，使用起来比较方便。

一昼夜检查一次（最好在早晨）。统计单位包括沟道的长度和圆筒数，例如，20m 长的沟道内的 1 个或 2 个圆筒捕获鼠的种类和数量，作为 1 个地沟日的捕获量，亦有以 10 个地沟日作为一个统计单位的。

在沼泽地带使用时，沟道内容易积水，可用倒伏的树干（在森林区）或宽 10~12cm 长 10m 的粗布条，系在 2 根小木桩上做成围墙，同样起到地沟的作用。

六、搬移谷物垛、草堆捕鼠法

在秋冬季节，谷物垛和草堆中常聚集着大量的啮齿类，其数量约为周围栖居总数的一半。用这种方法，可以在短期内取得较为精确的数据。

首先在草堆周围清除一条 1m 左右宽的道，然后测量草堆的体积，再从草的上层开始搬草，堆在相隔 3~4m 远的另一处。注意，搬草时不要把草撒在地面上，搬到草堆的下层时更要注意，防止鼠从草下逃走。

数量指标是 1m³ 草堆中的鼠数。圆形草堆的体积可以依据下列的公式计算

$$X = \left(\frac{b}{25} - \frac{a}{83}\right)^3$$

式中，X 为草堆的体积（m³）；a 为草堆的周长（m）；b 为草堆的高度（m）。

由于鼠类多集中于草堆的下层，统计 1m² 内的鼠数，为单位底面积中的鼠数，更能准确地代表草堆中鼠类的密度。

七、标志重捕法

标志重捕法在野外调查时能同时获得大量信息，如种群密度、巢区、活动距离、存留率、丧失率、季节迁移等，所以应用很广。

（一）操作过程

用捕鼠笼按一定规程捕捉活鼠。布笼方式一般采用棋盘式或同心圆式，棋盘式布笼，笼

距因鼠种不同而异，如田鼠一般为10~15m，姬鼠和仓鼠一般10m；笼数最好有100个。先将捕鼠笼在待调查地段按行、列布成方阵，预诱2~3d，即敞开笼门，让鼠自由进出鼠笼，取食诱饵，不捕捉，使鼠适应捕鼠笼。诱饵因鼠种而异，一般经验是花生米较好。捕鼠前先将布笼点定好坐标，例如，Ⅲ-5，即为第三行第五列鼠笼。预诱后开笼捕捉，捕捉期间，每天至少查两次鼠笼。捕到的鼠应进行标志。标志的方法很多，如切趾，带标明编号的耳环、脚环等。国内常用切趾法，此法可靠，不易损失标志号。

同心圆式布笼，一般针对群居性啮齿类进行，一个样地由数个同心圆组成，圆心选择巢区集中区域一点，同心圆半径依不同种类而不同。如沙鼠一般一个样地设置3~4个同心圆，由圆心开始，同心圆半径为2m、6m、12m、18m等，每个同心圆上等距离设置笼子，由内到外为6个、12个、18个、24个等。标志与记录方法同棋盘式布笼。

切趾法即切去鼠前后足的不同的指（趾）来表示该鼠的号数。如个位数字用右后脚趾表示，十位数字用左后脚趾表示，百位数字用右前脚指表示，千位数字用左前脚指表示。鼠的后脚有5趾，可由内向外（即由拇趾至小趾）每切去1趾代表号数1~5，切去内侧2趾（即拇趾和食趾）为6，切去食趾和中趾为7，切去中趾和无名趾为8，切去小趾和拇趾为9（图6-9）。鼠的前脚多为4指，由内向外，每切去1指代表号数1~4，切去内侧2指为5，切去由内向外第二和第三指为6，切去第三和第四指为7，切去第一和第三指为8，切去第二和第四指为9（图6-9）。不切者为0。

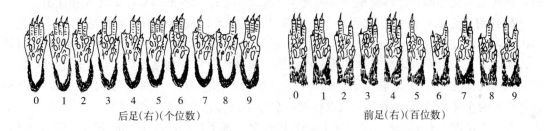

图6-9 切趾示意图

为了容易辨别个别脚趾（指）所代表的数字，可以事前绘一张全部四足每一脚趾（指）都有数字的图，以后便可根据图中所列数字进行计算。

标志重捕工作需由两人协作进行。一人专司标志，另一人作登记及协助工作。标志时，用大小适当的布袋套住鼠笼笼门，提起活门，驱鼠进入袋内，用手捏住袋口，并将其连续折叠，以防鼠从袋口逃出。先称量体重（布袋和鼠的总重量减去布袋的重量），然后隔着布袋将鼠捏住，打开袋口，用一只镊子将鼠后腿夹住拉出袋口，先将鼠趾（指）消毒，再切趾（指）编号（齐趾根切去）。最后用镊子将鼠的尾根夹住，使鼠腹面向上，用另一手持镊子轻轻撕拉肛前皮肤，如发现有另一开孔，即为雌体，否则为雄体。逐项记录鼠的种别、性别、标志号、捕获日期、笼子号数、体重等。标志完毕，立即就地释放。

（二）种群大小的估计

1. 林肯指数法 林肯指数法（Lincon index method）适用于一次标志，一次重捕。其原理是在封闭的种群中（无出生、死亡和迁移），若被标志者分布均匀，则被标志鼠与未标志鼠被重捕的几率相等。显然，总体中被标志者所占比例与重捕样品已标志者所占比例相等。

设 N 为种群总体鼠数；M 为第一次捕捉时的标志数；n 为重捕的样品鼠数；m 为重捕样品中已标志鼠数。则

$$M : N = m : n$$

故

$$N = \frac{M \cdot n}{m}$$

其标准误（S.E）为

$$S.E = N \cdot \sqrt{\frac{(N-M)(N-n)}{M \cdot n \cdot (N-1)}}$$

95%置信区间为 $N \pm 2S.E$。

例：标志了沙鼠 45 只，重捕得 40 只，其中已标志鼠有 18 只。求此地沙鼠数及其置信区间。

$$N = \frac{45 \times 40}{18} = 100（只）$$

$$S.E = 100 \times \sqrt{\frac{(100-45)(100-40)}{45 \times 40 \times 99}} = 13.61$$

95%置信区间为：$100 \pm 2 \times 13.61 = 100 \pm 27.22$，即估计该地沙鼠 95%的可能在 72.78 只至 127.22 只之间。

由上述林肯指数法的原理可知，应用该方法必须满足 3 个条件：①样地中的动物均匀分布，被捕获机会相同；②试验期间动物无出生和死亡；③试验期间动物无迁入和迁出。

2. 施夸贝尔法 由于一次标志一次重捕时，往往难以取得足够的重捕数，于是产生了多次标志多次重捕法，如施夸贝尔法（Schnable method）。这种方法仍然假定种群是封闭的，所以要在短时间内多次重捕才行。在标志、重捕中收集下列基本数据：n_i 为在第 i 次取样时的捕获鼠数；m_i 为在第 i 次捕获物中的已标志个体总数；U_i 为在第 i 次取样时，新标志并释放的个体数；M_i 为在第 i 次取样时，总体中已标志个体的总数。

在一般情况下，$n_i = m_i + U_i$，但是，若操作中出现了死亡，则 $n_i > m_i + U_i$。总体的估计量（N）为

$$N = \frac{\sum (n_i M_i^2)}{\sum (M_i m_i)}$$

如要估计 N 的置信区间，一般要先求出 $1/N$ 的方差 $S_{1/N}^2$

$$S_{1/N}^2 = \frac{\sum (m_i^2/n_i) - (\sum m_i M_i)^2 / \sum (n_i m_i^2)}{a-1}$$

式中，a 为取样次数。

然后求出 $1/N$ 的标准误

$$S_{1/N} = \sqrt{\frac{S^2}{\sum (n_i M_i^2)}}$$

最后估计种群大小（N）的 95%置信区间。

查自由度为 $a-1$ 时的 $t_{0.05}$ 值，$1/N$ 的置信区间为：$1/N \pm t_{0.05} S_{1/N}$，取其倒数，即可得到 N 的 95%置信区间。

例：在某多次标志、多次重捕的调查中，取得的数据如表 6-7 所示。

表6-7 标志重捕的结果和计算

取样日期	n_i	m_i	u_i	M_i	m_iM_i	$n_iM_i^2$	m_i^2/n_i
10月7日	28						
10月8日晨	64						
10月8日晚							
10月9日晨							
10月9日晚							
10月10日晨							
总计	214	101	113	603	13 063	2 415 905	

种群大小的估计量（N）为

$$N = \frac{\sum(n_iM_i^2)}{\sum(M_im_i)} = \frac{2\ 415\ 905}{13\ 063} = 185$$

$1/N$ 的方差

$$S_{1/N}^2 = \frac{\sum(m_i^2/n_i) - (\sum m_iM_i)^2/\sum(n_iM_i^2)}{a-1}$$

$$= \frac{72.619\ 8 - 13\ 063^2/2\ 415\ 905}{6-1} \approx 0.397\ 4$$

$1/N$ 的标准误

$$S_{1/N} = \sqrt{\frac{S^2}{\sum(n_iM_i^2)}} = \sqrt{\frac{0.397\ 4}{2\ 415\ 905}} \approx 0.000\ 405\ 5$$

N 的95%置信区间：自由度为5时，$t_{0.05}=2.57$。

因此，$1/N$ 的置信区间为：$1/N \pm 2.57 S_{1/N}$，即 $1/185 \pm 2.57 \times 0.000\ 405\ 5$ 或 $0.006\ 447 - 0.004\ 362$，取其倒数为 155～229 只。

如果不是封闭的种群，多次标志，多次重捕还可用乔利-西贝尔法（Jolly-Seber method）等来估算。

八、去除取样法

在一个封闭的种群里，用同样的努力，可以从总体中捕得一定比例的个体。如连续捕捉，每次捕得的鼠数将逐次递减，而捕获鼠总数会不断上升，当日捕获鼠数为0时，捕获鼠累积数就是当地鼠的总体数量。换言之，日捕获鼠与捕获鼠累积数呈一元线性回归。因此，将每日捕获鼠数作纵坐标，捕获鼠总数作横坐标，可得一回归直线，该线与 x 轴的交点即为总体的估计值。

该法操作程序为，在样方中划出间隔距离为 10～15m 的网格，共 8×8 格，每一交叉点放鼠夹两个，预诱 2～3d，然后连续支夹捕鼠 5d，将每天捕鼠数填于表中（表6-8）。按表作图即可（图6-10）。由图6-10可以看出，该地有鼠121只。

表 6-8 去除取样法获鼠统计表

时间	1	2	3	4	5
当日获鼠数	25	20	16	12	10
鼠累积数	0	25	45	61	73

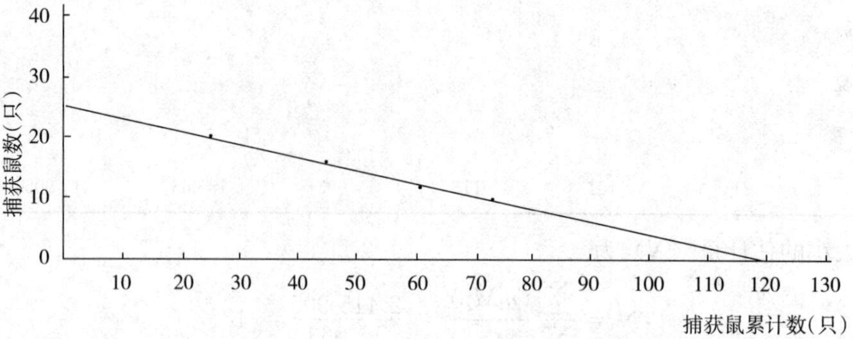

图 6-10　去除取样法数据回归直线图

第三节　生态调查

啮齿动物生态学调查研究的内容比较广泛，其中有些需要进行多年的调查研究，有些还需要进行室内的试验研究。如以灭鼠为目的时，可根据需要与可能，选择生态学中某些有关项目进行调查研究。

一、种群组成

性比和年龄组成是种群的特征之一，它与种群动态有密切的关系。

（一）性比

就是种群中雌雄个体数的比例关系。通常用♀/♂或♂/♀来表示，或以整体数与雄性（或雌性）数相比的百分率来表示，即♀/（♂＋♀）或♂/（♂＋♀）。

种群的性比，在不同季节和不同年份是不同的。因此，调查时应在不同季节和不同年份分别统计，最好将成熟个体与幼体分开。在统计性成熟个体的性比时，应与种群的繁殖状况和数量动态结合起来考虑。

（二）年龄组成

调查种群的年龄组成时，首先要根据鼠类的生长规律确定划分年龄级的标准特征，有许多特征可用于划分年龄，如体重与体长、头骨的结构及其生长变化，齿的生长和磨损程度，眼球晶体干重和阴茎骨形态等。各种指标都有其长处和短处，例如，体重和体长简便，但易受测量误差的影响，特别是雌性个体妊娠时受干扰很大。标准确定之后，就可在不同季节和不同年份分别统计种群的年龄组成，联系其繁殖状况，分析种群数量变动的方向。

二、数量分布

动物的数量分布与生态条件密切相关。查清鼠类在一定空间内的数量状况，对防治鼠害具有十分重要的意义。

调查时，应分别在不同生境内进行，找出其分布的规律，并将在不同生境内调查的数据划分成若干等级，再在地形图上按生境类型的界限，勾画出鼠类数量分布图（图6-11）。这种数量分布图，可作为灭鼠时的依据。

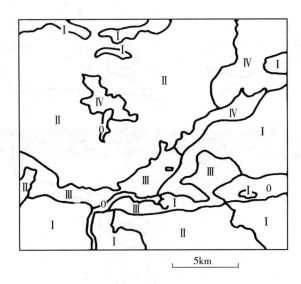

图 6-11　鼠类数量分布图

0. 无鼠洞或有个别洞口　Ⅰ. 1～20 个（洞口）/hm²　Ⅱ. 21～60 个（洞口）/hm²
Ⅲ. 61～120 个（洞口）/hm²　Ⅳ. 121～200 个（洞口）/hm²　Ⅴ. 每公顷 200 个洞口以上

三、洞穴的配置与结构

独居性鼠类的洞穴，在生境中的配置一般比较分散；群居性鼠类的洞穴，多密集成群。更由于生境内的地形和土壤结构的变化，有的弥散成片，有的形成带状，亦有的形成岛状，调查时首先应予以注意。

鼠类的洞穴有永久洞和临时洞，亦有夏用洞和冬用洞，还有简单洞系和由洞系聚集成的洞群。鉴别各种鼠类不同类型洞穴的方法是，在不同季节挖掘和剖视不同类型的洞穴。每种类型的洞穴至少每季挖掘 5 个以上，研究其结构和利用的情况。

挖掘洞穴时，首先要把洞内的鼠捕尽，以免挖洞时，鼠另挖新洞，从而破坏原洞的结构。捕鼠时，还要注意从洞口内找到雌鼠的洞穴、雄鼠的洞穴和幼鼠的洞穴，更要注意那些洞穴的特征。

首先详细记录洞穴所在地的地形、方位、土壤结构和植被类型。然后，用 2 条测绳和细麻绳结成网孔为 1m² 的梯形测网，在现场标出纵横坐标。找到所有的洞口，并按比例在平面图上（坐标纸）绘出洞口的位置、土丘的大小、跑道和周围植被破坏的范围。用草束塞住所有的洞口，再依次挖洞。

挖洞时，可顺着洞道插入一根树枝条，沿着树枝条挖掘，并要留下一半洞道，以便进行测量和绘图。先测量洞口直径，从洞口到一个转弯处，或一个转弯处到分支处，都要测量洞道的长度和深度。遇到分支处，先沿一条支洞挖，其余分支要作标志。遇到窝巢、粪坑和仓库时，要测量其大小［长×宽×高（深度）］。收集的鼠窝或仓库内的存物，应放于布袋（纸袋）中，与图同一编号。如遇一窝仔鼠，亦要测量其大小并记录其生长状况。

绘图用坐标法，即在洞系的每一点用纵横坐标定位，再按比例在坐标纸上绘图。先绘成草图，再按草图绘成平面图和剖面图（图6-12）。

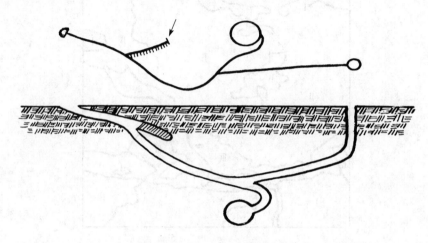

图6-12　黄鼠洞系的草图

四、繁殖和数量变动

（一）繁殖

研究啮齿动物繁殖的基本手段是研究捕获的标本。为此，一般要逐月逐旬捕获一定数量的研究对象。对标本除作一般的测量记录外，应着重对性器官（内、外生殖器官）的形态变化作细致的观察记录。

1. 雌鼠繁殖的研究方法

（1）生殖周期。用阴道涂片法，观察阴道分泌物和黏稠度，区别生殖周期的各个阶段。具体作法是：用光滑的火柴棒，一端裹上少许脱脂棉，插入活鼠或死亡不久的鼠体阴道内（深度为$0.5\sim1.0cm$），采样做阴道涂片。涂片用龙胆紫水溶液染色。在显微镜下观察，并对白细胞、角化上皮细胞和有核上皮细胞等分别计数，求出各类细胞所占的百分数。各时期的阴道分泌物及阴道外观特征如表6-9所示。

（2）妊娠期与妊娠率。性成熟或已进入动情期的雌鼠，卵巢表面可以看到大而透明的成熟滤泡。

潜伏期和妊娠初期，子宫外观上尚无变化，可看到均匀加厚的现象；有胚胎的部位在透光观察时，可见玫瑰色或褐色斑纹，但胚胎数尚不易分清。因此，只能借助观察卵巢上的黄体数（即排卵数）来判断胚胎数。

表6-9 各时期的阴道分泌物及阴道外观特征

时 期	分泌物	黏稠度	阴道外观特征
安静期（间情期）	黏液、白细胞、上皮细胞	涂片时黏液拉成线	阴道口开放或关闭，阴唇不肿起
动情前期	上皮细胞占优势	涂片血清状	阴道口开放或关闭
动情期	角化上皮细胞占优势	涂片具颗粒状	阴道口开放，阴唇肿起
动情后期	白细胞占优势，角化上皮细胞，上皮细胞	涂片干燥	阴道口开放，阴唇不肿起
当日交配过	精子	不成黏线状	阴道口关闭
妊娠期	红细胞	黏液拉成线	阴道口关闭
产后不久	血液有形成分		阴道口开放，阴唇肿起

妊娠中期，在子宫壁上可以看到玫瑰色球形胚胎，胎盘逐渐可见。

妊娠后期，透过半透明的子宫壁，可以看到器官分化趋于完成的胚胎。

通过逐月逐旬解剖雌鼠，可计算出种群中雌体的妊娠率。

$$妊娠率 = \frac{妊娠鼠数}{成年雌鼠数} \times 100\%$$

如能在繁殖期开始就连续收集各发育阶段不同大小的胚胎，则能了解并掌握该鼠种的妊娠期、胚胎发育的全部过程及其形态变化。各种啮齿动物的妊娠期不尽相同，就是同种鼠的妊娠期亦有变化。从第一只妊娠鼠到第一只哺乳鼠之间的相隔时间，大致可以推测出妊娠的天数。

（3）胚胎数和子宫斑。进入妊娠中期以后的孕鼠，在其子宫壁上可以看到明显的胚胎（图6-13）。胚胎数可以作为雌鼠繁殖强度的指标之一。如雌鼠营养不良，可在子宫壁上发现吸收胚胎（死胎），也应记录下来。子宫斑是分娩后在子宫壁上留下的胎盘斑痕（图6-13C、图6-13D）。对于已产仔的雌鼠，根据子宫斑的数目，即可推算出已产仔数。子宫斑一般能保存半年左右或更长的时间。多周期

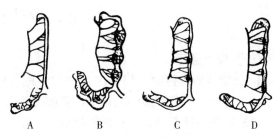

图6-13 沙鼠的胚胎和子宫斑
A. 无孕子宫 B. 妊娠子宫内的胚胎
C. 第一胎后的子宫斑 D. 第二胎后的子宫斑

的鼠类，新旧子宫斑相间排列，新斑黑而粗，旧斑淡而细。按照子宫斑的大小和色彩，可以推知所产窝数和每窝仔数。

（4）哺乳期。通过乳腺和乳头状态的检定，可以确定雌鼠是否处于哺乳期。乳头小而隐于腹毛中，不能挤出乳汁，表明未进入哺乳期；腹部膨大，乳腺明显，乳头也容易发现，但乳头周围无无毛区，表明是妊娠最后阶段的雌鼠；乳腺膨大，乳头明显、红润，乳头周围有无毛区，压挤乳头能挤出乳汁，则为哺乳期的雌鼠；而只能挤出透明液体者，表

明不久前才结束哺乳；乳头大，周围开始生出短毛，压挤乳头无乳汁流出者，表明哺乳早已结束。

(5) 繁殖指数。繁殖指数是指整个繁殖过程中，在一定时间内，平均每只鼠可能增殖的数量。设 P 为总捕获鼠数；N 为孕鼠数；E 为平均胎子数。则繁殖指数（I）为

$$I = \frac{N \cdot E}{P}$$

2. 雄鼠繁殖的研究方法 一般通过对睾丸的重量（左右合计）和大小（应以长轴为准）、附睾和精囊腺的研究，来确定雄鼠的繁殖状况。

(1) 性未成熟期。睾丸在腹腔内，小而呈脂白色；附睾亦不发达；精囊腺小而透明，呈淡白色的小钩状。

(2) 性活动期。睾丸降入阴囊，而且增大、坚实；附睾发达，在其尾部可以看到充满精液、清晰透明的输精小管，精囊腺肥大色白。剪破附睾尾做精液涂片，在显微镜下可以看到大量成熟的精子。

(3) 繁殖末期。精囊腺明显退化；睾丸萎缩松软；附睾收缩变小，做涂片时，仍可看到精子。

多数性成熟的雄体，在繁殖季节，睾丸自腹腔降入阴囊中，繁殖季节结束以后，重新隐入腹腔内。雄鼠睾丸位置的这种变化，亦可作为判断繁殖情况的依据。

（二）数量变动

啮齿动物种群的数量和数量变动，取决于它们的繁殖力与死亡率相互作用的结果；其次，与迁移活动有关。通常鼠类在繁殖之前数量最低，在繁殖季节数量不断增长，繁殖结束时数量最高，随后，数量又逐渐降低。因此，调查种群数量时，要每年逐月在同一生境内进行数量统计，经过对比分析，就可得到该生境内不同季节和年度的数量和数量变动资料。

五、食性和食量

（一）食性鉴定

1. 分析胃的内容物 根据内容物的颜色、形态和气味进行推断，鉴定出食物的种类。由于进入胃的食物已被磨碎成食糜，鉴别有一定的困难。胃内食糜一般可分为 3 类。

(1) 植物的绿色部分。有时能分出茎、叶。

(2) 植物的非绿色部分。有时能分出种子、花和根。

(3) 动物性食物。如昆虫的腿、翅，幼虫的皮，脊椎动物的羽、毛、残肢和肉等。

通过上述资料的分析，计算出食物出现的频率，即以某种食物在 100 个胃内容物中出现的次数作为指标，来确定该种鼠类的食性。

分析胃内容物时，要尽量挑选新鲜的食糜，小心地把内容物放在培养皿中，用镊子和解剖针分离，用肉眼或借助解剖镜观察分析。

2. 胃内容物显微组织学分析法 这是对胃内容物更细致的分析，其做法分为 4 步。

(1) 制作植物表皮组织的参考玻片。

①采集研究地区的各种植物标本，并作分类鉴定。

②分别从各种植物叶片的近轴和远轴面，以及茎和根上撕取或刮取小块表皮组织。
③用无水乙醇固定 10min。
④用 1%铁明矾液媒染 5~20min，冲洗，然后用 1%的苏木精染液染色，直至获得满意的色度，冲洗掉多余的染液。
⑤配制 Apathy 液（阿拉伯树胶 50g 加入 500mL 蒸馏水中，加热溶化后过滤，再加入少量麝香草酚以防腐），用 Apathy 液作封藏剂。制作表皮组织玻片标本，盖片四周用加拿大树脂封片。

(2) 确定物种鉴别特征。将参考玻片置 100 倍显微镜下，仔细观察茎、叶表皮组织特征。对于草本双子叶植物，可以选择表皮毛的有无及其形态，表皮细胞的形状和大小，气孔的大小和密度，以及气孔细胞和周围表皮细胞的关系作为种的鉴别特征。而木栓细胞、硅细胞、木栓状细胞和刚毛等特化细胞的有无和分布，则是禾本科植物表皮组织种的鉴别特征。可以用显微镜摄影记录下来，制成参考照片。

(3) 制作胃内容物碎屑显微玻片标本。
①在样区内捕获鼠类标本，将胃置于 5%福尔马林溶液中固定和保存。
②取出胃内容物，加水、充分搅拌；用 200 目尼龙网冲滤 3~4 遍。
③将滤网上的碎屑阴干，置 60℃干燥箱中干燥 24h，用 16 目筛网过筛，使筛下的碎屑大小基本一致。
④充分搅拌筛下的碎屑，使颗粒呈随机分布。
⑤取样品用上述方法染色、制片。

(4) 胃内容物中植物成分的鉴定及其在食物干重中所占比例的确定。每一胃内容物标本应制作 5 张玻片，将玻片置低倍显微镜下观察，每张玻片随机选择 20 个视野，将所见表皮组织与参考片对照比较，将碎屑鉴定至种。

记录每个视野中出现的植物种。统计每种植物在 100 个视野中出现的频次，根据表 6-10 将频次换算成颗粒密度（D）。用下式计算植物在胃内容物中的相对颗粒密度（RD）。

$$RD_A = \frac{A 种植物的颗粒密度}{各种植物颗粒密度之和} \times 100\%$$

RD_A 即为 A 种植物在食物干重中所占的百分比的估计值。一般要求，一次食性分析，至少要观察 10 只鼠的胃内容物。

表 6-10 100 个视野中植物出现频次（n）与植物颗粒密度（D）换算表

n	D	n	D	n	D	n	D	n	D
1	1.01	9	9.43	17	18.63	25	28.77	33	40.05
2	2.02	10	10.54	18	19.85	26	30.11	34	41.55
3	3.05	11	11.65	19	21.07	27	31.47	35	43.08
4	4.08	12	12.78	20	22.31	28	32.85	36	44.63
5	5.13	13	13.93	21	23.57	29	34.25	37	46.20
6	6.19	14	15.08	22	24.85	30	35.67	38	47.80
7	7.26	15	16.25	23	26.14	31	37.11	39	49.43
8	8.34	16	17.44	24	27.44	32	38.57	40	51.48

(续)

n	D	n	D	n	D	n	D	n	D
41	52.76	54	77.65	67	110.87	80	160.91	93	265.93
42	54.47	55	79.85	68	113.94	81	166.07	94	281.34
43	56.21	56	82.10	69	117.12	82	171.48	95	299.57
44	57.98	57	84.40	70	120.40	83	177.20	96	321.89
45	59.78	58	86.75	71	123.79	84	183.26	97	350.66
46	61.62	59	89.16	72	127.30	85	189.71	98	391.20
47	63.49	60	91.63	73	130.93	86	196.61	99	460.52
48	65.39	61	94.16	74	134.71	87	204.02	99.5	529.88
49	67.33	62	96.76	75	138.63	88	212.03	99.9	690.78
50	69.31	63	99.43	76	142.71	89	220.73		
51	71.33	64	102.17	77	146.97	90	230.26		
52	73.40	65	104.98	78	151.41	91	240.79		
53	75.50	66	107.88	79	156.06	92	252.57		

注：表中数据引自 Fracker，1994。

3. 野外观察法

（1）扣笼法。将 $1m^2$ 无底铁丝扣笼放在栖息地内，把笼的侧壁埋入地下约 20cm，使鼠不致逃逸。在距扣笼适当的距离处（约 5m）设一挡板，隐蔽观察。放扣笼之前，要详细记录植被的种类、组成和生长状况。将鼠放在扣笼中之后，记述鼠在半小时内采食植物的种类、次数及部位等。以每小时取食次数为指标，折算成百分率，来评价该鼠对各种植物的喜食程度。这种方法还能比较季节和食物条件与该鼠食性之间的关系。

（2）样圆法。用 $0.0625m^2$ 的铁丝圆圈（直径 28.2cm），在样地鼠类啃食面上，随机取样 100 次，统计每一样圆内的植物种类、多度和被鼠啃食的种类。然后计算出每种植物在 100 次调查中出现的次数和被啃食的次数。被啃食的次数与出现的次数的比值即采食率。这种方法方便易行。但在调查之前，要把鼠类啃食面与牲畜和其他动物的啃食面区别开来。一般牛、羊成撮啃食牧草，茬面整齐；鼠类对细叶型牧草则是一根根地啃食，茬面不整齐，宽叶牧草被啃食后呈破碎的缺刻状。

某些鼠类在固定的地方进食（如洞口处），留下了大量残余食物；某些鼠类在洞系的仓库里或洞口外储存食物，分析这些残食、储粮，可了解该鼠的食性。某些鼠类有颊囊，其内亦储有形态完整的食物，可以准确地鉴别食物的种类。

4. 笼内饲养观察 将捕获的活鼠，放在鼠笼内饲养观察。用 10~20 只试鼠，喂给原栖息地内的各种食物，定时观察记录各种食物被取食的种类和数量。通过观察分析，基本上能确定该种鼠的食性。

（二）食量测定

采用长方形铁丝网鼠笼（45cm×30cm×25cm）进行试验。捕捉活鼠，单只置于笼内饲养，经 2~3d 适应期后即可开始试验。每次试验 4 只，分成 2 组（2♂，2♀），连续试验 3d。投给鼠类喜食的食物，而且必须是当天采集的新鲜牧草，并要满足它们的最大食量，另留1份供对照用。每次投喂食物前，称重记录，下次饲喂前1h收集残余食物称重记录，并清理饲养笼。每次试验都要同时称取对照食物的鲜重及失水后的重量，计算出试鼠实际消耗的食量。

六、巢区和迁移

研究啮齿动物的活动，包括巢区和迁移，方法很多，但工作的基础是探测和记录个体的空间位置及其变动。为此，如采用传统的直接观察法，耗时、耗力，又不够精确，故现在多采用标志流放法。

（一）标志流放的方法和其他示踪法

1. 标志重捕法 在调查啮齿动物的巢区时，这是常用的方法。其操作过程在数量调查一节中已经叙述，但为调查巢区的布笼方式，除方格式外，还有洞边布笼法和按洞口布笼法两种。

（1）洞边布笼法。捕鼠笼布放于洞边，同时，将调查地上全部居住洞编上号码，对鼠进行不断地捕捉。这种方法可以测量鼠从一个洞到另一个洞移动的距离。

（2）按洞口布笼法。适用于不易重复捕捉或活动距离较大的鼠类，如黄鼠等。

这种方法是在布笼的前一天，先堵塞样地内全部鼠洞洞口，并在计算纸上标明洞口的位置，24h后检查盗开洞口（也要在计算纸上标明）。在盗开的洞口旁，钉上编号的小木桩，然后将洞铲平，用笼将洞口罩住。在连续标志中，出现新盗开的洞口时，也要编号钉木桩，用笼捕鼠。每天捕鼠半天，另半天留给鼠自由活动。标志完，就关笼待次日使用。

2. 放射性同位素示踪法 一般可用 ^{32}P、^{35}S、^{59}Fe 等放射性同位素对动物进行标记，但以 ^{32}P 应用较为方便，对被标记者危害较小。^{32}P 可放出放射线，其半衰期为14.5d。皮下注射 0.5mol/L 的 Na_2HPO_4 生理溶液，在 10~12d 之内，用辐射仪探测鼠粪的放射性来记录该鼠的活动轨迹。

3. 荧光粉示踪法 如刘季科（1994）采用上海荧光灯具厂的荧光粉（有红、橙、黄绿色3种，可分别标记不同个体），将捕获的根田鼠放入装有少许荧光粉的塑料袋中，轻轻地摇动，使鼠体沾上荧光粉，立即就地释放，鼠体沾染的荧光粉逐渐散落，标志出动物活动的轨迹。可在夜间用手持紫外线灯从释放点开始照射，沿动物移动轨迹追踪，并每隔1~2m作一醒目的标记。次日再将活动轨迹标注于计算纸上。

4. 无线电追踪法 随着微电子学的高速发展，已能制出仅2~3g重的微型无线电发射机和高灵敏度、高分辨率的接受机，近年已有一些学者把无线电追踪术用于啮齿动物学的研究。

（二）巢区面积的估算

用标志重捕法研究啮齿动物的巢区，一般认为应捕捉5~10次，吴德林（1987）等提出用10次捕捉估算巢区面积比较合理。

巢区面积的估算方法很多，基本上分两大类：图形法和概率性模型法。图形法一般按捕点分布画出巢区，并直接求出巢区面积，如方格式布笼的最小面积法、周边地带法等。概率性模型法有活动中心法、平均值法等。

1. 平均活动距离法 这是洞边布笼和按洞口布笼式常用的巢区面积估算方法。先测量各捕点间的距离，例如，有一鼠的 5 个捕点为 a、b、c、d、e，则各捕点间距为 ab、ac、ad、ae、bc、bd、be、cd、ce 和 de，再求出距离的平均值，并以每一捕点为圆心，以 1/2 平均距离为半径作圆，最后作外围捕点邻近各圆外侧的公切线，即得一封闭圆滑的巢区图（图 6-14）。

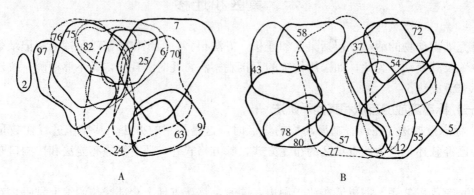

图 6-14　黄鼠的巢区（7 月 27 日～8 月 15 日）
A. 雌性黄鼠巢区　B. 雄性黄鼠巢区

2. 最小面积法　适用于方格式布笼法。把捕点按逆时针方向围绕几何中心顺序连接起来。形成一封闭的多边形，即为巢区。其面积（A；单位，m^2）有许多计算方法。如：①透明计算纸数方格法；②求积仪法；③称重法，即将巢区图按比例绘于厚薄均匀的标准绘图纸上，沿边界剪下，称重（设重为 Y，精确到 0.10mg）。再裁取代表 $100m^2$ 的绘图纸 10 张，分别称重（设为 X；单位，mg），求得其平均重量（$\overline{X}$）。巢区面积

$$A = \frac{Y}{\overline{X}} \times 100$$

④计算法，将巢区图置于直角坐标系中，多边形每一角的坐标记作 X_i、Y_i。巢区面积

$$A = \frac{1}{2}\sum_{i=1}^{n+1}(X_i - X_{i+1})(Y_i + Y_{i+1}) \quad (i = 1,2,3\cdots n, n+1 \text{ 点即为 1 点})$$

例：54 号雄根田鼠的巢区如图 6-15A 所示，计算其巢区面积

$$A_{54} = 0.5\,[\,(30-10)(40+40) + 0 + (10-30)(10+40)\,] = 300\ (m^2)$$

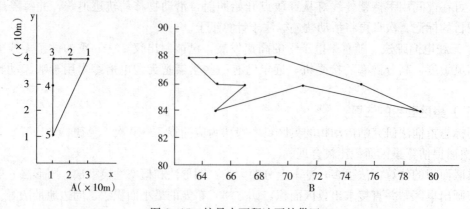

图 6-15　按最小面积法画的巢区
A. 54 号（♂）根田鼠的捕点图　B. 按 Junnrich 等的最小面积法画的巢区

(可以只用多边形各条边的始点和终点,如本例只用了1、3、5点)

3. 周边地带法 用方格式布笼调查时,可用周边地带法划出巢区:以两相邻笼子之间的一半距离为界画线,例如,笼距为10m时,则每个捕点代表其上下左右各5m的正方形(图6-16)。包括周边地带法是把每个捕点的正方形外角相连后所包括的较大面积作为巢区(图6-16A);而不包括周边地带法则在连接各正方形时尽量包容较小的面积(图6-16B)。

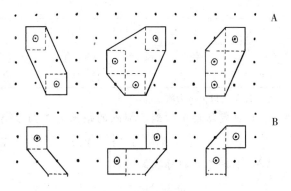

图 6-16 周边地带法的巢区
A. 包括周边地带法 B. 不包括周边地带法
(引自 Stickel,1954)

上述最小面积法假定鼠的活动被限制于最外侧捕点之内,是不合实际的,而周边地带法的缺点是巢区大小受布笼间距影响。据人工种群模拟试验和统计学分析,最小面积法的误差可达67%,包括周边地带法的误差为17%,不包括周边地带法的误差仅2%(Stickel,1954)。

第二类估算巢区面积的方法是概率性模型法。它假定巢区的形状或鼠在巢区内的活动一定,引入概率性模型以估算巢区面积,包括活动中心法、平均值法等。

4. 活动中心法(圆形法) 因为鼠在巢区内的活动,有的地方利用频繁,有的地方较少利用,设想有一中心点活动最多,离此中心越远,活动越少。假定巢区是圆形,巢区面积的估算步骤有4步。

(1) 求活动中心。根据捕点的分布,找出几何中心。将捕点置于直角坐标系中,每一捕点的坐标记作 X_i、Y_i,各捕点几何中心的坐标显然是 $\overline{X}$ 和 $\overline{Y}$ [$\overline{X}=(\sum X_i)/n$,$\overline{Y}=(\sum Y_i)/n$],活动中心的坐标求法与纯几何中心求法略有不同,即同一捕点捕获几次要加几次。如256号鼠(图6-17、表6-11),$\overline{X}=15/8=1.875$,$\overline{Y}=27/8=3.375$,以此点为活动中心($\overline{X}$、$\overline{Y}$)。

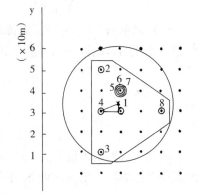

图 6-17 按活动中心法估算巢区面积
(256号鼠)

表 6-11 按活动中心法求巢区面积 (以256号鼠为例)

捕获点	X_i	Y_i	X_i^2	Y_i^2	X_iY_i
1	2	3	4	9	6
2	1	5	1	25	5
3	1	1	1	1	1
4	1	3	1	9	3
5	2	4	4	16	8
6	2	4	4	16	8

捕获点	X_i	Y_i	X_i^2	Y_i^2	X_iY_i
7	2	4	4	16	8
8	4	3	16	9	12
$n=8$	$\sum=15$	$\sum=27$	$\sum=35$	$\sum=101$	$\sum=51$

注：X、Y 均以 10m 为单位

（2）测定活动中心到各捕点的距离 r_i。如以第 4 点为例，用勾股定理求之。

$$r_4 = \sqrt{(\overline{X}-X_4)^2+(\overline{Y}-Y_4)^2} = \sqrt{(1.875-1)^2+(3.375-3)^2} = 0.952$$

（3）求样本 r_i 的标准离差 S。

$$S = \left[\frac{\sum r_i^2}{2(n-1)}\right]^2 = 1.0938$$

在实际计算时，求活动中心、测定活动中心到各捕点的距离两步可以合并。按表 6-11 的数字用公式求出 S^2。

$$S^2 = \frac{1}{2(n-1)}\left[\left(\sum X^2 - \frac{(\sum X)^2}{n}\right)+\left(\sum Y^2 - \frac{(\sum Y)^2}{n}\right)\right]$$

$$= \frac{1}{2\times(8-1)}\left[\left(35-\frac{15^2}{8}\right)+\left(101-\frac{27^2}{8}\right)\right]$$

$$= 1.1964$$

（4）求包括 99% 或 95% 捕点范围的面积。Calhoun（1963）假定 X、Y，服从二元正态分布，并证明若以标准离差的倍数为半径作圆，动物出现在该圆内的概率为

1δ 39%
2δ 84%
3δ 99%
2.45δ ($\sqrt{6}\delta$)   95%

因此，若把出现概率为 99% 的面积视作巢区，则巢区面积为 $9\pi S^2$；若把出现概率 95% 的面积视作巢区，则巢区面积为 $6\pi S^2$。因此，256 号鼠的巢区面积为 $3383m^2$ 或 $2255m^2$。由此可见，活动中心法的原理是根据捕点的分布找出鼠在巢区内的活动中心，以活动中心至各捕点距离为样本，再根据捕点在巢区中分布呈二元正态分布的假定，认为在以 $2.45S$ 为半径所作的圆面积内，将包括鼠 95% 的活动概率。

5. 平均值法 以图形法画巢区，由于调查期间的限制，所得捕点数有限，巢区估算值为捕点分布连续的变化所左右，村上正兴（1971）为了改进此点，根据巢区内动物的行动是随机的假设，设想了一个独立地对待各个捕点的方法。仍以 54 号鼠的捕点分布图为例（图 6-18），具体计算步骤如下：①把全部捕点（$n=8$）分别作 2 点 1 组、3 点 1 组至 n 点 1 组的组合，按包括周边地带法计算各组的面积。如在 2 点 1 组的组合中，1 至 2 点的面积为 $300m^2$，1 至 3

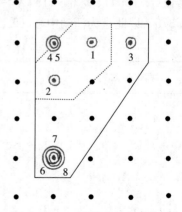

图 6-18 54 号鼠的捕点分布图

点的面积为 200m²，在 3 点 1 组的组合中，1 至 2 至 3 点的面积为 450m²，6 至 7 至 8 点的面积为 100m²，……然后，进而求出 2 点 1 组组合的平均面积 S_2、3 点 1 组组合的平均面积 S_3，至 n 点 1 组的平均面积 S_n。显然，S_2 是 $C_8^2=28$ 个面积的平均值，S_3 是 $C_8^3=56$ 个面积的平均值，……（可见其计算十分烦琐）②以 S_x 作横坐标，S_{x+1} 为纵坐标，求 S_{x+1} 对 S_x 的直线回归方程（表 6-12），此例得 $S_{x+1}=273.2+0.728S_x$，其直线回归图如图 6-19 所示。③图 6-19 的对角线代表了 $S_{x+1}=S_x$，即前后两次捕点组合的平均面积相等时的标准线，前述回归线与标准线的交点，即为所求巢区的面积 A。

表 6-12 平均值法估计巢区面积（m²）
（引自郑生武，1982）

捕点 X	平均值法			简化法		
	平均面积 S_x	S_{x+1}	S_x	平均面积 S_x	S_{x+1}	S_x
1	100.0	332.1	100.0	100	300	100
2	332.1	562.7	332.1	300	450	300
3	526.7	668.5	526.7	450	500	450
4	668.5	762.5	668.5	500	500	500
5	762.5	826.7	762.5	500	900	500
6	826.7	868.7	826.7	900	900	900
7	868.7	900.0	868.7	900	900	900
8	900.0			900		

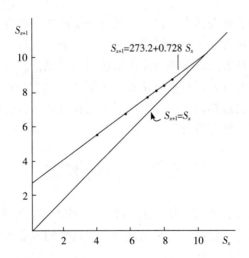

图 6-19 S_{x+1} 对 S_x 的直线回归（54 号鼠）

平均值法的巢区面积亦可依公式求得。伊滕（1977）给出公式

$$S_{x+1}=\frac{aA}{1+a}+\frac{1}{1+a}S_x$$

式中，A 为巢区面积；a 为常数，$a>0$。

显然，$\frac{aA}{1+a}$ 即为回归方程的截距，$\frac{1}{1+a}$ 即为回归方程的斜率。在此例中

$$\frac{1}{1+a} = 0.728$$

所以 $a = 0.373$

$$\frac{aA}{1+a} = 273.2$$

则 $A = 1\,005.6(\text{m}^2)$

平均值法说明，随着捕点数的逐渐增加，各捕点数的平均面积（S_x）也逐渐增大，而所增加的绝对值越来越小，直到再增加捕点数也不增加面积，即 $S_{x+1} = S_x$ 时，其平均面积就是所估算的巢区面积。

平均值法的优点是巢区估算不受捕获次数的影响，只要有 3 点以上就可以进行估算，一般比较接近于图形法的直接估算。其缺点有：①捕点为数多时，组合数很大，计算量太大；②巢区形状不能画出。

由于平均值法计算太繁杂，郑生武等（1982）对此法进行了修正简化，用以估算根田鼠的巢区面积。其 S_1，S_2，…，S_n 不是通过全部组合计算出的平均面积，而是用调查中随着捕点增加而渐增的巢区面积来替代。如 54 号鼠，按图 6-18，直接用包括周边带法，得到 $S_1 = 100$，$S_2 = 300$（包括捕点 1 至 2 的面积），$S_3 = 450$（包括捕点 1 至 2 至 3 的面积），$S_4 = 500$，…（表 6-12），然后按平均值法的同样步骤，求得直线回归方程

$$S_{x+1} = 244.4 + 0.750 S_x$$

再求得巢区面积 $A = 978.8$（m^2）

其最后结果与平均值法的结果相差不大，而更接近于用包括周边带法直接估算的 $A = 900$（m^2）。

巢区面积的估算，还有复合散布图法、主成分分析法等多种方法。方法虽多，但目前还没有公认较好的方法，各种方法求出的结果差异也很显著。不过，在进行巢区面积横向或纵向比较时，只要采用同一种方法，就不会影响应该得出的结论。

另外，啮齿动物生态调查，还包括群落和生态系统的调查与研究。在实际应用时，可以根据不同的调查、研究目的选择以上一种方法或者几种方法结合进行。数据分析过程，可以应用线性方法和非线性方法结合进行。

第四节 害情调查

由啮齿动物引起的植被、土壤和微地形等外貌上的改变，是种群各方面活动的综合结果。所以对它们的调查研究，就可以阐明啮齿动物在这个地区危害的程度及其趋势。

一、破坏量的调查

这项调查，可以用"作图法"进行。其程序为 3 步。

（一）抽样

首先在调查地区做粗放的选样调查，按景观特点选择代表性地段作为样地。样地面积最好不超过 2km×4km，景观复杂的地方可以多选一些。将样地中各种生境类型加以分类，并

利用大比例尺的地形图绘制整个地区的生境类型分布图。如果调查地区已有地形图或植被分布图，上述工作就比较容易进行。

在样地的各主要生境类型中随机抽样。可以在地图上画出方格，每一方格给一编号，用抓阄或查随机数字表进行抽样；也可以在图上作一个直角坐标，查随机数字表，每查两个数字为一组，分别为 x 轴和 y 轴上的值，用以确定样方的位置。每一生境应设 3 个以上的样方。

应当抽样地面积的 1‰~2‰ 作为样方。样方为正方形或长方形，大小随情况不同而略有伸缩。大型啮齿动物至少应包括一个家族的基本活动范围；群栖性小型啮齿动物应包括 3~4 个洞群。

（二）填图

自样方一侧开始，将梯形测网放在地上，然后逐格将破坏情况按比例填入计算纸上，填完一条，测网向前移动一格，继续填图。填图的内容包括啮齿动物挖出的新旧土丘和土丘流泻的面积、洞口、废弃和塌陷的洞道、明显的跑道以及其活动造成的秃斑和植被"镶嵌体"等（图 6-20）。

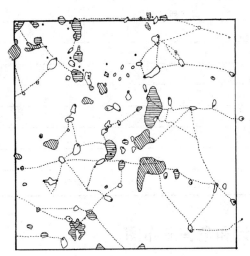

图 6-20 鼠兔对植被的影响

（三）记录和计算

在填图的同时，每一样方填写一张样方记录卡，如表 6-13 所示。计算用数小方格法或用求积仪法测定土丘、洞口等所占的面积。这些面积（S_i）的总和可视作总破坏量（S），其破坏率为 q，设 A 为样方面积的总和。则

$$S = \sum S_i, \quad q = S/A$$

在啮齿动物对草地破坏很严重的时候，各项破坏面积连成一片，植被十分稀疏，此时不必逐项细分，将整个地段圈出即可。

啮齿动物啃食活动所减少的产草量，可分别在鼠群活动地段和非活动地段测量产草量，再加以比较求出。测量的样方为 $1m^2$（$1m \times 1m$ 或 $0.71m \times 1.41m$），草应齐根剪下，称取鲜重或风干重。

$$C = W_1 - W_2$$

式中，C 为减少的草量；W_1、W_2 分别为鼠群活动区内、外的平均产草量（g/m²）。

活动区范围依洞穴的有无或多少来判断，也可以用埋伏观察法确定（1d 即可）。

表 6-13　样方登记卡片

样方号_____ 日期_____年_____月_____日 图号_____	
地　点_____ 坐标位置_____	
地　形_____	
学　名_____	
海　拔_____ 坡向_____ 坡度_____ 样方面积（hm²）_____	
植被类型_____	
优势植物_____	
盖度_____% 植物高度（cm）：乔木_____ 灌木_____ 草层_____	
土壤_____ 地表_____ 水分_____	
人为活动影响_____ 经济利用状况_____	
鼠洞统计或捕获统计_____	
危害状况_____	
备　注_____ 记录人_____	

二、鼠害情况的估计和危害分布图

在获得破坏量的资料后，就可以作出对调查地区鼠害情况的总的估计。考虑鼠类分布的不均匀性，仅仅在样地上做破坏量的调查还不够，需要在面上做一些调查。但破坏量调查的样方作图法比较麻烦，花费的劳力多，在面上应用有很大困难。这里介绍一种"样线法"，可以比较迅速地测出破坏率，从而得到危害情况及其区域变化的大量信息。

用长 15~30m 的测绳，拉成直线放在地上，登记样线所接触到的土丘、洞口、秃斑、塌洞和镶嵌体等，记载每一个项目所截样线的长度（L），将数据记入样线记录表中（表 6-14）。

还可以分别计算不同项目的破坏率。

分析上述破坏量、破坏程度及其分布的资料，可以划出危害等级，作出危害分布图。分布界线可参照生境分布图或植被分布图勾画。因为鼠的种群密度和危害程度是正相关的，在找到破坏量与种群密度等级的数量关系后，也可以直接用种群密度分布资料作出危害分布图。

$$破坏率 = \frac{各项所截长度的总和}{区段长度} \times 100\%$$

表6-14 样线记录表

地　　点_____ 生境（类型或编号）_____
区段长度_____ 　　年___月___日　观测人_____

项目＼区段号	1	2	3	4	5	6
$\sum_1$						
$\sum_2$						
$\sum_3$						
⋮						
$\sum_n$						

◆ **本章小结**

本章主要对啮齿动物区系调查、数量调查、生态调查和危害调查的内容、方法以及结果的有效统计和计算进行了详细阐述。在实际应用时，可以根据不同的调查、研究目的选择其中一种方法或者几种方法综合进行。数据分析过程，在种群研究中还可与马尔科夫链模型、模糊数学分析模型、灰色系统分析等方法结合进行；在群落研究具体应用中也可与GIS、RS、GPS，回归分析、线性相关、快速聚类等线性方法，典型相关分析、分形分析、小波分析等非线性方法结合进行。但是无论应用哪一种方法，都要注意调查取样必须合理，符合数据采集和分析的数值化标准要求或生物统计学的要求。

◆ **复习思考题**

1. 依不同的调查目的，啮齿动物调查方法主要有哪些？
2. 做好一个地区的区系调查，需要准备和收集的基础资料有哪些？
3. 夹日法适合于什么调查？如何进行？
4. 标志重捕法适合于什么调查？如何进行？
5. 啮齿动物生态调查包括哪些内容？在调查取样中应该注意哪些问题？
6. 啮齿动物害情调查的方法有哪些？结果如何分析？

第七章

鼠害的预测预报

内容提要：掌握害鼠种群数量变化的规律，预测其数量动态，是适时准确地进行鼠害防治的关键。本章从预测的基本原理入手，结合啮齿动物种群数量变化的规律，详细介绍了预测的特点、类别、步骤，预测结果的判别检验与评估，同时辅以具体的预测步骤，对几个实用的预测模型做了详尽的阐述。最后，介绍了预测及预报工作的组织实施，内容包含了测报工作的各个环节。

第一节 预测的基本原理

啮齿动物，尤其是数量极不稳定的小型啮齿动物，其种群数量在一年内或不同年份都可能发生几倍乃至数百倍的变化，而我们在防治鼠害时，常常对这种变化估计不足，心中无数。有时鼠害已经成灾才匆忙防治，有时灾情不大或没有灾情也采取全面防治措施，造成人力物力的很大浪费。因此，为了适时准确地进行鼠害防治，了解害鼠种群数量变化的规律，预测其数量对防治鼠害是十分重要的。

一般说来，啮齿动物种群数量变化的规律是其数量预测的基础。影响种群数量变化的因素相当复杂，在具体条件下，应进行深入调查，综合分析，找出各因素的主导方面，并指出预测时的主要指标，便于遵循。

一、预测的基本概念

所谓预测，就是根据对事物过去发展变化的客观过程及所表现出的规律的分析，运用适当的方法和技巧，对事物未来状态所做的一种科学分析、估算和推断。

调查研究是预测的重要基础工作，它的任务是通过适当的调查方法，搜集研究对象及其环境条件的资料和动态情报。对所获取的资料进行处理和分析，就能得到预测所必需的信息。

在获取预测信息后必须进行预测分析，即根据相关理论所进行的思维研究活动，这种活动应贯穿于预测活动的全过程，包括选取适当的预测方式和方法。预测的方式方法很多，例如，专家与群众相结合的综合评估法、相关和回归分析法、长期趋势和移动平均法，以及其他更复杂的数理统计分析方法等。

各种预测方法都有其适用范围和缺点，不同的预测方法用于同一预测对象，其结果有可能不同。因此，预测者必须准确了解各种预测方法的原理、特性和参数选择，以保证选用最合适的预测方法。

草地啮齿动物预测发展到现阶段，已由定性预测发展到定量预测。预测中对害鼠和鼠害发展变化的趋势及可能达到的水平，要求有一个明确的数量概念，最好有清晰的数量界限。

通过预测，对鼠害未来的发生时期、数量和危害程度等给出一个分析结果，提出灾害控制预案，并将这些结果和预案提前向有关领导和灭鼠工作人员提出报告，使灭鼠工作有目的、有计划、有重点地进行。这个过程就是预报。

二、预测的特点

一般说来，预测有如下 3 个特点。

（一）科学性

预测不是凭个人感觉的盲目猜测和主观臆断，而是有理论指导，采用适当方法的探索性研究活动。它根据过去的资料、最新发展的征兆，以及啮齿动物生态学和生物学知识，运用一定程序、方法和模型，分析鼠情和与之有关因素的相互联系，从而揭示和总结出预测对象的特性和变化规律。因而预测具有科学性。

（二）近似性

预测研究的对象是随机事件，是可能发生也可能不发生的不确定事件。在事件发生之前对其状态的估计和推测，会受到各种不断变化着的因素的影响。因而预测与实际结果往往会出现一定的偏差，预测值只能是一个近似值。所以说预测具有近似性。

（三）局限性

预测者对研究对象的认识，往往受其学识、经验、观察分析能力的限制，也受制于科学发展的水平；此外，由于掌握的资料不够准确和完整，或建立的模型有某种程度的失真等，均可以导致预测分析不够全面，进而影响预测的准确性。因而预测结果又具有一定的局限性。

正确认识预测的特点，可以避免不正确的看法而避免其妨碍预测的研究和应用。不加分析地怀疑和否定预测结果，将使计划和决策无所适从；绝对相信预测的结果，又会使实际工作缺乏弹性和应变能力；过分苛求预测的精确度，则是不够客观和现实的要求。只要预测有较充足的依据，达到一定的精确度，就可以用于指导实际工作，准确地进行鼠害防治。

三、鼠害预测预报的类别

（一）按预测方法的特征分类

1. 定性预测 即依靠人的观察分析能力，借助于经验和判断能力，进行逻辑推理的预测方法。

2. 定量预测 即主要依靠历史统计数据，在定性分析的基础上，运用数学方法构建数学模型进行预测的方法。

3. 综合预测 指两种方法的组合运用。可以是定性方法与定量方法的综合，也可以是两种以上定量方法的综合。由于各种预测方法都有一定的适用范围和缺点，综合预测可兼有多种方法的长处，因而可以得到比较可靠的预测结果。

（二）按预测时间长短分类

1. 短期预测 短期预测的期限大约在 30d 以内，一般只有旬报和月报，但鼠害预测很少旬报。一般作法是：根据鼠类前期的发生情况，推算以后的发生时期和数量，以确定未来的防治时期、次数和防治方法等。目前，我国普遍运用的群众性测报方法多属此类，其准确率为 70%～90%。

2. 中期预测　中期预测是根据上一季度或上半年鼠情的监测资料和预报因子的变化，预测下一季度或下个半年的种群数量及其危害程度，预测结果较为准确，通常是预测下一个世代的发生情况，主要用于作出防治决策和作好防治准备，其准确率为 70%～85%。

3. 长期预测　长期预测是对未来一年或数年的鼠情及其危害动态的发生趋势预测，一般视害鼠的种类和生殖周期而定，生殖周期短、繁殖速度快，预测期限就越短，否则就越长。主要依据害鼠发生的周期性和长期气象等资料。预测结果指出害鼠发生的大致趋势，需要随后用中、短期预测加以校正，其准确率为 60%～80%。

四、预测的基本步骤

一般预测包括以下 3 个步骤。

（一）收集和分析资料

害鼠和鼠害的预测预报，其目的十分明确，就是要预测害鼠和鼠害发生的时间、范围和程度。搜集和整理资料都应服务于这一目的。显然，一切有助于说明害鼠和鼠害发生、发展规律的资料都应收集。一般应注意收集下述资料：

（1）有关种群繁殖——繁殖基数、年龄组成、性别比例、妊娠率、胎数和胎仔数的资料。

（2）通过定期调查动物的基本栖息地，着重收集其饲料条件和隐蔽场所的植物变动和季节变化资料。

（3）充分利用当地气象站测报的各项基本资料，注意上半年和当年的气象资料。

（4）了解害鼠季节性的活动规律，特别是迁移现象。

（5）了解天敌种类及其数量变化及活动范围，鼠间流行病。

（6）注意利用狩猎、毛皮收购或其他有助于数量预测的各项资料。

对于搜集来的资料还要根据预测的目的要求加以选择，特别是那些在准确性方面存在问题的资料和不能反映预测对象正常发展趋势的异常数据，必须加以剔除或改造，以保证预测的质量。

对原始资料应整理和初步加工，以便于利用。

（二）选择预测方法并进行预测操作

预测者经分析研究了解预测对象的特性，再根据各种预测方法的适用条件和性能，选择出合适的预测方法。预测方法选用是否得当，将直接影响到预测的精确度和可靠性。

预测工作的核心，是建立描述、概括研究对象特征和变化规律的模型。定性预测的模型是逻辑推理的程式；定量预测的模型通常是以数学关系式表示的数学模型。向预测模型输入有关信息，进行计算或处理，即可得到预测的结果。

数学模型是一种抽象的模拟，它用数学符号、数学式或程序、图形等刻画客观事物的本质属性与内在联系，是对现实世界的简化而又本质的描述。它或者能解释事物的各种状态，预测其将来的形态；或者能为控制这一事物的发展提供某种意义下的较好策略或最优策略。

建立数学模型的过程，是把错综复杂的实际问题简化、提炼，抽象为合理的数学结构的过程。要做到这一点,既需要寻找较为合适的数学工具,也需要研究者的洞察力和丰富的想象力。可以认为,它是能力与知识的综合运用,是科学和艺术的结合。

由于鼠类动态属于啮齿动物生态学的研究范畴,许多现存的生态学模型就可以用于鼠害预测。此外,在生态学理论指导下,在深入研究鼠类种群动态及其影响因素之后,亦可建立新的数学模型。一般,建模的步骤为:假设—建模—求解—验证—修改假设及模型,直至得到验证的肯定为止,之后,才可付之应用。

(三) 分析评价

分析评价主要是针对预测结果的准确性和可靠性进行论证。用早期的历史资料预测晚期的历史现实,测出其历史符合率,应该是分析评价的常规内容;用历史和现实的资料预测将来,其符合率只能受到未来时间的考验,是无法预先测算的。预测结果由于受到资料的质量、预测方法本身的局限性等因素的影响,未必能确切地估计预测对象的未来状态。此外,各种影响预测对象的外部因素在预测期限内也可能出现新的变化。研究各种因素的影响程度和范围,进而估计预测误差的大小,评价原来预测的结果,并对原来的预测值进行修正,即可得到最终的预测结果。

第二节 几个实用的预测模型

有害动物的预测预报,在有害节肢动物防治工作中已发展成为完整的体系。鼠害预测可以借鉴,但鼠类与昆虫的生态特征毕竟差别甚远,所以,不加分析地照抄照搬也是不可取的。必须结合实际情况和生态特征等,加以变通。现将几个实用的鼠害预测模型介绍于下。

一、一元线性回归预测法

(一) 相关与回归

变量之间有确定性关系和非确定性关系。非确定性关系又称为相关关系,其变量之间既有关联,又不存在数值对应的相互关系。

回归分析,是处理变量之间相关关系的一种数理统计方法;回归预测,则是回归分析方法在预测中的应用。在回归预测中,把预测对象称为因变量,把相关因素称为自变量。只有一个自变量的称为一元回归,有多个自变量的称为多元回归;呈直线关系的称为线性回归,呈曲线关系的则称为非线性回归。

(二) 一元线性回归模型

这是有害动物测报中经常使用的基本方法。它计算简单,对预报值的分析定量比较确切,准确率较高。但要求选取的预报因子必须是与预报量密切相关的主导因子,否则会使回归预测式的误差过大,导致预报结果的范围过大,影响预测的精确度。

一元线性回归的总体模型为

$$Y_i = \alpha + \beta X_i + \varepsilon_i, \quad i = 1, 2, \cdots, n$$

式中,X 为自变量;Y 为因变量;α、β 为总体模型的参数;ε 为随机误差项,其期望值为 0;方差为一常数 σ^2。

总体模型通常无从知晓，对于实际预测问题来说，要根据所抽取的样本的统计数据，正确地估计参数 α、β。

根据一组已知的样本统计数据，建立 Y 与 X 之间的样本线性回归模型为

$$\hat{Y} = a + bX$$

式中，$\hat{Y}$ 为 Y 的估计值；a 为总体模型 α 的估计值；b 为总体模型 β 的估计值；X 为自变量。

（三）预报因子的确定

为了建立预测模型，必须长期搜集和积累有关资料。本法所依据的完全是历史经验数据，如不具备这些资料，就无法进行计算；历史越短，材料越少，误差越大。历史资料包括两个方面：其一，需要所预测害鼠和鼠害的历史资料，如鼠密度、鼠害程度等，它们是因变量（Y）；其二，是可能与 Y 有相关关系的各种因素的历史资料，即自变量（X）。应该从各相关因素中精选出相关关系最密切的因素。选择时切忌盲目，要以害鼠个体生态和种群生态的研究成果为依据，首先考虑直观而明显的影响因素。

考察数据（X_i、Y_i）之间是否有线性关系，最直观的方法是把它们置于直角坐标系中（图7-1），观察其散点分布图，其中：

图7-1A 的散点与分布毫无规则，X 与 Y 没有线性关系；

图7-1B，Y 随 X 的增加而增加，称 X 与 Y 正相关；

图7-1C，Y 与 X 有非线性关系；

图7-1D，Y 随 X 的增加而减少，称 X 与 Y 负相关。

只有图7-1B 与图7-1D 时才能作一元线性回归分析。

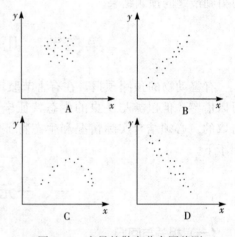

图7-1　变量的散点分布图猜测

（四）建立预测模型

前已述及，一元线性回归预测模型为

$$\hat{Y} = a + bX$$

其中待定参数 a、b 可用最小二乘法求出。

$$b = \frac{\sum XY - \dfrac{(\sum X)(\sum Y)}{n}}{\sum X^2 - \dfrac{(\sum X)^2}{n}}$$

$$a = \frac{\sum Y - b \sum X}{n} = \bar{Y} - b\bar{X}$$

式中，n 为数据对数。

计算实例：某农业区1984年10月至1985年10月黄毛鼠（*Rattus rattaide*）各月种群密度与其5个月前的雌成比如表7-1所示，建立用5个月前雌成（成体雌鼠）比例预测黄毛鼠种群密度的预测模型。

表 7-1 黄毛鼠雌成比与 5 个月后的种群密度

年	月	雌成比 X (%)	捕获率 Y (%)	X^2	Y^2	XY
1984	10	68.42		4 681.30		1 804.24
	11	90.00		8 100.00		2 358.00
	12	44.44		1 974.91		417.29
1985	1	27.78		771.73		379.20
	2	33.33		1 110.89		215.31
	3	26.09	26.37	680.69	695.38	327.95
	4	45.83	26.20	2 100.39	686.44	818.98
	5	92.86	9.39	8 622.98	88.17	1 983.49
	6		13.65		186.32	
	7		6.46		41.73	
	8		12.57		158.00	
	9		17.87		319.34	
	10		21.36		426.25	
$\sum$		428.75	133.87		2 631.63	

$$b = \frac{8\,304.46 - \dfrac{428.75 \times 138.87}{8}}{28\,042.89 - \dfrac{428.75^2}{8}} = 0.223\,1$$

$$a = \frac{133.87 - 0.223\,1 \times 428.75}{8} = 4.777\,0$$

预测模型为

$$\hat{Y} = 4.777\,0 + 0.223\,1X$$

(五) 相关系数及其显著性检验

任何一组数据都可求得回归直线方程，但 Y 与 X 是否确实有线性相关关系，必须加以检验判定。

相关系数是描述两个变量线性关系密切程度的数量指标，记为 r，其计算公式为

$$r = \frac{\sum XY - \dfrac{\sum X \cdot \sum Y}{n}}{\sqrt{\left[\sum X^2 - \dfrac{(\sum X)^2}{n}\right]\left[\sum Y^2 - \dfrac{(\sum Y)^2}{n}\right]}}$$

将表 7-1 的数据代入上述公式计算得

$$r = \frac{8\,304.46 - \dfrac{428.76 \times 133.87}{8}}{\sqrt{\left(28\,042.89 - \dfrac{428.75^2}{8}\right)\left(2\,631.63 - \dfrac{133.87^2}{8}\right)}}$$

$$= 0.802\,4$$

样本相关系数 r 值的大小反映了 Y 与 X 的线性密切程度。当 r 的绝对值大时，用回归直线来近似地描述 Y 与 X 的相关关系，才有实用价值。实际检验时，查相关系数检验表。表中的相关系数 r_a 是相关检验的标准，它表示对线性关系密切程度的最低要求的临界值。表中的 α 称为显著性水平，α 取值越小，显著程度越高。表中 $n-2$ 称为自由度，即数据的对数减 2。相关性检验的判断准则是：

$r_{0.05} \leqslant |r|$，Y 与 X 存在显著的线性关系；

$r_{0.01} \leqslant |r|$，Y 与 X 存在极显著的线性关系；

$r_{0.05} > |r|$，Y 与 X 不存在显著的线性关系。

如上例自由度为 $8-2=6$，查表得 $r_{0.05}=0.7067$；$r_{0.01}=0.8343$，而 $r=0.8024$。可见
$$r_{0.01} > r > r_{0.05}$$

说明二者相关显著，即各月雌成比可以作预测 5 个月后种群密度的预测指标。

在一元线性回归中，还可用 F 检验判别模型的显著性，用 t 检验判断回归系数 b 的显著性。这两种检验与相关系数检验在一元线性回归中是等价的。

(六) 回归方程预测及其置信区间

预测模型经相关性检验判断为显著后，即可用于预测。例如上例，如 X 为 68.42 时
$$\hat{Y} = 4.7770 + 0.2231 \times 68.42$$
$$= 20.04$$

同理，也可以估计其他雌成比在 5 个月后的捕获率。如设 $X=45.83$
$$\hat{Y} = 4.7770 + 0.2231 \times 45.83$$
$$= 15.00$$

预测可分为点预测和区间预测，如果所求的预测为一个数值，称为点预测。如上面的计算就属于点预测。如果所求的预测有一个数值范围，则称为区间预测。

由于预测因素与预测值是相关关系，知道了 X 的值，并不能精确地知道 Y 的值。回归线上 Y 值是 Y 的估计平均值。那么，实际值离 Y 可能有多远呢？也就是回归线预测的精度如何呢？一般认为，同一个 X 实测的 Y 值按正态分布波动，即假设随机误差项服从正态分布。如果能算出波动的标准离差，则可估计出回归线的精度。标准离差又称作剩余标准离差，设为 S，其计算公式为

$$S = \sqrt{\frac{\sum (Y_i - \hat{Y})^2}{n-2}}$$

由正态分布理论可知，点子落在以均值为中心点的 $\pm 2S$ 范围内的概率是 95.4%。对于某个取值为 X_0 的自变量，Y 的均值是 $\hat{Y}_0 = a + bX_0$，点子落在 $\hat{Y}_0 \pm 2S$ 的概率是 95.4%。这个结论对 X 值范围内的每一个 X_i 都成立，因此可作两条平行于回归直线的直线
$$y' = a - 2s + bx, \quad y'' = a + 2s + bx$$

预料有 95.4% 的 y 值落在两条直线之间。对于表 7-1，可算得标准离差

$$S = \sqrt{\frac{\sum (Y_i - \hat{Y})^2}{n-2}}$$
$$= \sqrt{\frac{139.38}{6}}$$

$$= 23.23$$

于是得平行于回归线的两条直线

$$y' = -41.6830 + 0.2231x, \quad y'' = 51.2730 + 0.2231x$$

用虚线作出 y'、y'' 的图形，如图 7-2A 所示。

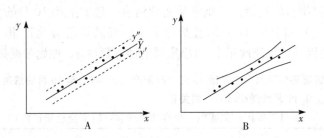

图 7-2 预测的置信区间
A. 直线形回归曲线 B. 喇叭形回归曲线

精确分析表明，当 X_0 距 $\bar{X}$ 较小时，其置信区间较窄，X_0 与 $\bar{X}$ 距离较大时，其置信区间较宽，故置信区间的上、下限应分别绘成图 7-2B 的曲线。这两条曲线呈喇叭形对称地位于回归直线的两侧。

预测分插入式预测和外推式预测。当预测因素取值在建模时的 X 值范围之内时，称插入式预测；如预测因素超出 X 值的范围，则称为外推式预测。外推式预测风险较大，例如上述实例，已证明雌成比与 5 个月后的害鼠密度呈正相关，如果无限制地外推，就会得出成体几乎全是雌性时，5 个月后鼠密度最大的推论，这显然背离了常识。

二、多元线性回归预测法

多元回归是指预测值 y 与多个预报因子 x_1, x_2, $\cdots$, x_k 都有关系，研究这种关系的回归方法，就称多元回归分析法。

一元回归预测的预测因子只有一个，尽管是主导因子，但远未包容许多复杂因子对预测值的影响，所以模型的稳定性往往较差。多元回归预测考虑到多个因子的影响，在一定程度上改进了模型的稳定性，其预测符合率较高。

多元回归预测因子选择原则与一元回归基本相同，但还应注意以下两点：①选择的因子数目要恰当。因子太少，提供的信息量不足；因子太多，计算十分麻烦。②各预测因子应该是互补的，以提供多侧面的信息，特别注意因子作用不可重复。

（一）多元线性回归预测模型

多元线性回归分析是在一元线性回归分析的基础上发展来的，其基本原理相同。多元回归预测的程序仍有：①建立预测模型，②模型显著性检验，③实施预测 3 个步骤。

多元线性回归预测模型为

$$\hat{y} = b_0 + b_1 x_1 + b_2 x_2 + \cdots + b_k x_k$$

式中，b_0 为常数项。b_1, b_2, $\cdots$, b_k 为自变量 x_1, x_2, $\cdots$, x_k 的回归系数，它们可用最小二乘法求出。当各自变量为某个数值时，实际值 y_i 与回归方程上 $\hat{y}_i$ 之差称为估计误差，记为 e_i，即

$$y_i - \hat{y}_i = e_i$$

误差平方和记为 Q,则

$$Q = \sum(y_i - \hat{y}_i)^2$$

(二) 应用实例

陈安国等在新疆维吾尔自治区玛纳斯县塔西河乡,选取上年 10 月的繁殖力指数 f($f=$ 怀孕率×平均胎仔数)和上年 11 月的壮龄比 L [小家鼠年龄分为Ⅰ、Ⅱ、Ⅲ、Ⅳ组,$L=$Ⅲ/(Ⅲ+Ⅳ)]作为预测因子,预测次年 10 月小家鼠的种群数量 y。原始数据如表 7-2 所示。

表 7-2 玛纳斯县塔西河乡小家鼠 10 月种群密度(y)与上年 10 月的繁殖力指数(x_1)及上年 11 月壮龄比(x_2)的关系

(引自陈安国、朱盛侃、李春秋,1986,数字经重新核算)

年份	x_1 (f)	x_2 (L)	y (下半年 M_{10})	x_1^2	x_2^2	y^2	$x_1 y$	$x_2 y$	$x_1 x_2$
1967	(0)	0	1.4	0	0	1.96	0	0	0
1970	4.21	1.33	18.2	17.72	1.77	331.24	76.62	24.21	5.60
1971	(4.23)	3.40	30.3	17.89	11.56	918.09	128.17	103.02	14.38
1972	0.74	0.89	7.0	0.55	0.79	49	5.18	6.23	0.66
1973	4.63	3.32	29.8	21.44	11.02	888.04	137.97	98.94	15.37
1974	1.00	0.29	12.0	1.00	0.08	144	12.0	3.48	0.29
1975	5.34	2.39	20.9	28.52	5.71	436.81	111.61	49.95	12.76
1976	3.60	1.36	14.1	12.96	1.85	198.81	50.76	19.18	4.89
1977	4.32	0.91	14.0	18.66	0.83	196	60.48	12.74	3.93
1978	2.52	0.45	16.2	6.35	0.20	262.44	40.82	7.29	1.134
$\sum$	30.59	14.34	163.9	125.1	33.82	3426.39	623.61	325.04	59.01
平均	3.06	1.43	16.4						

1. 建立回归式 二元回归式的通式为

$$\hat{y} = b_0 + b_1 x_1 + b_2 x_2$$

先用以下联立方程计算回归系数

$$\begin{cases} L_{x_1 x_1} b_1 + L_{x_1 x_2} b_2 = L x_1 y \\ L_{x_2 x_1} b_1 + L_{x_2 x_2} b_2 = L x_2 y \end{cases}$$

其中

$$L_{x_1 x_1} = \sum(x_{1i} - \bar{x}_1)^2 = \sum x_1^2 - \frac{1}{n}\left(\sum x_1\right)^2 = 31.53$$

$$L_{x_2 x_2} = \sum(x_{2i} - \bar{x}_2)^2 = \sum x_2^2 - \frac{1}{n}\left(\sum x_2\right)^2 = 13.26$$

$$L_{x_1 x_1} = \sum(x_{1i} - \bar{x}_1)(x_{2i} - \bar{x}_2) = \sum x_1 x_2 - \frac{1}{n}\left(\sum x_1\right)\left(\sum x_2\right) = 15.13$$

$$L_{x_1 y} = \sum(x_{1i} - \bar{x}_1)(y_i - \bar{y}) = \sum x_1 y - \frac{1}{n}\left(\sum x_1\right)\left(\sum y\right) = 122.24$$

$$L_{x_2 y} = \sum(x_{2i} - \bar{x}_2)(y_i - \bar{y}) = \sum x_2 y - \frac{1}{n}\left(\sum x_2\right)\left(\sum y\right) = 90.00$$

将上述得数代入联立方程组得

$$\begin{cases} 31.53b_1 + 13.53b_2 = 122.24 \\ 15.13b_1 + 13.26b_2 = 90.00 \end{cases}$$

解方程组得

$$b_1 = 1.37$$
$$b_2 = 5.22$$
$$b_0 = \bar{y} - b_1 x_1 - b_2 x_2 = 4.74$$

本例预测式为

$$\hat{y} = 4.74 + 1.37 x_1 + 5.22 x_2$$

即

$$\hat{y} = 4.74 + 1.37 f + 5.22 L$$

2. 多元线性回归的方差分析 检验 y 与 $x_1, x_2, \cdots, x_k$ 的线性相关关系的密切程度，通常用方差分析的方法。

因变量 y 总的离差平方和记为 L_{yy}，L_{yy} 可分为回归平方和 U 和剩余平方和 Q 两部分，即

$$\begin{aligned} L_{yy} &= \sum (y_i - \bar{y})^2 \\ &= \sum (\hat{y}_i - \bar{y})^2 + \sum (y_i - \hat{y})^2 \\ &= U + Q \end{aligned}$$

其中

$$U = \sum (\hat{y}_i - \bar{y})^2 = b_1 L_{x_1 y} + b_2 L_{x_2 y}$$
$$Q = \sum (y_i + \hat{y}_i)^2 = L_{yy} - U$$

回归平方和愈大，表示回归效果愈好，y 与这些自变量的线性关系愈密切。

在多元线性回归中，各平方和的自由度按以下原则确定：L_{yy} 为 $n-1$，U 为自变量的个数 K，Q 为 $n-k-1$。

剩余方差等于剩余平方和除以它的自由度，即

$$S^2 = \frac{Q}{n-k-1}, \quad S = \sqrt{\frac{Q}{n-k-1}}$$

S 即为剩余标准差，用以表示回归方程的精度。

用 U、Q 及其自由度，可计算出统计量 F 的值，即

$$F = \frac{U/K}{Q/(n-k-1)} = \frac{U}{KS^2}$$

F 值反映了回归平方和与剩余平方和的差异程度。对 F 值的检验，就是对回归方程回归效果的检验。在计算出 F 值后，查 F 分布表，F 表中有两个自由度，即 K 和 $n-k-1$。回归是否显著的判断准则如下

$$F \geqslant F_{0.01}(K, n-k-1)$$

则认为回归极显著；如若

$$F_{0.05}(K, n-k-1) \leqslant F < F_{0.01}(K, n-k-1)$$

则认为回归显著；如若

$$F < F_{0.05}(K, n-k-1)$$

则认为回归不显著，回归方程不应用作预测模型。

现仍以塔西河乡小家鼠预测模型为例。

$$L_{xy} = \sum y^2 - \frac{1}{n}\left(\sum y\right)^2 = 740.07$$

$$U = b_1 L_{x_1 y} + b_2 L_{x_2 y} = 637.27$$

$$Q = L_{yy} - U = 102.80$$

$$S^2 = Q/(n-k-1) = 14.68$$

则
$$F = U/KS^2 = 21.70$$

方差分析如表7-3所示。

表7-3 方差分析表

方差来源	平方和	自由度	方差	F值
回归	$U=637.27$	2	318.64	$F=\dfrac{318.64}{14.68}$
剩余	$Q=102.80$	7	14.68	
总计	$L_{xy}=740.07$	9		$=21.70$

查 F 分布表，$F_{0.01}(2,7)=9.55$，$F>F_{0.01}(2,7)$。

可见，此预测模型高度显著，可用于预测。

还可以分别对各个自变量进行检验，以确定它们对回归贡献的大小，对那些与 y 无多大关系的自变量，则应该剔除。至于检验方法，可参考各种数理统计学书籍。

3. 预测 以预测式直接算出的预测值 $\hat{y}$ 为点预测值，与一元线性回归类似，多元线性回归也可用近似方法求得回归方程的预测区间。根据正态分布的理论，以95%置信度的预测区间为

$$\hat{y} \pm 2S$$

多元线性回归预测亦可分为插入预测和外推预测，插入预测比较可信，外推预测则应该慎用。

当然，任何预测的准确程度，必将受到实践的检验。

三、模糊聚类预测法

为了对数量变动不规则的啮齿动物年间数量波动进行预测，可以用模糊数学的方法，分析种群数量变化的规律，建立预测模式。预测研究工作的基本过程如下：首先，按一定程序用鼠类动态及其影响因素为指标，对各时段进行模糊聚类，分析它们具有几种基本类型；然后再研究各不同类型的数量变化规律，建立几个不同的预测模型。在进行预测时，将预测指标同样用模糊聚类的方法处理，观察它们与哪一种模型相聚在一起，最后按该模型的变动规律进行估算，以取得预测值。下面以周立（1985）对灰鼠种群的研究为例，说明模糊聚类预测的方法。

(一) 模糊聚类

1. 指标的选取 因为要把影响因素和灰鼠数量变化趋势相似的年份聚在一起，所以选取了前两年的松子产量（代表食物条件和气候的综合作用）和皮张收购量（代表灰鼠数量的变动趋势）等4个指标。将1962—1981年的4项指标排列为 4×20 阶矩阵（表7-4），记为

$A=(a_{ij})$。为了消除量纲的影响,对矩阵 A 的每一个行向量进行标准化。使用公式为

$$b_{ij}=\frac{a_{ij}-\bar{a}_i}{\sqrt{S_i}}; \ i=1,2,3,4, \ j=1,2,\cdots,20 \tag{7-1}$$

其中
$$S_i=\frac{1}{20}\sum_{j=1}^{20}(a_{ij}-\bar{a}_i)^2$$

$$\bar{a}_i=\frac{1}{20}\sum_{j=1}^{20}a_{ij}, \ i=1,2,3,4$$

式中,$\bar{a}_i$ 为第 i 个指标的均值;S_i 为标准差。记矩阵 $B=\{b_{ij}\}$。

表 7-4 各年的指标

年	1962	1963	1964	1965	1966	1967	1968	1969
S_{-1}*	1 448.968	516.352	67.252	7 339.223	2 152.995	150.774	184.658	32.303
H_{-1}	23.973	39.494	11.474	25.060	52.710	29.969	61.564	22.697
S_{-2}	273.340	1 448.968	516.352	67.252	7 339.223	2 157.995	150.774	184.658
H_{-2}	19.347	23.973	39.494	11.474	25.060	52.710	29.969	61.564
年	1970	1971	1972	1973	1974	1975	1976	1977
S_{-1}	162.448	196.936	5 179.719	1 017.946	2 039.120	3 470.406	707.538	1 050.276
H_{-1}	20.600	34.749	23.766	50.583	35.624	81.337	48.490	49.237
S_{-2}	32.303	162.448	196.936	5 179.719	1 017.946	2 039.120	3 470.406	707.538
H_{-2}	22.697	20.600	34.749	23.766	50.583	35.624	81.337	48.490
年	1978	1979	1980	1981				
S_{-1}	3 917.993	3 000.000	1 800.00	1 500.00	* S_{-1}:前一年的松子产量			
H_{-1}	85.342	53.510	19.816	48.337	H_{-1}:前二年的松子产量			
S_{-2}	1 050.276	3 971.993	3 000.00	1 800.00	S_{-2}:前一年的灰鼠数量			
H_{-2}	49.237	85.342	53.510	19.816	H_{-2}:前二年的灰鼠数量			

2. 建立模糊关系 为了进行模糊聚类,首先确定模糊关系。因为要把食物条件和灰鼠数量变化趋势相似的年份聚在一起,以发现灰鼠数量变化规律,故将矩阵 B 的列向量的相关系数修正为

$$r_{ij}=\left\{\frac{\sum_{k=1}^{4}(b_{ki}-\bar{b}_i)(b_{kj}-\bar{b}_j)}{\sqrt{\sum_{k=1}^{4}(b_{ki}-\bar{b}_i)^2}\sqrt{\sum_{k=1}^{4}(b_{kj}-\bar{b}_j)^2}}+1\right\}/2 \tag{7-2}$$

其中
$$\bar{b}_i=\frac{1}{4}\sum_{k=1}^{4}b_{ki}$$

$$\bar{b}_j=\frac{1}{4}\sum_{k=1}^{4}b_{kj}; \ i,j=1,2,\cdots,m$$

定义为模糊关系系数。$\bar{b}_i$ 和 $\bar{b}_j$ 分别是矩阵 B 的第 i 列和第 j 列的均值。在式 7-2 中,括号内的第 1 项是矩阵 B 的第 i 列和第 j 列的相关系数,第 2 项(加 1)是保证 $r_{ij}\geqslant 0$,括

号外除 2 是保证 $r_{ij} \leq 1$。记 $R = (r_{ij})_{m \times m}$，此外 m 表示进行模糊聚类的年数。取 $m=16$，矩阵 R 是定义在 m 个年份集合上的模糊关系（表 7-5）。

表 7-5　模糊关系矩阵 R

1962	1.00														
1963	0.37	1.00													
1964	0.36	0.16	1.00												
1965	0.99	0.32	0.36	1.00											
1966	0.52	0.85	0.39	0.43	1.00										
1967	0.12	0.40	0.91	0.12	0.51	1.00									
1968	0.28	0.77	0.17	0.31	0.41	0.37	1.00								
1969	0.21	0.18	0.92	0.26	0.21	0.90	0.41	1.00							
1970	0.61	0.11	0.93	0.61	0.42	0.73	0.04	0.76	1.00						
1971	0.40	0.87	0.06	0.41	0.55	0.25	0.96	0.24	0.00	1.00					
1972	0.94	0.16	0.52	0.97	0.30	0.23	0.25	0.43	0.74	0.29	1.00				
1973	0.44	0.92	0.34	0.35	0.99	0.52	0.51	0.21	0.34	0.63	0.22	1.00			
1974	0.46	0.03	0.85	0.53	0.08	0.69	0.33	0.81	0.20	0.70	0.05	1.00			
1975	0.58	0.78	0.02	0.60	0.48	0.12	0.91	0.18	0.05	0.96	0.47	0.54	0.25	1.00	
1976	0.07	0.41	0.86	0.08	0.42	0.98	0.49	0.93	0.64	0.34	0.20	0.45	0.72	0.20	1.00
1977	0.17	0.45	0.50	0.16	0.23	0.85	0.78	0.31	0.70	0.31	0.24	0.71	0.63	0.75	1.00
年份	1962	1963	1964	1965	1966	1967	1968	1969	1970	1971	1972	1973	1974	1975	1976	1977

显然 R 满足

(1) 自反性。$r_{ij} = 1$　　$(i, j = 1, 2, \cdots, m)$

(2) 对称性。$r_{ij} = r_{ji}$　　$(i, j = 1, 2, \cdots, m)$

容易在计算机上验证，对于上述的 m 值，R 不满足。

(3) 传递性。$R \circ R \subseteq R$

即 R 是一个相似关系。为了进行模糊聚类，令 R 进行自身合成运算

$$R \circ R = R^2$$
$$R^2 \circ R^2 = R^4$$
$$\vdots$$
$$R^{2^L} \circ R^{2^L} = R^{2^{L+1}}$$

一直到某一个正整数 L，使

$$R^{2^{L+1}} = R^{2^L}$$

则 $R^* = R^{2^L}$ 不仅满足自反性、对称性，而且满足传递性。R^* 是 m 个年份集合上的模糊等价关系，可以依据 R^* 进行模糊聚类（汪培庄，1980；贺仲雄，1983）。

3. 模糊聚类　取 $m=16$，以 1962—1977 年为对象进行模糊聚类，即论域 $U = \{62, 63, \cdots, 77\}$。因为模糊关系矩阵 R 是对称矩阵，所以只列出对角线以下的元素于表 7-5。R 经过 3 次合成运算，R^8 是模糊等价关系，$R^* = R^8$ 列于表 7-6。

表 7-6 模糊等价关系矩阵 $\underset{\sim}{R^*} = \underset{\sim}{R^8}$

	1962	1963	1964	1965	1966	1967	1968	1969	1970	1971	1972	1973	1974	1975	1976	1977
1962	1.00															
1963	0.74	1.00														
1964	0.74	0.78	1.00													
1965	0.99	0.74	0.74	1.00												
1966	0.74	0.92	0.78	0.74	1.00											
1967	0.74	0.78	0.92	0.74	0.78	1.00										
1968	0.74	0.87	0.78	0.74	0.87	0.78	1.00									
1969	0.74	0.78	0.92	0.74	0.78	0.93	0.78	1.00								
1970	0.74	0.78	0.93	0.74	0.78	0.92	0.78	0.92	1.00							
1971	0.74	0.87	0.78	0.74	0.87	0.78	0.96	0.78	0.78	1.00						
1972	0.97	0.74	0.74	0.97	0.74	0.74	0.74	0.74	0.74	0.74	1.00					
1973	0.74	0.92	0.78	0.74	0.99	0.78	0.87	0.78	0.78	0.87	0.74	1.00				
1974	0.74	0.78	0.92	0.74	0.78	0.92	0.78	0.92	0.92	0.78	0.74	0.78	1.00			
1975	0.74	0.87	0.78	0.74	0.87	0.78	0.96	0.78	0.78	0.96	0.74	0.87	0.78	1.00		
1976	0.74	0.78	0.92	0.74	0.78	0.98	0.78	0.93	0.92	0.78	0.75	0.78	0.92	0.78	1.00	
1977	0.74	0.85	0.78	0.74	0.85	0.78	0.85	0.78	0.78	0.85	0.74	0.85	0.78	0.85	0.78	1.00
年份	1962	1963	1964	1965	1966	1967	1968	1969	1970	1971	1972	1973	1974	1975	1976	1977

根据 $R^* = (r^*_{ij})$ 的元素的离散等级，从大到小依次取不同的 λ 值（1≥λ>0），令

$$r^*_{\lambda ij} = \begin{cases} 1; & \text{当 } r^*_{ij} \geq \lambda \text{ 时} \\ 0; & \text{当 } r^*_{ij} < \lambda \text{ 时}, \quad i, j = 1, 2, \cdots, 16 \end{cases}$$

则 $R^*_\lambda = (r^*_{\lambda ij})$ 是 R^*_λ 的 λ 截集。R^*_λ 是以 1 或 0 为元素的普通等价关系，因此可以进行聚类，按行或按列将元素为 1 的年份聚在一起。随着 λ 值的减小，聚类由细逐渐加粗。

以 $R^*_{0.09}$ 为例列于表 7-7。

表 7-7 λ=0.99 的截矩阵 $R^*_{0.09}$

	1962	1963	1964	1965	1966	1967	1968	1969	1970	1971	1972	1973	1974	1975	1976	1977
1962	1															
1963	0	1														
1964	0	0	1													
1965	1	0	0	1												
1966	0	0	0	0	1											
1967	0	0	0	0	0	1										
1968	0	0	0	0	0	0	1									
1969	0	0	0	0	0	0	0	1								
1970	0	0	0	0	0	0	0	0	1							
1971	0	0	0	0	0	0	0	0	0	1						
1972	0	0	0	0	0	0	0	0	0	0	1					
1973	0	0	0	0	0	0	0	0	0	0	0	1				
1974	0	0	0	0	0	0	0	0	0	0	0	0	1			
1975	0	0	0	0	0	0	0	0	0	0	0	0	0	1		
1976	0	0	0	0	0	0	0	0	0	0	0	0	0	0	1	
1977	0	0	0	0	0	0	0	0	0	0	0	0	0	0	0	1
年份	1962	1963	1964	1965	1966	1967	1968	1969	1970	1971	1972	1973	1974	1975	1976	1977

当 $\lambda=0.99$ 时，1962 和 1965 年，1966 和 1973 年分别聚成一类。

动态聚类图如图 7-3 所示。整个聚类过程可在 SPSS 统计软件下运行。

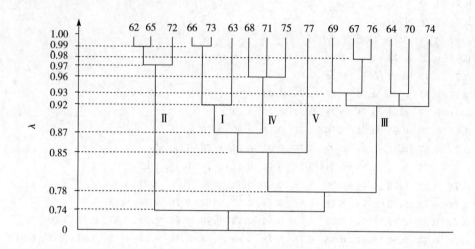

图 7-3 动态聚类图

（二）数量变化规律的分析

由图 7-3 可见，若取 $\lambda=0.92$，则 1962—1977 年可以聚成 5 类。为了说明每一类中各年在过去 2 年中松子产量和灰鼠的数量变化趋势，用直观的图示符号"↗"、"↘"分别表示产量或数量的上升、下降。并用虚箭头"↗"、"↘"分别表示由上一年到当年的灰鼠数量变化方向为上升或下降。比较靠近水平方向、斜率小的箭头，表示微升或微降。

Ⅰ 类：1966 年、1973 年和 1963 年。其中 1966 年和 1973 年在 $\lambda=0.99$ 时聚在一起，相似程度高。这一类的直观特征示于图 7-4。由图可见，Ⅰ 类中各年在过去 2 年中灰鼠数量急剧上升，但松子产量却大幅度下降；即前一年到当年的食物数量大幅度下降。因此，造成食物短缺，引起当年灰鼠数量的大幅度下降。由前一年到当年灰鼠数量的变化方向和食物数量的变化方向相同，均为下降。

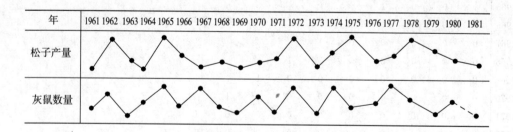

图 7-4 松鼠数量变动各类型的直观特征

从图 7-4 可以看出灰鼠数量波动的如下特点：

（1）最多连续 2 年上升或下降，不出现连续 3 年以上的上升或下降。

（2）若连续 2 年上升，则第 3 年下降。反之，若连续 2 年下降，则第 3 年上升。

（3）除 1973 年外，每隔 3 年的 1964 年、1967 年、1970 年、1976 年出现特殊的 Ⅲ②类

型的数量变化。

Ⅱ～Ⅴ类也作类似的分析，整个分析结果可如表7-8所示。

表7-8 聚类分析结果

类型		年份	过去2年松子产量的变化		过去2年灰鼠数量的变化		由前一年到当年灰鼠数量变化的方向和幅度
			方向	幅度	方向	幅度	
Ⅰ		1966	↘	大	↗	大	↗
		1973	↘	大	↗	大	↗
		1963	↘	大	↗	大	↗
Ⅱ		1962	↗	大	→	小	↗
		1965	↗	大	→	小	↗
		1972	↗	大	→	小	↗
Ⅲ	①	1969	→	小	↘	大	↘
	②	1967	↘	大	↘	大	↘
		1976	↘	大	↘	大	↘
		1964	↘	大	↘	大	↘
		1970	→	小	→	小	→
	③	1974	↗	大	↗	大	↘
Ⅳ		1968	→	小	↗	大	↗
		1971	→	小	↗	大	↗
		1975	↗	大	↗	大	↗
Ⅴ		1977	→	小	→	小	→

（三）灰鼠数量的预测

第二部分中叙述的对各年份的模糊聚类方法，以每一年的过去2年的松子产量和灰鼠数量为聚类指标，只要知道去年和今年的松子产量和灰鼠数量，就可以对明年和1962年至预测当年的年份进行模糊聚类。根据动态聚类图并结合上节的自反性、对称性特点按下述原则预测明年的灰鼠数量变化方向：

(1) 当$\lambda \geqslant 0.92$，明年与Ⅰ、Ⅱ、Ⅳ或Ⅴ类之一聚类成一类时，明年的灰鼠数量变化方向与该类各年份的灰鼠数量变化方向相同。

(2) 由于Ⅲ类由3个细类Ⅲ①、Ⅲ②、Ⅲ③组成，而该3个细类的灰鼠数量变化有所不同，若明年在较高的λ水平（$\lambda > 0.92$）与上述3个细类之一的某个年份聚在一起，则明年灰鼠数量变化方向与该细类中各年份的灰鼠数量变化方向一致。

(3) 若$\lambda < 0.92$，明年与5类中的1类或几类聚在一起，则应分析去年到今年松子产量和灰鼠数量变化与哪一类或哪一细类更相似，并结合自反性、对称性特点确定之。

我们将通过对1978年、1979年、1980年和1981年的预测，来说明如何运用这些原则。

灰鼠在已预测的数量变化方向上的变化数量取为历年来（1960—1980）变化量绝对值的算术平均值

$$\Delta N = \frac{1}{20}\sum_{i=1960}^{1970} |N_{i+1} - N_i|$$

式中，ΔN 为年变化量绝对值的平均值，作为预测变化量；N_i 为第 i 年灰鼠的数量，$1960 \leqslant i \leqslant 1980$。

经计算 $\Delta N=24.7$（千只）。随着累计数据的增多，可以逐年修正 ΔN 的值，并应要求预测的数量不得低于 11.474（千只）（历年来最低数值）。

1. 预测 1978 年的灰鼠数量 在式 7-2 中取 $m=17$，对 1962—1978 年进行模糊聚类，绘动态聚类图 7-5。在 $\lambda=0.95$ 时，1978 年与 Ⅳ 类聚在一起。因此，1978 年灰鼠数量变化方向应与 Ⅳ 类中各年相同。用图示符号表示为 ╱╲，即在 1977 年灰鼠数量的基础上下降 $\Delta N=24.700$（千只）。1978 年的预测值为 60.642（千只），1978 年的统计数字为 53.510（千只），相对误差为

$$\left|\frac{60.642-53.510}{60.642}\right| = 11.8\%$$

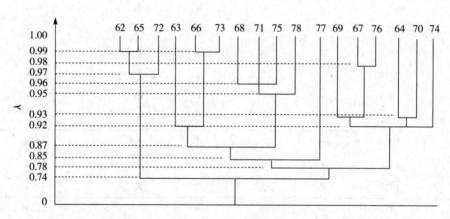

图 7-5　预测 1978 年灰鼠数量动态聚类图

2. 预测 1979 年灰鼠数量 在式 7-2 中取 $m=18$，在论域 $U=\{1962, 1963, \cdots, 1978, 1979\}$ 上进行模糊聚类。当 $\lambda=0.98$ 时，1979 年与属于 Ⅲ① 类的 1969 年聚在一起。1979 年的灰鼠数量变化方向与 Ⅲ① 类相同，为 ╲╲（减少）。

1979 年的灰鼠预测数 $=53.510-24.7=28.81$（千只），1979 年的统计数字为 19.816（千只），相对误差为 31.2%。

3. 预测 1980 年灰鼠数量 在式 7-2 中取 $m=19$，对 1962—1980 年进行模糊聚类。当 $\lambda=0.96$ 时，1980 年与 Ⅲ② 类的 1964 年聚在一起。因此，1980 年的灰鼠数量变化方向与 Ⅲ② 类相同，均为升高。1980 年预测数 $=19.816+24.7=44.156$（千只），统计数字为 48.337（千只），相对误差为 8.6%。顺便指出，1980 年的灰鼠数量变化方向亦可从对称性特点推断出来，因为 1978、1979 连续 2 年灰鼠数量降低，所以 1980 年应升高。

4. 预测 1981 年灰鼠数量 在式 7-2 中取 $m=20$，1962—1981 年的动态聚类图中，在 $\lambda=0.93$ 时，1981 年与第 Ⅰ 类的 1963 年聚在一起，因此，1981 年的灰鼠数量变化方向与 Ⅰ 类一致，即下降。1981 年的预测数 $=48.337-24.7=23.637$（千只），因为没有 1981 年的灰鼠数量数据，无法验证其准确程度。

四、有效基数预测法

该模型根据上一世代的有效种群数量、出生率、存活率来预测下一代的发生量。此法对一年中世代数较少的害鼠有较好的预测效果,特别在物候及天敌出生率较稳定的情况下效果更好。预测的根据是害鼠发生的数量通常与前一代的种群基数有密切关系,基数愈大,下一代发生量往往也愈大,反之则较小。

根据害鼠繁殖前的有效基数推算繁殖后任意时间的种群数量。计算公式是

$$P = P_0 \{e \cdot [f/(m+f)] \cdot (1-M)\}$$

式中,P 为繁殖数量,即下一代的发生量;P_0 为上一代的繁殖基数;e 为每只雌鼠平均产仔数;$f/(m+f)$ 为雌性百分率(%),f 为雌(♀),m 为雄(♂);M 为死亡率;$1-M$ 为生存率,可为 $(1-a)(1-b)(1-c)(1-d)\cdots$,$a$、$b$、$c$、$d\cdots$ 分别代表各阶段的死亡率。

有效基数预测法的关键技术是调查繁殖基数、繁殖力和死亡率。繁殖基数应在害鼠开始繁殖前抽样调查。繁殖力和死亡率可在整个繁殖期间抽样调查,或采用已有的近期资料。如果要进行中长期预测,繁殖结束后到下一繁殖周期开始时还应定期抽样调查死亡率,也可采用历史资料。

五、预测的经验模型

预测人员和当地群众在害鼠预测实践中所积累的经验非常重要,他们比较熟悉当地主要害鼠发生时间和发生程度的变化规律。一般来说,历史资料和当前有关资料愈完备,气象预报愈准确,实践经验愈丰富,预测的准确度就愈高。

基于经验上的经验模型可以是数学形式的,也可以是图表形式的,甚至还可以是文字陈述形式的。经验模型是把预测依据和预测结果之间的系统作为黑盒,只求输入和输出的关系。但经验模型有地区和时间的局限性,它只适用于建模数据来自的地区和条件,而且经验模型只能作出定性预测,或只能适合作短期定量预测。

以上介绍的几种预报模型中,一元线性回归使用得最多,但它只用 1 个预测因子,过于简单,常常不能概括复杂的现实情况。多元线性回归在一定程度上克服了上述缺点,特别是几个多元回归联合使用,成为多元回归系列方程预测模型,使测报工作效果大为提高(朱盛侃、陈安国,1993)。回归方程作为"黑箱模型",主要建立在历史的资料上,模型内各种关系固定化,因而难免有其局限性。

近年来有人使用了模糊聚类预测、种群动态模拟、灰色系统、马尔可夫链和时间序列等预测模型,对预测模式进行了一系列新的探索,显现出害鼠和鼠害预测预报已开始蓬勃发展的征兆。

第三节 预测结果的判别检验与评估

判别检验与评估就是对预测结果的准确性和可靠性进行验证。由于预测结果受资料质

量、预测人员的分析判断能力、预测方法本身局限性等因素的影响,所以未必都能确切地估计预测对象的未来状态。此外,各种影响预测对象的外部因素在预测期限内也可能出现新的变化,因而要分析各种影响预测精确度的因素,研究这些因素的影响程度和范围,进而估计预测误差的大小,评价原来预测的结果。在分析评价的基础上,通常还要对原来的预测值进行检验、修正,得到最终的预测结果,主要有以下 3 种方法。

(1) 实测检验法。实测检验法是指实地检测害鼠繁殖前的存留基数、繁殖性能、死亡率、成活率、食性、食量、迁移状况,以及害鼠总的成活率与主要生态因子、人为因素的关系等,调查繁殖后害鼠活动数量的消长、发生数量和危害程度率等,是对预测准确率最直接的一种验证方法。

(2) 回测检验法。回测检验法是指完成预测模型后,适时分析各种影响预测精确度的因素,研究这些因素的影响程度和范围,进而估计预测误差的大小,评价原来预测的结果。

(3) 专家评估法。专家评估法是根据专家的学识经验,对前述种种现况、资料和气象预报进行综合分析,并对照历史和参考当地以往预测的成败经验,推求出定性或发展趋势的预测。这种推求是靠专家头脑即席或短时间内完成的。如果用现代的计算机语言来说,知识库、推理机甚至一部分数据库全在专家头脑之中,别人无法得知,甚至专家自己也难以用语言表达出来。仅仅依靠专家评估会有不足之处:①只能作出定性或发展趋势的预测,难以作出定量的预测,往往不能满足估计损失量、确定防治指标、预测防治效果等技术要求。②一旦专家离去,他头脑中的知识库、推理机、数据库等便同时消逝,别人很难全部继承。

第四节 预 报

1. 预报的任务 通过对啮齿动物生物学和生态学特性长期周密地观察,积累大量资料,进行数据处理和综合分析,科学地预测啮齿动物在某一特定生态环境条件下的发生期、发生量、发展动向和危害程度,向有关地区的相关管理部门和农牧民群众提供长期、中期和短期通报,以便适时启动防控预案,有效开展防治工作。

2. 预报的制度 各县、市级测报站应将预测结果及时报告当地行政与生产管理部门,同时向省级测报站及行政与生产管理部门提出报告。

3. 预报时间 按 3 个主害期(繁殖前期、繁殖结束时和越冬前期)安排,一年报告 3 次,根据上一主害期的调查结果报告对下一主害期或下两个主害期作出预测结果。其中当年最后一次预报要对下一年的预测结果作出相关报告。

4. 预报形式 发布网络信息;书面报告等。

为便于全省汇总并开展省级预测预报工作,县、市级测报站向省级测报站报告预测结果的同时应附相关的原始数据资料。

第五节 测报的组织工作

建立和健全测报机构是做好测报工作的保证。如果仅仅认识到测报工作的重要性和必要性,甚至也懂得一些测报的技术方法,但是,不建立和健全测报机构,测报工作仍然无法开展。建立和健全测报机构,必须着重解决以下几个方面的问题:

1. 加强测报工作的领导　把开展测报工作列入领导机关的议事日程，定期对测报工作布置任务，提出要求并经常检查测报工作的开展情况，对测报工作中遇到的困难和问题要给予帮助和解决。

2. 根据鼠害防治的区划，逐步建立和健全测报机构　中央主管部门，可建立测报局、处，地方机构和小单位可以在计划部门内建立测报科、测报组。已经建立起测报机构的，要充实从事测报的专业技术人员，并建立测报工作制度，制订测报工作计划，把测报工作开展起来。

3. 建立测报档案，积累情报　经验证明，测报结果是否正确可靠，测报工作质量能否不断地得到提高，在很大程度上取决于预测所用情报资料是否充足和可靠。如果平时注意积累，有健全的档案管理制度，使用起来就会得心应手。要在地区之间、行业之间、单位之间建立情报资料交换制度。若情报资料实现了计算机管理和计算机联网关系，则测报工作将会步入一个新水平。

4. 有计划地培训专门测报人员　不断提高现有测报人员的理论和业务技术水平，积极开展测报实践活动，认真总结测报经验，加强测报教材的编写和出版工作。

5. 建立测报网络　至少在同系统、同行业范围内，把上、下、左、右和测报机构联结成网，一方面便于开展自上而下、自下而上和上下结合的多层次测报；另一方面也便于互通情报、交换资料，进行全方位的协作。

◆ 本章小结

本章主要对预测的概念、特点、类别、步骤、预测模型（方法）、预测结果判别检验与评估、预报及其组织实施进行了详细阐述。各种预测方法都有其适应范围和优缺点，不同的预测方法用于同一预测对象，其结果可能不同。因此，必须掌握各种预测方法的原理、特性和参数选择，确保选择合适的预测方法。在实际应用时，要注意实际情况，结合害鼠种群数量变化的规律及其生物学特性，选择合适的参数，以最大限度地保障预测的准确性。与此同时，应建立和健全测报机构，保障测报工作的顺利实施，抓住防控时机，有效控制鼠害。

◆ 复习思考题

1. 预测的基本原理和意义是什么？
2. 试比较本章几个实用预测模型的优缺点及适应情况。
3. 试述影响预测准确性的因素。
4. 预报工作如何顺利实施？你认为哪些方面还有待改进？

第八章

鼠害控制原理和方法

内容提要： 本章重点阐述了目前国内外鼠害防治中物理方法、化学方法、生物方法和生态防治四大鼠害控制方法，分析了4种方法的利弊，并对其具体应用情况和前景做了展望。同时还介绍了鼠害综合治理的策略，辅以常见害鼠的综合治理实践。最后阐明了常见灭鼠实验方法及其具体步骤。

第一节　物理控制方法

物理灭鼠法或称器械灭鼠法，是利用某些物理学原理制成灭鼠器械来捕捉或杀死有害啮齿动物的方法，也包括利用一些普通工具灭鼠的方法。

一、器械灭鼠

器械灭鼠是最常用的一种方法。这种方法简单易行，对人、畜比较安全，具有广泛的群众基础，若使用得法，效果较好，且易推广；但工效较低，因此很难在大面积灭鼠中使用。

捕鼠器的种类很多，但从结构和原理上看，不外乎几种类型，掌握其中一种，其他相似种类就不难使用。现介绍几种最常用的捕鼠器及其使用方法。

（一）鼠夹（板夹）

鼠夹是最常用的捕鼠工具之一，常以钢丝、木板或镂空的铁板为主体，架以铁丝弓，当鼠触动机钩时，由于弹簧的弹压作用，可使铁丝弓夹住鼠体。鼠夹按其大小和弹簧强度，可分为大、中、小3种类型，适于用来捕捉各种啮齿动物，其中以中型的使用较广。从结构看，又可分为带踏板的（图8-1）和带诱饵的（图8-2）两类。带踏板的中型鼠夹，铁丝弓的基部宽度（夹板中部的不动中轴）为7~8cm，弓的纵径（旋转半径）为6.5~7cm，活动踏板的长、宽各为3.5cm和2.5cm，灵敏度应为4~5g。利用鼠夹在野外捕鼠时，常常逼近洞口布夹，或放在鼠道旁和鼠类经常觅食的场所。先用小铁铲在洞口挖以浅槽，再支好鼠夹，

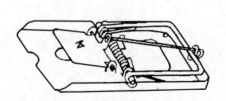

图8-1　带踏板的鼠夹

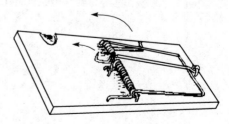

图8-2　带饵钩的鼠夹

仔细调整灵敏度，使鼠一触即发。轻轻把夹子放在槽内，尽量使踏板靠近洞口，但应注意击发后的铁丝弓不被洞壁卡住，踏板应尽量放平，并约与洞口下缘等高。踏板下不应有石块、泥土或草根等物，以免影响鼠夹的灵敏度。鼠夹放在鼠道上时，应使鼠夹与鼠道垂直，这样可以捕杀来自两个方向的鼠类。

鼠夹不仅可以在地面上使用，亦可放在高处，如树上、室内的横梁和水管上。此时，需将鼠夹以细铁丝拴住固定好，以免击发后坠落。

使用引诱力强的诱饵也很重要。常用的诱饵有：鲜甘薯块、油炸饼、花生米、葵花子，以及水果、鱼、肉等。

(二) 弓形夹

弓形夹（踩夹、钢闸）（图8-3）由两个弧形铁弓作为主体，利用弹簧钢片的强力弹压作用，当鼠触动踏板时，夹被击发，两个铁弓即猛力将鼠夹住。弓形夹应拴有细铁丝链，以便用铁钉、木桩等固定在地面上，防止鼠类或食鼠动物将夹带走。

依尺寸的大小和弹簧钢片的数目，可将弓形夹分为若干种型号，适用于不同大小的兽类（表8-1）。

图8-3 弓形夹

表8-1 弓形夹型号和捕捉对象

夹号	两弓之间的直径（cm）	钢板簧数	捕打对象
0	9	1	沙鼠，黄鼠
1	10	1	鼢鼠
2	12	1~2	野兔
3	15	2	旱獭
4	16	2	狐
5	17.5	2	狼

使用弓形夹时，一般不用诱饵，捕打小型啮齿动物，亦不需要伪装；但捕打大型啮齿动物（如旱獭之类），则要伪装。支架时，先用脚踏紧弹簧钢片，再打开铁弓，挂好活动挂钩，然后抬脚取夹，从弓下面伸手进去，仔细调整好踏板的灵敏度。布夹时，亦应逼近洞口挖一小坑，将夹放在坑内，铁链固定在洞口旁边的地上。

弓形夹是一种适应性很强的捕鼠工具，除用于捕打地面上的害鼠外，也可捕打洞内的鼢鼠、水栖的麝鼠和树栖的松鼠等。如要捕捉活鼠，应选用弹力较弱的弓形夹，并在两弓上缠些棉布，置放后勤检查；按照此法捕获的啮齿动物，仅有少部分死亡。

(三) 环形夹

环形夹（图8-4）主体为两片对称的带孔铁片，孔与鼠洞洞口大小相近，在柄端部

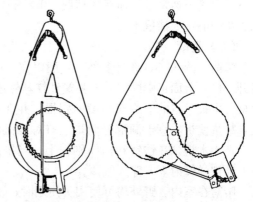

图8-4 环形夹

以穿钉相连，下片有一活动别棍，上片下缘有一缺刻，借柄部弹簧之力使两环撑开。

支夹时，用手将两环合拢，两孔对齐，将下环上的别棍卡在上环的缺刻上，使别棍挡住卡孔。环形夹一般有链，可挂在墙上，使夹孔正对鼠洞洞口，当鼠出洞时触动别棍，使别棍脱开，两铁环左右分开，鼠被捕获。

（四）捕鼠笼

捕鼠笼（图8-5）包括笼体、活门和机钩三部分。笼体除用铁丝编织外，也可以用带孔的铁片（工业下脚料）、木板或竹筒等制作。捕鼠笼常用以捕捉活鼠。捕鼠笼一般需用诱饵，布放在鼠的活动场所。有时亦可不用诱饵，但要在洞口前方挖一个槽，笼放入槽内后，笼门要盖严洞口的上前方，使鼠出洞口后只能进笼。同时，槽应给活门留落下的位置，诱饵亦要改装，上端从钩口向前改为向后，下端改成蛛网形或三角形（图8-5）。这样，当鼠进入笼触动网时，活门即可关闭而捕到鼠。

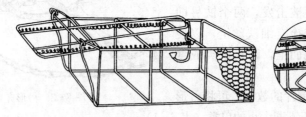

图8-5 捕鼠笼

除一般捕鼠笼外，尚有倒须捕鼠笼（图8-6）和活门捕鼠笼（图8-7）。

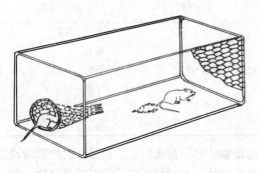

图8-6 倒须捕鼠笼

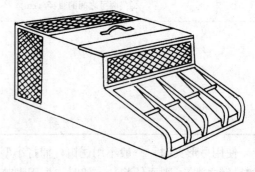

图8-7 活门捕鼠笼

捕鼠笼虽然笨重，捕获率稍低，但在需要捕获活鼠时其他方法很难替代。捕鼠笼是重捕标志法中的主要捕鼠工具。

（五）暗箭

暗箭（图8-8）亦有多种，一般以宽10～14cm、长25～30cm的木板作为主体，上下各开一口，背面正中固定一根弹簧和铁丝做成的箭，箭的上端接一短绳，绳的另一端拴一小木棍。木板下口的下缘安一横向别棍，并在下口左上方钉一铁钉。捕鼠时，将板竖立或斜立，尽量使板垂直于洞道走向，下口对准鼠洞洞口，再将箭向上提，使箭尖退到下口的上缘，把小木棍别在铁钉和横向别棍上。当鼠出洞时，踏动横木，使之下沉，小木棍失去控制，箭被弹簧射下，穿入鼠体。

暗箭在室内、野外均可使用。使用时，要求洞口明显，周围无障碍。它不需要诱饵，制作方便，捕获率高，在群众中使用甚广。

第八章 鼠害控制原理和方法　　197

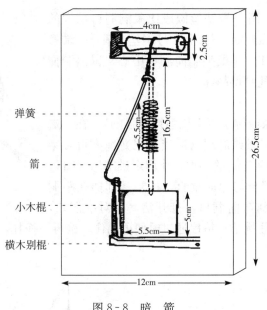

图 8-8　暗　箭

（六）地箭

地箭（图 8-9）是用以捕捉鼢鼠等地下害鼠的工具。地箭必需安放在直的主洞道上。

图 8-9　地　箭

先挖一坑切断洞道，洞道断口处要切齐，在断口旁钉两个木桩，洞顶的地面要铲平，洞道正上方安放 3 支铁箭。铁箭用 7~8 号铁丝作成，长约 25cm，先端磨尖，第一支箭距断口约 17cm，箭间距约 3.3cm，箭尖不得伸入洞道。杠杆短头吊一压板，长头拴一细绳，细绳远端栓一短支棍。安放时，先捏一泥球塞入断口，再把支棍别在小木桩上。鼢鼠前来封洞或经过洞道时，推动泥球，使支棍从木桩上滑脱，压板坠落，箭即穿入鼠体。

(七) 扎鼠环

扎鼠环（图 8-10）用 8 号铁丝做成比鼠洞洞口稍大的圆圈，带 3 条腿，可钉在地面。另用 14 号钢丝 3 根，一端磨尖，另一端绕在铁丝圈上，3 根尖刺向洞口中心。鼠出洞伸头，扎入颈部，鼠越挣扎刺得越深。

图 8-10 扎鼠环

(八) 挑竿

取长约 90cm 的竹条或柳条（选用弹性较强的），在一端拴上一个 18cm 长的马尾绳或麻绳（适当的尼龙绳亦可）结成的活套。另备一个长约 5cm 的小木桩作固定挑竿用（图 8-11）。布放时，将洞口铲至与地面垂直，挑竿基部插在距洞口约 50cm 处，挑竿顶部弯向洞口，打开活套，对准洞口，用插在洞旁的小木桩挡住挑竿。待鼠通过时便可勒住，鼠再一挣扎，就会使挑竿脱离小木桩而将鼠挑起。

图 8-11 挑 竿

使用挑竿时，要勤检查，随时校正碰歪的活套。此法适用于捕捉黄鼠、花鼠等。

(九) 活套

活套（图 8-12）主要以捕捉旱獭。一般用 18～22 号铁丝 4～6 股，拧成长约 1.5m 的铁丝绳，一端做成直径约 1cm 的圈，再将另一端穿过圈，做成直径 15～25cm 的活套，绳的另一端固定在木桩上，钉在洞口旁。活套应安放在旱獭的内洞口，可用草棍将活套固定在洞壁上。

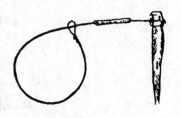

图 8-12 活 套

(十) 压板

多用一根小木棍，一端拴在木桩或树干上，另一端被横绑在石板上的细绳绊住，使石板一头悬起（图 8-13）。在靠近小木棍的细绳上悬挂诱饵，鼠若拉动诱饵，石板立即落下，将鼠压死。此法适用于室内或室外活动的鼠类。

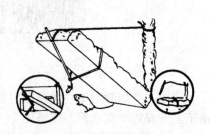

图 8-13 压 板

(十一) 三角闸

三角闸（竹箭）有很多种，有木制、竹制和铁制的，但原理相同。通常用 3 根竹棍做成三角形，在竹架顶端安一竹弓，竹弓的另一端固定在闸棍中部，闸棍游离端系绳，绳的另一端拴上一根杠杆，杠杆再以绳连一短别棍。安装时杠杆架在竖梁的竹枝上，别棍被另一根游离别棍别住。捕鼠时，如图 8-14 支好，游离木棍靠近洞口或横在鼠行道上。当鼠踏上游离木棍时，闸棍即将鼠压死。三角闸不需诱饵，捕鼠率高，室内室外均可使用。在我国南方使用较广。

（十二）粘鼠胶

天津卫生防疫站郭全宝研制成 101-粘鼠胶，为改性聚醋酸乙烯丙酮溶液。其中含固体物质约 65%，常温下为黏稠胶液，溶剂挥发后呈无色透明膏状，在 5~40℃ 时有很强的黏性，黏度 20~60Pa·S。在 50℃ 时流动性增加，但不至于溢流。其化学性质稳定无毒。

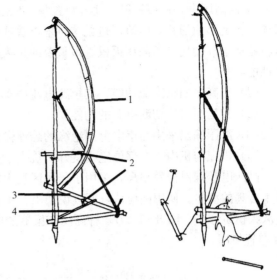

图 8-14 竹 剪
1. 竹弓 2. 别棍 3. 闸棍 4. 游离木别棍

在 15~20cm 见方的模板、铁片或硬纸板上，用 20~50g 胶液涂成环状，中央空白处放上诱饵，边角留少许空白便于手拿，胶约一硬币厚时可捕小家鼠，约两硬币厚时可捕褐家鼠。制成的粘鼠板对鼠具极强的诱惑力，含老鼠无法抵挡的诱饵，引诱老鼠直接赴食。可以放在房间的任何位置，不含有害成分。对老鼠的脚、嘴、头、毛同时粘住，老鼠越挣扎越粘得多，最后缠得紧紧，以死告终。防粘物采用三角形包装，投放后不用收起，可以放在任何位置，老鼠挣扎时胶不会粘住地面和其他物品。粘鼠胶有很多种，其化学性质稳定，使用方便，灭鼠效果较好。现市面上有商品化的粘鼠板出售（图 8-15）。

图 8-15 商品化的粘鼠板
（引自浙江丰华公司）

（十三）抽屉扣鼠法

取一只桌子上用的抽屉，用一根 50~70cm 长的短棒作支架，使用时用支架支撑起抽屉，呈一定的倾斜角度，再在支架上用一根细线吊放诱饵（图 8-16）。害鼠取食时触动支架，抽屉压下，将鼠扣在里面。取鼠时，可将抽屉的一边稍微抬起，然后平着插进一只竹筷或其他小木片，再将抽屉来回移动，等老鼠尾巴露出时，用力压住，将其拖出处理。

（十四）电子捕鼠器

目前生产的电子捕鼠器型号很多，其原理大同小异。多将生活用电通过电子器件的变换，成为 1 600~

图 8-16 抽屉扣鼠法

2 000V的高压电，在拟捕鼠的地方布置与大地绝缘的裸线电网，当鼠体触动电网时，电网、鼠体、大地形成通路，电流通过鼠体将鼠击昏或打死，捕鼠器同时发出声、光信号，人可及时将鼠取下。使用电子高压灭鼠，最重要的是人身安全。所以，合格的电子捕鼠器应具有下列性能：

(1) 有高压回路限流功能，其短路电流应小于60mA。

(2) 有延时自动切断电源的功能。

(3) 高压输出采用与市电电网绝缘的悬浮输出。

(4) 机壳与机内带电部位绝缘良好，机壳附有接地接线柱。

高压电子捕鼠器效率高，多用于居民区消灭家鼠。为了安全，应正确选用机型，不用设计不合理的型号。使用前应认真阅读说明书，不在具有易燃、易爆物品的地方使用，使用时应派人值班守护。图8-17为一种高压捕鼠器的电路原理图，电子捕鼠器使用时可参考图8-18布置使用。

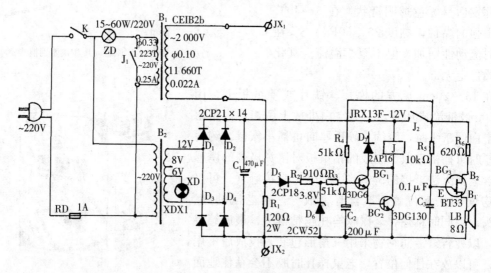

图8-17 电子捕鼠器电路图

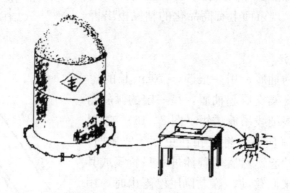

图8-18 电子捕鼠器的使用

（十五）超声波、电磁波灭鼠法

采用频率不断变化的电磁波、超声波和红外线，直接密集地强烈刺激和攻击鼠的知觉神经和脑中枢神经系统，使其十分痛苦、恐惧和不舒服，食欲不振，全身痉挛，繁殖能力降低，无法在此环境下生存而逃离该超声波覆盖区域。这种灭鼠仪器对人、畜均无害处，适用于粮库、食品加工厂、饮食服务行业仓库、副食品店、药库等处，在不适宜用药物毒饵灭鼠的场所使用最合适。使用时只要将仪器安放在空气流通良好的库房，便可驱赶鼠，直至鼠绝迹，以后每天开机 1h 即可。在频率选择上，不同的种的鼠对频率的反应也不同。鼠对该种超声波忍受不了时，一听到这种声音便逃跑，如有不逃者，时间长了，也会食欲减退，直至全身痉挛、四肢发硬死亡。正在哺乳的母鼠受超声波干扰后，即使不死也会变得乳汁枯竭，从而影响鼠的繁殖。

二、利用普通工具灭鼠法

利用一些简单工具直接捕杀害鼠的方法，如果利用得当，常能收到很好的效果。

（一）挖洞法

挖洞法主要用于野外洞穴比较简单的鼠种。判断洞里是否有鼠（主要依赖于实践经验）是本法取得成功的重要前提。挖洞前应先堵住周围的洞口，从一个洞口挖进。为了探明洞道走向，可用树枝、铁丝等进行探索，但不宜用手探洞，以防被洞内的虫、蛇、鼠等咬伤。挖洞时应仔细分辨被鼠临时堵塞的洞道。一旦发现有鼠，就用铁钳等工具捕捉。

此法虽然费工，但效果显著，不需要特殊工具，在消灭残鼠、调查鼠类密度和研究鼠类生态时常被使用。

（二）灌水法

灌水法主要适用于具有水源较近和土壤致密等条件的鼠类。确知洞内有鼠是灌水法取得成功的前提。灌水时，最好先将洞口挖成漏斗状，水要分次猛灌，灌一桶水后稍停，待水流入洞道深处再灌。同时，观察水面有无气泡，出现气泡是鼠溺水的现象，继续再灌水，如鼠冲出就可将其捕获。如遇沙质土壤，在水中加些黏土效果较好。雨后引水灌洞，可有事半功倍之效。

（三）灯光捕鼠法

许多夜间活动的鼠类，可以利用灯光捕杀。两个人一边慢慢行走，一边用灯光照射那些沙堆之间、灌木丛之间、沟渠、道旁的各个角落，可以惊动很多跳鼠和沙鼠。这些鼠类被灯光照射后，眼睛睁不开，一时呆若木鸡，可乘机用长树枝、长柄扫网捕捉或利用长杆横扫，打断其肢体而捕获。

（四）跌洞法

对防治棕色田鼠效果较好。寻找田间新排出的沙土丘，挖去松土找到洞口后，用手指（戴手套）将洞口的泥土轻轻掏净。由此洞口垂直向下挖一光滑圆形深坑，坑的直径约 20cm，深约 60cm，坑底压实。跌洞上盖上草皮。每隔 15min 左右检查一次，发现田鼠跌入坑内即行捕杀。此坑可连续适用几次。

山西群众的经验是，在 7 月后半月，蒙古黄鼠的幼鼠分居前，在洞口旁挖一坑，幼鼠一出洞就跌入坑内被活捉。

（五）竹笆围捕法

南方地区用以捕杀农田中的褐家鼠、小家鼠、黄毛鼠和板齿鼠等。用 50cm 高的竹笆，长几十米至数百米，黎明前或黄昏后围在田边，每隔 30m 开一门口，口外埋一水缸，缸口与地面齐平，缸内装有七成满的水，水中滴些煤油并覆盖上谷壳。鼠通过筮门时，就会跌入缸内而溺死。

草地上用的挖沟埋筒法与此法大同小异，可捕获各类鼠。挖一条长20～25m、宽5～25cm、深10～12cm的沟道，沟底平坦光滑，在沟道中央或两端埋深40～50cm的金属圆筒，筒的边缘不得高于沟底平面，口径不能小于沟道宽度。鼠类跌入沟槽内无法逃脱，从而擒获鼠类。一昼夜检查一次。

（六）人工捕打法

在鼠多的农区，当庄稼收割、堆放、拉运和堆垛时，常使隐蔽的害鼠暴露于外，发现之后，用枝条抽打，能消灭许多鼠害。据我国东北调查，水稻收割时，用此法捕打东方田鼠，效率可达73%～75%；大豆收割拉运时，捕打效率达76%～90%。此法对农田害鼠都有较好的效果。

三、枪 击 法

一般使用猎枪或气枪，对于旱獭也可以用小口径步枪，不提倡使用军用步枪。枪击灭鼠成本高，费工费时，残留密度也高，仅适于在特殊场合使用。

猎枪依枪管内径分型，常用的型号为12号、16号和20号。猎枪子弹常自行装填，填时先装底火，然后依次填装火药、毡饼、纸饼，压实后再装入铅砂、纸饼等。铅砂依直径大小分号，分别用于不同的猎取对象（表8-2）。

表8-2 铅砂号码和猎取对象

铅弹号	00A	00B	BB	1	2	3	4	5	6	7	8	9
弹丸直径（mm）	15	10	7	4.5	4	3.5	3	2.5	2.2	2	1.8	1.6
适于猎取的对象	虎、豹等	狼、鹿等	獐、鹿等	旱獭、野兔			灰鼠、黄鼠		黄鼠、沙鼠、花鼠、鼠兔			

枪击法常用于难以捕杀的树栖的种类、较大的鼠类。如花鼠下地为害前，先在树上观察动静，此时可用猎枪击之。在旱獭出洞前选好位置隐蔽好，耐心等待，旱獭警惕性很高，出洞时总是小心翼翼，东张西望，探索敌情，此时要冷静。也可以有另一人在远处逗引它，以分散其注意力，从而取得好的射击时机。

使用猎枪必须注意安全。在居民点外子弹才能装入枪膛，进入居民点时应立即退弹；发现目标时才开始打开保险，如不射击，马上关上保险；严禁枪口正面对人（空枪也不许对人，要养成这种习惯），以防走火伤人；背景不清、目标不明和目标紧靠墙角、山崖时，不能开枪。枪支应经常擦拭、上油，枪口不应堵塞。装药切勿过量，以防炸膛。

第二节 化学控制方法

用药物控制或消灭害鼠的方法称化学灭鼠法。灭鼠药包括杀鼠剂、绝育剂、驱鼠剂及增强毒饵诱鼠力的引诱剂等。杀鼠剂使用最广，可分为经口进入鼠体、由肠道吸收而发挥作用的胃毒剂和由呼吸道吸入而发挥作用的熏蒸剂。

一、化学绝育剂

所谓不育剂，一般包括避孕剂、杀精子剂、杀胎儿剂和杀配子剂等。化学绝育剂（chemosterilant）首先用于消灭有害昆虫，被称为自毁技术。简单地说，就是释放不能生育，但仍有性行为能力的昆虫，使害虫自然种群出生率下降，从而降低种群密度。如在一系列连续世代中重复上述做法，将使自然界野生种群一再减少，最终致灭绝。人们认为其远期效果远优于杀虫剂。在20世纪50年代末期，开始研究鼠类的化学绝育剂，发现并试用了一些降低鼠类出生率的化合物。

在雌性绝育剂方面，一些甾体激素类化合物和非甾体化合物或可阻止受精，或可中止妊娠，引起流产，或阻止泌乳，或促使幼体早夭，或令后代失去生殖能力等。合成的固醇类的Mestranol和Quinestrol具有很强的化学不育剂的能力（北原英治）。非甾类的雄性激素的拮抗物质1-｛α-[对-（α-甲氧苯基）-β硝基苯乙烯基]乙基｝吡咯烷单柠檬酸脂以极低量（25μg/kg）即对褐家鼠有效，效果约为Mestranol的20倍。多数雌性不育剂通常必须在鼠类受精后的妊娠初期才有作用，使用它们必须准确掌握时机，否则就要在整个繁殖季节不断投药才有效果。

令雄鼠绝育的化合物有α-氯代醇（epibloc）、贝奥雄性不育灭鼠剂、呋喃旦啶（furadantin）-秋水仙素（colchicine）合剂等。α-氯代醇和贝奥雄性不育灭鼠剂是登记商品化的绝育剂，它可引起大鼠、褐家鼠的附睾病变而致终生绝育。廖力夫等（1999）研究a-氯代醇对雄性灰仓鼠的不育效果表明：灰仓鼠对α-氯代醇的适口性较差，在200～2 400mg/kg剂量中，死亡率不到10%，并有不育作用，但导致不育的个体不超过50%。张知彬（1997）等利用α-氯代醇对雄性大仓鼠的不育进行了研究，结果表明：α-氯代醇的不育程度主要与剂量、作用的时间有关；对仓鼠的体重增长具有抑制作用；使鼠脾、睾丸及附近的脂肪组织产生明显的病变。

张显理等（2004）利用人用不育剂对甘肃鼢鼠种群控制的试验，选用的甲基炔诺酮速效避孕片，用生育控制效果和密度控制效果进行综合评价。试验结果表明生育控制率为46.0%，密度控制率为41.8%，显示甲基炔诺酮对甘肃鼢鼠的种群控制具有明显效果。

霍秀芳等（2006）利用贝奥雄性不育剂和左炔诺孕酮-炔雌醚复合雌性不育剂对长爪沙鼠作用。结果表明：雄性不育剂25～100mg/kg可使精子密度和活力下降，200mg/kg以上可致试鼠半数以上死亡；复合雌性不育剂1mg/kg即可致半数以上试鼠出现子宫水肿，5mg/kg和10mg/kg则出现子宫水肿，同时在子宫外壁形成淤血斑，60mg/kg和100mg/kg即出现死亡。

目前绝育剂适口性一般较差。雌性不育剂要在生殖周期的一定时刻使用，很不方便，而雄性绝育剂在现场试验时，并未能达到降低种群出生率的目的。

由于雌性绝育剂确实可能降低种群的出生率，引人注目；在研究控制人类生育的工作中，可能有不少因毒性太强等原因而淘汰的避孕药物，都是鼠类不育剂的候选药物。但是雌性不育剂对鼠类密度的影响，不一定比杀鼠剂更强，除了相对比较安全外，并不比杀鼠剂优越。因为如果不连续使用绝育剂，虽然在当代不会激发因种群密度降低而导致繁殖力的增强，但是在密度降低之后，上述生殖代偿机制仍不可避免。其远期效果优于杀鼠剂的推论是很可疑的。不过，在用其他方法降低了鼠密度之后，再使用雌性不育剂，可以抑制种群的生殖代偿机能，延缓种群复苏的时间。

绝育方法的优点，主要体现在雄性不育上，借助于不育的雄鼠与可育雄鼠的竞争，以降低出生率。但是，在迄今为止的现场灭鼠试验中，不育的雄性并未能降低种群密度。Kenenlly 等（1972）用外科手术将 85% 的雄鼠绝育，也不曾影响雌鼠的妊娠率。产生这种现象的原因，可能是许多鼠种属于群婚制，它们并无固定的配偶。一个未孕的雌鼠将很快发情，与另一雄鼠交配，如此反复，直到受孕为止。由于啮齿动物的婚配制度和交配行为为一雄多雌制和混乱的性交行为，即使 90% 的雄性不育也不能保证对种群整体的生育起到控制作用，所以，雄性抗生育剂在生产上防鼠意义不大（姚圣忠，2005）。单独雄性的抗生育防治在野外控制害鼠种群是没有意义的。对于农、林、牧业野鼠的抗生育防治，只有针对雌性不育或两性不育才是有效的。

显然，绝育剂距大规模应用还有一段相当远的路程。目前，驱鼠剂与引诱剂大致处于相似的发展阶段，本书不拟用过多的篇幅加以讨论。

二、驱鼠剂

在鼠类正常食物中加入某种制剂后能够起到抑制鼠类摄食作用的物质被称为驱鼠剂（rodents repellent），驱鼠剂又称忌避剂。使用驱鼠剂是一种防鼠措施。在大面积化学灭鼠后，如不与防鼠措施结合，其灭效在短期内即消失，鼠类很快从周围邻近地区迁入，恢复到原来的密度。化学驱鼠剂早在 1932 年就开始采用了，当时用一种硫黄和铜盐的混合物 96A 保护林木，驱逐野兔。20 世纪 50 年代进行了系统研究，大部分杀霉菌剂和昆虫驱避剂有驱鼠作用，胺类、氮化物、二硫化物等对褐家鼠都有驱避作用。随着对驱鼠化合物的筛选以及作用机理研究的深入，又相继发现了一些新的驱鼠物质，像肉桂酰胺、辣椒素、福美双、R-8 复合忌食剂、FSB1 忌食剂、多效抗旱驱鼠剂（RPA）、P-1 拒避剂等，并应用到生产实际中。良好的驱鼠剂应具备以下条件：①驱鼠效果好，有效期长；②低毒，不污染环境；③对热、光稳定，耐候性能好；④价格低廉。目前，驱鼠剂多用于驱避啮齿类和其他动物对苗木、电缆、光纤、管道、户外设施之类的塑料制品的啃咬；草地应用驱鼠剂防鼠的研究较少，与实际应用还有相当距离，有待进一步研究。

三、引诱剂

能引诱鼠至布饵处并摄食毒饵的组分或药剂被称为引诱剂（rodents attractant）。引诱剂有性引诱剂和食物引诱剂两种。从作用途径划分，一类是嗅觉引诱剂，另一类是味觉引诱剂。啮齿动物种类多，研究引诱剂所遇到的困难也比较多。化学引诱剂通常以气味来吸引鼠类，硫化物和长链烷基乙酸对雄鼠具有引诱作用。也可以用动情期的雌鼠尿液来吸引雄鼠，在小型试验中证明可提高杀灭率。一些化合物可用作味觉引诱剂，但难对实际效果进行客观评价。嗅觉引诱剂的使用，必须注意所用诱饵的适口性良好，以便提高引诱剂引来鼠的量。但在某些条件下，嗅觉引诱剂可以转化为强烈的拒食信号。在食物引诱剂中，植物油、动物脂肪、甜味剂、增味剂、食品调料等，对提高诱饵适口性的效果比较稳定，适应面广。性引诱剂通常从鼠的粪、尿和一些腺体分泌物中提取。对性引诱剂的研究，目前尚处于试验的初级阶段，它的选择性较强，往往只对同一种鼠有效。鼠类的外激素或许是一个可开发的领域。

四、毒饵灭鼠法

毒饵灭鼠是使用胃毒剂配制成各种不同浓度的毒饵，诱鼠取食，使鼠中毒死亡的灭鼠方法。有时，通过其他方法使毒药进入鼠口将鼠毒死，也可从广义上看成是毒饵灭鼠的一种形式。

毒饵灭鼠的历史悠久。目前，由于毒饵灭鼠有很多优点，已经成为国内外主要的灭鼠手段。

一般毒饵灭鼠具有以下几方面的优缺点：效果较好，由于鼠类觅食能力很强，进食频繁，因此只要使用得当，一般都可收到较好的灭鼠效果；效率较高，毒饵可以成批配制，投放比较简单，在一般情况下，投饵所用工时仅为熏蒸灭鼠的 $1/3\sim1/2$，而且对多种鼠类还可以利用畜力或各种机械进行，效率更高；费用较小，一般每千克毒饵可以处理 1 000 个鼠洞，与其他灭鼠方法相比，成本较低。但亦有不足之处，在多数情况下需要消耗一定数量的粮食。粮食及其制品是较好的诱饵，配制毒饵也比较方便；因此，为保证效果，平均每 1 000 个鼠洞需要粮食 1kg。此外，在使用毒饵时，如果疏忽大意，容易引起人、畜误食中毒。目前，使用的多种毒物对人、畜的毒力均比较强，误食中毒的可能性依然存在。所以，使用毒饵时一定要注意安全问题。

（一）对胃毒剂的基本要求

如何选好毒饵中的杀鼠剂，对灭鼠效果具有决定性的意义。优良的杀鼠剂，应该是安全、有效、使用方便和价廉易得的。有毒的药物很多，但能用于灭鼠的仅占其极少的一部分。这是因为有毒是灭鼠的先决条件，但不是唯一条件。要使毒物进入鼠口发挥毒杀作用，还必须解决"入口"问题。经口灭鼠药一般要鼠自行食入。所以，衡量毒物是否可以用于灭鼠，通常需要考虑以下几个方面的问题。

1. 毒力 关于杀鼠剂的毒力，有一个衡量它的客观标准——致死量。过去曾采用能够毒死全部受试动物的最低剂量（LD_{100}）为毒力的指标。但这一指标极不稳定，受个别耐受力强的动物的影响。目前，国际上通常采用致死中量（或半数致死量）（LD_{50}）表示药物的毒力。致死中量为毒死半数受试动物的剂量，其单位为每千克体重的动物所需药物的质量（mg），记作"mg/kg"，LD_{50} 愈小，药物毒力愈大。致死中量代表群体的致死量水平，其对数为群内个体致死量对数的平均值，是最有代表性的。可以利用统计学原理，以较少的试验动物，通过适当的方法求出，因而是比较各种药物的毒力和各种动物对某种药物感受性的最适宜的指标。但是致死中量仅能代表种群致死量的一般水平，不能反映种群中各个个体对药物感受性的差别。对灭鼠药物来说，个体差异的大小直接关系到灭鼠效果的高低。致死中量相近但个体差异不同的两种灭鼠药物，若其他条件（如适口性等）类似，则个体差异小者效果好。这是因为耐药力大的个体越少，残存鼠数越少。因此，在测定药物致死中量时，还应测定其标准误。LD_{50} 很接近的两种药物，若标准误相差较大，灭鼠效果会有明显的区别。

毒力的选择性，所谓选择性，一般指药物对各种动物毒力的差别，这是非常重要的特征。对灭鼠药来说，通常着眼于人、畜与鼠类之间毒力的差别，选择性越强，毒力差别越大，对人、畜的威胁越小，使用也越安全。当然选择性不宜过强，如果药物仅对几种鼠类有剧毒，则使用范围会受到很大限制。

实践上常将毒剂进行分级。毒力的分级如表8-3所示。

表8-3 杀鼠剂毒力分级表

LD_{50} (mg/kg)	<1.0	1.0~9.9	10~99	100~999	≥1 000
毒力级	极毒	剧毒	毒	弱毒	几乎无毒

理想的杀鼠剂，应该是防治对象广（广谱），对鼠的毒力强（高效），对人、畜的毒力弱，使用时比较安全（低毒）的毒物。

2. 适口性 适口性表明了鼠类对有毒药物接受的程度，是毒物能否用作杀鼠剂的试金石。适口性可分为首遇和再遇两种，好的杀鼠剂应该是两种适口性皆好，这样才能间隔一段时间后继续使用。但目前使用的杀鼠剂，多数首遇适口性较好，而再遇适口性较差，如磷化锌。

再遇适口性又称为拒食性。它的产生可能是鼠吃了不足以致死的毒饵，把毒性发作时的不适感与毒饵联系起来，再遇当然拒食。有时，由于药物作用速度太快，部分个体在毒饵附近挣扎或死亡，其他未中毒的个体有可能产生反射性拒食行为。

判断毒剂适口性的好坏，不能依赖人类的感官和主观判断，而应直接用靶子鼠进行试验。现今衡量适口性的标准为摄食系数，它代表鼠类取食毒饵的比例。摄食系数的测定可以在实验室内进行，也可以在灭鼠现场进行；可以仅投以毒饵（无选择性试验），也可能同时投以毒饵和无毒饵（有选择性试验）。

3. 耐药性 有两种耐药性，一种是生理型耐药性，如有些鼠种吃了亚致死量的安妥后，能产生数倍至数十倍的耐药力，显著地影响了灭鼠效果，使安妥的使用越来越少。这种耐药性一般在体内只能维持有限的时间，超过这个时间，耐药性可能减弱或消失。

另一种是遗传型耐药性，由于动物种群遗传性总是多型的，不同个体对药物敏感程度存在着差异，在连续使用该种药物灭鼠后，敏感鼠大部分被消灭，种群敏感基因频率下降，抗性鼠残留下来并得到繁殖的机会，种群抗性基因频率上升，从而形成耐药种群。在反复使用抗凝血剂后出现的"超级鼠"，就是这样形成的。据报道，"超级鼠"与敏感鼠相比，在没有抗凝血剂作用的情况下，其生活力较差，所以经过若干世代后，抗性种群中的抗性基因频率会自然下降，种群总的抗性水平将自然降低。

灭鼠药物再次使用效果不好，不一定是产生了耐药性，有时与使用不当（如浓度过大）、诱饵变质所引起的鼠类拒食以及再遇适口性差等有关。

4. 药物的作用速度 从灭鼠的效果要求，药物的作用速度以适中为宜。中毒过快一方面常使部分个体在食足致死量前发生不适感，而终止取食，达不到致死量而幸免于死，而且可能对药物建立条件反射，成为再遇拒食的个体；另一方面有些个体见到同类因中毒死亡而产生疑惧，不仅拒食毒饵，甚至短期迁移。所以，不少人强调中毒潜伏期要稍长些，即中毒症状在服毒后经较长时间出现才好。再者，毒力选择性不高的毒物，作用稍慢，有利于误食中毒后的急救，故从人、畜安全方面考虑，同样要求以作用速度较慢为好。

5. 药物的稳定性 总的要求是药物在配制毒饵之前性质稳定；配成毒饵之后，经一段时间失效，或将鼠毒死之后在鼠体内分解，这样可以减少误食中毒和二次中毒，有利于保存和大面积使用。从环境保护来要求，也有利于减少毒物在自然界的滞留，避免污染环境。

6. 解毒剂 目前使用的灭鼠药物，大都对人、畜有或强或弱的毒力，在使用过程中，难免发生人、畜误食中毒的事故。所以有无特效的解毒剂也是评价药物的条件之一。

7. 其他 如能否溶于水中，或是否结块，均与配制毒饵有关；价格和来源也应适当考虑。

总之，对药物的要求，不外有效、安全、方便和经济几个方面。但目前还没有找到同时具备以上所有条件的杀鼠剂。因此，在选择已有的杀鼠剂时，应该根据当时当地的具体情况，合理使用各种药物，扬长避短，以期达到好的杀灭效果和较高的经济效益。

胃毒剂分为急性杀鼠剂和缓效杀鼠剂，二者不仅作用速度有别，而且使用方法也有所不同。前者仅需投放一次毒饵，称单剂量杀鼠剂；后者必须多次低浓度投药，称为多剂量杀鼠剂。

（二）常用的急性胃毒剂

急性胃毒剂是使用最早的杀鼠剂。作用速度较快，有的在服药后数分钟即发作，潜伏期较长的也不过数小时至数十小时。最初多半用一些无机化合物（如三氧化二砷）和有毒植物（如红海葱）等，现在以人工合成的有机化合物为主。现将常用的和最近可能应用的胃毒剂灭鼠药物分别介绍于后。

1. 磷化锌 在常用的灭鼠药物中，磷化锌（zinc phosphoride，Zn_3P_2）使用的历史最长。最早可追溯到1911年意大利Modena省处理鼠间疫区。几十年来，它的使用已遍及各国。磷化锌适用面较广，能成功地消灭大多数鼠类，成为目前仍在使用的少数几种无机灭鼠药之一。

（1）理化性质。磷化锌的纯品为灰黑色粉末，比重4.72，有较强的类似大蒜的气味。不溶于水，稍溶于碱和油。在干燥状态下，化学性质稳定，遇酸则分解，产生剧毒的磷化氢气体。

$$Zn_3P_2 + 6HCl \longrightarrow 3ZnCl_2 + 2PH_3 \uparrow$$

纯磷化锌含磷24%，目前国内产品以含纯磷化锌80%以上为出厂标准。

磷化锌遇水或空气中的水蒸气均能缓慢分解，应储存于干燥处。但此过程相当迟缓，据试验，10%磷化锌植物油玉米毒饵保存室内，历时224d分解约50.93%，在室外分解稍快，在日晒处历时112d减毒约79.18%；在不能直接日晒雨淋处，同样时间仅减毒约41.63%。在草地上，含20%磷化锌的玉米放置15d，1/3粒仍能杀死一只黄鼠。因此，在使用时，应该充分估计到磷化锌毒饵的残效期并不像以往人们所认为的那样，在一个月左右就能分解得差不多，而是要比这个时间长得多。

（2）毒力和毒效。磷化锌对各种鼠的毒力，相差不太大，如表8-4所示。

表8-4 磷化锌对各种鼠的毒力

鼠 种	LD_{50} （mg/kg）
蒙古黄鼠	22.3~36.3
黄胸鼠	27.6
黄毛鼠	29.7

(续)

鼠　种	LD_{50} (mg/kg)
褐家鼠	40.5
东方田鼠	17.0
莫氏田鼠	9.1
长爪沙鼠	12.0
背纹仓鼠	4.0

对几种鼠的最低全致死量（LD_{100}）(mg/kg)：小家鼠 150～200，斯氏家鼠 30.0。

不过，由于磷化锌发挥毒效作用，是在被鼠的胃酸分解后开始的，分解速度与胃酸的分泌情况有关，故当诱饵为鼠类喜食的食物时，致死量大大下降，甚至达正常致死量的一半。同时，用蒙古黄鼠做试验，同一地区的不同性别和处于不同生态期的个体，致死量很不相同（表 8-5）。

表 8-5　磷化锌对不同生态期黄鼠的毒力（LD_{50}）(mg/kg)

生态期	成年雄鼠	成年雌鼠	成年雄鼠雌鼠	幼鼠
出蛰期	36.30			
妊娠期	22.20	约 60.00		
哺乳期	约 20.00	约 20.00		
分居期			24.34*	10.59
育肥期			22.16*	14.22

注：* 为混合测定结果。

磷化锌对人的毒力估计与褐家鼠相近，LD_{50} 在 40 左右。

鸡对磷化锌较敏感，其 LD_{100} 约为 10mg/kg，鸭、鸽等也近似。所以不宜用于禽舍灭鼠，住宅区灭鼠时，也要防止家禽误食中毒。磷化锌对绵羊的 LD_{50} 为 20mg/kg；牛、马食入的磷化锌较多时，亦能中毒死亡。

中毒鼠尸肌肉或其他组织中无磷化锌沉积，但猫、犬、猪等吞食中毒鼠尸，鼠尸肠胃道中的磷化锌可使其中毒死亡。

磷化锌的适口性好，鼠类一般乐于取食，但如果食后未死，就会产生再遇拒食现象。因此，在同一地区连续使用，效果会逐次下降，应在短期内换用其他药物。

磷化锌的蒜味，尤其是加油以后，容易引起某些种类的蚂蚁采食。因此，在蚂蚁密度高的地区和年份，磷化锌毒饵的灭鼠效果就会显著降低。据一次观察，投磷化锌植物油玉米后 3h 内，绝大部分毒饵被蚂蚁搬走，搬饵量达 490g/hm^2。灭家鼠时，某些蟑螂也喜食磷化锌毒饵，这对灭鼠效果虽然没有多大影响，但却可能由于家禽啄食这些蟑螂而引起二次中毒。

(3) 毒理作用。磷化锌与胃酸作用产生的磷化氢，被消化道吸收而进入血液。磷化氢能抑制细胞内的氧化过程，并能引起肝、肾和心肌等脏器的脂肪性病变。磷化锌还损害神经系统，使神经机能先抑制后麻痹，出现后肢瘫痪，休克而导致死亡。大量的磷化锌还可引起胃穿孔和其他肠胃道刺激症状。

值得注意的是，极个别人对磷化锌有过敏现象，仅因一次徒手配制毒饵，而出现强烈的慢性中毒，长期治疗后未能全部恢复劳动力。因此，使用时应注意。

(4) 使用方法。一般用于配制毒饵,使用浓度一般家鼠为 3%～5%,野鼠为 10%～15%。

其次,还可配成毒水(药物占液体表面积的 5%～10%)、毒粉(浓度为 10%～20%)、毒糊(5%～10%)等,主要用于消灭家鼠。

2. 甘氟 甘氟(gliftor,$C_3H_6OF_2$ 和 C_3H_6OClF)是氟醇类有机化合物,由 70%～80% 的 α,γ-2 氟丙醇和 20%～30% 的 α-氯-γ-氟丙醇所组成的混合物。其结构式分别为

$$F—CH_2—CH—CH_2—F \qquad Cl—CH_2—CH—CH_2—F$$
$$\qquad\;\;\;\; | \qquad\qquad\qquad\qquad\qquad\;\;\;\; |$$
$$\qquad\;\; OH \qquad\qquad\qquad\qquad\qquad\; OH$$

α,γ-2-氟丙醇 　　　　　　α-氯-γ-氟丙醇

(1) 理化性质。甘氟是无色或微黄色透明液体,略有酸味,可溶于水、乙醇和乙醚等溶剂中,沸点为 120～130℃,相对密度 1.25～1.27。化学性质稳定,但很易挥发。

(2) 毒力与毒效。甘氟对鼠和家畜的毒力很强(表 8-6),但对家禽的毒力很弱,鸡、鸭的最低致死量分别为 1 500mg/kg 和 2 000mg/kg,所以适于用在禽舍灭鼠。

表 8-6　甘氟的毒力

动物	LD_{50} (mg/kg)	动物	LD_{50} (mg/kg)
达乌尔黄鼠	4.5	褐家鼠	30.0
长爪沙鼠	10.0	犬	6.0
高原鼠兔	3.4	家兔	10.0
中华鼢鼠	2.8	羊	<4.0

甘氟的适口性较好,但个别个体中毒未死之后,仍有拒食同种毒饵的现象。

甘氟有内吸作用,可以用喷雾法消灭草地害鼠。由于甘氟可经健康皮肤吸收,达到较大的剂量时,也可导致死亡,所以,使用时必须注意安全。

(3) 毒理作用。一般认为氟醇类药物进入鼠体后即形成氟乙酸,破坏机体内重要代谢过程——三羧酸循环,而导致中毒死亡。

(4) 使用方法。一般用浸泡法配制毒饵,常用浓度为 0.5%～1.0%。毒饵拌匀后,应密闭放置一段时间,使药液渗入饵内,以免毒饵迅速挥发,减毒失效;用 0.2%～1.0% 溶液喷洒牧草,可消灭草地害鼠,喷洒量为 50～100mL/m²。此法有效期的长短与剂量大小和植物生长期有关。当喷洒 0.2% 以下溶液时,对鼠兔的残效期不到 7d,若用 1.0% 溶液时,则长达 60d 以上。

在常用的有机氟灭鼠药物中,还有氟乙酸钠(1080)和氟乙酰胺(1081),它们的灭鼠效果相当好,不过由于具内吸作用,植物吸收后带毒期过长;有明显的二次中毒甚至三次中毒现象;并可经健康皮肤吸收,还无特效的解毒剂,所以我国有关部门已明令禁止用作杀鼠剂。

3. 毒鼠磷(phosazetim,$C_{14}H_{13}Cl_2N_2PS$)　化学名称是 O,O-双(对氯苯基)-N-1-亚氨基乙基硫代磷酰胺。其结构式为

毒鼠磷是20世纪60年代发展起来的有机磷杀鼠剂，1973年我国首次在旅大市化学研究所合成，是广谱速效的灭鼠药物。

(1) 理化性质。毒鼠磷为白色粉末或晶体，没有特殊气味，易溶于二氯甲烷，微溶于丙酮、醇和苯，难溶于水。在干燥环境下比较稳定，在室温下不分解，亦不潮解，熔点105～109℃。

(2) 毒力与毒效。毒鼠磷对哺乳动物的毒力很强，毒力的选择性较弱（表8-7），个体差也小。但对家鸡的毒力较弱，对鸡的致死中量为1 778mg/kg，故在鸡舍中使用比较安全。

表8-7 毒鼠磷的毒力

动 物	LD_{50} (mg/kg)	动 物	LD_{50} (mg/kg)
小 鼠	8.7	蒙古黄鼠	23.43
黄毛鼠	16.9	高原鼠兔	7.81
褐家鼠	20～30	犬	26～45
板齿鼠	约7	羊	3～5
布氏田鼠	12.1	猴	30～50
长爪沙鼠	11.6	鸭	14～18

本品的适口性较好，从取食到毒性发作之间有长达12h以上的潜伏期，无反射性再遇拒食现象。经多次试验，灭效比磷化锌好。

毒鼠磷可经健康皮肤吸收，其毒力约为经消化道吸收毒力的1/5～1/10。使用时应避免与皮肤和黏膜接触。

据文献报道，毒鼠磷不会引起二次中毒，但国内试验结果证明，仍有发生二次中毒的可能性。

毒鼠磷亦有内吸作用；累积中毒不明显。

(3) 毒理作用。毒鼠磷的毒理和其他有机磷农药相似，主要在于抑制胆碱酯酶的作用。它的磷酸根部分与胆碱酯酶的活性部分紧密结合，使酶失去活性，引起神经突触处乙酰胆碱的过量积聚。因此，使胆碱能突触的冲动传递功能先兴奋，继而麻痹，致使胆碱能神经节后纤维支配的器官、组织出现一系列的异常活动。例如，抑制心血管，兴奋平滑肌，增加腺体分泌，缩小瞳孔，兴奋骨骼肌等。

此外，有报道，从解毒试验的结果来看，毒鼠磷还有其他作用。因为用阿托品和胆碱酯酶复活剂解毒，胆碱酯酶的活力虽可显著恢复，但只能延缓死亡时间，而不能康复。所以此药属于难用习见的有机磷解毒剂急救的有机磷毒物之一，应加强管理。

(4) 使用方法。毒鼠磷系广谱杀鼠剂，可用于毒杀各种家鼠和野鼠。一般可配成0.1%～1.0%的毒饵使用。在消灭褐家鼠和小家鼠时，使用浓度可为0.1%～0.3%，有人用0.05%的毒饵消灭长爪沙鼠，亦收到灭洞率86.33%的效果。夏秋季在粮库内，亦可配制成蔬菜毒饵和毒水使用。

4. 灭鼠优 灭鼠优（pyrinuron，$C_{13}H_{12}N_4O_3$）商品名有Vacor、RH-787等，化学名称是N（3-B吡啶甲基）-N'-（4-硝基苯基）尿素，其结构式为

$$\text{结构式：吡啶-CH}_2\text{-NH-CO-NH-C}_6\text{H}_4\text{-NO}_2$$

(1) 理化性质。纯品为淡黄色晶状粉末，无臭无味，熔点 223～225℃（同时分解），不溶于水和油，溶于乙醇、丙酮等有机溶剂，与强酸生成的盐溶于水。

(2) 毒力与毒效。灭鼠优的毒力具高度的选择性，对许多鼠种的毒力较强，对家畜家禽的毒力甚弱（表 8-8），因而使用时比较安全。

表 8-8 灭鼠优的毒力

动物	LD_{50} (mg/kg)	动物	LD_{50} (mg/kg)
褐家鼠	4.75	豚鼠	30～100
屋顶鼠	18.0	兔	>300
黄胸鼠	32	犬、猪	>500
黄毛鼠	17.2	鸡	>1 000
小家鼠	45.0	鸽	>1 780
黑线姬鼠	35～98	猴	2 000～4 000
长爪沙鼠	16.5		

灭鼠优的适口性较好，从进食到发挥作用一般需 2～4h，在 8～12h 内死亡，无反射性拒食现象。无二次中毒危险，不过，在韩国曾发生过人的中毒事故，所以也不应放松警惕。

(3) 毒理作用。灭鼠优在机体内与烟酰胺产生竞争性抑制，使辅酶Ⅰ或辅酶Ⅱ不能正常形成和失去活性，脱氧酶失去有效辅酶，脱氧作用不能正常进行，致使代谢紊乱。中毒鼠表现为精神萎靡，继而呼吸急促，后肢软瘫，卧倒不起，死于呼吸肌瘫痪。

(4) 使用方法。多用于防治家栖鼠种。毒饵浓度为 0.25%～2%，也可用作舔剂，浓度为 10%。烟酰胺为特效解毒剂。

5. 灭鼠安 灭鼠安（$C_{13}H_{11}O_4N_3$）化学名称是 3-嘧啶基甲基-N-（对硝基苯基）氨基甲酸酯，其结构式为

$$\text{吡啶-CH}_2\text{-O-CO-NH-C}_6\text{H}_4\text{-NO}_2$$

灭鼠安是 20 世纪 70 年代出现的新型广谱杀鼠剂。

(1) 理化性质。纯品为淡黄色结晶粉末，无臭无味，熔点 232～234℃（分解），不溶于水和油，溶于乙醇、丙酮等有机溶剂，与强酸生成的盐溶于水。

(2) 毒力与毒效。为广谱强力杀鼠剂，选择性很强。对各种动物的致死中量如表 8-9 所示。

表 8-9 灭鼠安的毒力

动 物	LD_{50} (mg/kg)	动 物	LD_{50} (mg/kg)
褐家鼠	17.8	蒙古黄鼠	60~70
黄胸鼠	51.0	豚 鼠	100~1 000
黄毛鼠	10.7	兔	100~500
小家鼠	23.0~83	鸡	>4 000
黑线姬鼠	9.4	鸽	>4 000
高原鼠兔	59.71	犬	>1 000

(3) 毒理作用。与灭鼠优相似。

(4) 使用方法。多用于防治家栖鼠种,毒饵浓度 0.5%~2%。

6. 环庚烯 环庚烯（$C_{20}H_{23}N$）又名 UK-786,化学名称为 N-嘧啶基-10,11-二氢-二苯（a,d）环庚烯,结构式为

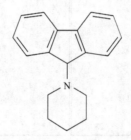

(1) 理化性质。纯品为白色结晶,无臭无味,溶点 102℃,不溶于水,溶于甲醇和乙醇。

(2) 毒力与毒效。本品只对褐家鼠有剧毒,对小家鼠、黄胸鼠等鼠类毒力很弱,对其他许多动物几乎无毒（表 8-10）,是已知的选择性最强的杀鼠剂。

表 8-10 环庚烯的毒力

动 物	LD_{50} (mg/kg)	动 物	LD_{50} (mg/kg)
大鼠（♂）	6.6	长爪沙鼠	>500
（♀:♂=1:1）	7.1 (5.8~8.6)	家兔	>500
小鼠（♂）	205 (85.2~49.2)	猫、犬	>500
（♀:♂=1:1）	900 (719.9~1 125.0)	猴	>500
褐家鼠（♂）	8.4 (5.3~13.4)	鸽	>500
褐家鼠（♀）	8.9 (4.4~18.2)	麻雀	>345
屋顶鼠	>120	八哥	>500

环庚烯适口性良好,鼠不拒食。

(3) 毒理作用。作用机制尚不清楚。中毒症状为呼吸困难,四肢发绀,作用迅速。死亡时间为 1~4h,死尸两肺有大量出血点。

(4) 使用方法。由于环庚烯毒力的选择性很突出,适于在特殊环境中消灭褐家鼠。北京

动物园用1%环庚烯油饼毒饵灭鼠，灭鼠率高达86%～100%。

7. 生物毒素 用生物毒素灭鼠，古已有之，有的还沿用到近代。如用红海葱灭褐家鼠、用马钱子灭鼠等。我国各地也曾发现许多中草药可用于灭鼠，并推荐了不少可用于灭鼠实践的配方，但是系统研究这些药物的毒力及其灭鼠性能，却为数不多。1984年，施银柱等研究了用陇蜀杜鹃叶的提取物灭鼠。1987年，沈世英等开始对C型肉毒梭菌毒素灭鼠性能进行研究，生物毒素灭鼠工作才逐步开展起来。

（1）杜鼠灵 杜鼠灵是杜鹃花科陇蜀杜鹃（*Rhododendron przewalskii*）叶的提取物。分子式$C_{22}H_{36}O_7$，相对分子质量412，结构式为

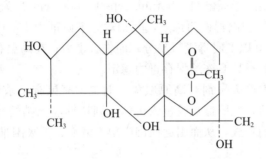

纯品为白色针状结晶，微溶于水，可溶于有机溶剂。粗品为提取物的浓缩液。对鼠的毒力很强，除长尾仓鼠的LD_{50}为11.98mg/kg以外，另8种试鼠的LD_{50}均在10mg/kg以下，对高原鼠兔的毒性最高，达0.83mg/kg，是一种广谱强力杀鼠剂。其选择性不强，主要的优点是不容易产生二次中毒，亦不产生耐药性。小面积灭鼠试验时，对高原鼠兔的灭效可达98%（使用浓度不低于0.1%）。不过直到现在尚未见商品化的报道。

（2）C型肉毒梭菌毒素 C型肉毒梭菌毒素（botulin type C rodenicide）为肉毒梭菌（*Botulinum*）产生的一种外毒素，依生产方法有2种类型。一种由常规方法产生，经过滤除菌并冻干，其毒力为10万LD_{50}小鼠/mL（静注），另一种用封闭式非环境透析培养器生产，经除菌处理的湿毒毒素，其毒力较前者强10倍，100万LD_{50}小鼠/mL（静注）。

①性质和作用：C型肉毒梭菌毒素杀鼠剂，原毒素及水剂呈棕黄色透明液体；冻干剂为灰白色块状或粉末固体。C型肉毒梭菌毒素性质较稳定，在-15℃冰箱中保存3年的湿毒，无显著变化；在-4℃冰箱中，一年无显著变化，4年毒力降低50%。但对高温的抵抗力较小，在100℃时2min，80℃20min，60℃30min就可破坏。对酸的抵抗力较强，对碱则弱。毒素在pH3.5～6.8时毒性稳定，但在pH10～11时减毒较快，使用时注意防碱防热。

②毒理作用：动物经肠道吸收后作用于颅脑神经和外周神经与肌肉接头处及植物神经末梢，阻碍乙酰胆碱的释放，导致肌肉麻痹，引起运动神经末梢麻痹，是一种极毒的嗜神经性麻痹毒素。C型肉毒梭菌毒素为广谱灭鼠剂，对高原鼠兔致死中量（LD_{50}）为1.71mL/kg体重（口服）。中毒症状出现时间与毒素摄入量正相关，摄入量大者，一般3～6h就出现症状。即食欲废绝，嘴鼻流液，行走左右摇摆，继而四肢麻痹，全身瘫痪，最后死于呼吸麻痹，个别死鼠脏器有不同程度的淤血出血。属极毒，适口性好，高原鼠兔毒饵系数为0.86～1.24。毒饵残效期短，在野外条件下毒力一般保持2d，3d死亡率下降20%，6d下降40%。在自然条件下可自动分解，无残留，无二次中毒，在常温下失效，安全性好，对生态环境几

乎无污染，对人、畜比较安全。无致癌、致畸、致突变。在大面积灭鼠时，万一不慎，误食毒素，可用 C 型肉毒梭菌抗血清治疗。鼠类中毒的潜伏期一般为 12～48h，死亡时间在 2～4d，介于急性与慢性化学药剂灭鼠剂之间。

③使用方法：C 型肉毒梭菌毒素近几年经各地试用防治高原鼠兔、高原鼢鼠、布氏田鼠、棕色田鼠和几种家鼠防治效果均好。在青海大规模灭鼠试验中，使用毒力 100 万 LD_{50} 小鼠/mL 的湿毒毒素，浓度为 0.1% 的燕麦毒饵对高原鼠兔的灭效可达 98%。不过鼠兔对毒素可很快出现抗毒力，故不宜在一地连续使用。

（3）D 型肉毒灭鼠剂

①性质和作用：D 型肉毒灭鼠剂（botulin type D rodenicide）为水剂，呈褐黄色带臭味的液体。其有效成分是 D 型肉毒梭菌毒素，其相对分子质量为 140 000。在 pH5～6 时毒素的毒力较稳定；在 pH8.0 以上时毒素极易分解而失去毒力；在高温和直射阳光下很快失毒；30℃以上时毒力不稳定；−15℃冻结保存毒力稳定。

②毒理作用：D 型肉毒灭鼠剂对高原鼠兔、鼢鼠、家鼠有毒杀作用，对高原鼠兔最敏感。动物经口摄入本品后，经肠道吸收进入机体，到达神经末梢的神经-肌肉接头部，抑制神经传导物质乙酰胆碱的释放，从而引起肌肉麻痹、瘫痪、呼吸困难，一般吞食后 2～7d 内死亡。

③使用方法：D 型肉毒灭鼠剂主要用于草地、农田、森林的灭鼠，也可用于住宅、仓库的灭鼠。本灭鼠剂与饵料的配制浓度为 0.1%～0.2%，即灭鼠剂 1mL 配毒饵 0.5～1kg。本灭鼠剂应保存在 −10℃以下的低温环境中或冰箱内。使用时放入冷水中使其慢慢融化，不可加热融化，否则会失去灭鼠的效力。可以用井水、河水、自来水，温度应在 0～10℃之间，不宜用碱性水配制。不要在高温及阳光下配置毒饵，应在 0～10℃之间的室内阴凉处配制，必须混合均匀，当天配制当天用完，不得超过 2d。把毒饵放于鼠洞口或洞道内，投放量每洞为 1～2g（饵料是燕麦、青稞、小麦可投放 15～20 粒）。由于鼠种不同，毒饵投放量也可适当增减。投饵后草地禁牧 5～7d。

8. 其他急性杀鼠剂 还有许多药物，或者因有某些重要缺点，目前已经很少使用或被禁止使用；或者已经证明可以用于灭鼠，但尚未大规模推广。对它们作一般性了解是必要的以便参考（表 8-11）。

表 8-11 急性灭鼠药物及其使用方法

名称	主要特征	使用方法		人中毒急救法
		剂量（%）		
		家鼠	野鼠	
亚砷酸（砒霜）As_2O_3 arscnious oxide	毒力无选择性，毒力与粒度关系很大。可通过皮肤吸收，可积累中毒。适口性差	1～10		早期催吐、洗胃，口服蛋白。二硫基丙醇是特效解毒剂
α-氯醛糖 $C_8H_{11}Cl_3O_6$ alphachloralose	代谢阻滞剂，中毒动物死于体温下降。只适用于防治小型动物，如小家鼠、小鸟。气温低于 16℃时才可使用	4～15		立即催吐、洗胃，抬到温暖处所。无特效解毒剂
灭鼠宁（S-6999）$C_{33}H_{25}N_3O_3$ norbormide	有典型的选择性毒力，只对鼠属的一些种（特别对褐家鼠）有剧毒，易产生拒食和不稳定的耐药性（仅维持 5d）	0.5～1.0		

(续)

名 称	主要特征	使用方法 剂量（%） 家鼠	使用方法 剂量（%） 野鼠	人中毒急救法
安妥 $C_{11}H_{10}N_2S$ antu	对褐家鼠具选择性毒力。适口性差，易产生耐药性（与硫脲类交叉耐药）。可二次中毒。杂质有致癌作用，建议禁用	1~2 10~20（毒粉）		催吐、洗胃，给氧，腹腔注射半胱氨酸或谷胱甘肽。无特效解毒剂
普罗米特 $C_7H_7ClH_4S$ promurit	剧毒，无选择性，安全性差，适口性差。无二次中毒，在野外很快分解，不污染环境		0.05~1.0	早期催吐、洗胃，送医院对症治疗
没鼠命（四二四、毒鼠强） $C_4H_8N_4O_4S_2$ tetramine	对鸟兽有剧毒，适口性好，作用快。有内吸性，可长期滞留在植物体内，二次中毒的危险很大，应慎用。我国现已禁用		0.05~0.1	催吐，立即送医院治疗。无特效解毒剂
鼠立死 $C_7H_{10}ClN_3$ castrix	剧毒，无选择性，作用快速，无二次中毒危险。很少使用	1	1	催吐、洗胃，维生素B_6、戊巴比妥钠有解毒作用
氟乙酸钠（1080） $C_2H_2FO_2Na$ sodium fluoroacetamide	剧毒，无选择性，具内吸性，二次中毒危险性很大，不安全。现已禁用		0.3~0.5	立即催吐，用0.2%~0.5%氯化钙洗胃。饮豆浆、牛奶或蛋白。尽快送医院。口服蛋白。戊巴比妥钠和氯丙嗪有控制抽搐的作用，血管抑制剂对人有一定疗效
氟乙酰胺（1081） C_2H_4FNO fluoroacetamide	剧毒，无选择性，适口性好。具内吸性，带毒植物残效期长，可积累中毒，二次中毒危险性很大，不安全。现已禁用		0.1~1（毒饵） 0.1~0.2（毒水） 0.2~0.5（喷草）	同氟乙酸钠。乙酰胺和甘油-乙酸酯有一定疗效
杀鼠硅（RS-150） $C_{12}H_{16}ClNO_3Si$ silatrane	剧毒，无选择性，适口性差。无二次中毒危险，有自净作用		0.25~0.5	无特效解毒剂
除鼠磷206盐酸盐 $C_{15}H_{24}Cl_2NO_3PS\cdot HCl$	剧毒，无选择性，对鸡毒性低。适口性差，有内吸作用，在植物体内的残效期在40d以上		可以以喷草防治地下害鼠	立即催吐、洗胃，阿托品为特效解毒剂
胆骨化醇（维生素D_3） $C_{28}H_{43}O$ cholecalciferol	正常剂量为营养必需品。为慢性积累性灭鼠剂。无二次中毒。可与杀鼠灵合制消灭"超级鼠"。价格高	0.1与0.025杀鼠灵合用	0.05~1.0	立即催吐，考的松和普罗卡因降钙灵是特效解毒剂。硫酸钠和硫酸镁也有一些疗效
溴甲灵 $C_{14}H_7N_3O_4F_3Br_3$ bromethalin	有急性毒力，也有慢性毒力。毒力无选择性。适口性好，二次中毒的危险小	0.005	0.05~0.1	早期催吐、洗胃。无特效解毒剂。治疗亚致死量中毒引起的脑水肿，用高渗利尿剂和肾上腺类皮质素有缓解疗效

(三) 缓效杀鼠剂

缓效杀鼠剂是一类具有较长潜伏期的杀鼠剂。其毒理基本相同，均有抗凝血作用，所以又称为抗凝血杀鼠剂。它们最重要的特点是连续小剂量给药毒力明显增大，如杀鼠灵（warfarin）对褐家鼠的毒力：

  给药 1 次 $LD_{50}=186mg/kg$

  连续 5 天，每天给药 1 次 $LD_{50}=5\times1mg/kg$

这一特征有明显的优点，它符合鼠类少吃多食的取食习性；同时，由于慢性毒力强，毒饵使用浓度很低，适口性较好；毒力发作的潜伏期长，鼠类对毒饵不产生警觉，常常在中毒后仍取食毒饵，无拒食性；鼠类在服药后 3~10d 内安静地死亡，不致引起同类惊恐。如投饵方法正确，可使局部地区的鼠群在半个月左右相继死亡，投药期间迁入鼠亦可被迅速消灭。

毒力的选择性，抗凝血杀鼠剂对不同种类的动物并无明显的选择性毒力，但是在低浓度重复投饵过程中，人和非靶动物很难连续服毒，而一次性服毒的毒力甚弱，所以中毒的几率很低。万一发生误食中毒，还有特效解毒剂——维生素 K_1 救治，故使用中安全性可以得到充分保证。

抗凝血剂的毒理包括两个方面：

一是，降低血液的凝固能力。其作用机制是对抗维生素 K，阻碍凝血酶原的合成，其原理如下

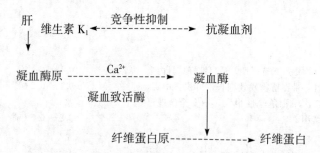

动物服药后 2~3d，体内凝血酶原减少 80%~90%，从而降低体内的血凝能力。由于维生素 K 与抗凝血剂具有竞争性抑制作用，所以在体内存在大量维生素 K 时，抗凝血剂的毒效会显著下降。消化道中共生的微生物是机体维生素 K 的重要来源，故此，抑菌剂与抗凝血剂合用，可以提高杀灭效果。二是损伤毛细血管，使管壁变脆，抗张力减弱，渗透性增加，容易因组织、器官摩擦造成内出血。中毒鼠虚弱、畏寒、行动迟缓，但食欲和体重无明显减退。尸检可见全身苍白，耳壳似白纸，内脏色淡，尤以肝、脾为最；鼻、爪、肛门、阴道有出血体征，皮下可有血肿。抗凝血剂虽属累积性中毒药物，但其服药间隔不可超过 48h，否则不仅不会产生累积作用，甚至可能诱发鼠的抗药性。另外，鼠类如果一次取食较多的药物，若没有达到急性中毒的剂量，多余的毒剂将很快被排除，毒效不会增强。故不适当地提高毒饵浓度不但不能减少投饵量和投饵次数，反而有降低适口性和鼠害防效的可能。

以杀鼠灵为代表的抗凝血杀鼠剂产生于 20 世纪 50 年代，并很快得到广泛应用，发展了一系列新的品种，在 20 世纪 50 年代，成为西方各国灭鼠的主要药物，鼠患也因此大为降低。可是，为时不久，家鼠中抗杀鼠灵的种群相继在英国、丹麦、荷兰、德国、法国和美国

出现，而且与其他品种交叉耐药，使其灭效和使用范围急剧下降，抗药鼠也被称为"超级鼠"。近年来，经人们不懈努力，合成了以鼠得克、大隆等为代表的新型抗凝血杀鼠剂，其毒力大大超过杀鼠灵，特别可贵的是对抗杀鼠灵种群亦有很高灭效，被称为第二代抗凝血杀鼠剂。

现将这两代抗凝血杀鼠剂的主要代表分述于后。

1. 第一代抗凝血杀鼠剂 第一代抗凝血杀鼠剂有 4-羟基香豆素和 1，3-茚满二酮两个系列。

（1）杀鼠灵 杀鼠灵（warfarin，$C_{10}H_{16}O_4$）又名灭鼠灵，化学名称为 3-（α-丙酮基苄基）-4-羟基香豆素。其结构式为

①理化性质：杀鼠灵是白色无味的粉末，难溶于水，溶于丙酮，微溶于甲醇、乙醚和油类。熔点 161～162℃，性质稳定。制成的钠盐易溶于水。杀鼠灵有两个同分异构体。S-异构体的毒力是 R-异构体的 7～10 倍。工业产品为异构体的混合物。市场上出售的杀鼠灵有 3 种不同含量的母粉，0.5%、1.0% 和 2.5%，购药时，必须弄清。

②毒力与毒效：杀鼠灵最大的特点和优点是慢性累积毒力远比急性毒力大（表 8-12）。

表 8-12 杀鼠灵的毒力

动 物	药 物	急性口服 LD_{50}（mg/kg）	慢性口服 LD_{50}（mg/kg）
褐家鼠	S-异构体	14～20	(0.75～1.0)×5
褐家鼠	混合异构体	186	1×5
小家鼠	混合异构体	374	0.6×(3～9)
家兔	混合异构体	800	30×(6～15)
犬	混合异构体	20～50	3×5，5×(5～15)
猪	混合异构体	1.5～3	0.4×5，0.05×7
猫	混合异构体	6～40	3×5，(3～5)×10
鸡	混合异构体	1 000	

对畜禽的毒力较小，误食一次几乎无害。但对犬、猪和猫则比较危险。不同鼠种敏感性也有一定差别，对褐家鼠毒力强，对小家鼠毒力较弱。由于野外大面积灭鼠难以多次投毒。因此，很少用来消灭野鼠。

③使用方法：杀鼠灵使用浓度很低，推荐适用浓度为：褐家鼠 0.005%～0.025%，黄胸鼠、小家鼠为 0.025%～0.05%。舔剂用 0.5%～1.0%，毒水用 0.025%～0.05% 的杀鼠灵钠盐溶液，并加 2%～5% 食糖作矫味剂和引诱剂。

投毒时要充分供应毒饵，消耗的毒饵应及时补充。投药后，一般 3～4d 出现毒饵消耗高峰，5～7d 以后为鼠尸出现高峰，投放毒饵半个月左右，毒饵不再消耗，也无新出现的鼠尸，表明该地鼠群已被消灭。

(2) 杀鼠迷　杀鼠迷（cumotetralyl，$C_{19}H_{16}O_3$）又名立克命，是1956—1957年合成的抗凝血灭鼠剂。化学名称为 4-羟基-3-(1-萘满基) 香豆素，结构式为

①理化性质：纯品呈黄白色结晶粉末，无臭无味，不溶于水，微溶于苯和乙醚，溶于丙酮和乙醇。熔点 186～187℃。

②毒力和毒效：杀鼠迷的生物毒性与杀鼠灵相似，急慢性毒力之差比杀鼠灵小（表8-13）。杀鼠迷适口性优于杀鼠灵。褐家鼠对 0.03%～0.05% 杀鼠迷毒饵的接受程度高于 0.025% 的杀鼠灵毒饵。有报告认为，杀鼠迷对抗性鼠有效，现场应用时，可以得到消灭部分抗性鼠的效果。

表8-13　杀鼠迷的毒力

动　物	急性 LD_{50}（mg/kg）	慢性 LD_{50}（mg/kg）
褐家鼠	16.5～20.0	0.3×5
豚　鼠	2 500	
猪		(1～2)×(7～12)
乌鸦		6.37/只，23d
母鸡		50，8d

③使用方法：市售的母粉浓度为 0.75%，可以直接用作舔剂。毒饵浓度用 0.0375%。

(3) 敌鼠　敌鼠（diphacinone，$C_{23}H_{16}O_3$）是我国最先引进的抗凝血杀鼠剂，为茚满二酮系列的代表，我国生产的是它的钠盐。敌鼠的化学名称是 2-二苯基乙酰基-1，3-茚满二酮。其结构式为

敌鼠钠的结构式为

①理化性质。敌鼠钠为淡黄色粉末，纯品无臭无味，工业品因含杂质而略有气味。化学性质比较稳定，可以长期保存而不变质。溶于酒精、丙酮，亦溶于热水（100℃时，溶解度为5%）。无明显的熔点，加热至207～208℃，由黄色变为红色，325℃时变为黑炭色。具较强的亲脂性，用植物油作黏着剂，拌饵更易均匀。

②毒力和毒效。与其他抗凝血剂一样，敌鼠及其钠盐具有连续多次投药毒力增强的特点，使用中最好连续数次投药，如一次投药，其致死量大约相当于三四次投药的十至数十倍，如表8-14所示。

表8-14 敌鼠和敌鼠钠致死中量

鼠 种	药 物	投药次数、剂量（mg/kg）			
		1	2	3	4
小 鼠	敌 鼠	119.5	60.12	6.12	3.16
黄毛鼠	敌 鼠	—			0.871
高原鼠兔	敌 鼠	8.684			3.167
小 鼠	敌鼠钠	78.52			0.808*
黑线姬鼠	敌鼠钠	37.56		4.174*	
长爪沙鼠	敌鼠钠	1.00		0.087*	

注：*为每次剂量。

敌鼠钠比敌鼠更易吸收，故毒力超过敌鼠。敌鼠对畜禽的毒力较低，各地试验的耐受剂量如下：鸡0.05%毒饵2kg；猪体重30kg为0.05%毒饵5kg；羊0.05%毒饵25kg；牛0.025%毒饵4kg。猫、犬比较敏感，曾有猫食0.05%毒饵6g、犬吃同种毒饵10g致死的报道，亦曾多次发现猫、犬二次中毒的事例。

敌鼠对人的毒力虽无详细记载，但是误食中毒死亡却不乏其例，尤其是个别人可能对敌鼠过敏，甚至有成年人服药仅2.5g而致死者，所以使用时决不能大意。

一般投放毒饵后3d才出现死鼠，5～8d为死鼠高峰，到第15天还可以出现死鼠。

③毒理作用：敌鼠典型的毒理作用与杀鼠灵相同，但茚满二酮系列的抗凝血剂大剂量急性中毒的机制可能与慢性中毒有所不同，中毒动物多半死于窒息。

④使用方法：敌鼠钠的使用浓度较低。多次投毒时，可用0.025%～0.05%的毒饵，一次投毒，浓度应提高到0.2%～0.3%。若浓度在0.5%以上，适口性下降。

由于敌鼠钠的作用缓慢，投饵总量应超过速效药物。投饵方法，也以分散为好，这样，既可以避免毒饵被少数个体吃尽，又可以使鼠多次少量取食，发挥敌鼠多次服药毒力增强的特点。

应用敌鼠钠时，可根据消灭对象，配制毒饵、面块、毒粉和毒水使用。

用毒水消灭仓库内害鼠时，毒水的含药量以0.1%～0.5%为宜。因敌鼠钠的水溶液呈黄色，故不必加警戒色。

（4）氯敌鼠　氯敌鼠（chlorophacinone，$C_{23}H_{15}ClO_3$）是1961年法国Lipha专利作为杀鼠剂的药物，化学名称为2-（α-对氯苯基-α-苯基乙酰基）-1,3-茚满二酮。结构式为

①理化性质：氯敌鼠为黄色针状结晶，无臭无味，熔点138～140℃，不溶于水，溶于丙酮、乙醇、乙酸乙酯和油脂，化学性质稳定。

②毒力和毒效：与其他第一代抗凝血剂比较，氯敌鼠的最大特点是急性毒力强（表8-15）。氯敌鼠对人和禽、畜的毒力比较小。志愿者一次口服20mg氯敌鼠无任何不适感，口服0.025%毒饵450g，其凝血酶原从100下降到32，不需任何治疗即可恢复，而口服0.025%杀鼠灵毒饵300g者，凝血酶原从100下降到0，急需用维生素K_1救治。在动物试验中，每日用2.25mg氯敌鼠饲喂鹧鸪，经15d没发现任何症状。

表8-15 氯敌鼠的毒力

动　物	急性口服 LD_{50} (mg/kg)	慢性口服 LD_{50} (mg/kg)
大　鼠	2.1～20.5	
褐家鼠	5.0	
屋顶鼠	15.0	
小家鼠	1.06	
长爪沙鼠	0.05	0.012×3
家　兔	50～200	
鸡	430	
野鸭、环颈雉	>100	

③毒理作用：除了典型的抗凝血作用外，还有抗氧化磷酸化作用。

④使用方法：由于氯敌鼠急性毒力很强，适用于一次投毒法杀灭野鼠。使用浓度为0.005%～0.025%。氯敌鼠是唯一的油溶性抗凝血杀鼠剂，用油脂配制毒饵比较方便。

2. 第二代抗凝血杀鼠剂　以鼠得克、大隆为代表的新一代抗凝血杀鼠剂是在以杀鼠灵为代表的第一代抗凝血剂的基础上研制出来的，具有明显区别于第一代抗凝血剂的特点和优点。

首先，第二代抗凝血剂毒力极强。其毒力具有抗凝血剂的一般特征，即慢性毒力强于急性毒力，但二者之间的差别不大（表8-16）。

表8-16 大隆和鼠得克的毒力（LD_{50}）

鼠　种	大隆 (mg/kg)		鼠得克 (mg/kg)	
	急性	慢性（剂量×服药次数）	急性	慢性（剂量×服药次数）
大　鼠	0.26	0.06×5	1.8	0.18×5
黄胸鼠	1.483	1.242×3	3.10	0.28×5
黄毛鼠	0.40		0.41	0.54×5

(续)

鼠 种	大隆 (mg/kg)		鼠得克 (mg/kg)	
	急性	慢性（剂量×服药次数）	急性	慢性（剂量×服药次数）
小 鼠	0.40	0.035×5	0.8	0.07×5
高山姬鼠			2.5	1.3×3
大仓鼠	0.86	0.10×3	112.4	7.4×3
布氏田鼠	0.80		30	
高原鼠兔	0.138		1.971	
长爪沙鼠			0.05	0.01×3
中华鼢鼠	0.439			
草原黄鼠			0.23	

单从急性毒力看，第二代抗凝血剂超过了多数急性杀鼠剂，因而既可以用极低的浓度如 $5×10^{-6}$～$20×10^{-6}$ mg/kg 多次投毒以消灭家鼠，又可以用稍高的浓度如 $50×10^{-6}$ mg/kg 一次投毒消灭野鼠。

显然，由于使用浓度极低，使适口性更佳。

其次，新一代抗凝血剂的靶谱广。对杀鼠灵等较不敏感的小家鼠和某些野鼠，也有很高的毒力。特别可贵的是，对第一代抗凝血剂已经产生抗性的鼠群毒力亦强，即它可以消灭"超级鼠"。

再次，其毒力发挥慢而持久。与杀鼠灵等相同的是，鼠类食进毒饵之后，有一个较长的潜伏期。但大隆等还具有毒效持久的优点，所以在使用中偶尔停药，并不影响灭效，甚至可以使用脉冲式投饵法（pulse beiting）灭鼠，以大大节省劳力。

其四，使用中的安全性仍有保障。由于第二代抗凝血剂毒力强，急、慢性毒力差别小，所以，在安全性方面不如第一代抗凝血剂。但由于作用缓慢，中毒症状典型，误食中毒后有比较充裕的时间进行救治，加之其特效解毒剂——维生素 K_1 为常用药物，所以仍比大多数急性杀鼠剂安全得多。

第二代抗凝血剂与第一代抗凝血剂相比，结构比较复杂，合成困难，因而价格昂贵。对于非抗性鼠群，如果用多次投毒法灭鼠，两代抗凝血剂之间并无显著差别。所以在可以使用第一代抗凝血剂灭鼠的场合，不必用第二代抗凝血剂灭鼠。

第二代抗凝血剂具有单剂量杀鼠药物的特点，亦具有多剂量杀鼠药物的优点，所以，在消灭野鼠时，为节省劳力，不妨只投毒一次，但在消灭家鼠时，则应采用多剂量技术，以便安全。

第二代抗凝血剂均属于 4-羟基香豆素系列。

(1) 鼠得克　鼠得克（difenacoum，$C_{13}H_{24}O_3$）于 1974 年英国 Hadler 专利报告作为杀鼠剂。其化学名称为 3-（3-对联苯基-1，2，3，4-四氢萘基）-4-羟基香豆素。结构式为

①理化性质：纯品呈灰白色结晶，无臭无味，熔点215～217℃，不溶于水，微溶于苯和乙醇，溶于丙酮、氯仿，稍溶于水的铵盐。

②毒力与毒效：有急性毒力和慢性毒力之别（表8-16）。对"超级鼠"的毒力亦强，如对大鼠敏感系的 LD_{50} 为 $0.18×5mg/kg$，对抗药纯系 LD_{50} 亦有 $0.54×5mg/kg$。在现场试验中，鼠得克防治抗药性褐家鼠效果较好，对屋顶鼠和小家鼠效果稍差。

③使用方法。可结合实际情况，用单剂量法或多剂量法灭鼠，毒饵使用浓度为 $0.005\%～0.01\%$。

(2) 溴敌隆 溴敌隆（bromadiolone，$C_{16}H_{23}BrO_4$）为法国 Lipha 厂于1977年发展出来的第二代抗凝血杀鼠剂。化学名称是3-［3-（4-溴联苯基）-3-羟基-1-苯基-1-丙基］-4-羟基香豆素。结构式为

①理化性质：纯品为白色晶状粉末，熔点110～115℃，不溶于丙酮、乙醇和二甲亚砜，微溶于氯仿和乙酸乙酯。

②毒力与毒效：溴敌隆的毒力大于鼠得克而次于大隆（表8-17）。对家栖鼠种和农牧业害鼠，特别是对抗性鼠群，都会很好的防治效果。

表8-17 溴敌隆的毒力

动　物	急性口服 LD_{50}（mg/kg）	慢性口服 LD_{50}（mg/kg）
大　鼠	1.12	1.0×5
小　鼠	1.75	
高原鼢鼠	1.31	
松田鼠	3.9	
长爪沙鼠	0.636	
高原鼠兔	0.43	
犬	10.00～15.00	
猫	25.00	
兔	1.00	
鹌鹑	138.00	

溴敌隆毒饵适口性很好。实验室有选择性试验，褐家鼠的毒饵消耗量为68.4%，毒杀比为20/20，小家鼠分别为43.6%和20/20。实验室试验时，高原鼠兔和高原鼢鼠染毒者死于第2～9天，死亡高峰出现于第4～6天。未见拒食和二次中毒。

0.02%毒饵灭高原鼢鼠和0.01%毒饵灭高原鼠兔，接受情况和灭效均好。

③使用方法：用0.01%毒饵消灭草地鼠害（一次投毒）；用0.005%毒饵投放1~4d，对多种啮齿动物都可取得很高的灭效。

(3) 大隆。大隆（brodifencoum，$C_{31}H_{23}BrO_3$）为1976年Hadler专利报告的新型灭鼠剂，化学名称为3-[3-（对溴联苯基）-1，2，3，4-四氢萘基]-4-羧基香豆素，其结构式为

①理化性质：大隆为黄白色结晶粉末，熔点228~232℃，不溶于水和石油醚，溶于常用的有机溶剂，如乙醇、丙醇等。有顺式和反式两种异构体，工业品为异构体的混合物。两种异构体的生物活性，包括毒力和适口性都没有显著差异。

②毒力与毒效。大隆是目前所有抗凝血剂中毒力最强的一种，它既有急性毒力，又有慢性积累毒力。受试的各种啮齿动物急性LD_{50}都不超过1mg/kg（表8-16）。兼有急性灭鼠剂和慢性灭鼠剂的优点，尤其对抗性鼠的毒力亦强，试验时可收到98%~100%的灭效。处理6~10d完全可以控制鼠患。

大隆对褐家鼠的潜伏期为4~12d，小家鼠为1~26d。二次中毒的危险较大。

③使用方法。防治野鼠，可用0.005%毒饵一次投毒或一周投毒一次，以节约毒饵和劳动力。防治家鼠，可以用0.001%~0.005%的毒饵，按抗凝血剂使用的一般方法处理6~10d。

由于大隆的急性毒力特别大，所以对人、畜，特别是鸡、犬和猪比较危险，使用时应该小心，为此，英国已禁止在城市中使用。从另一个角度来看，由于对敏感鼠的慢性毒力大隆并不比杀鼠灵强多少，而安全性和价格都比杀鼠灵差，尤其是一旦抗大隆的鼠类出现，目前尚无可替换的抗凝血杀鼠药，所以防治家鼠的首选药物，仍是以杀鼠灵为代表的第一代抗凝血剂。

(4) 杀它仗。杀它仗（stratagem，$C_{32}H_{25}O_4F_3$）是1984年英国壳牌化学公司专利的杀鼠剂。化学名称为3-[3-（4-三氟甲基苯氧苄基-4-基）-1，2，3，4-四氢萘基]-4-羟基香豆素。结构式为

①理化性质。纯品呈灰白色结晶粉末。熔点161~162℃，几乎不溶于水，微溶于乙醇，溶于丙酮，胺盐稍溶于水。

②毒力与毒效。为第二代抗凝血灭鼠剂，毒力极强（表8-18），对各种鼠类均有很好的防治效果，对抗性鼠毒力亦强。可作为大隆一次投毒或脉冲式投毒的替换药物。

表 8-18 杀它仗的毒力

动物	LD$_{50}$ (mg/kg)	动物	LD$_{50}$ (mg/kg)
大鼠		长爪沙鼠♂	0.18
♂	0.46	豚鼠♂	10.0
♂/♀	0.25	家兔♂	0.2
埃及家鼠 敏感系		犬	0.075～0.25
♀	0.42	猪	70
♂	0.28	鸡	>100
抗性系		鹌鹑	>100（18周龄）；>300（12周龄）
♀	0.65	鸭	94（18周龄）；24（12周龄）
♂	0.28		
小鼠			
♀	1.47		
♂	0.79		

杀它仗毒力有一定的选择性，对猪和家禽毒力较低，可以在居民区使用。

③使用方法。用0.005%的毒饵灭鼠。灭效一般在93%～98%。由于犬和鹅对杀它仗比较敏感，应加以注意。

上述各种灭鼠药物，是杀鼠剂的主要代表，它们各有优点和缺点，而需要灭鼠的场合又千差万别，因而针对具体情况充分发挥各种杀鼠剂的优点，颇有实际意义。

（四）诱饵、药量、黏着剂、稀释剂和警戒色

1. 诱饵 胃毒剂要发挥作用，必须诱使鼠类主动取食。诱饵就承担着诱惑物和杀鼠剂载体的双重作用。显而易见，诱饵对鼠的诱惑力愈强灭鼠效果愈好。但选择诱饵时也应考虑价格和来源。

目前灭鼠时，诱饵使用最多的是谷物，如玉米、高粱、燕麦、大麦、青稞之类。谷物具有鼠类喜食、四季均有、易于保存和质量稳定等优点。应用时应减少用量，避免浪费。其次是瓜菜类，如胡萝卜、西葫芦和其他蔬菜等。这些瓜菜，灭鼠时用作诱饵，有时较谷物为好，但瓜菜诱饵含水较多，有效期短，而且季节性强，使用受到了一定限制。一些地方用胡萝卜干灭鼠，取得很好的效果。胡萝卜干具有易保存、易运输、产量大和价格低等优点，适用于牧区灭鼠。在牧区灭鼠，牧草也可以作为诱饵，只要鼠类采食，并容易取得，无论鲜、干均可使用。例如，新疆奇台县北塔山地区，在消灭褐斑鼠兔时，就曾收集鼠兔本身储存于洞外的干草，配成氟乙酰胺毒饵，取得了良好的效果。

中国农业科学院草原研究所，进行了草颗粒代粮作诱饵的试验，他们制成了内含毒物和不含毒物的两种草颗粒，草颗粒的直径，也经过筛选初步确定较合适的3种：2.4mm、3.2mm和4.5mm。在现场试验中，用不含毒物的草颗粒配成10%磷化锌毒饵和2%氟乙酰胺毒饵，用于消灭布氏田鼠，灭效分别为91%和92%。另外，用内含2.5%磷化锌和1%氟乙酰胺的草颗粒毒饵消灭布氏田鼠，灭鼠率均在90%以上。草颗粒特别是含毒草颗粒的研制成功，对节约粮食、促进毒饵制造工业化和避免伤害鸟类都具有一定的意义。

内蒙古流行病研究所试验用土粉丸（滑石粉或细黏土）加3%油炸葱花作载体杀灭长爪

沙鼠效果甚好。其中的关键是土粉要细,不带异味。

在同一地区,连续使用同一种诱饵灭鼠时,灭效会逐渐降低。因此,诱饵也需要适当更换。

2. 浓度 毒饵中杀鼠剂的含量关系到灭鼠效果,浓度过低,鼠类不易吃到致死的药量,死亡率低,反而可能产生抗药性和再遇拒食现象;浓度过高,适口性又会降低,鼠类拒食,效果反而更低。消灭野鼠时,最好一粒毒饵就能毒死一只鼠;使用急性杀鼠剂消灭家鼠时,要求每 0.2~1.0g 毒饵中含有一个全致死量的药物。为了求得更合适的使用浓度,汪诚信曾提出了计算公式,以做参考。

$$消灭野鼠的使用浓度 = 致死中量 \times 0.2$$
$$消灭家鼠的使用浓度 = 致死中量 \times 0.04$$

然后,以计算出的浓度作为中间浓度,以它的 1/2 或 1/3 为低浓度,再以它的 2 倍或 3 倍为高浓度,最后经过对比试验决定合理的使用浓度。实际上,灭鼠药物的适用浓度不是一成不变的,它随着鼠体大小、杀鼠剂的适口性、诱饵大小、使用季节、配制方法和投饵方法的不同而有差异。现举出几种常用杀鼠剂的使用浓度(表 8-19),以做参考。

表 8-19 常用杀鼠剂的使用浓度(毒饵)

药 物	使用浓度(%)		药 物	使用浓度(%)	
	野鼠	家鼠		野鼠	家鼠
磷化锌	10~15	1~3	杀鼠迷		0.037 5
甘氟	2.0~3.0	0.5~1.0	敌鼠钠	0.2~0.3	0.02~0.05
毒鼠磷	0.5~1.0	0.1~0.3	氯敌鼠	0.005~0.025	
灭鼠优		0.25~2.0	鼠得克	0.005~0.01	
灭鼠安		0.5~2.0	溴敌隆	0.001	0.005
环庚烯		1	大隆	0.005	0.001~0.005
杀鼠灵		0.005~0.05	杀他仗	0.005	

3. 黏着剂 用黏附法配制毒饵,要用黏着剂。常用的黏着剂有植物油、面糊、米汤等。植物油料着力强,又有较强的诱鼠力,并能延缓毒饵干缩,因此,直到现在仍为人们所广泛采用。有人曾用矿物油代替植物油,这对某些鼠种是可以的,但对大多数鼠类来说,却缺乏诱惑力,甚至引起拒食的不良后果。面糊可用土面(即仓库内清出的带土的面粉)制作,常用的浓度为 10%。面糊的黏着力不强,干后形成硬壳,容易剥落,宜在灭鼠时现配现用。

黏着剂的用量以刚能在每一粒粮食(或其他载体)表面黏上一薄层为度。过少时药物黏不完,不均匀;过多时,不但浪费油料,而且容易使药物黏在容器上或使毒饵黏着成团,使用极不方便。现推荐一个黏着剂用量(表 8-20),以供参考。

表 8-20 毒饵浓度与黏着剂用量表

毒饵浓度(%)	黏着剂用量(%)	
	植物油	面糊
5	3	7
10	3	8
15	4	9
20	5	10

4. 稀释剂 对于毒力大、浓度低的药物，直接配制毒饵不易均匀。应先在药物内加适量鼠不拒食的稀释剂，如滑石粉、淀粉等，研细拌匀。再配制毒饵，若药物颗粒较粗，需要研磨，而研磨时又易结块的药物，如毒鼠硅，亦应加稀释剂后再研磨成细粉末；有些浓度低用量少的药物，如果耐热，又用面糊作黏着剂时，可将药物加到面粉中制成面糊，再加入诱饵配成毒饵。至于药粉的稀释倍数，应视药物的性质和黏着剂的种类而定，一般在稀释后的用量不超过诱饵重量的5%。对于亲脂性的药物，若用植物油作为黏着剂时，就不必稀释。

5. 警戒色 为了防止误食中毒，用无色（指配成毒饵后）杀鼠剂配毒饵时，应同时在诱饵中添加警戒色。警戒色的选择标准以着色明显、能起警告作用、不影响毒饵适口性和价廉易得为原则。据试验，2%的蓝墨水或者其他染料等可供使用。

此外，还可在毒饵中添加增效剂、防腐剂、除水剂、矫味剂和催吐剂等。国外甚至使用药物的微粒包埋技术。但目前在草地灭鼠中尚未采用。

（五）胃毒剂的使用

要使胃毒剂在灭鼠中发挥作用，一般来说，使用最多的是把药物加到鼠的食物中，诱鼠食入，这包括一般的毒饵、毒水和毒液喷草等；而使用较少的是将药物制成毒粉或毒糊等。

1. 配制毒饵的方法 毒饵是胃毒剂最主要的使用方法，优点很多。配制方法随药物的理化性质和诱饵特点各不相同。现将常用的配制毒饵的方法介绍如下。

（1）用不溶于水的杀鼠剂配制毒饵的方法。如磷化锌、敌鼠、毒鼠磷、灭鼠忧和杀鼠灵等。

①颗粒诱饵：诱饵表面干燥，呈颗粒状或块状、片状，配制毒饵时加黏着剂。以10%磷化锌面糊玉米毒饵为例，它的配方是：磷化锌10份；面糊8份；玉米100份。

玉米在除掉浮土后，放入密闭容器（如拌种器）中，加入面糊4~5份，转动容器，待玉米表面黏满面糊后，加入5~7份磷化锌，再转动容器，使磷化锌黏在玉米表面，然后再加剩余的面糊，转动容器，继而加剩余的磷化锌，再转动容器，至磷化锌黏附均匀为止，取出阴干。应注意，磷化锌和面糊分次加入，有助于药物在诱饵表面黏附均匀，当药物用量少于5%时，可一次加入。

如果没有密闭容器，可用铁锅或瓷盆等代替。

此例中的"10%"和通常的百分浓度含义不同，按实际含药量计算，其磷化锌含量尚不足9%，不过这种计算方法，在大规模灭鼠实践中使用方便，已为广大灭鼠工作者所通用。此外，应当注意，商品农药的有效成分常不足百分之百，配制毒饵时，本应扣除杂质部分，但由于毒饵中含药量可能有一定程度的伸缩性，为了计算方便，大面积灭鼠时，对于含有效成分甚高的药物（如90%的磷化锌、96%的氟乙酰胺等），常当作含量100%对待，亦不扣除无效部分。但是，在比较精确的灭鼠试验中，必须按原药的有效成分配制；一些有效成分甚低的药物（如2.5%杀鼠灵等），即使在大规模灭鼠时，也要扣除无效部分，其原药用量可按下列公式计算

$$原药用量 = \frac{所配毒饵重 \times 所配毒饵浓度}{原药有效成分含量（\%）}$$

例如，用78%敌鼠钠盐配制0.1%的高粱毒饵100kg，需用原药多少？

$$原药用量 = \frac{100 \text{kg} \times 0.1\%}{78\%} = 0.128 \text{kg}$$

②鲜瓜菜毒饵：可以不用黏着剂。如鲜胡萝卜磷化锌毒饵就可用下述配方，把二者直接拌和即可。磷化锌 10 份；鲜胡萝卜丁（切成 1.5cm 的方块）100 份。瓜菜类的毒饵，不能久存，应现配现用。

③粉状诱饵：如土面、麸皮、草粉之类，可以根据粉料和药物性质，按比例称好，混匀，再加适量黏着剂拌匀，用机械轧制成粒；或加水和匀，揉成面团，再切成块，晾干即成。适口性较差的药物，用此法配成的毒饵，灭效较好。

（2）溶于水的杀鼠剂配制毒饵方法。溶于水的杀鼠剂有甘氟、敌鼠钠等。配制毒饵时，耐热的药物可以冷浸，也可以热煮，不耐热的药物只能冷浸。冷浸时，按配方称好诱饵和药物（如果是液剂，如甘氟先质量＝相对密度×容积的公式，换算成质量），将药物溶于适量的水（一般约为诱饵量的 10%～30%）中，待完全溶解后，投入诱饵，充分搅拌，直至药液完全被诱饵吸干为止。

常温下溶解度不大，但能溶于热水中的药物，可以用热水或沸水配成溶液，再冷浸或热煮诱饵制成毒饵。由于此法的药量仅与饵量有关，一般溶液的浓度不必固定，只要药物能充分溶解，并能被诱饵吸干即可。热煮法用水量比冷浸法多，速度较快。如果用溶液分批制作毒饵，可以预先配成较高浓度的溶液。配制毒饵时，稍加计算，以量筒取出适量的浓溶液，临时加水稀释，以省去多次称量药物和溶解药物的麻烦手续。计算方法如下：

例如，拟配制 0.05% 的敌鼠钠小麦毒饵 100kg，求需用多少 4% 的敌鼠钠溶液？

已知 0.05% 敌鼠钠小麦毒饵 100kg 需要用纯敌鼠钠 50g，设折算为 4% 敌鼠钠溶液为 x，则

$$x=\frac{50}{4\%}=1\,250\ (\mathrm{mL})$$

（3）绿饵。即用植物绿色部分作为诱饵制成的毒饵。使用绿饵不仅可节约粮食，而且对许多草食性鼠类其灭效甚至可以超过谷物毒饵。

配制绿饵时，应去掉较粗的茎秆，切成 10~15cm 的小段，称量后浇水略加湿润，待稍干后，撒上粉状药物，边撒边翻，力求混合均匀；溶于水的药物，可以配成溶液，洒在稍稍晾干的草堆上，拌匀，闷 2h 左右待用。

（4）舔剂。舔剂的作用原理是利用鼠类的自净行为，设法将毒粉黏附在鼠体上，使鼠不自觉地服入毒剂，中毒而死。其作法是将药粉研细（细度愈小，效果愈佳），再与面粉（或滑石粉、草木灰等）混合均匀，撒在害鼠出没之处。药物的浓度一般为粒状毒饵的 5~10 倍。

舔剂灭鼠主要用于家栖鼠种，因此不宜使用毒力过强的药物，以免造成危险。

（5）毒水。一般用于仓库等缺水的环境中，溶于水的毒剂，可以制成毒水；不溶于水的毒剂，也可以研成细粉，轻轻撒在水中，借助于水的表面张力使之漂浮在水面上。无色的毒水，须加鼠类能够接受的警戒色，以防止人畜误饮。

把毒水置于毒液瓶中，可防止水分蒸发，取得更好的效果（图 8-19）。

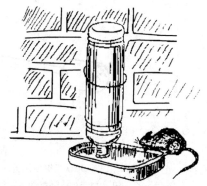

图 8-19 毒液瓶的放置

2. 投放毒饵的方法和投饵量 投放毒饵的方法和投饵量与灭鼠效果和效率关系极大。不适当的方法和投饵量不但容易造成事故，还可能会影响生态平衡。应当根据鼠类的活动规律，并考虑灭鼠现场的各种因素，选用适用的方法。目前各地使用的投饵方法大致有如下几种。

(1) 洞口投饵或洞群投饵。本法适用于植被低矮稀疏、洞口明显的地段。可将毒饵投于有效洞口外面的跑道两侧；大块毒饵，为了避免牲畜采食，也可以投在洞内。投饵量每洞 0.1~0.2g，缓效杀鼠剂用量要大一些（至少大一倍）。布饵时应当稍稍撒开些，以减少牲畜采食的机会。洞群投饵是在每一洞群中任选若干地点投饵，不必靠近某一洞口，投饵量和洞口投饵法相近，也需把毒饵撒开，切勿堆成大堆。

大面积群众灭鼠时，为了提高工效，不必区分有效洞和无效洞，可以统一投饵。有人认为，大面积灭鼠中不成片的漏洞，漏洞率在10%以下时，不会影响灭效。

(2) 均匀投饵和带状投饵。在鼠洞密度较高、分布比较均匀的地段，根据鼠类主动觅食的习性，可以采用均匀投饵法。即用人力或机械均匀撒布毒饵，使毒饵以单粒存在。速效药可投 0.5~1.0kg/hm^2，缓效药加倍。

均匀投饵可以只投在洞口集中处，也可以投成带状。带状投饵用人工步行撒布、骑马撒布、喷饵机布饵和飞机投饵均可。带的宽度依投饵工具而定，徒手一般可撒 5m 左右。带间宽度以不超过杀灭对象经常活动半径为限。投饵量可控制在毒饵带内 1m^2 面积上有 5 粒毒饵（莜麦）左右。

均匀投饵和带状投饵一般宜用小粒毒饵。毒剂浓度一般应达到每粒毒饵含一个全致死量。

均匀投饵工效较高，灭效较好，牲畜中毒几率也低，缺点是耗饵量较大。

(3) 宽行距条状投饵。用此法投饵，饵粒排成线状，投饵量 1~2g/m。条间距离依鼠类采食半径而定，据内蒙古试验，达乌尔黄鼠可间隔 50m，长爪沙鼠 25~30m，布氏田鼠 20~25m。但在鼠类不同的生育期，其活动半径会有变化，妊娠、哺乳和幼仔出洞期活动半径较小，应缩短行距。冬季储粮的鼠种，在秋季使用此法效果最好。

(4) 等距离堆状投饵。在林区家畜不能进入的地方，可用等距离堆状投饵，堆可以大一点，堆距 5m，行距 10~20m。

(5) 投饵工具和灭鼠效率。为了保障操作人员的安全和提高灭鼠质量，灭鼠中不可缺少投饵的工具。在地广人稀的牧区，更需要有适用的投饵机械，以节约人力，提高工作效率。

投饵工具的形式多种多样，可就地取材，制作简易工具（图 8-20）。

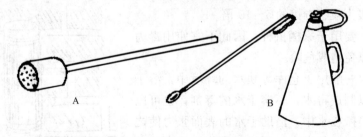

图 8-20 简易投饵工具
A. 堆状投饵使用的小工具，盛毒饵的铁罐上装上手柄，下面开若干小孔，持手柄将铁罐向下一墩，即可布下定量的诱饵 B. 向洞口布放毒饵或熏蒸剂时使用的小工具，包括长柄小匙和金属小提桶。

宽行距条状投饵，在步行和骑乘牲口时，可以利用农村中各种播种器的原理制作简单的工具（图8-21）。使用机械动力时，可用改装的小型单行播种机。

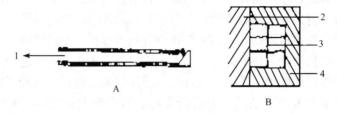

图8-21 投饵木槽示意图
A. 侧面剖视图　B. 槽头俯视图
1. 槽口　2. 木槽盖　3. 铁丝栅　4. 木槽

在均匀投饵和带状投饵时，可以利用各种机动喷粉器。1977年，内蒙古自治区试制了9DS-80型毒饵撒播机，工效很高，但需要相当大的动力。

有些地区曾用飞机投饵，取得了一定的成绩和经验。飞机投饵适用于劳动力缺乏、危害严重、危害面积大、分布集中均匀，以及人、畜或一般机械不易进入的地区。它的优点是效率高，进度快，撒饵均匀，在条件适宜时，还可以结合草场补播进行。诱饵可以用各种谷物或草子。飞行高度约50m，喷幅、幅间距离都在50m左右，喷饵量约为2kg/km²（喷幅内），每平方米落饵约4粒。据试验，在飞行高度50m、风速6m/s以下时，对喷幅影响不大。飞机灭鼠，由于速度快，组织工作十分重要，它对于地面信号、配制毒饵的速度和质量（最好用机械配制毒饵）、喷药装置的质量，以及工作计划、安排都有十分严格的要求。如果上述问题不能妥善处理，就不可能收到良好的效果。

前已述及，草地灭鼠工作是人们在草场上经济活动之一，这就不能不讲究工作效率，一般来说，不同的灭鼠方法，其工作效率是不同的。工作效率最低的是按洞投饵，但按洞投饵的效率又与洞口密度有关。每公顷有80~100个洞口时，每小时可投1hm²，若每公顷达1 000个洞口时，每小时还投不到0.5hm²。人工徒步均匀撒饵，人距10m，每小时可投1.5hm²。宽距条状投饵效率较高，如行距30m，步行每小时可投8hm²，如果骑马，则每小时可投16hm²。飞机投饵时，每机每小时可投800hm²，但组织工作对工效影响很大，因为飞机投饵，除机组人员外，还需要拌药运饵人员、伙食服务人员和组织管理人员，甚至还要考虑平整飞机场地的劳力等。如果没有一个合理的安排、周密的计划以及科学的计算和管理方法，是不容易充分发挥飞机灭鼠的优越性的。引一个总结中的几个数字为例：设飞机投饵的效率为100%，附近两处同时进行的人工均匀投饵的效率分别为51%和56%，而灭鼠成本仅及飞机投饵的一半。当然，从另一方面看，飞机投饵提高效率的潜力还是有的。在改进了组织、拌药、信号等工作之后，无论成本或工效都有大大改善的可能。

3. 草地喷雾法　利用内吸性药物的内吸特性进行灭鼠，适用于杀灭鼢鼠、鼹形田鼠等营地下生活的鼠类。

农业使用内吸性药物，可以用拌种、毒土、浇根、涂茎和喷雾等法，目前在草地上，只试用过喷雾法。具体作法是将内吸性杀鼠剂配制成一定浓度的溶液，以喷雾器喷在生长盛期的植株上，喷药量一般在50~100mL/m²。既可以全面喷洒，也可以条喷、点喷（即在洞群及其附近喷洒）。

由于牧草带毒,需要有一段时间的禁牧期(依药品种类、使用浓度和气候条件而定)。而且应当注意药物的残留量,即药物对环境的污染问题。

草地上应用喷雾法,水的消耗是一个问题。目前在消灭虫害上,可以用超低容量喷雾技术,目前已经具有一套比较成功的经验,并且已有与之相适应的各种器具,如手持手摇、手持电动、背负机动、拖拉机带动,以及飞机超低容量等各种类型的喷雾器。这对于希望省水和提高工效的牧区灭鼠来说,似乎是十分诱人的,也有人大胆试用了这一方法。但是在使用超低容量喷雾法的重要规则中,其中一条就是不能使用剧毒农药,这和灭鼠中的内吸传导性药物1081、甘氟等的性质是矛盾的。超低容量喷雾的雾滴十分微小,浓度很高,沉降速度很慢,这就使操作人员犹如在毒雾中反复穿行,中毒的危险很大,因此,在没有解决防护问题之前,不可轻易试用这种方法。

4. 居民区投饵法 居民区灭鼠宜采用堆状投饵,可沿墙边等鼠类经常出没处投放,每平方米投1~2堆,每堆3~5g,急性杀鼠剂与缓效杀鼠剂投饵方法有很大不同。

(1) 急性杀鼠剂。在投放毒饵前,应预先投放无毒的前饵3~7d,以克服家鼠的异物反应。投放前饵的时间,对小家鼠可稍短,对褐家鼠宜稍长。在投放前饵时,还可以调整投饵密度。投饵后每天检查一次,若前饵几天未动,可取消几堆;若前饵部分消耗,应加以补充;若前饵被吃完或基本吃完,除补充饵料外,应增设投饵点。最后,收起无毒饵,换上毒饵。

(2) 缓效杀鼠剂。可不布放前饵,毒饵密度的调节如前。在5~7d内,要充分供应毒饵。

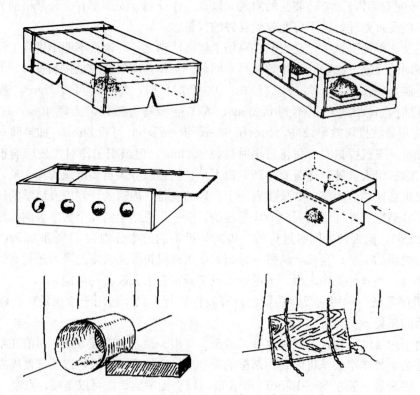

图 8-22 毒饵盒

灭鼠后，应收回残余毒饵，集中妥善处理。

可以设立临时性或固定的投饵站（点），把毒饵放在特制的毒饵盒中。在饲养场、食堂、仓库等特殊场合，应强调使用毒饵盒。毒饵盒可简可繁，形态多种多样，许多废旧材料都可以改制（图8-22），各地可因时因地制宜。

五、熏蒸灭鼠法

熏蒸灭鼠即毒气灭鼠，毒物主要经呼吸道进入鼠体，属强制性灭鼠法。此法的优点是立竿见影，效果好，多数可以同时杀虫，对环境没有持久性的影响。不足之处是用药量大，工效低，适用范围较窄，对操作者有一定危险，对施药技术要求较高。

（一）常用的氯蒸剂

1. 磷化氢 磷化氢（hydrogen phosphide，PH_3）在常温下是无色气体（沸点 -87.4℃），有近似大蒜的气味，比空气略重（相对密度1.184），稍溶于冷水，不溶于热水，可溶于丙酮等有机溶剂。在空气中达到一定浓度就可以燃烧，其着火点是115℃，浓度达 26mL/L 时可以爆炸。

磷化氢对哺乳动物有剧毒。小鼠在浓度为 169mL/L 下吸入 60min，达半数致死剂量，人在 300mL/L 浓度下暴露 30~60min 有致命危险。一些国家的环境保护部门对有毒物质在空气中的含量规定了最大容许浓度，对于磷化氢，德国标准为 0.1mL/L，美国标准为 0.3mL/L。空气中含 1.5~3mL/L 时，人体才能感知。

磷化氢主要经呼吸道进入肺泡，引起呼吸道充血和轻度水肿，进入血液后，随血液循环进入各器官系统，损害神经系统和心、肝、脾、胃等重要器官。

磷化氢由呼吸道吸收所引起的中毒，与从消化道吸收所引起的中毒基本相似，不同的是，经呼吸道吸入而中毒时，呼吸道及神经系统的症状发生较快，经消化道中毒时，肠胃道症状发生较早，亦较明显。

磷化氢中毒症状，主要表现于对局部和中枢神经系统的刺激作用。吸入少量磷化氢有疲倦、耳鸣、呕吐和胸闷的感觉，大量吸入后立即导致呕吐、腹泻和胃痛，继而失去平衡，胸部剧痛、窒息、昏迷以至死亡。

简易检测方法：用5%~10%硝酸银溶液浸泡滤纸，置空气中，若在10min内变黑，表示该环境中有中毒危险的浓度。

使用方法：磷化氢极易由磷化钙、磷化铝等无机磷化物与水或水蒸气作用而产生，所以常用这些化合物作为灭鼠的熏蒸剂。

（1）磷化铝。为黄褐色片剂，每片重3g，其中含有磷化铝66%、氨基甲酸铵28%、硬脂酸镁2%和石蜡4%。磷化铝遇水或水蒸气能产生磷化氢。

$$AlP + 3H_2O \longrightarrow PH_3\uparrow + Al(OH)_3$$

上述反应十分迅速，一般鼠洞中的水分，即使在干旱季节也足够其分解之用，所以使用时只需把药片投入洞口，再堵严洞口即可。但是，也有人主张在干旱地区同时灌入适量的水，以保证灭效。对于沙鼠、黄鼠的投药量为每洞2片，旱獭为4~8片。

（2）磷化钙。磷化钙由石灰石、焦炭和磷矿石用电弧法生产制得，南昌八一化工厂生产的"703"，其中含磷化钙18%~24%，块状，呈黑灰色，易吸收空气中的水分产生磷化氢。

经测定，常温下在相对湿度约70%的空气中，经3.17h分解一半，24h后分解量近于95%。

用磷化钙消灭单洞口的鼠类效果较好，洞口多时，应尽可能将其洞系全部投药，才可以取得理想的效果。磷化钙投入洞后，所产生的磷化氢形成一段气栓，鼠通过气栓时就被毒死。据测定，黄鼠洞内投入10g磷化钙（如在沙地投毒，要同时注水10mL），产生的气栓仅可以维持3h左右，所以应在鼠类活动频繁的季节使用。消灭旱獭时，要用30g。

磷化钙价格便宜，使用方便，但粉碎分装困难较大，如能解决成型定量问题，很有推广价值。

使用磷化铝或磷化钙时，都应注意个人防护问题，投毒时，最好站在风向的旁侧，以免中毒。磷化钙遇水会发生爆炸，故保管、运输和加工粉碎时切勿与水接触。洞内投药后注水时，也应防止烧伤颜面。

2. 氯化苦 氯化苦（chloropicrin，CCl_3NO_2）即三氯硝基甲烷（trichlortnethane），其结构式为

$$\begin{array}{c} Cl \\ | \\ Cl-C-NO_2 \\ | \\ Cl \end{array}$$

氯化苦为油状液体，无色或微绿色，相对密度1.7，沸点112.4℃，冰点−69.2℃，难溶于水，易溶于二硫化碳等有机溶剂。长期暴露在阳光下能发生化学变化而降低毒力。氯化苦极易挥发，其饱和蒸气压与环境温度和气压有关（表8-21）。蒸气压过低时，空气中毒气含量很少，不易熏死害鼠，所以一般在气温低于12℃时不宜使用；但在高山上气压较低，氯化苦因而较易挥发，在这种低气压的条件下，12℃以下也可以使用。氯化苦蒸气比重为5.7，所以在鼠洞中能迅速下沉，深入洞中，但是它容易被潮湿和多孔的物体吸附。在正常情况下，鼠洞中可以保持致死浓度达数小时之久。

表8-21 氯化苦和温度的关系

温度（℃）	0	10	15	20	25	30	35
蒸气压（kPa）	5.91	0.79	1.88	2.61	3.09	4.07	5.35

氯化苦毒力很强，它对几种动物的毒力如表8-22所示。氯化苦对皮肤、黏膜的刺激性很强，当每升空气中含有氯化苦0.08mL时，就可以催泪、致咳，并引起黏液分泌，以至于成为深度中毒前的警告信号。空气中最大容许浓度为1mL/L。

表8-22 氯化苦的毒力

动　物	浓度（mL/L）	吸入时间（min）	结　果
豚鼠	0.8	20	2d死亡
兔	0.8	20	3d死亡
兔	5.0	连续	10min死亡
猫	0.8	20	14d死亡
犬	0.8	20	半数死亡

氯化苦蒸气随吸气过程进入肺脏后，损伤肺泡微血管和上皮细胞，使微血管渗透性增

加，血浆渗出，发生肺水肿，使肺脏换气不良。血液因血浆丧失而浓缩，肺换气不良而缺氧，造成心脏负担加重，心肌终因缺血缺氧而发生心力衰竭，血压降低，以致死亡。

氯化苦液体对部分人的皮肤和黏膜有较强的腐蚀性，可使皮肤红肿溃烂。

简易检测方法：取一试管加 5mL 20% 的硫化钠溶液，加 1 滴测试样品，紧塞瓶口数分钟后，若气味消失，即为氯化苦。空气中氯化苦含量要用色谱分析法测定，其最大吸收波长为 540nm。

使用方法：主要用于消灭野鼠，用量随鼠种、洞型和土质不同而不同。一般消灭沙鼠用 5g 左右，消灭黄鼠每洞用 5~8g，旱獭则需用 50~60g。投放方法很多，例如，直接注入或喷入鼠洞；把氯化苦倒在干畜粪上，投入鼠洞；也可以与锯末混合，用金属管注入鼠洞深入；把氯化苦装在小安瓿中，放在灭鼠烟剂里；或直接把氯化苦倒在烟剂上，点燃烟剂后投入鼠洞。

3. 氰化氢 氰化氢（hydrogen cyanjde, HCN）又名氢氰酸。无色液体，有苦杏仁味，沸点低（26.5℃），易挥发。溶于水和有机溶剂，水溶液呈微酸性。氰化氢气体比空气的比重略小，在鼠洞中常形成气栓。在空气中含量达到或超过 5.6%，在一定条件下可以燃烧以至爆炸。

氰化氢毒力很强，对恒温动物毒力更强。把猫、犬和猴放在浓度为 0.02mg/L 的空气中，5~10min 之内即可死亡，浓度升到 0.35mg/L 时，则很快死亡。氰化氢气味不大，无太大刺激性，而中毒浓度甚低，在含有 0.01mg/L 的空气中呼吸稍久就能中毒。同时，它还能通过皮肤进入人体，只有防毒面具而无其他防护装备的人，在含毒 2% 的空气中呆 10min 也能致死，所以使用时应特别小心。

氰化氢进入机体后，极易进入细胞与多种酶结合，对细胞色素氧化酶的亲和力最大。氰化氢能与氧化型细胞色素氧化酶中的 Fe^{3+} 牢固结合，使铁保持三价状态，细胞色素氧化酶因而不能再接受和传递电子，造成生物氧化过程中断，发生细胞内窒息。因呼吸中枢的神经细胞对缺氧极为敏感，所以氰化氢的毒性作用主要是直接引起呼吸功能不全而杀死害鼠。此外，氰化氢还刺激颈动脉脉神经而引起深呼吸，从而吸进更多毒气而加速死亡。

空气中最高容许浓度为 10~20mg/L。

简易检测方法：①1% 苦味酸钠浸纸，纸变红色；②试纸浸入 2% 氯化汞、1% 甲基橙和 6.7% 甘油的混合液中，在空气中变红；③用 0.2% 醋酸联苯胺溶液和 0.3% 冰醋酸铜溶液等量混合，浸泡滤纸，置空气中，若在 7s 内变蓝，表明空气中氰化氢含量对人有毒害。

使用方法：氰化氢灭鼠效果较好而且迅速，它扩散快，渗透性强，所以常用于船舶和仓库灭鼠。草地灭鼠时常用氰化钙等氰化物。氰化钙在空气中与水汽作用后，能迅速放出氰化氢气体。

$$Ca(CN)_2 + 2H_2O \longrightarrow Ca(OH)_2 + 2HCN \uparrow$$

这一反应，在相对湿度低达 25% 时也能进行。使用时只需把氰化钙直接投入鼠洞即可奏效。消灭黄鼠时每洞投 5g，旱獭 50g。由于氰化氢比空气轻，毒气不易深入洞底。为了提高灭效，应尽可能把药物投到鼠洞深部。

近几年，我国有的工厂将氰氨化钙和食盐用电炉加热至 1 500℃，使之熔融，从而制得一种含 45% 氰化钙及氰化钠的混合物，取名氰熔体。氰熔体呈灰色或黑灰色，为无定形颗粒或片状物，稍有电石气味，遇水则很快产生氰化氢，在酸或含二氧化碳的水汽参与下，反应更加迅速。

$$Ca(CN)_2 + 2H_2O \longrightarrow Ca(OH)_2 + 2HCN \uparrow$$
$$Ca(CN)_2 + CO_2 + H_2O \longrightarrow CaCO_3 + 2HCN \uparrow$$

因此，在使用氰熔体灭鼠时，常同时注入分解液，分解液可以是稀释的食醋、酸菜水或酸洰水，也可以是0.5%的粗硫酸和粗盐酸溶液等。

投药时，人须站在侧风方向，先清除洞口的浮土，再用药匙在洞中挖一小坑，投药约5g，再倒入分解水约50mL，随即迅速用事先准备好的草团、畜粪堵洞，以湿土封洞并踏实。

目前，氰熔体为25kg或90kg铁桶装，应在旷野风向稳定的地方，由穿有防护服装的人员启封、粉碎和分装。

船舶、仓库灭鼠也可用液化氰化氢或氰氢酸盘剂。

液态氰化氢为钢瓶包装，通常加入2%的稳定剂以防止聚合，其纯度为96%~98%，灭鼠用0.4%~0.5%的浓度熏蒸3h，也可用1%的浓度熏蒸6~12h，以兼顾杀虫。室温高于15℃时效果较好。

氰氢酸盘剂是一种罐装毒剂。有两种规格：①用硅藻土制成颗粒状物，吸收氰化氢35%~40%，并加少量氰化苦作警戒物，装在小铁罐中。②用直径92mm、厚3.5mm的纸板吸收氰化氢液体，并加入5%氯化苦以警戒，密封于铁听中，每听70盘，每盘含氰氢酸7.5g。储存的有效期为1~2年，用量为$2g/m^3$。使用氰氢酸盘剂时得着防毒面具和防护服装。

4. 溴甲烷 溴甲烷（methyl bromide，CH_3Br）结构式为

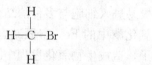

常温下为无色气体，比空气重（相对密度3.2），气味不大，在3.5℃以下为液体，35℃时蒸气压高达243kPa。液体无色透明，相对密度1.73（0℃），微溶于水。在一般情况下不燃烧，但是当空气中含14%的CH_3Br时，若有电火花引发，可以燃烧甚至爆炸。

溴甲烷对几种动物的毒力如表8-23所示，其毒力远低于磷化氢和氰化氢等，但是由于它沸点低，蒸气压高，比空气重，可以深入鼠洞，所以灭鼠效果仍然不错。

表8-23 溴甲烷的致死量

动物 \ 浓度 吸入时间	0.63 (mg/L)	0.315 (mg/L)	10.0 (mg/L)	20.0 (mg/L)	21.0 (mg/L)	50.0 (mg/L)
大鼠	6h	22h	42min	24min	15min*	6min
兔	11h	24h	132min	84min		30min

注：*为致死中浓度。

溴甲烷为神经毒剂，可以蓄积中毒，并对皮肤有刺激和损伤作用。中毒症状为疲乏、头痛、恶心、呕吐、听觉和视觉异常、精神混乱。一般出现症状后就很难救治，所以使用中应特别小心。溴甲烷对人的最大容许浓度为5mg/L。

简易检测方法：可用卤素灯（haloid lamp）测定空气中的含量。

使用方法：由于溴甲烷在常温下为气体，所以常由工厂以液体状态分装在安瓿中，每一瓶 50mL 或 20mL。使用时应先堵严周围洞口和漏气的孔隙，然后打碎安瓿投入洞中，再迅速堵严投药洞口。

熏蒸粮仓、船舶用钢瓶装的溴甲烷，每立方米用 5~10g，熏蒸 6~12h，熏蒸后通风换气 6~8h 后人才能入库。

5. 其他熏蒸剂 CO、CO_2、SO_2、CS_2、环氧乙烷（C_2H_4O）等化合物都可以用熏蒸法灭鼠。汽车发动机废气亦可灭鼠。

（二）烟剂灭鼠

烟剂熏鼠使用较早，但只是在群众创造了"灭鼠炮"（烟雾炮）之后，才成为重要的灭鼠手段。灭鼠炮对人、畜比较安全，简单易行，能就地取材自行制造，也可以进行机械化生产；缺点是毒力小，灭效不稳定，工效低，使用不慎容易引起火灾。灭鼠炮一般由主药、燃料、助燃剂和其他添加剂组成。

1. 主药 主药是产生毒力作用的物质，如硫黄、亚砷酸、六六六、辣椒、蒿类植物、牛粪、煤末、木屑等。主药是烟剂的主要成分，可以单独使用，也可以混合使用。从灭鼠的效果来衡量，试验证明，六六六生烟后的毒力，对恒温动物低，在烟剂中，并未发挥主药的作用；辣椒的作用不大，价格又高；蒿属植物虽有刺激性气味，但毒力低。

2. 燃料 以化学药物为主药时，必须加入燃料。其用量以燃烧后产生的热，足以使主药变成烟为准。实际上，它本身燃烧时也产生烟，其中含有二氧化碳和一氧化碳，都是有毒气体。

3. 助燃剂 如硝酸钾、硝酸钠、硝酸铵和黑火药等。其用量以能使燃料在短时间内燃尽，但不产生明火为宜。

4. 降温剂和惰性物质 为防止烟剂在燃烧时由于温度过高而分解变性，有时需加硫酸铵、氯化铵等，用量一般低于 15%。

到目前为止，使用过的烟剂配方不下数十种，都有效果，但尚无值得全面推广的配方。现略举数例，供设计新的配方时参考（表 8-24）。

表 8-24 几种烟剂的配方组成

组成成分	配方（g）							
	一	二	三	四	五	六	七	八
硝酸钾	40					2.5	2.5	
硝酸钠		20	28.04	30	20			40
硝酸铵					20	15	15	
硫黄	20	10					1	
煤粉	30	20		60	15	1.5	70	60
锯末						70		
牛粪末						40		
羊粪末			65.42					
黑火药			20				1	

制作烟剂时，其方法可分为干、湿两种类型。干法即将各组成成分研细，按比例充分混匀，装于圆柱状（长约 10cm，直径 2cm）纸筒中，再加上引火装置。湿法，先将助燃剂溶于适量水中后，即可浸泡主药或燃料，干后再与其他成分混合均匀，用纸包紧做成烟炮；或在未干时与其他成分混合，压成煤球状。三者都要加上引火装置才能使用。

烟剂的引火装置：将多孔纸浸泡在硝酸钾溶液中，晾干后涂上黑火药粉末，裁成宽 1~2cm、长不足 10cm 的纸条，捻成纸线后，插入烟剂中，或将已制成的烟剂，一端浸入饱和硝酸钾染料（墨水）溶液中，取出晾干，用时直接点燃着色部分。湿法制成的，可按火柴头和火柴盒磷片的配方制作，用时互相摩擦即可点燃。

烟剂用量：一般每份约 20g；用煤粉的可增至 30g。黄鼠、沙鼠每洞投一只，较复杂的洞系可投放 2 只或更多一些。投放烟剂时，必须确定洞内有鼠，然后清除洞内浮土，点燃烟剂，待冒出浓烟后，再投进洞内。若洞内投放 2 只时，同时点燃，再相继投放，然后堵严洞口。

在能够使用毒饵法的情况下，应首先使用毒饵法，然后再用熏蒸法。使用熏蒸法时力争减少漏洞，以免影响灭效。

六、灭鼠药物的安全使用

严格执行安全防护规则，是杜绝中毒事故发生的根本措施。

（一）安全规则

1. 毒剂运输

（1）包装必须严密坚固，注明"有毒"字样。运输中应轻拿轻放。包装如有破损须立即改装。被污染的包装材料和衣物及散落毒剂之处，应交专业人员妥善处理。

（2）运输时不得与粮食、瓜果、蔬菜等食品或日用品混合装载。

2. 毒剂保管

（1）设专人、专库、专柜保管。保管处门窗应牢固，通风条件良好，门、柜应加锁。不可和食物、饲料及日用品放在一起。

（2）熏蒸毒剂，尤其是已启封、分装的熏蒸毒剂，绝对禁止放在住房或与住房、畜圈贯通的仓库内。

（3）必须建立账目。药剂的购进、入库、发放和消耗应及时登记，随时做到账、药相符。

（4）装药用的空瓶、空罐和其他包装材料应由专人妥善处理，不可任意移作他用。

（5）库房中应有脸盆、肥皂和毛巾。

3. 毒饵的加工配制

（1）应由专人加工，在有专门设备的室内进行，室内应有人工通风设备。如条件不具备，必须在露天加工时，应远离住房、畜圈、渠道和水井等地，并且禁止畜禽和无关人员接近。

（2）配制毒饵时，应准确称量，不能随意加大用药量。工作人员应穿戴防护装备，工作中不能进食、饮水和抽烟，切勿赤手接触毒剂。操作完毕，应认真做好清除自身残毒工作。

（3）洗涤工具的水和毒剂污染的废纸、废液、垃圾及中毒鼠尸，都应集中挖坑深埋。

（4）在配制毒饵时应认真而准确地作好计划，用多少配多少，当天毒饵当天用完。

4. 毒剂施用规则

（1）使用人员应是身体健康、经过训练的成年人。体弱、精神病患者、孕妇和儿童不宜参加。

（2）工作中应穿戴必要的防护装备；不得进食、喝水和吸烟。毒物应装在适当的容器里，毒饵应用勺子舀取，切勿用手抓取投放。投熏蒸剂或喷液时，应站在侧风方向进行。

（3）大面积灭鼠时，应广泛宣传。投毒后，应加强畜禽管理，必要时划禁牧区和规定适当的禁牧期，禁牧区应设置醒目的标记。

（4）准备当天投放的毒饵，力求当天投完。如果投不完时，也不能超量乱投，余下的毒饵应交专人统一处理。

（5）非经有关人员批准，毒剂不许转发他人使用，也不许个人私自取用。灭鼠运动结束时，要彻底清查库存和私人手中可能存放的毒物，收缴主管单位集中保管。

若有人出现中毒症状，如头痛、头晕、恶心、呕吐和呼吸困难等，应马上停止工作，送医疗单位诊治。

（二）中毒急救

在事故发生之前应当有所准备。准备工作包括：灭鼠工作队中配置医务工作人员，并给予适当培训；准备好急救药物和器材；预先与附近医疗单位联系，并主动提供灭鼠药物性质和中毒急救的资料，必要时还应提供特效解毒药物。

对中毒人员应立即进行抢救，并了解和记录事故发生情况和收集有关实物，一并带到抢救单位，以帮助作出正确的诊断。

1. 排除毒物

（1）远离毒物。用清水洗去皮肤黏膜上的毒物，更换衣物。眼睛若被毒剂污染，立即用清水清洗患者面部。毒气中毒者，应尽快移出中毒地点，抬到空气流通处，更换衣服，解开衣扣，让其静卧，并注意保温。必要时可进行人工呼吸（氯化苦中毒者禁用），并及时给予有效治疗。

（2）催吐。最简便的方法是用羽毛、软橡皮管或手指刺激咽部，吐前可饮清水或含解毒剂的水。其他催吐的方法有：喝大量微温的淡盐水（如二勺食盐加温开水 1 500mL）；将 0.5～0.6g 硫酸铜溶于大量水中饮入，直至呕吐为止；注射阿卜吗啡 2～5mg，但注射时有抑制症状者，须防止虚脱。催吐应力求将胃内容物全部吐出，并注意吐出物的颜色、形状和气味，将首次吐出物留样保存，以备检查。

（3）洗胃。取消毒胃管一根，涂上润滑油脂，嘱病人做吞咽动作，将胃管从口腔缓缓送入食道，待胃管插入 45～50cm（从齿缘算起）时，即可在漏斗中加入洗液（1/4 000 的高锰酸钾溶液或清水），放低漏斗，然后举起，使洗液流入胃中，流尽后，快速放低漏斗，使胃内容物流出。如此反复进行，到洗出物无味、清亮时为止。洗胃时，也可以加入特效解毒剂，洗胃后，再灌入 2 勺活性炭末及水的混悬液。

（4）导泻。可于洗胃后用硫酸镁（磷化锌中毒者禁用）30～35g 或硫酸钠 15～25g 溶入 200mL 水中，经胃管注入或口服。

2. 对症治疗 应与排毒操作同时进行，但应注意切不可使用中毒毒物的禁忌药物。

（1）镇痛。可用吗啡等。用吗啡时注意对呼吸中枢的抑制作用。此外，可用巴比妥钠或异戊巴比妥钠作镇静剂。

(2) 呼吸衰竭。如中毒者呼吸表浅，时快时慢，呼吸暂停，口唇青紫时，可吸入纯氧或含 5% 二氧化碳的氧，亦可嗅氨水，注射洛贝林（山梗菜碱），每次 1~2 支，或用可拉明 1 支，卡他阿唑 1~2 支交替肌注。

此外，可针刺人中、膻中、内关、十宣等穴。呼吸停止，立即进行人工呼吸。

(3) 循环衰竭。中毒者出现心跳过速、血压下降、脉搏微弱等休克症状时，给浓茶喝。也可静脉注射肾上腺素或麻黄素。心脏停止跳动，速向心脏注射肾上腺素，或立即进行人工呼吸和心脏按摩。

(4) 其他。昏迷超过 12h，应注射抗生素预防呼吸道感染。痉挛时，用水合氯醛灌肠，肌注苯巴比妥钠或让病人吸入醚、氯仿等。因缺氧发生痉挛时，可吸入氧气。恶心、呕吐、腹痛时，内服平胃散、颠茄片，注射阿托品等，也可针刺内关、上吐穴、足三里等穴。

对中毒者可给予大量饮水，或从静脉或直肠补液。

第三节 生物和生态防治

一、生物灭鼠

生物防治是利用有益生物或其他生物来抑制或消灭有害生物的一种防治方法。生物灭鼠包括利用天敌和微生物两个方面。由于生物灭鼠法对人畜比较安全，不污染环境，因而受到公众和生物学界的普遍欢迎。例如，1966 年国际动物学会曾提出为保护人类环境，建议发展如下灭鼠方法：破坏鼠的生殖机能、保护天敌、利用寄生物、研究降低啮齿动物种群成活率的基因，以及加强物理防鼠等。现在距倡议提出已经 40 余年，生物灭鼠并没有取得令人满意的进展，其使用的广泛性和有效性都远逊于化学灭鼠和物理灭鼠。这主要是因为生物灭鼠在理论上还有许多问题尚未解决，其可行性和可操作性尚待阐明。

（一）保护天敌

众所周知鼠类是中小型的哺乳动物，防卫敌害的能力很弱，在弱肉强食的自然环境中，主要处于被捕食者的地位。鼬科、猫科和犬科中的许多肉食兽以及鸟类中的猛禽（隼形目、鸮形目）都是鼠类著名的天敌，甚至乌鸦、伯劳和蛇都能捕食鼠类。

有人曾经统计过鼠类在一些天敌食物中的遇见率：狐在夏季为 74%，冬季为 60%；石貂约 84%，紫貂为 52%。田鼠占了鹫或大鹫食物中的 75%；艾虎年可食鼠 300~500 只，伶鼬年杀鼠 2 000 余只。小鸮年吃鼠 488 只，鸢在春夏季的 5 个月中，可捕食 500 余只，澳洲的草鸮一年能吃掉 1 400 只鼠。

一些学者研究了在特定地区，天敌能消灭多少鼠类。Baker（1982）研究显示，毛脚鹫、红尾鹫冬季能消灭越冬鼠群的 19%。Southern（1970）从灰林鸮巢中回收到标志鼠环的 11%~16%。Boonstro（1977）从鹫等猛禽吐物中回收到标志鼠环的 3.1%~7.4%。Fitzgerald（1977）的研究表明，在不同捕食压力下，鼠类在冬季可被白鼬消耗掉 5.1%~54.3%。Pearson（1985）将各种天敌对鼠类影响叠加起来，发现草地处于顶峰状态的鼠群，其 88% 的个体在下一个繁殖季节开始之前被天敌捕食。瑞典 Lund 大学一个野生动物研究小组研究了鹫、猫、赤狐、欧洲鼬等 9 种天敌的联合作用，结果表明，大约有半数越冬鼠为天敌捕杀。

尽管有上述天敌对鼠类影响的事实，但是天敌能否消灭鼠害或控制鼠类数量，目前仍众说纷纭。一些学者认为：一个或许多天敌，虽然可以消灭数十、数百，乃至上千只害鼠，但一般来说，天敌与鼠类数量存在着巨大的差距，而鼠惊人的繁殖力又可以对种群的巨大损失给予补偿，所以天敌对鼠类种群的影响非常有限。不少学者认为，是鼠类的数量决定了天敌的数量，而不是天敌的数量决定鼠类的数量；保持一定数量的天敌，正是鼠类保持种族稳定繁荣的必要条件之一。在欧洲有过一次调查：在某一地区人工捕获的 1 929 只小兽（绝大多数是鼠）中，无一为鼠疫阳性者，可是从同一地区猛禽巢中收集到的 178 具鼠类残骸中，竟有 3 例呈鼠疫阳性。这说明猛禽捕食的鼠中，老弱病残者首当其冲，这就对鼠类种群起到了"优生"作用。啮齿动物很高的死亡率是种族的固有特性，有很高的出生率给予补偿，天敌消灭部分害鼠，不一定能降低其种群密度。所以不能过高地估计天敌的作用。

对上述问题从另外一个角度上看，天敌的作用绝不是微不足道的。在一个相对稳定的生态系统中，天敌数量和鼠类数量处于相对平衡的状态。具有很高出生率的鼠类其数量之所以难以恶性膨胀，正是包括天敌在内的诸多限制因子共同作用的结果。越来越多的研究表明，天敌对鼠类数量的影响是重要的。Schnell（1968）将放射性同位素 ^{60}Co、^{55}Zn 植入鼠的皮下以研究其命运，认为当多种高度机动的天敌群存在时，天敌的作用比食物限制、社群关系、天气条件的影响都大。有调查表明，加利福尼亚田鼠（*Microtus californica*）种群数量与天敌数量之比若低于 100∶1，天敌可以有效地抑制田鼠密度的增长；比率在 200∶1～1 000∶1 时，天敌可以延缓田鼠种群增长的速度；只有比率大于 1 000∶1 时，天敌对鼠类种群的增长才没有影响。盛和林（1990）认为，在低数量的鼠类非繁殖期，黄鼬对鼠类种群有较大影响。Newsome（1990）总结了澳大利亚的一些研究工作，认为食肉兽可以长期地控制包括鼠在内的有害脊椎动物，但是这种控制必须是在其他因素引起有害脊椎动物种群数量下降之后才起作用。Elton 在 20 世纪 50 年代的一次试验支持了上述说法，他证实居民区在化学灭鼠之后养猫，可以长期压低鼠类的数量。

一般来说，天敌与鼠类所处的群落条件也影响着天敌的作用，在物种组成比较单调的地区，天敌过分依赖鼠类种群，当鼠密度下降之后，天敌无法生存，其控制作用必然较弱；而在复杂的群落中，由于多种天敌长期交替作用，鼠类数量降低后天敌还有其他替代的食物，天敌的作用则较强，可以使鼠类经常保持在较低的水平。

显然，天敌具有稳定种群和控制种群数量的作用。否定或忽视天敌在控制鼠类数量上的作用也是错误的，应当提倡保护鼠类的天敌。不过，迄今为止，利用天敌灭鼠的尝试并没获得令人满意的结果。有人曾试用招引或引种散放的方法增加天敌数量以消灭害鼠，但并未取得可信的成绩，在一些海岛上，还产生了意想不到的副作用。

近年来，许多科学家将天敌对鼠害的控制作用纳入综合防治的总体之中，取得了较好的效果。例如，森林中无植物条带就可增强天敌的捕食作用，可以有效地控制鼠类的扩散。

（二）微生物灭鼠

1. 微生物灭鼠概述　利用微生物防治有害啮齿动物的工作，开始于 19 世纪末期，迄今已有百年以上的历史。一般来说，病原微生物都具有一定程度的专一性，这是在生物进化过程中出现的一种规律。正是基于对这一规律的认识，才提出用病原微生物灭鼠。

微生物灭鼠的特点和优点大致如下：

(1) 选用的微生物必须具有种的特异性和狭窄的致病性，对人类和非靶动物是安全的。万一微生物大量进入有益动物体内，亦不会致病。

(2) 由于发病和死亡前有一个潜伏期，菌饵不致引起鼠类防御性拒食反应。

(3) 疫病可以呈放射状扩散，距离可达 1.5km，可大于灭鼠面积的 5~10 倍。

(4) 病原微生物可以成为生物群落的组成部分，作为抑制一种或几种啮齿动物数量增长的经常性因素。

(5) 可以广泛用于牧场、住宅、仓库和粮堆等地，而不致于造成环境污染。

(6) 微生物繁殖迅速，制剂生产方法简便，价格相对较低，不存在原料来源问题。

2. 微生物制剂的应用和效果

(1) 菌种。从 19 世纪末到 20 世纪初，各国相继应用了十余种灭鼠细菌，如鼠出血性败血症病原菌（*Bast murisepticum*）、鸡霍乱病原菌（*Bast bipolaris avisepticum*）和鼠伤寒菌（*Basillus typhimurium*）等。目前应用的几乎都属于沙门菌属（*Salmonella*）的细菌，如米列日科夫斯基菌（*Sal. spermophilorum*）、达尼契菌（*Sal. Danysz*）、依萨琴柯菌（*Sal. decumanicidum*）和 No.5170 菌（*Sal. typhimurida rodentia*）等。分别可用以消灭大黄鼠、小黄鼠、褐家鼠、普通田鼠、水䶄、布氏田鼠、小家鼠、林姬鼠、巢鼠等。此外，澳大利亚和欧洲曾利用黏液瘤病毒（*Marmoraceae myxomae*）消灭野兔，西北高原生物研究所曾研究用鼠痘病毒（*Sculus marmorans*）消灭小家鼠。国外还用过球虫（*Eimeria* spp.）灭鼠。

(2) 剂型。国外生产的细菌灭鼠剂有 3 种剂型。

①诱饵与液体微生物培养物混合，制成菌饵。这种制剂有效期为 45~50d。

②经过加工的谷粒作培养基制备的颗粒微生物制剂。成品含菌量为 20 亿~80 亿/mL，有效期 90d。如进一步作低温干燥处理，使含水量降到 8%~10%，可保存 1 年。

③以血纤维蛋白或骨屑作培养基制备的颗粒微生物制剂。前者的含菌量可达 50 亿~300 亿/mL，后者为 50 亿~90 亿/mL，有效期因包装而有不同，一般为 10d 至 2 个月。如经低温干燥，使含水量降到 4%~8%，则有效期可达 1 年。

良好的细菌灭鼠剂在施效后 4~25d，鼠类死亡率应不低于 60%~80%；1 只鼠食入 2~4 粒菌饵，一般在 3~10d 死亡。有人主张将菌饵与缓效化学杀鼠剂（如 0.015% 的杀鼠灵等）共用，可以增加灭效。

澳大利亚的黏液瘤病毒，曾做在一种硅胶粒上，分装在铝合金的小包里，可以直接邮寄到使用者手中。这种商品制剂启封后在室温下暴露 3~4d 不会变质。接种方法是用水湿润硅胶粒，涂抹于兔的眼睑中，接种后的兔子将在 8~10d 发病死亡。如在死亡之前经蚊虫叮咬传播，就可能在兔群中流行。

一种新型生物灭鼠剂，活性成分是肠炎沙门菌丹尼阴性赖氨酸变体、6a 噬菌体，上述细菌是专门针对大型鼠和小型鼠的病原体，已经证实对人类和其他动物无害。在实验室和田间控制大型鼠和小型鼠的效果达到 95.6%~100%。

(3) 使用的事例及效果。早在 20 世纪初，沙门菌系在欧洲普遍用于防治鼠害。但随后发现，菌剂对人类健康有一定危害。1908 年英国报道了第一例由于使用细菌灭鼠引起的肠炎流行。1944—1955 年由于灭鼠微生物引起的病例中，有 1 267 例（死亡 21 例）确诊为 *Sal. monella enteritidis* var *jena* 感染，413 例（死亡 2 例）为 *Sal. enteritidis* var. *danysz* 感染。灭鼠后的残余个体还产生很强的免疫力。所以1967年世界卫生组织和联合国粮农组织建议不再用沙门菌灭鼠。但在前苏联、意大利等国仍然使用沙门菌。20世纪70年代苏联约有150个实验室生产了大约350t的细菌制剂。据乌兹别克、北高加索、莫斯科州等32个区的报道，在草地、田野、菜园、果园等地用伊萨琴柯菌灭鼠，一般灭效达65%~95%。1964年格鲁吉亚用子粒微生物制剂进行大面积灭鼠，共用菌饵约40t，春、夏、秋季的效果分别为98.9%、84.8%和98.9%。1974年在哈尔科夫州几个区的草地地带，对3800多个割草场和放牧场用No.5170菌制剂消灭田鼠、小家鼠等，投饵后1周鼠类开始死亡，死亡过程持续3~4周，死亡率达80%~98%。

澳大利亚利用黏液瘤病毒消灭穴兔（*Oryctagus cuniculus*），起初由于没有解决传播媒介的问题，没有效果，后来在一个河谷地带，由于有蚊子叮咬传播，获得成功。后立即大力推广，使灭兔的远期效果高达98.5%。但6年以后，由于免疫和病毒弱毒株的出现，灭效极度下降，仅有1%~3%。

3. 利用驱避剂和不孕不育剂防鼠

（1）利用驱避剂防鼠。在鼠害防治技术的研究中，草地、林木保护技术近年来在生产上取得了很大进步，成为防治鼠害最有效、最有发展前景的技术。驱避剂则是通过药剂的作用，强烈地刺激动物的嗅觉器官和味觉器官使鼠类拒食，从而保护了目的草地和树种。同时，它对非靶动物的伤害几乎为零，有利于保护环境，维护草地生态系统和森林生态系统的平衡。目前，草地、林木保护剂的名称极不统一，如驱避剂、拒避剂、防啃剂、忌食剂、忌避剂等，实质上应归为拒食剂一类。常用的如放线菌酮（actidion）是生产链霉素或制霉菌素的副产品，纯品为无色或白色结晶，微溶于水、乙醚和苯，在微酸性溶液中稳定。放线菌酮对鼠口腔黏膜有很强的刺激作用，是它拒食作用的基础，据试验0.001%对鼠无效果，0.004%~0.02%作用显著，实际使用浓度常为0.05%，残效期可达数月之久，在果树上直接喷涂放线菌酮可造成药害；福美双（thiram）是一种杀菌剂农药，对动物皮肤和黏膜有刺激作用，吉林省松江河林业局曾用15%浓度的福美双处理林木预防高山鼠兔，效果明显；八甲磷化学名称为辛撑焦磷酰胺。为无色黏稠液体，能和水以及常用有机溶剂混溶，是内吸性有机磷杀虫剂，亚致死量有驱鼠作用，主要保护松树幼苗和种子，用0.04%水溶液喷洒林木，有一年以上的持效。利用一些具有驱鼠作用的植物进行驱鼠：倒提壶、接骨木、毛蕊花、缬草等，它们都能散发出一种使鼠类难以忍受的气味。苦参、黄连、大蒜、辣椒等含有不同的辛辣成分，对鼠类有较强的拒食作用。草本植物续随子根部分泌物对鼠能产生较强的驱避作用，可用来驱除鼠防治鼠害的发生。采用续随子防治鼠害一次种植多年受益，既可绿化环境，又可减少鼠药用量，避免对环境的污染，同时，它的防治费用低，是新一代防治和减少鼠害的有效方法。

（2）利用不孕不育剂防鼠。鼠害不仅传播疾病危害健康，而且盗食粮食、破坏树木和草地。上海市推出的贝奥雄性不育生物灭鼠技术，在消灭鼠害中起着重要作用。雄性不育灭鼠技术并不是像以前的灭鼠药以立即杀死鼠为目的，而是使雄性鼠在食用了雄性不育灭鼠剂后，随即丧失生育能力，不能再和雌鼠交配繁殖。通过控制鼠的数量来防治鼠害，不会破坏大自然的生物链。雄性不育剂是利用植物的有效成分添加高效诱鼠成分而制成的。近年来对鼠的绝育剂研究较多，研究动物常用大鼠和小鼠做试验。目前已试用于鼠的绝育剂，如甾族雌激素（estorogenic steroid）等。

4. 问题与展望

（1）关于微生物灭鼠的可行性问题。对于微生物灭鼠是否可行，专家们有相当大的分歧。一些学者认为：鼠类的烈性传染病早已存在，如果说细菌可以消灭鼠类，这一过程应该早已发生，但是到目前为止，并没有观察到此种现象，可见微生物消灭不了鼠类。另一些学者认为：由于化学灭鼠可能导致环境污染和生态平衡的破坏，包括微生物灭鼠在内的生态-生物灭鼠方法应占主导地位。

为了进一步阐明这个问题，不妨从疫病流行过程开始进行探讨。疫病流行过程可简单表述于下：

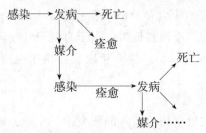

在自然界，这一流行过程总会终止，终止的原因可能是：①死亡导致宿主种群密度下降，媒介传播病原体的效率下降，当宿主种群密度下降到某一程度后，传播将自行中止。②由于病原微生物遗传上的异质性（这是自然种群不可避免的属性），其中有一些弱毒株，将对宿主个体诱导出免疫力（获得性免疫），宿主种群总的免疫水平上升。③由于宿主自然种群遗传上的异质性，部分个体对疾病有先天的免疫力。随着易感个体的不断死亡，宿主种群具免疫力的基因频率将不断上升，最终必然导致流行的自然终止。

疫病有没有再次暴发的可能，取决于病原微生物在宿主或媒介中是否得以保存，和易感宿主数量是否回升。

从上述过程可以得到如下推论：微生物灭鼠重复着早已存在的鼠间流行病的自然过程，显然不可能一劳永逸地消灭害鼠；但是它可以在相当大的程度上降低鼠密度。所以微生物灭鼠的前途是光明的。

（2）几个应当注意的问题。

①安全问题：应当慎之又慎。一定要保证病原体仅对靶动物有致病性，对人和其他动物绝对安全。因为一旦出现问题，在很大程度上是全人类的灾难，是无法挽回的。即使如沙门菌系的杀鼠细菌那样，仅仅引起消化失调，也是不允许的。

②免疫问题：免疫无法避免，应该引起人们的足够重视。现在使用的沙门菌属灭鼠细菌，虽能产生免疫力，但却是短暂而不稳定的。人们可以交替使用不同菌种来对付鼠类产生的免疫力，也可以与化学灭鼠轮换进行。

③关于单一病原微生物向多病原微生物转变的问题：只适于寄生在某一种动物体内的病原微生物，称为单一病原微生物。凡能寄生于几种动物体内的病原微生物，叫做多病原微生物。有人提出，单一病原微生物会不会转变为多病原微生物，从而引起人、畜和其他有益动物的疾病；但另一些人认为，这种转变的可能性很小，只是在特殊情况下才有可能。当然，在研究工作中，这是应该注意的问题。

④展望：微生物灭鼠开始得并不太晚，但发展相当缓慢，使用效果也很不稳定，可以说还不是十分成熟的方法。但是为了保护环境，作为现代主要灭鼠手段的化学灭鼠法必然受到一定

限制，生物灭鼠尤其是微生物灭鼠，不能不受到格外的关注，不断有学者研究这一课题。

由于灭鼠细菌的专一性强，致病菌种尚少，使用上受到很大局限。如前苏联有140余种啮齿动物，能感染灭鼠细菌的仅20余种，而且目前使用菌种的安全性还是可疑的。因此，微生物灭鼠关键任务是通过扩大筛选，寻找适于消灭各种害鼠的微生物。

现实对灭鼠微生物的要求是苛刻的，要求它致病力强，对非靶动物绝对安全，不允许有过大的突变率，必须有适当的传播媒介等。筛选菌种的课题是长期的、浩繁的和十分艰苦的。不过，既然微生物灭鼠的必要性和可能性同时存在，就不会有克服不了的困难。由于生物工程、遗传工程等现代科技的渗入，菌种筛选的工作还有可能加速。

改良使用方法。如两种灭鼠细菌的合并使用；在灭鼠细菌制剂中添加生物毒素或化学杀鼠剂，改变目前单一的菌饵法，寻找更加简便的应用途径，如气雾法等。

寻求更能保持与增强细菌毒力的、价格低廉的培养基；研究并采用简化的可以机械化生产制剂的生产过程。

与化学灭鼠法一样，微生物灭鼠也不可能取得绝对胜利，"人鼠之战"必然会以螺旋上升的方式发展，斗争远无穷期。

二、生态灭鼠

生态灭鼠（兔），即通过改变生态条件，创造不利于鼠（兔）生存和生活的环境，达到消灭鼠（兔）的目的，主要内容包括环境改造、消除鼠（兔）类隐蔽处所等。

（一）恶化鼠类的生存条件

鼠类的生存和繁衍离不开食物、水和隐蔽条件，因此食物、水和隐蔽条件构成了动物生存的三大要素。控制了这三大要素，就可以控制鼠类的种群密度。切断鼠类与其生存条件的联系是最有效的灭鼠方法之一。

在居民区，住宅的经常清扫和整理，可以明显地减少宅内的鼠密度，若进一步设法把食物收藏在鼠类无法接触的地方，并及时清除残余食物，使鼠类无法找到食物，鼠类将不能生存。对于仓库、食品加工厂、饲养场等建筑物，若能重视房屋的防鼠措施，不允许室外害鼠窜入，不仅将防止鼠类的危害，亦将有效地降低该地区的害鼠数量。

在自然界，人类不可能把鼠类与其基本生活条件隔开，但是可能恶化其生存条件，达到限制害鼠数量的目的。

在农作区，田地里收割的粮捆是鼠类理想的生存环境，从地里迅速运回粮捆，及时脱粒归仓，可减少鼠类的危害，降低其越冬数量。在收获后在田地中放牧鸡群，让鸡啄食田间散落的谷粒，大大减少田地中残留的食物，使鼠类的越冬条件大大恶化，冬季鼠类很少找到或无法找到食物，而导致越冬死亡率上升，从而达到防治鼠害的目的。

农区牲畜棚圈是鼠类稳定的食物基地，在这些地方加强防鼠和采取适当的灭鼠措施，对降低鼠密度水平具有举足轻重的意义。因此，减少畜圈的储草量，对家畜吃剩余的草料及时清理，定时清理畜圈是畜圈防鼠的主要措施。

田埂和田间空地是农田啮齿动物比较集中的地方，若地块小而分散零乱，田间空地就多，鼠害必然比较严重。若土地经过规划，修建成大块条田，田间空地相对减少，鼠密度必随之下降。因此，注意田埂和田间空地的管理，是减少农田鼠害的主要措施之一。

鼠类对草场危害与否，取决于它的数量，而数量又受草场植被的影响。在茂密的优良草场上一般鼠类很少，如内蒙古东部的草甸草地，牧草茂密，其中主要生活着狭颅田鼠和莫氏田鼠，它们并不形成危害。反之，在低矮、稀疏的退化草场上鼠类则较多，如布氏田鼠、达乌尔鼠兔、高原鼠兔、黄兔尾鼠及鼢鼠等都是如此。施银柱等（1983）发现在高草密草下高原鼠兔的数量较少。钟文勤等报道，在封育的草库仑中，牧草生长良好，盖度大，产草量高，布氏田鼠的洞口密度稀（每公顷 700 洞口）；而在牧草最矮、盖度最小、产草量最低的退化草场，布氏田鼠洞口密度最高（每公顷 3 661 洞口）。因此，对退化草场规定合理的载畜量、实行合适的轮牧制度、灌溉和补播优良牧草等改良草地的措施，是减轻草地鼠害的有效措施。新疆个别地区，曾结合草地灌溉，淤平鼠洞，减轻了鼠害。补播、围栏封育，从而促进植被的恢复是对退化草场鼠害防治的主要措施之一。

在农田防护林带消灭林地杂草，可有效减少鼠类危害。森林中设立约 4m 宽的无植被带，可有效地阻止鼠类扩散，加强天敌的抑鼠作用。

由于不同鼠种对环境的要求不同，同样的措施对不同鼠种的作用亦不相同。如茂密的植被可减轻草地鼠害，但新疆天山北麓护田林带中种植苜蓿，招引了草原兔尾鼠、鼹形田鼠、灰仓鼠、根田鼠等向林带集中，它们对茂盛的苜蓿没有造成可见的损害，却在冬季啃食树皮，使树木枯死。由此可见，应该采取何种生态措施防除鼠害，有赖于对鼠类生活习性的深入了解和研究，研究鼠类的生物学特性是很有必要的。

（二）发生地灭鼠

在啮齿动物数量很低的年份，其栖息地将极度缩小，往往集中残存于条件相对优越的小块地段，如小凹地、杂草丛、田间空地等。这些地段就是鼠类的储备地，即将来鼠害重新猖獗的发生地。实质上就是鼠类渡过难关的避难所。从这个意义出发，可以发现储备地不仅低数量年有，正常年份也同样存在。例如，新翻耕过的地块，鼠类很难生存，即使耕地深度不足以破坏鼠巢，鼠类也很少在耕过的地块里停留。常常迁到临近的田间空地和田埂、地边，渡过哪怕是相当短暂的困难时期。农村的道路两旁、渠沿是经常存在的典型的鼠类储备地。可以设想，如果在发生地灭鼠或改造发生地的环境，对于消灭鼠害一定会起到事半功倍的作用，并收到十分显著的效果。

第四节　鼠害综合治理

一、鼠害综合治理概述

1967 年联合国粮农组织在罗马"有害生物综合防治会议"上提出了"有害生物综合管理"的概念，认为综合防治是对有害生物的管理系统。它按照有害生物的种群动态和它相关的环境关系，尽可能协调地运用适当的技术和方法，使有害生物数量保持在危害阈值之下。对有害啮齿动物采取综合治理有 3 个基本观点：①生态学观点，即防治措施必须从防治对象与周围生物和非生物之间的协调为基础出发，去考虑治理对策；②经济学观点，即防治措施所花费的成本要小于有害生物造成的损失，使防治成本与从防治所带来的增加收入之间的差值达到最大；③环境保护的观点，即防治措施要注意维护环境的安全，避免或尽量减少对环境的污染。综合防治的目标并非将靶动物物种完全彻底消灭，而是允许防治对象物种种群数量维持在经济阈值允许水平以下。在鼠害防治过程中以生态控制为主、药灭为辅和长期监测的综合防治技术，可把鼠害长期控制在危害阈值之下。

二、鼠害综合治理的策略

有害动物的综合治理是昆虫学家首先提出的。综合治理是当前鼠防人员应普遍重视的工作，综合防治在虫害防治方面应用较多，对鼠害应用尚少。

（一）掌握主要害鼠种数量变动规律，开展预测预报，以防代灭

在各种环境因子处于相互制约、均衡共存的条件下，啮齿动物的数量将保持相对稳定，一般不会对草地构成危害，反而有利于草地生产力的维持和系统功能的发挥。啮齿动物数量只有在系统结构的完整性遭受破坏、各种环境因子间的均衡制约关系被打破之后才会出现异常增长，即形成鼠害。在促成鼠害发生的诸多因素中，除了难以抗拒和避免的自然因素外，大多与人类自身不明智的活动有关，也就是说，鼠害的发生在很多情况下是可以预防的。在充分了解鼠害的发生与人类各种活动，特别是经济活动的因果关系及其运行机制后，即可对相关的活动予以规范，将人类活动对草地系统的扰动程度控制在安全的限度之内，从而达到预防鼠害发生的目的。例如，在高寒草甸危害甚烈的高原鼠兔，其种群扩张的一个重要诱因是植被高度由正常转变为低矮，并出现斑块状裸地，这种变化为高原鼠兔创造了最佳的生境条件，而引起这种变化的原因则主要是超载过牧和放牧制度的不合理性。对此有了清晰的认识之后，若能确定一个植被高度指标作为控制放牧强度的临界值，同时改革放牧制度，使之适应于放牧强度的控制要求，这样，高原鼠兔就会因为生境条件的制约而使种群数量始终保持在一个无害的水平。事先密切监视鼠情动态，采取预防措施防止鼠害发生，这是鼠害综合治理应当首先遵循的原则，也是最佳的防治对策。主动预防与被动治理相比，不仅防止了鼠害发生后对草地造成的各种损失，而且还可以节约大量的治理成本，避免因鼠害而进一步引发生态和环境问题。

预测预报是防治草地鼠害的基础性工作，是指导防治工作的科学依据和影响防治决策的关键因素。在不同类型的草地上，选害鼠高发区建立鼠情监测站（点），长期定点监测主要害鼠的种群数量变动，在此基础上开展害鼠数量的预测预报，为防治提供依据。草地主要鼠种数量变动的共同特征是，均经过低谷—上升—高峰—下降—低谷4个期，一般低谷期较长，5~10年以上，上升期2~3年，高峰期1~2年，下降期1~2年。鼠对草地造成的危害主要发生在上升和高峰期，由于下降速度较快，下降期一般不会造成大的危害，低谷期更不会形成危害。因此对害鼠的防治应在上升期进行，掌握这一规律必须坚持长期的定点监测，建立预测模型，开展预测预报。

（二）鼠害发生时，采用综合治理

鼠害一旦发生，为了减少损失，防止引起更为严重的后果，采用一定的方法将害鼠数量迅速降至无害化水平是十分必要的。可使害鼠数量在短时间内得以迅速降低的方法较多，但不同的方法往往各有利弊，单独使用时常有不尽如人意之处。例如，化学灭鼠法尽管有成本低、灭效高、简便易行等优点，但却同时存在污染环境、威胁其他生物安全等隐患；物理灭鼠法虽然可以克服化学灭鼠法的不足，但却存在费时耗力、效率低下、不易大面积使用等缺陷；生态治理可谓最符合客观规律的方法，但同样存在见效周期长、无法解决当时害情等难

以解决的问题。因此，若能联系鼠害的实际，将各种方法结合使用，这样就能扬长避短，收到单项技术措施所难以达到的治理效果。在鼠害防治实践中，除非特殊需要，一般均应坚持多种技术措施并举的综合防治原则。

在数量上升期进行灭鼠，可防止鼠害向高峰发展。灭鼠后，使鼠密度大幅度下降，使残存鼠的生存条件得到改善，种群死亡率降低；同时鼠的繁殖受到密度因子的反馈调节，低密度使雌鼠怀孕率增高、雄鼠繁殖力增强、幼鼠性成熟提早，这些都有利于啮齿动物种群数量的再增加。因此，灭鼠后还应采取巩固措施，防止鼠密度回升，长期控制在不危害的程度。

（三）巩固灭鼠效果，将物理方法、生态方法和生物方法结合起来

利用生态防治巩固灭鼠效果，通过改变鼠类栖息环境，使之不适于鼠类生存。这是经常性的基础工作，也是防治鼠害的治本之策。提高草地植被盖度和草层高度后，使其不适宜多种鼠类栖息。可对草地的利用进行长远规划，实行轮牧，不能超载过牧。对于已经退化的草地，结合害鼠防治，加强草地培育，促进植被恢复。如草地上的高原鼠兔、达乌尔鼠兔和布氏田鼠，它们的最适生境是退化草地。因此，草地上减少鼠害的根本之策，就是做到不超载过牧，合理载畜，控制放牧强度，防止草地退化；补播、围栏封育促进植被恢复；化学灭除杂草，改变害鼠栖息环境。

人工草地要大面积连片耕作，减少田埂和地头荒角，勤除草，快收储，有条件的地方要秋灌，破坏鼠的越冬地。

要注意保护鼠类天敌，自然界有许多鼠类天敌都能捕食大量的害鼠。严禁使用具有二次毒性的灭鼠药物，植树种草，保护和招引鼠类天敌。

综上所述，鼠害综合治理是以生态控制为主，药灭为辅的技术。还应指出，综合防治见效较慢，但效果稳定、可靠；综合防治的费用，在近期内可能比较高，但长期效益大。

三、鼠害综合治理的实践

（一）布氏田鼠的综合防治

布氏田鼠是内蒙古典型草地的主要害鼠。国内对该鼠开展了综合防治的研究，主要采取了下列措施：①研究布氏田鼠数量变动规律，在内蒙古锡林郭勒盟典型草地坚持11年数量监视，开展预测预报，发布鼠情预报；②在布氏田鼠数量上升期，用抗凝血杀鼠剂防治，防止向高峰发展；③中、轻度退化草场是布氏田鼠的最适生境，对尚未退化的草场进行轮牧，合理载畜，防止草地退化；对已经退化的草地进行围栏禁牧，或在牧草生长季节短期禁牧，恢复草地植被，造成布氏田鼠不适宜栖息的环境；④保护鼠类天敌有利于维持草地生态系统的平衡，长期把鼠的数量控制在危害阈值之下。

（二）鼢鼠的综合防治

危害草地的鼢鼠主要有草原鼢鼠、东北鼢鼠、高原鼢鼠和甘肃鼢鼠，以高原鼢鼠为例说明。

①高原鼢鼠危害严重时首先利用化学药物防治，将鼠密度在较短时间内降低，用模拟鼠洞道投饵机投饵能起到极高的杀鼠效果。在青藏高原上，曾利用铁牛55型拖拉机，牵引模拟鼠洞道投饵机，模拟鼠洞道投饵机的洞道成型率在90%以上，且成型好、洞壁坚实、光滑，易被鼢鼠所利用，成为它们洞系的组成部分。投入的毒饵可以存放较久，只要鼠能遇

见，便可取食，远期效果好。投下的毒饵，长期在地下对人、畜、禽都比较安全，整个防治过程不需要禁牧，对草场无破坏，还在一定程度上起到疏松土壤，改善土壤的透气、渗水性能，起到促进牧草生长的作用，用模拟鼠洞道投饵机投饵，是目前在草地上利用毒饵法灭鼢鼠较好的工具，也能使鼢鼠减少危害。②通过收购鼢鼠毛皮和骨骼，发动群众捕获鼢鼠，也可以降低鼠密度，从而化害为利。鼢鼠毛皮质量较好，没有毛向，经过加工，可制作各种裘皮衣服和装饰品；鼢鼠骨骼加工制成地龙酒，能够治疗风湿等多种疾病。③保护鼠类天敌。

这一整套综合防治措施可以长期控制鼢鼠的危害，在有条件的地方，开展鼠情监测，进行预测预报，适时进行防治，可长期把鼢鼠密度控制在不危害的程度。

（三）长爪沙鼠的综合防治

长爪沙鼠是我国北方农田和草地的主要害鼠，综合防治措施如下：①秋收作物随收、随运、随场翻耕（先耕鼠害地）；加快秋翻进度，逐年扩大秋耕面积；②秋收作物运场之后，在鼠害地及其附近地段及时挖掘鼠仓，回收鼠洞内存留的粮食和草子，断绝该鼠冬季的食物；③秋季配合牲畜的冬季饲草储备，多收田埂及田边荒地上的猪毛菜；对晚秋作物地特别是菜子地，收割时注意兼收田间、地头的苍耳和猪毛菜（这些草都是长爪沙鼠喜食的）；④统筹安排田埂、车道、牧道以及轮作布局，加宽轮作地块，推广大片轮作，逐年减少或改窄旱地田埂，根除田间"荒角"及地头、田间的小块荒地；⑤对长爪沙鼠数量动态及害情进行监测和预测，并据预测报告，在中等数量年的春季用毒饵法在重点地段灭鼠，防止造成危害。

（四）中华鼢鼠的综合防治

在农田，控制中华鼢鼠的密度主要采取下列措施。

①鼠密度高时采用多种方法如弓箭法、人工捕鼠法、洞内投放抗凝血杀鼠剂毒饵或磷化铝片、纸壳雷管炸鼠等。②将鼠密度控制到不为害的程度后，采取多种方法巩固灭鼠成果：一是平整土地，利用天然降水降低鼢鼠密度。平田修地建立水平梯田，平整土地防止水土流失，在降大雨或暴雨时，雨水流入田中，使部分鼠死亡或迁走。二是实行轮作制可以降低鼠密度。中华鼢鼠喜欢采食小麦幼苗、豆类、马铃薯以及一些双子叶植物的根。对玉米、谷子、糜子等禾谷类作物不太喜食。据调查，玉米、谷子等作物地鼢鼠密度显著低于小麦地的鼢鼠密度。③清除杂草减少中华鼢鼠鼠源。鼢鼠除了在农田栖息外，还在多种生境内栖息，如草坡、田埂等地。它们喜食杂草类的块根、粗壮直根、鳞茎等，这些草多生长在田埂、地头、山坡等处，它们为鼢鼠提供了丰富食源。因此，清除杂草对控制鼢鼠密度有良好的作用。④一些农业措施如深耕、秋翻地、兴修水利等，都有助于控制鼢鼠密度。

从以上实例中看出，草地和农田鼠害的综合防治，确实是一项复杂的农牧业生态系统工程，不少是生态学和管理上的问题。从长远看，是如何合理利用、治理与建设好草地和农田，使之持续保持旺盛的生产力，不给害鼠造成适宜的栖息条件，使鼠密度经常保持在较低的水平（危害阈值之下）。

第五节 常用的灭鼠试验方法

灭鼠试验是草业科学试验的内容之一，它的任务就是研究各种灭鼠手段对害鼠个体或种群的影响，揭示各种条件与灭鼠效果的关系，探索控制鼠害发生发展的方法，为保护农田、草地和森林提供科学依据。

有些灭鼠试验可在实验室中进行，有些则必须到野外做现场试验。鉴于现代农业科学试验的一般原则已在其他课程中讲述，现仅就灭鼠试验中若干较为特殊的方法简介如下。

一、实验室试验

（一）致死中量的测定

测定致死中量的方法很多，现介绍一种简化的概率单位法。

1. 试验动物选择 最好选用杀灭对象，也可以采用小鼠和大鼠等。野鼠捕获后，应在笼中饲养5d左右，除去孕鼠、幼鼠和伤、残、病鼠，然后随机分组。每组5~10只，雌雄尽量做到各占一半，各组之间的体重差别不应过大（对小鼠等的要求可以严一些）。

2. 分组与剂量 本法要求各组剂量（表8-25）呈等比级数增加。对于新药，可先设1mg/kg、10mg/kg和100mg/kg三组，以测定致死中量的大致范围，再根据初试结果设组。已有致死量记载的药物，按1.25、1.0和4.0三个致死中量设组，视试验中的死亡情况再考虑加组或插组。当得到死亡率近于0和100%（最高组不低于80%，最低组不高于20%）的4组以上的结果时，试验操作即告一段落，可以开始进行计算。加组就是按原有剂量比向上或向下加组。插组时，须先行计算新的剂量比，再用新剂量比乘以原低剂量组的剂量，即得到插入组的剂量。其计算方法如下：

若相邻两组间欲插入C组，X为原剂量比，则新剂量比Z为

$$Z = \sqrt[C+1]{X}$$

例如：拟在10mg/kg组和20mg/kg组之间加一组，求新剂量比和插入组剂量。

$$X = \frac{20}{10} = 2, \quad Z = \sqrt[1+1]{2} = 1.414$$

插入组的剂量为

$$10\text{mg/kg} \times 1.414 = 14.14\text{mg/kg}$$

表8-25 常用剂量比例表

剂量比	各组剂量（mg/kg）								
	1	2	3	4	5	6	7	8	9
1:1.260	1.000	1.260	1.585	2.000	2.520	3.176	4.000	5.040	6.352
1:1.414	1.000	1.414	2.000	2.828	4.000	5.656	8.000	11.312	16.000
1:1.442	1.000	1.442	2.082	3.000	4.326	6.240	9.000	12.978	18.720
1:1.732	1.000	1.732	3.000	5.196	9.000	15.588	27.000	46.764	81.000

3. 药品稀释和投药量计算 由于鼠类体重很小，每只鼠应给的药量很少，不仅称量很不方便，在投药工具上黏附的比例较大，这样就不可能把误差降到最低限度。所以必须要对药品加以稀释。一般粉状药物常用灌粉法给药，稀释剂可用滑石粉或可溶性淀粉。吸潮药物和液态药物常用灌液法给药，可加水溶解或稀释。药物稀释后的浓度有一定限度，以免应给的总药量过大，造成鼠口或鼠胃容纳不下。配药时，应按操作规程进行，用分析天平准确称量。稀释药粉时，如果稀释倍数较大，为了混合均匀，可分阶段逐次稀释。配制溶液时最好

使用容量瓶。

经验证明，鼠每重10g，口腔中可容纳药粉2g，胃内可灌入药液0.1～0.2mL。这是一个很简单的比例，如果在投药时固定地运用这个比例，以改变药品稀释后浓度的办法来凑合它，可以大大减轻投药时的烦琐计算，便于消除许多人为误差。

因此，灌粉时
$$一只鼠应给药粉总量（mg）=200×鼠体重（kg）=0.2×鼠体重（g）$$
灌液时
$$一只鼠应给药液总量（mg）=20（或10）×鼠体重（kg）$$
$$=0.02（或0.01）×鼠体重（g）$$

当然，药物稀释后的浓度应与上述比例相适应。其计算方法如下：
灌粉时
$$稀释后的浓度=\frac{本组剂量（mg/kg）}{200}×100\%$$
灌液时
$$稀释后的浓度=\frac{本组剂量（mg/kg 或 \mu L/kg）}{20\,000（或10\,000）}×100\%$$

例如：在剂量为1.0mg/kg的剂量组中，体重为55g、48g的沙鼠应给予多少质量何种浓度的药粉？

解：先决定稀释后浓度
$$浓度=\frac{1.0}{200}×100\%=0.5\%$$
$$55g的沙鼠应给药量=0.2×55=11（mg）$$
$$48g的沙鼠应给药量=0.2×48=9.6（mg）$$

4. 投药

（1）灌粉。试鼠先装入布袋，紧捏袋口，待鼠头伸至袋口附近时用手按住，随即捏牢颈背皮肤，翻开口袋，露出鼠头，用布袋裹住鼠的前肢和躯干，然后用镊子从齿隙处塞入鼠口，压住舌头，将口撑开。另一人站对面，一手固定鼠的前肢，另一手将药（用3cm×3cm的绘图纸对折一缝，药粉放在缝中）倒入鼠口近咽喉部即可。

（2）灌液。用1mL或0.5mL的注射器，配上尖端磨钝的腰椎穿刺针头。一般左手拿鼠（野鼠亦放入布袋），中指顶住鼠的腰背部，使其食道尽可能伸直，右手持注射器，缓缓将针头插入食道。先向背侧靠紧，随即稍向腹侧挑起，即可伸入胃中，将药液注入。若注射过程中鼻孔冒泡，表示误入气管，灌药失败，这只鼠应于废弃。

投药后照常饲养，观察5d（抗凝血剂应观察10d以上）。记载投药及死亡情况，记录格式如表8-26所示。

5. 计算 当反应基本符合常态，即死亡率（P）低于和高于50%的组数大致相等，而且可参与计算的组数（N）不少于4时，可按下列公式计算。

若死亡率包括0和100%，则
$$LD_{50}=\lg^{-1}[X_m-i(\sum P-0.5)]$$

式中，X为剂量的对数；X_m为最高剂量的对数；i为相邻两组剂量比值的对数。

表 8-26 LD₅₀ 测定记录表

药名_____ 来源及批号_____ 稀释剂_____
试验动物_____ 来源_____
试验时间____年___月___日 始____年___月___日 终 试验地点_____ 投药方式_____

组别	药物		试验动物		实际投药量	投药时间	是否死亡及死亡时间	其他
	剂量	稀释后浓度	体重	性别				

试验操作人_____ 记录人_____ 核对人_____

若最高死亡率（P_m）在 0.80～0.89 之间，或最低死亡率（P_n）在 0.10～0.20 之间，则

$$LD_{50} = \lg^{-1}\left[X_m - i\left(\sum P - \frac{3 - P_m - P_n}{4}\right)\right]$$

其标准误（S_{50}）和 95% 可信度（d_{50}）

$$S_{50} = i \cdot \sqrt{\frac{\sum P - \sum P^2}{n-1}}$$

$$d_{50} = \pm 4.5 LD_{50} \cdot S_{50}$$

式中，n 为每组动物数；P^2 为死亡率的平方数。

此法还可以作出剂量对数与死亡率概率单位（Y）的回归方程；因此，要先计算回归系数（b）。

$$b = (Yh - Yl)/(N - H)$$

式中，H 为组数的一半，当 N 为偶数时，$H=N/2$；当 N 为奇数时，$H=(N-1)/2$；Yh 为剂量较高的 H 组死亡率概率单位平均值；Yl 为剂量较低的 H 组死亡率概率单位平均值。

$$Y = 5 + b(X - \lg LD_{50})$$

知道了回归系数，很容易求任一死亡率（P_k）的致死量（LD_k）及其标准误（S_k）和 95% 可信限（d_k）。

$$LD_k = \lg^{-1}\left(\lg LD_{50} - \frac{5 - Y_k}{b}\right)$$

$$S_k = \sqrt{S_{50}^2 + \frac{2}{hH(N-H)} \cdot \left(\frac{5 - Y_k}{b^2 i}\right)^2}$$

$$d_k = 4.5 LD_k \cdot S_k$$

式中，Y_k 为 P_k 的概率单位。

从灭鼠药来看，求 LD_{95} 有较大的实际意义，即 K 为 95%。

如果要比较两个致死中量（LD_{50} 与 LD_{50}'）差别的显著性，可以作 t 测验。

$$t = \frac{|\lg LD_{50} - \lg LD_{50}'|}{\sqrt{S_{50}^2 + S_{50}'^2}}$$

若 $t<2$，差别不显著；$3>t>2$，差别显著；$t>3$，差别极显著。

如果需测验两个回归系数 b、b' 之间的差别显著性，也可以进行 t 测验。

首先求出各自的平均标准误 S_b 和 S_b'。

$$S_b = \frac{1}{i} \cdot \sqrt{\frac{12\sum(Y-Y_e)^2}{(N-2)(N-1)N(N+1)}}$$

式中，Y 由 $P-Y$ 表（表 8-27）查出；Y_e 由下式求出。

$$Y_e = 5 + b(x - \lg LD_{50})$$

$$t = \frac{|b-b'|}{\sqrt{S_b^2 + S_b'^2}}$$

表 8-27 死亡率与概率的关系

百分比（%）	0	1	2	3	4	5	6	7	8	9
00	2.380	2.674	2.946	3.119	3.249	3.355	3.445	3.524	3.595	3.659
10	3.718	3.773	3.825	3.874	3.920	3.964	4.005	4.046	4.085	4.112
20	4.158	4.194	4.228	4.261	4.294	4.325	4.357	4.387	4.417	4.447
30	4.476	4.504	4.532	4.560	4.587	4.615	4.641	4.668	4.694	4.721
40	4.474	4.772	4.797	4.824	4.849	4.874	4.900	4.925	4.950	4.975
50	5.000	5.025	5.050	5.075	5.100	5.126	5.151	5.176	5.202	5.228
60	5.253	5.253	5.306	5.332	5.359	5.385	5.413	5.440	5.468	5.496
70	5.524	5.552	5.583	5.613	5.643	5.675	5.706	5.739	5.772	5.806
80	5.842	5.878	5.915	5.954	5.995	6.036	6.086	6.126	6.175	6.227
90	6.282	6.341	6.405	6.476	6.555	6.645	6.751	6.881	7.054	7.326
100	7.620									

再根据自由度查 t 表（表 8-28），查到 $t_{0.05}$ 和 $t_{0.01}$ 的值。自由度为 $(N-2)+(N'-2)$。当 $t>t_{0.05}$ 时，差别显著；$t>t_{0.01}$ 时，差别极显著；$t<t_{0.05}$ 时，差别不显著。

表 8-28 t 值简表

自由度	4	5	6	7	8	9	10	11	12	13	14	15
$t_{0.05}$	2.776	2.571	2.447	2.365	2.306	2.262	2.228	2.201	2.179	2.160	2.145	2.131
$t_{0.01}$	4.604	4.032	3.707	3.499	3.355	3.250	3.168	3.106	3.055	3.012	2.977	2.947

例如：有单位测定氟乙酰胺对鼠兔的致死中量（试验结果如表 8-28），试计算其致死中量、致死中量的标准误和 95% 的可信限；并列出其对数剂量与死亡率的概率单位间的回归方程。

解：首先整理试验结果，列表于 8-29。

$$剂量比值 = \frac{0.408}{0.314} = 1.3$$

$$i = \lg 1.3 = 0.1139$$

表 8-29 氟乙酰胺对鼠兔的致死中量

剂量 (mg/kg)	剂量对数 (X)	死亡动物数	死亡率 (P)	P^2	概率单位 (Y)
0.314	$\bar{1}.4969$	0	0	0	2.38
0.408	$\bar{1}.6107$	1	0.10	0.01	3.72
0.530	$\bar{1}.7243$	2	0.20	0.04	4.16
0.689	$\bar{1}.8382$	4	0.40	0.16	4.75
0.896	$\bar{1}.9523$	8	0.80	0.64	5.84
1.165	0.0663	9	0.90	0.81	6.28
1.514	0.1801	10	1.00	1.00	7.62
		$\sum$	3.40	2.66	

$$LD_{50}=\lg^{-1}\left[X_m-i(\sum P-0.5)\right]$$
$$=\lg^{-1}[0.1801-0.1139\times(3.40-0.5)]$$
$$=\lg^{-1}\bar{1}.8498=0.7076(\text{mg/kg})$$

$$S_{50}=i\cdot\sqrt{\frac{\sum P-\sum P^2}{n-1}}=0.1139\times\sqrt{\frac{3.40-2.66}{10-1}}=0.0327$$

$$d_{50}=\pm 4.5\times 0.7076\times 0.0327=\pm 0.1041$$

LD_{50} 的 95% 可信限为 0.7076 ± 0.1041 mg/kg。

LD_{50} 的回归系数为

$$b=(Yh-Yl)/i(N-H)=\frac{6.58-3.42}{0.1139\times 4}=6.936$$

回归方程为

$$Y=5+b(X-\lg LD_{50})=5+6.936(X-\bar{1}.8498)$$
$$Y=6.936X+6.0418$$

(二) 适口性试验

适口性,指鼠类遇见该种药物时的喜食程度或接受程度,故亦称为接受性试验。到目前为止,尚无评价适口性的统一的客观标准,只能通过毒饵-无毒饵,毒饵-另一种毒饵的对比试验来判断适口性的好坏。适口性试验方法比较多,试鼠可以单饲或群饲;可以只投以毒饵统计死亡率(无选择性试验),也可以投以毒饵和无毒对照饵,统计摄食系数和死亡率(选择性试验)。除实验室试验外,还可以在灭鼠现场进行试验。

现将群饲有选择试验的方法简介于下:

毒饵浓度可行两种选择,一为实际的使用浓度,一为可能的适用浓度。

$$\text{野鼠的可能适用浓度}=LD_{50}\times 0.20\%$$
$$\text{家鼠的可能适用浓度}=LD_{50}\times 0.05\%$$

例如,磷化锌对长爪沙鼠的 LD_{50} 为 12,对褐家鼠的 LD_{50} 为 40.5,那么

$$\text{长爪沙鼠可能适用浓度}=12\times 0.20\%=2.4\%$$
$$\text{褐家鼠可能适用浓度}=40.5\times 0.05\%=2.025\%$$

每组动物 20~30 只,将毒饵和无毒对照饵分别置入相同的盛饵容器中,放入鼠笼,每 2~4h 将毒饵和无毒饵的位置对调一次,8~24h 后,分别统计毒饵和无毒饵的消耗量。试鼠仍然饲养,观察并记录其死亡情况,计算摄食系数和死亡比。

$$摄食系数=毒饵消耗量/对照饵消耗量$$

$$死亡比=毒死鼠数/试鼠总数$$

一般认为,摄食系数大于 0.3 者,表示适口性好,摄食系数在 0.1~0.3 之间,表示适口性尚可,小于 0.1 者,适口性较差,若小于 0.01,则不宜使用。死亡比大于 8.5/10 为效果好,若低于 5/10,则效果差。如果同一试验重复若干次,可以算出食饵消耗量的平均数及标准差,进一步用成对比较法检验毒饵与空白对照饵适口性的差异;亦可用同法比较两种毒饵的适口性。

如果测得某种药物各浓度梯度的摄食系数,可以探测毒饵浓度改变时,毒饵适口性随之而产生变化的趋势,并借以选择最适浓度。

(三) 再遇拒食情况的观察

指取食毒饵但未死亡,再次遇见同种毒饵时的接受程度,可称为再遇适口性或拒食性。试验方法为:试鼠分两组,每组 20~30 只,一组先投亚致死量毒饵(如 0.25 个 LD_{50}),4~6h 后取去。3d 后,两组同时投给致死浓度的毒饵和无毒饵,放 3d 后取去。比较两组的摄食系数和死亡比。

(四) 蓄积中毒观察

方法较多,这里介绍两种方法,每组动物用 20~30 只。

(1) 适口性较好的杀鼠剂,用实际灭鼠浓度的 1‰ 的毒饵饲鼠,逐日记录毒饵消耗量,观察、记录试鼠健康状况,直到试鼠死亡或食毒累积量等于 3 倍 LD_{95} 为止。若累计服药达 3 倍 LD_{95} 而鼠无病状,则可视为累积中毒不明显。

(2) 动物正常饲养,每隔 48h 或 72h 灌亚致死量药物一次(浓度可试用 $1/4LD_{50}$),共灌 5 次,再灌一个致死中量的药物,记录死亡率。同时,另用一组动物事先不灌药,在试验组灌致死中量药物时,亦灌以一个致死中量的药物,记录死亡率。最后将两组结果加以比较。

(五) 耐药性观察

耐药性是指第一次食入亚致死量药物后,过一段时间,再次吃进同种药物,致死量提高的特性。试验方法是:用两组试鼠,每组 20~30 只,一组先投亚致死量药物,3~5d 后两组均给 LD_{50} 的药物,比较死亡率。

对于抗凝血剂的敏感性或抗药性水平,世界卫生组织于 1975 年专门制订了测试方法(文件号为 WHO/VBC/75,595)。

(六) 残效期观察

配制致死浓度的毒饵,内吸性药物可用灭鼠时的用药量喷洒小片草地,每隔一定时间(如 5d、10d、15d、20d 等)用毒饵或毒草饲鼠(每组可用 4~5 只),观察死亡情况。

二、野外试验

野外试验是在接近灭鼠实际水平上的科学试验活动。它对于检验灭鼠药物、灭鼠工具和灭鼠措施的效果以及对于指导灭鼠实践都有重要的意义；其作用是实验室试验所不能代替的。在一种灭鼠药物或灭鼠方法推广之前，必须经过野外现场试验考察。

（一）野外试验的基本要求

1. 试验目的必须明确 野外试验项目很多，机械灭鼠、化学灭鼠或生物灭鼠中的任何方法，都可以放在野外试验中进行检验，以判断其是否有实用价值；也可以对不同方法加以对比，以鉴定其优劣。在化学灭鼠的范围内，常用的野外试验有药效比较、诱饵、药物及其使用浓度的选择，灭鼠适宜时期的选择和残效期试验等项。一次试验，目标必须集中，只能有一个目的，做一次试验只能解决一两个问题。

2. 试验区的选择 一般来说，试验区应选在鼠害较严重的地区，优势鼠种及其生态环境应与计划推广此法的地区相同，至少应与之相近，而且要有足够的面积。当然，为特殊目的而设置的试验区，可以不受上述条件的限制。

3. 样方设置 灭鼠试验的样方大多数选用方形，面积为 $0.25\sim 1hm^2$，样方四周应有明显的标志，样方外围应有 $10\sim 20m$ 的保护带。有人认为，现行灭效检查可以不设固定面积的样方，而用灭洞率或灭鼠率表示。但无论何种形式，都需要设边界标志和保护带。

各种处理的样方应有必要的重复，一般重复 $3\sim 5$ 次。同时应设对照样方（或对照洞口），空白对照样方也应有必要的重复。样方排列以随机排列和有局部控制的随机排列为主，简单的对比试验，也可以采用对比排列法。

4. 详细记载 对试验区的环境条件、样方设置、处理方式和处理时间都应有详细记载，最好预先设计表格（表 8-30），按时填写，如果附有地图则更好。记载时，应实事求是，以观察的结果为准，切勿以想象代替观察，尽量避免人为误差。

表 8-30 野外药效试验记录表（弓形夹定面积法）

试验序号_____ 毒（菌）饵名_____ 布饵方法_____ 布饵量_____
试验地点_____ 生境_____
气象特征_____ 样方面积_____ hm^2
试验时间：初查_____ 置饵_____ 检查_____

试 验 样 方					对 照 样 方				
时间	总洞口数	掘开洞数	捕获鼠数	数密度（只/hm^2）	时间	总洞口数	掘开洞数	捕获鼠数	数密度（只/hm^2）
Σ									

记录人：_____

5. 注意安全 对于某些试验，如喷洒药液灭鼠试验，应当注意人、畜安全，危险区应设置醒目的标记，并规定禁牧区和禁牧时间。

（二）野外试验程序

一般包括准备、操作、灭效检查和计算几步。准备工作十分重要，它包括题目的确定、试验区的选择和试验设计的编写，也包括物资、设备的准备和运输等。试验操作应严肃认真，严格按照设计要求去做。执行中如果发现问题，可以经过研究而修改设计，决不允许操作人员自行其是。许多地方草地灭鼠的灭效检查采用堵洞盗开法，作为科学试验，这种方法可能比较粗略，但现在似乎不能不用，在应用时从减少误差着眼，应当用校正灭洞率表示灭效，而且起校正作用的空白对照样方不能太少，也应有3～5个重复。

（三）结果分析

野外试验的结果可以用普通方法进行一般的分析，也可以用生物统计方法对结果加以处理。当准备用生物统计的方法处理结果时，在试验设计中就应当有所安排，否则，有时试验结果是用不上生物统计方法的。

◆ **本章小结**

目前国内外鼠害防治中主要采用物理方法、化学方法、生物方法和生态防治四大鼠害控制方法。物理方法简单易行，对人畜比较安全，具有广泛的群众基础，效果较好，且易推广，但工效较低，很难在大面积灭鼠中使用。化学方法是采用杀鼠剂、绝育剂、驱鼠剂和引诱剂控制或消灭鼠害的方法，具有成本低、灭效高、简便易行等优点，但却同时存在污染环境、威胁其他生物安全等隐患，因此在选择已有的杀鼠剂时，应根据当时当地的具体情况，注重有效、安全、方便和经济的原则，合理使用各种药物，扬长避短，以期达到好的杀灭效果和较高的经济效益。生物方法是利用有益生物或其他生物来抑制或消灭有害生物的一种防治方法。对人畜比较安全，不污染环境，受到公众和生物学界的普遍欢迎。生态灭鼠是通过改变生态条件，创造不利于鼠（兔）生存和生活的环境，达到消灭害鼠的目的，主要内容包括环境改造、消除鼠（兔）类隐蔽处所等。生态灭鼠是最符合客观规律的方法，但存在见效周期长、无法解决当时害情等难以解决的问题。

综合防治是对有害生物的管理系统。其采用生态学、经济学和环境保护等方面的观点，按照有害生物的种群动态和它相关的环境关系，尽可能协调地运用适当的技术和方法，使有害生物数量保持在危害阈值之下，是以生态控制为主、药灭为辅和长期监测的综合防治技术体系。掌握主要害鼠种数量变动规律，开展预测预报，以防代灭；鼠害发生时，采用综合治理将害鼠数量迅速降至无害化水平；注意巩固灭鼠效果，将物理方法、生态方法和生物方法结合起来是鼠害防治的综合策略。

◆ **复习思考题**

1. 试述四大鼠害控制方法的利弊？
2. 鼠害综合治理的策略有哪些？
3. 简述实验室灭鼠试验的具体步骤。

第九章

害鼠与鼠害的治理对策

内容提要： 害鼠与鼠害的治理对策与规划是指导和实施鼠害防控工作的关键。本章从鼠害治理的目标出发，阐述了治理时机的选择、效果检查、治理活动的经济分析等问题，分析了害鼠与鼠害治理规划的具体内容。同时辅以具体的害鼠和鼠害防治实践，对危害状况分析、种群数量预测和控制技术和措施的选择进行了例证分析。

第一节 害鼠与鼠害治理决策与规划

一、害鼠与鼠害治理决策

（一）选择害鼠与鼠害治理目标

与有害啮齿动物作斗争，面临着两种选择：彻底消灭之或压低其数量，使其危害减少到人类可以容忍的水平。

1. 彻底消灭鼠害 通常的灭鼠活动就是直接压低啮齿动物数量的过程。按照应用生态学的理论，对于一个按照逻辑斯谛增长的种群，只要消灭的数量超不过其最大持续产量（maximum sustained yield，MSY），或者去除率达不到其内禀增长率（r）时，动物种群就会稳定在某一数量水平，永无消灭的可能。对于像啮齿动物这种在生物发展史中上升着的类群，要每年都消灭超过 MSY 的数量，或保持去除率等于或大于其内禀增长率几乎是不可能的。一位澳大利亚的生态学家对人们的消灭种群运动中的消耗曾做过一些估计。他认为完成这样的任务是很困难的，费钱又费力，消耗超过收益；并且，这种消耗不仅行政上和技术上是不负责任的，而且在经济学上也是愚蠢的。

当然，彻底消灭种群与在有限地段的特定时间内彻底灭鼠是两码事，不能反对在诸如高压开关室、食品加工处等地彻底灭鼠。

2. 控制鼠害的数量 人类与害鼠作斗争，是因为它们给人类造成了危害，但并非有了鼠类就有了危害，而是鼠类数量发展到一定水平才会有害。害鼠种群在最低流行密度之下时，鼠间不会发生传染病的流行，对人类基本上没有危害。农林牧中的害鼠，也存在一个最低危害密度的问题。

消灭农牧害鼠，是人类的一项经济活动，不能不考虑经济效益。应该将防治所付出的消耗与防治收益进行权衡比较，力求取得最大的纯收益。由于消耗和收益都是种群密度的函数，在灭鼠活动中，经济上可以带来最大纯收益或最小损失的种群密度，就是最低经济危害密度。

显然，容许有害啮齿动物的存在，选择控制害鼠种群密度的策略，在实践上是可行的，比消灭种群的策略更加切合实际和易于操作。

为不同目标而灭鼠，如卫生灭鼠与农业灭鼠，所能容忍的最低种群密度有所不同。

(二) 害鼠与鼠害治理决策

已有的灭鼠手段很多，其中有的比较成熟，有的尚处于探索或试验阶段。目前使用的灭鼠方法，仍以化学灭鼠中的毒饵灭鼠为主，所使用的药剂有急性的或缓效的。到底应该使用哪种方法，则应根据具体情况决定。一般在居民区，为了安全，多采用抗凝血杀鼠剂；仓库中食源丰富，常用毒水灭鼠；草地地广人稀，劳动力缺乏，则多采用急性杀鼠剂或第二代抗凝血剂；旱獭拒食毒饵，多选用物理方法或化学熏蒸法消灭之；如鼠间自然疫源性疾病暴发，则可用没鼠命等急性极毒级药物处理疫区，以期尽快扑灭疫病，防止向人群蔓延。总之，应因地因时制宜，选择一种或数种灭鼠方法，并制定详细的实施方案，依计划执行。如果是大规模的灭鼠运动，在事前还应该进行小规模灭鼠试验，以检验方案的可行性。

从灭鼠对策的发展上看，应提倡综合治理的方法。因为单纯使用任何一种方法，都不足以达到控制鼠害的目的。应该从生物与环境关系的整体出发，本着预防为主的指导思想和安全、有效、经济、简便的原则，因地因时制宜，合理利用农业的、生物的、化学的、物理的措施，以及其他有效的生态手段，把鼠类数量长期控制在不足以危害的水平。如在低数量时以生态和农业措施为主，通过恶化鼠类食物资源和隐蔽条件，并保护天敌来抑制其种群的增长；在较高数量时适当辅以物理防治法，如危害发展到特别严重，再采取化学杀灭的方法。

一些学者认为，鼠害治理工作要注意眼前利益与长远利益、经济利益与社会及生态效益的统一。应该从农牧业生态系统的整体出发调节控制鼠害而使之达到治理。按生态学原理调节区域性农牧业生态系统的组成、结构和功能，合理地管理害鼠，加强生态和农业措施，最大限度地减少化学防治。从根本意义上说，农牧业鼠害治理问题，不仅仅是农田、森林和草场的鼠害防治问题，而是农牧区区域生态系统中人类活动与鼠类之间关系的全面调控问题。农牧业鼠害治理应该是农牧业正常管理制度规程中的一个组成部分。当然，要达到上述意义的综合治理，人类现存的知识还远远不能满足需要。应该加强研究工作，建立鼠害发生区域主要害鼠的资料库与数据库，逐步建立农牧业生态系统中鼠害最优化管理模型。应该突破现有的鼠害防治中传统的分系统、分管辖范围，分别防治的观念，加强各系统之间的横向联系，建立一个农林牧医有关部门横向合作的鼠害防治组织，统一治理行动。

(三) 害鼠与鼠害治理时机的选择

为了选择最佳的灭鼠时机，不仅应该熟知消灭对象的生活史，还应深刻了解害鼠与危害目标之间的关系。一般早春鼠类开始繁殖前后是灭鼠的大好时机，这时可以压低繁殖基数，降低年平均鼠密度；早春食源较少，鼠类活动频繁，也有利于灭鼠。鼠害大发生之后，通常鼠类数量将剧烈下降，此时灭鼠的必要性较小。但在大发生过程之中，为保护作物，紧急灭鼠亦属必要。为了保护越冬中的果木、树林，不妨在越冬之前搞一次灭鼠，尽管这些鼠类有可能大部分将在冬季死亡，但它们在死之前有可能造成严重危害。

某些草地害鼠在植物生长季节不吃或很少取食种子，以种子为食饵的化学灭鼠必须选择在冬季或早春进行，因为在这些季节中它们是取食种子的。

(四) 害鼠与鼠害治理的效果检查

1. 如何估计灭鼠效果 灭鼠工作的成绩，通常用灭鼠率来衡量，灭鼠率直观、简便，可操作性强，是传统的评估方法。但灭鼠率并不能准确的表明对害鼠打击的程度。许多鼠种繁殖能力特强，灭鼠后可以很快恢复。如一对子午沙鼠每年大约生产 20 个幼子，在灭掉 90% 之后，下一年又会恢复到原有数量。90% 的灭效虽然是一个相当不错的灭鼠率，但从消灭害鼠的角度来考虑，仍然没有达到要求。这当然是一个极端简化的例子，但一些实际的灭鼠试验也可以说明这个问题。

西北高原生物研究所梁杰荣等于 1976 年 6～7 月在青海门源地区，采用 0.2% 氟乙酰胺喷草消灭高原鼠兔，灭鼠率高达 96%，灭鼠前每公顷有鼠兔 58.66 只，灭鼠后降至 1.88 只。灭鼠效果不能说不好，但是鼠兔的数量恢复快得惊人，仅过 3 年，就恢复到每公顷 165 只，比灭鼠前高出一倍以上，表现出"超补偿效果"的特征。同年，他们用同样的方法消灭中华鼢鼠，灭鼠率仅 63%，灭鼠前平均每公顷 26.14 只，灭鼠后尚余 9.63 只。但由于中华鼢鼠繁殖力低，种群恢复较慢，3 年后尚未达到原有鼠密度。

由此可见，灭鼠率不能表明灭鼠活动的真实效果，相比之下，残留密度更能说明灭鼠的成效。不过，怎样的残留密度才是可容忍的，不同鼠种之间有很大差别，不同背景下的同一种鼠也有可能有所不同，显然不是随意可以回答的问题（要回答这个问题，就得测定其 EIL 及 ET）。这大概是用残留密度衡量灭效至今没有推广的原因。不过在城市灭鼠工作中和卫生灭鼠考核中，已经逐渐在应用这种标准（虽然现行标准是否科学还待讨论）。

2. 灭鼠率的测定方法 灭鼠率虽有其固有的缺点，但由于它简便，直观，仍然是常用的灭鼠成绩评估的方法。

灭鼠率即消灭了的害鼠数与灭鼠前的害鼠数之比。

$$灭鼠率 = \frac{被消灭了的鼠数}{原有鼠数} \times 100\%$$

在不同条件下，求灭鼠率的方法不同。为了工作方便，往往用鼠的活动痕迹来代替鼠，以灭鼠率和食饵消耗率等代替灭鼠率。在草地上常用如下几种方法。

（1）堵洞开洞法。

①工作程序：灭鼠前后在灭鼠区域随机划出几个样方（面积为 $0.25 \sim 1 hm^2$），分别同几样方内灭鼠前的有效洞口数（a）和灭鼠后有效洞口数（b），则

$$灭洞率 = \frac{a-b}{a} \times 100\%$$

②计算方法：这个方法简单易行，但比较粗糙。由于鼠类数量在灭鼠进行过程中也会发生自然变化，以至于会影响到灭洞率的准确性，所以常常在灭鼠区外，划出条件相似、大小相仿的预处理样方，不进行灭鼠，但同样统计灭鼠前有效洞口数（a'）和灭鼠后有效洞口数（b'），求得自然变异率 d，用 d 去校正灭洞率，得出校正灭洞率。

$$d = \frac{b'}{a'}$$

$$校正灭洞率 = \frac{ad-b}{ad} \times 100\%$$

这种方法，适用于洞口明显、鼠与洞的比例比较稳定的种类，其灭洞率或校正灭洞率与面积无关，并不要求固定面积的样方，可以用有效洞口来计算。如准备 100 双竹筷在灭鼠前分别插在 200 个掏开洞口旁，灭鼠之后，检查时再堵一遍，用灭鼠前、后掏开洞口数，即可算出灭鼠效果，对照组也以此法计算。此外，鼢鼠具有封洞习性，如果在鼢鼠洞群中事先挖开一定通道，把鼢鼠封闭的洞口作为有效洞，本法同样适用。

(2) 鼠夹法。

①工作程序：本法一律设对照区，在灭鼠区和对照区同时按数量调查的夹日法布夹，统计夹日捕获率。统计结果可以登记在灭鼠效果调查表（表9-1）中。当捕获率低于3%或者超过40%时，须适当调整布夹密度或增减布夹时间。

②计算方法：若灭鼠前捕获率≥3%，应于灭鼠前后各捕鼠一次。

表9-1 夹日灭鼠效果调查表

地点_____ 生境_____ _____年_____月_____日

灭鼠总面积	投饵日期	灭鼠前					灭鼠后					灭鼠效果	备注
		气候特点	月日	放夹数	夹鼠数	捕获率	气候特点	月日	放夹数	夹鼠数	捕获率		
投药区													
对照区													

填表人_____

设灭鼠区灭鼠前捕获率为 a，灭鼠后捕获率为 b，对照区灭鼠前捕获率为 a'，灭鼠后捕获率为 b'，自然变异率为 d。则

$$d = \frac{b'}{a'}$$

$$校正灭鼠率 = \frac{ad-b}{ad} \times 100\%$$

若灭鼠前捕获率<3%，为了避免影响原始鼠数，灭鼠前不必捕鼠。

设灭鼠区灭鼠前捕获率为 a，灭鼠后捕获率为 b。则

$$灭鼠率 = \frac{a-b}{a} \times 100\%$$

(3) 弓形夹定面积法。

①工作程序：本法应设空白对照样方，每一样方面积为 $0.25 \sim 1 \text{hm}^2$。灭鼠后，在处理样方和对照样方的有效洞口放弓形夹捕鼠2d（每隔数小时检查一次，取下被捕获的鼠尸，重新支好鼠夹），分别统计灭鼠区和对照区样方里面的布夹数和捕获的鼠数。

②计算方法：设对照区捕获率为 a，灭鼠后捕获率为 b。则

$$灭鼠率 = \frac{a-b}{a} \times 100\%$$

除上述3种方法外，检查灭效的方法尚有直接观察法、撒粉法、食饵消耗法和挖沟埋筒法等。

(五) 害鼠与鼠害治理活动的经济分析

1. 有关危害的几个概念 为了进行灭鼠活动的经济分析，先应弄清几个有关概念。

(1) 最低危害密度。草地鼠类的食物，亦是活的有机体，它们对鼠类取食活动的反应具有能动作用，因而植被受害状态与鼠害种群密度常常不成简单的线性关系。其反应曲线如图9-1所示。

这个曲线把植物的反应分为5个区间，X_1 表示耐害区，在这个区间里，植被虽然受害，但产草量不受影响；X_{2a} 表示超补偿区，在这个区间里，害鼠的侵害反而刺激产草量的增加，

X_2 表示补偿区，在此区间内，植被的补偿作用越来越弱，最后失去补偿，此时的鼠害密度即为危害边界，或称为最低危害密度；X_3 表示线性区，在这个区间里，植被受害加剧，受害程度与害鼠数量为线性关系；X_4 表示脱敏区，在这一区间，反映出害鼠数量增加，对植物的影响越来越小；X_5 表示定患区，即害鼠继续增加，产草量也不会再度下降。这个曲线是一条典型的反应曲线，它还有若干变型。

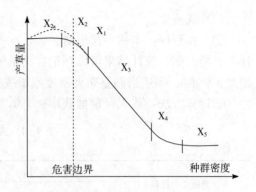

图 9-1 植被对鼠害为害的反应曲线

上述的危害边界或最低危害密度，决定于植被和害鼠的生物学特征，与经济没有直接的关系。

（2）经济损害水平。按 Stern 等（1959）的概念，经济损害水平（economic injury level，EIL）指害鼠可以造成经济损害的最低种群密度。我们认为，这个概念是比较含糊的，因为它对"经济危害"并没有给予界定。按理说，任何水平的损害都可以产生经济损失，那么，最低危害密度就应该是经济损害水平，但 Stern 等的 EIL 概念并非如此。

草地灭鼠本质上是一种经济活动，必须注意经济效益。如果把 EIL 与经济效益联系起来，就可以赋予 EIL 以明确的含义。一个地区的鼠害是否防治，取决于防治费用与可挽回经济损失的对比。因此，有必要借助于经济学上的边际分析（marginal analysis）：只有当灭鼠费用低于或等于它所产生的收益的净增值的时候，灭鼠活动才是合理的；以及当边际防治费用等于所产生的边际收益的时候，经济损失才最小。此时的害鼠密度，就是经济损害水平。

经济损害水平这一术语，容易使人误解为产品所受到的经济损害程度，因此，为了更加清晰，不妨证明为"最低经济损害密度"。

（3）经济阈值。什么是经济阈值（economic threshold，ET），学者们的意见并不一致。例如，Headley（1972）把经济阈值定义为：使产品价值量等于控制代价增量的种群密度。这实际上是 Stern 等的经济损害水平。Stern 等（1959）把经济阈值定义为：害虫的某一密度，在此密度下应采取控制措施，以防害虫密度达到经济损害水平（EIL）。显然，经济阈值（ET）比 EIL 低，但其发展将达到 EIL 的种群密度，是决定防治与否的一个尺度。

为什么不直接用 EIL 作为防治的尺度呢？因为 EIL 缺乏预测的功能。拿草地鼠害来说，鼠类的数量常有很大的变化，而 EIL 往往是与鼠类数量的高峰期相联系的，在灭鼠实践中，如果在高峰期才发现鼠类数量超过 EIL 而确定灭鼠，必然已造成一定损失。正确的防治决策应当能防患于未然，因而用 EIL 做防治指标是不合适的，ET 的预测内涵，决定了它在决策上的实用价值。

经济阈值是一个相当敏感的参数，它不但随研究对象及时间、地点的变动而变动，并明显受着市场价格波动的影响。然而决策的依据应当是一个相对稳定的指标，所以最好对 ET 进行统计学处理，或者取其平均值，或者在取得平均值的同时，并估量其变动区间。

观察鼠类的种群密度与经济阈值的关系（图 9-2），可以判断该鼠的危害性质及应采取的措施。

2. 经济损害水平的测定 目前，农业虫害经济研究远比鼠害经济研究广泛、深入，亦发表了许多测定害虫 EIL 和 ET 的方法，但鼠类 EIL 和 ET 的测定，在国内还很少见报道。

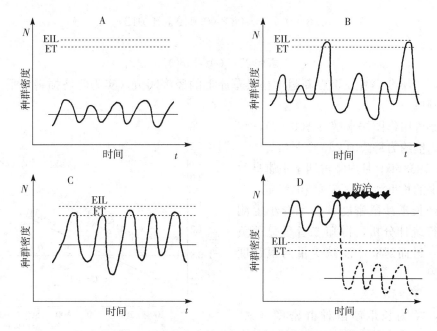

图 9-2 害鼠种类的平均密度、波动与经济损害水平及经济阈值的关系

A. 无害鼠种或种群（鼠类平均密度及其峰值均低于经济阈值和经济损害水平，可不必防治）
B. 偶发性鼠害（其平均密度低于经济阈值，但峰值有时超过了经济阈值而逼近经济损害水平，在高峰出现前应给予防治）
C. 常发性鼠害（其平均密度虽低于经济阈值，但峰值常超过经济阈值，应密切注意其种群动态，并给予防治）
D. 猖獗型害鼠（其平均密度在经济阈值及经济损害水平之上，为严重危害的种群，必须重点防治）

有少量报道是基于 Headley（1972）定义测定的，名为测定 ET，实际上测定的是 EIL。现将其测定程序归纳如下：①研究经济损失与害鼠种群密度的关系，并建立回归方程；②确定防治措施，测定该措施的灭鼠率，推算出可能挽回的经济损失（即灭鼠收益），建立灭鼠收益与种群密度的回归方程；③核算防治成本，找出防治成本与种群密度的关系，并建立回归方程；④求解防治成本等于灭鼠收益时的种群密度。实践上，以作图法求解比较直观方便：以种群密度为横坐标，以价值（如人民币元）为纵坐标，绘出各回归线、收益曲线与成本曲线相交处的种群密度，即为经济阈值（实为经济损害水平）。

例1：1978 年新疆木垒县黄兔尾鼠经济阈值的测定（孙崇潞等，1986）。

(1) 经野外调查并用统计学分析，确定黄兔尾鼠洞口密度（X）与草料减产量之间有显著的线性相关关系，设草料减产量为 M，其线性回归方程为

$$M=0.04X+4.012$$

根据当年草料的市价（0.08元/kg），可以计算出草料减少量的价值（Y_1），Y_1 与 X 的回归方程为

$$Y_1=0.08\times(0.04X+4.012)$$

(2) 灭鼠工作的平均灭效为 70%，故灭鼠收益（Y_2）为鼠害减产价值的 0.7 倍。

(3) 本例所采取的灭鼠措施不依鼠密度变化而变动，平均每公顷灭鼠成本为 0.8 元，故灭鼠成本（Y_3）为一常量。

$$Y_3=0.8$$

(4) 当灭鼠成本等于灭鼠收益时，有

$$0.8 = 0.7 \times 0.08 \times (0.04X + 4.012)$$

则
$$X \approx 257 \text{ (个/hm}^2\text{)}$$

所以，1978年黄兔尾鼠在新疆木垒县草原上的经济阈值（实为经济损害水平）为每公顷257个洞口。

本例亦可用作图法求解（图9-3），解得其经济阈值约为每公顷260个洞口。

例2：1963年9月内蒙古四子王旗乌兰花乡春小麦的长爪沙鼠经济阈值的测定。

（1）经长爪沙鼠密度调查和春小麦测定，并进行统计分析，得知二者呈显著负相关关系，进而建立小麦减少量与鼠密度的回归方程
$$\hat{Y} = 10.5X - 12.45$$

式中，X 为长爪沙鼠种群密度（只/hm²）；$\hat{Y}$ 为春小麦减产量（0.5kg/hm²）。

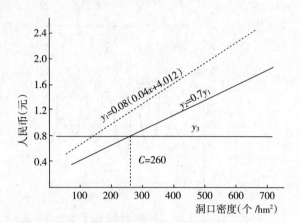

图9-3 木垒县黄兔尾鼠经济阈值的测定
（仿孙崇潞等，1986）

（2）当时当地春小麦价格为每0.5kg 0.13元，故鼠害导致春小麦减少的价值（Y_1）与鼠类密度的回归方程应为
$$Y_1 = 0.13 (10.5X - 12.45)$$

（3）用3%磷化锌毒饵灭鼠，灭鼠率达到了100%，算得灭鼠成本为2.02元/hm²。

（4）在灭鼠成本等于灭鼠收益时
$$2.02 = 0.13 (10.5X - 12.45)$$

故经济损害水平为 $X = 2.7$（只/hm²）

二、害鼠与鼠害治理规划

制订灭鼠规划的基础是鼠情调查和对调查结果的分析。应当从生产效益出发，考虑鼠类在该地区是否对草地生产造成危害，鼠类数量是否超过了危害的经济阈值，不可做得不偿失的工作。灭鼠规划应包括下列内容。

（一）确定灭鼠区和重点灭鼠区

鼠类的分布一般很广。不论在草地或农区，灭鼠时都应当集中兵力，分区歼灭，然后一个区一个区地消灭之。如果战线拉得过长，则导致各灭鼠点不能达到应有的灭效，造成浪费。

确定灭鼠区应该考虑到多方面的因素，不能只根据害情轻重而定。例如，该地区的经济活动、灭鼠后的收益和工作条件等都应考虑在内。此外，还要注意使各灭鼠区连接成片，不要造成漏灭区。

（二）确定重点杀灭对象

确定重点杀灭对象是制订灭鼠规划的主要依据。在一个地区的重点杀灭对象一般为本区的优势种，因为优势种数量高，密度大，是造成危害的主要因素。但是，由于各种鼠的危害

方式不同，有时个别鼠种虽然不是优势种，但其危害可能更大，破坏性更严重，也应列为重点杀灭对象。

(三) 确定灭鼠时间

灭鼠时间与灭鼠效果有着极为密切的关系，灭鼠时间不恰当，灭鼠效果就达不到要求，事倍功半，造成浪费。灭鼠时间因种而异，也要考虑当地具体的工作时间和物质条件。一般认为灭鼠时间安排在害鼠繁殖高峰前或食物缺乏的季节；就一日而论，应在取食高峰前或活动高峰期为宜。

(四) 确定灭鼠方法

根据害鼠的生物学特性来确定灭鼠的方法，是能否获得较高的灭鼠效果的关键，方法不当，灭效就差。如果采用毒饵法，应包括杀鼠剂、诱饵、配制毒饵和投放毒饵的方法；如果采用熏蒸法，也应包括熏蒸剂和投放的方法；其他灭鼠法亦应注意物质和工具。各种方法在大面积使用前，必须先做小面积的试验，确定较优方法后推广使用。

(五) 组织和措施

草地灭鼠是保护草场的重要生产措施之一，应当把它列入生产计划。并且，应在技术部门的指导下，以自力更生为主，国家扶助为辅，发动群众，开展草地灭鼠工作。

各地的经验证明，临时性大兵团灭鼠和常年性专业队灭鼠相结合是行之有效的好方法。参加灭鼠的工作人员，除了进行必要的技术培训和安全教育外，还要加强政治思想教育，提高对灭鼠工作的认识，增强对工作的责任感，充分调动积极因素，以提高灭鼠效果，避免发生事故。正式开始灭鼠之前，要做好物质准备，如灭鼠工具、灭鼠药物、饵料的调运、防护装备和中毒急救药品等。所有这些组织措施、技术措施和物质准备都要具体落实到基层。时机一到，就开展灭鼠工作。

第二节 害鼠和鼠害防治实践

我国有天然草地 4 亿 hm^2，是世界上草地面积最大而且资源最丰富的国家之一。其中青藏高原和内蒙古草地面积占 2.4 亿 hm^2，占全国草地面积的一半以上。青藏高原草地的主要害鼠为高原鼠兔、高原鼢鼠、高原松田鼠及旱獭，每年损失牧草 1 500 万 t，并造成寸草不生的黑土滩面积 6 000 万 hm^2。内蒙古典型草地主要受布氏田鼠、达乌尔鼠兔、草原鼢鼠、长爪沙鼠和旱獭等危害，加之过度放牧，加重了草场受鼠危害的程度。危害严重时，被害草场占可利用草场面积的 64%。同时，布氏田鼠又是一些自然疫源性疾病的保存宿主。因此，开展草地鼠害控制，对草地畜牧业持续发展具有重要意义。

一、青海高寒草甸鼠害控制

(一) 危害特点

1. 高原鼠兔的危害状况 高原鼠兔为青藏高原具有代表性的啮齿动物（包括啮齿目和兔形目），分布在海拔 3 100～5 100m 的山地草地和高山草甸，尤以草甸为甚。该鼠对草地危害巨大，鼠兔所喜食的禾本科、豆科及杂草中的优良牧草，也是牛羊取食的主要食物来源。1 只鼠兔年食青草 17.4kg。青海的可利用草地上，约有鼠兔 3.9 亿只，每年要损失牧草 680 万 t，相当于 467 万只羊 1 年的食量。所能饲养的牲畜量，约为青海的草地载畜量的 1/10。

鼠兔构建洞道的活动和在枯草期为取食牧草地下根茎而挖掘出的土，覆盖了牧草，使优质牧草因被覆盖而枯萎死亡，取而代之的是劣质草，甚至毒草。从而导致植被退化性演替，形成伴随洞口群出现的植被"镶嵌体"。鼠兔的挖掘还造成土壤含水量的下降以及肥力的递减，进而导致退化草场的沙化和荒漠化。

2. 高原鼢鼠的危害状况　高原鼢鼠是青藏高原的特有种，对畜牧业、林业、种植业造成危害。其高密度区占可利用草地面积的 9% 以上。该鼠不仅啃食牧草根系，更严重的是将大量沃土推拱到地面形成大小不等的土丘，覆盖植被，导致草地生产力下降。

鼢鼠对草地的危害，主要表现在两个方面：一是取食和挖掘活动，极大破坏植物根系，妨碍牧草正常生产；二是土丘覆盖草地植被，导致部分牧草死亡。其危害程度则随鼢鼠密度的增加和草地植被的退化而加剧，甚至导致大面积次生裸地（黑土滩）的形成。

(二) 种群预测

1. 鼠兔数量趋势测报　樊乃昌等发现，当年鼠兔繁殖群体中 82.2% 的个体来自上年出生的第一、二胎鼠兔，其中第一胎占 69.0%，而上年第三、四胎生育的鼠兔在越冬前几乎全部死亡。因此，第一胎幼鼠的存活率不仅决定当年的种群数量，而且还可以预测翌年种群数量。繁殖期长的年份，其亲、幼鼠兔死亡率高，越冬种群数量下降，次年种群数量呈现下降趋势；反之，繁殖期短，亲体和幼体的健康状况佳，越冬种群基数大，次年种群数量呈上升趋势。因此，也可把当年繁殖后期（9月）种群中有无第四胎出生的幼鼠，作为估测来年种群数量变动趋势的依据。

2. 鼢鼠测报　樊乃昌等依据 1984—1987 年的调查数据，发现 5 月鼢鼠数量与 10 月鼢鼠种群数量具有显著相关，进而用 5 月数量（X_1）预测 10 月数量（Y_1），其线性回归方程为

$$Y_1 = 5.823 + 0.910 X_1$$

用 10 月鼢鼠数量（X_2）预测第二年 5 月鼢鼠数量（Y_2），其回归方程为

$$Y_2 = 1.067 + 0.667 X_2$$

3. 危害等级

(1) 鼠兔。轻度危害区，鼠兔破坏植被面积小于 15%；中度危害区，破坏植被面积 15%~45%；重度危害区，破坏植被面积 45%~85%；极度危害区，破坏植被面积达 85% 以上。

(2) 鼢鼠。Ⅰ级（基本无危害）定为小于 4 只/公顷；Ⅱ级（中度危害）定为 4~10 只/hm^2；Ⅲ级（重度危害）定为 10~30 只/hm^2；Ⅳ级（严重危害）定为大于 30 只/hm^2。

4. 防治指标　通过害鼠对植被危害情况的调查，得出鼠兔防治指标为 9.05 只/hm^2；鼢鼠防治指标为 4.2 只/hm^2。

(三) 控制技术

1. 利用模拟鼠洞道投饵进行化学灭鼠　在鼠害严重地区，当鼢鼠密度达到 4 只/hm^2、鼠兔有效洞口超过 150 个/hm^2（约有鼠 30 只/hm^2）时，应立即选择安全、高效、经济、简便的灭鼠药物，如敌鼠钠盐、毒鼠磷和溴敌隆为灭鼠药物，以青稞和小麦为饵料，配制成 0.075% 的敌鼠钠盐毒饵、0.6% 的毒鼠磷毒饵和 0.005% 的溴敌隆毒饵。用 55 型拖拉机牵引投饵机，每行走 5.5m 投饵 1 撮，每撮投饵 19g，行距 10m。非洞道投饵机的毒饵灭鼠，春季（3~4 月）用每毫升毒力 100 万毒价的 C 型肉毒梭菌毒素 0.1% 浓度配制成的燕麦毒饵较好，4 粒燕麦毒饵就含一个高原鼠兔半数致死剂量（LD_{50}）的毒力，灭效可达 90% 以上。

2. 补播、围栏封育，促进牧草恢复 化学灭鼠见效后，采取补播草种、围栏封育措施。补播草种为当地的垂穗披碱草、老芒麦和星星草。补播前对种子进行去芒处理，混播比例为 4∶2∶1，用撒播方法，播种量为 $30kg/hm^2$。

3. 控制放牧强度，防止草场退化 过载放牧，会引起草场退化，造成优良牧草衰退，杂草增多，害鼠数量增加。退化草场为群居性害鼠提供了合适的栖息条件，害鼠种群密度的空间分布与草场退化有密切关系。反之，草场植被茂盛，环境郁闭度较高时，某些地上的群居鼠（如鼠兔）对这样的环境有明显的回避效应。

4. 化学除灭杂草，恶化害鼠栖息环境 杂草类占优势的植被，是鼢鼠良好的栖息环境。选用广谱性除草剂 2，4-D-丁酯，在杂草对药剂最敏感的幼苗期，按照 $0.75kg/hm^2$ 的量施药。灭杂草后新土丘数急剧下降。防除杂草后，因食物资源的缺乏和栖息环境的改变，会导致鼢鼠的迁移或死亡。

5. 保护天敌 利用天敌控制害鼠。鼢鼠和鼠兔的主要天敌有鼬科、犬科和隼形目、鸮形目中的一些种类。一只艾虎 1 年可捕食鼠兔 1 554 只，或鼢鼠 471 只。可见，保护天敌，严禁乱捕滥猎，有利于天敌起调控作用，维持生态平衡，抑制害鼠种群密度增长。

二、内蒙古典型草地鼠害控制

（一）布氏田鼠的危害状况

布氏田鼠为群居植食性鼠类。该鼠的挖掘活动对草场基质的破坏是其主要危害。由于该鼠的群居性，因此数量增长可达很高的密度，洞口数量可达到 3 000～10 000 个/hm^2。这不仅导致草场覆盖度和生物量下降，而且随后出现的"镶嵌体"植被，使优质牧草大大减少，从而加剧草场的退化和沙化。因其储粮库的突然塌陷，而造成骑马人摔伤的事故也时有发生。布氏田鼠的危害还表现在与牛羊争食上。另外，布氏田鼠还是鼠疫的疫源动物，并传播一些其他的流行性疾病，威胁当地群众的身体健康。

（二）长爪沙鼠数量预测

王梦军和钟文勤等根据 1964—1969 年在内蒙古阴山地区对长爪沙鼠种群调查数据和气象数据，进行回归分析，得出以下两个方程。

1. 春季预测秋季种群数量变化的回归方程 秋季长爪沙鼠密度与春季长爪沙鼠密度的回归方程如下

$$Y=0.4X_1-0.2X_2+0.3$$

式中，Y 为秋季长爪沙鼠密度除以春季长爪沙鼠密度；X_1 为雌性繁殖指数的级数（即孕鼠数×平均胎仔数÷捕获总数）。

长爪沙鼠雌性繁殖指数级数分级标准为：小于 0.5 为 I 级；0.5～1.00 为 II 级；1.01～1.50 为 III 级；1.51～2.00 为 IV 级。X_2 为 4～8 月降水量偏离历年平均值的程度。偏离历年平均值的分级标准如下：偏离 1～30 为 I 级；偏离 31～60 为 II 级；偏离 61～90 为 III 级；偏离 91～120 为 IV 级。

2. 秋季预测翌年春季密度变化的回归方程 翌年春季长爪沙鼠密度与当年秋季长爪沙鼠密度的回归方程如下

$$Y=0.068\ 5X_1+0.026X_2-0.12X_3-1.354$$

式中，Y 为翌年春季长爪沙鼠密度除以当年秋季长爪沙鼠密度；X_1 为幼鼠所占种群比例；X_2 为初霜日（取日期）；X_3 为 12 月份至翌年 2 月间的平均气温。

（三）控制措施

1. 生态治理措施 草群高度是布氏田鼠栖息地选择的主要限制因子，围栏内草群长势越好，对布氏田鼠的控制作用越明显。5月中旬至6月上旬的水热条件良好，正是牧草生长旺期。据此，把原来的6月5日左右的围栏禁牧期提前半个月，即在当地牧草生长有利时机，通过轮牧调整，强化围栏管理对牧草生长盛期的保护作用，从而达到促进栏内草群繁茂生长，并协同控制布氏田鼠栖息环境的作用。根据长爪沙鼠喜栖荒漠或半荒漠草地，在农牧交错地区分布的情况，通过围栏育草和轮牧等措施，消除荒漠与半荒漠草地。在农牧交错区，及时压青，快打快收，随收随拉随翻。大田作物运场后，提倡挖鼠仓。推广大面积轮作。秋收后，扩大秋耕面积，将田间、田埂和地头的猪毛草和苍耳割下作牲畜饲料。扩大田间林网设置，降低喜阳的猪毛草生长。及时打场，随时清扫场院，减少害鼠的食物来源。同时，积极保护天敌，利用天敌消灭鼠害。

2. 化学灭鼠 春季，以布氏田鼠为优势种的地区，洞口密度高于 385.17 个/hm^2 时；在以长爪沙鼠为优势种的地区，在种群增长年份或高数量年份，洞口密度高于 6~25 个/hm^2 或超过 30 个/hm^2 时，应实施毒饵法灭鼠。消灭布氏田鼠可选择毒鼠磷灭鼠，以切成 2~3cm 长的小段的羊草，或小麦为饵料，加 2% 的食油，配制成 0.8% 的毒饵，按 2.5 个有效洞口（以自然洞口计，则为 4.6 个洞口）投一堆毒饵，小麦每堆 20~30 粒，羊草每堆 1.5~2.25kg/hm^2 的量投放毒饵。夏季配合压青措施，辅以熏蒸剂（磷化铝片剂）熏杀。

◆ **本章小结**

在容许一定数量有害啮齿动物存在的前提下，选择控制害鼠种群密度，是害鼠与鼠害治理的基本策略；深刻了解害鼠与危害目标之间的关系，熟悉害鼠的生活史，有助于选择最佳灭鼠时机；测定灭鼠率的方法有，堵洞开洞法、鼠夹法和弓形夹定面积法，灭鼠率直观、简便，可操作性强，是传统的评估方法；最低危害密度、经济损害水平、经济阈值是鼠害治理活动的经济分析中最基本的指标；害鼠与鼠害治理规划包括如何确定灭鼠区和重点灭鼠区、重点杀灭对象、灭鼠时间、灭鼠方法以及治理规划的组织和具体措施；鼠害治理工作是农牧业正常管理制度规程中的一个组成部分，应该突破现有的鼠害防治中传统的分系统、分管辖范围，分别防治的观念，加强各系统之间的横向联系，建立一个农林牧医有关部门横向合作的鼠害防治组织，统一治理行动；鼠害治理工作要注意眼前利益与长远利益、经济利益与社会及生态效益的统一，在对策上应该从生物与环境关系的整体出发，本着预防为主的指导思想和安全、有效、经济、简便的原则，因地因时制宜，合理利用农业的、生物的、化学的、物理的措施，以及其他有效的生态手段，把鼠类数量长期控制在不产生危害的水平。

◆ **复习思考题**

1. 灭鼠规划包括哪些内容？
2. 灭鼠率的测定方法主要有哪些方法？分别进行简单描述。
3. 如何测定鼠害的经济损害水平？
4. 青海高寒草甸最主要的两种害鼠是什么？其防治指标为每公顷多少只？

第十章

主要有害啮齿动物的生物学特性及防治方法

内容提要：本章介绍了主要有害啮齿动物的生物学特性，包括：形态特征、生态特征、地理分布、经济意义和防治方法。

第一节 兔和鼠兔

一、草 兔

学名：*Lepus capensis* Linnaeus　英文名：Cape Hare
别名：蒙古兔、野兔、山跳子、跳猫

（一）形态特征

草兔（图10-1）体形中等大小。耳前折可达到或略超过鼻端。尾较长，尾长占后足长的80%。尾背面有长而宽的大黑斑，其边缘及尾底面毛色纯白，直至毛基。上颌门齿唇面的纵沟较浅。

草兔分布广，毛色因地而异，个体变化亦大。其背毛颜色由沙黄至深褐均有，颊部与腹毛色白。

颅全长一般不超过90mm。鼻骨较长，前窄后宽，其最大长度大于额骨中缝之长，其后端宽大于眶间宽和上齿列长。额骨前部较平坦，两侧边缘斜向上翘起，后部隆起。眶上突发达，前支较小，后支较大。顶骨微隆，成体的顶间骨无明显界线。枕骨斜向

图10-1 草兔

后倾，上方中部有一略成长方形的枕上突。颧弓平直，其后端略向后上方倾斜。门齿孔长，其后部较宽。腭桥长小于翼骨间宽。听泡不大，其长略小于听泡间距。下颌关节面较宽大。

上颌2对门齿，前方一对较大，后方一对门齿较小，呈椭圆柱状。第一上前臼齿较小而短，前方具有浅沟。第二至五颊齿的咀嚼面由2条齿峭组成，齿侧峭间有沟。最后一枚臼齿呈细椭圆柱状。下颌门齿1对，第一下前臼齿的前方具有2条浅沟，其咀嚼面由3条齿峭组成。

（二）生态特性

草兔的栖息环境十分广泛，为草地、干草地和森林草地的栖居者。亦栖息于田地、苗圃、农田附近之沟渠两岸灌丛、林缘、丘陵及山坡地的灌丛、河谷柳丛、芨芨草丛以及干涸

注：本章部分图片来自网络，鉴于出处不详，引用情况未一一列出，敬请相关作者见谅。

泥沼地带。无固定栖息场所，不挖洞。平时白昼在隐蔽处卧伏休息，日落开始觅食活动，晨、昏为活动高峰。在人畜罕至之处，白昼亦见活动。一般不结群，单独活动。草兔活动范围不大，一般在 3km 以内，45% 的个体可以在原栖息地内再捕获。活动常有固定路线。当遇到危险时，两耳紧贴颈背，后足蹬地，可迅速奔跑 1～2km。平时活动速度较慢，两耳竖立，运动时呈跳跃状，其足迹特点是两前足迹前后交错排列，两后足迹平行对称，呈"∴"形。

草兔保护色较好，常隐藏在地面临时挖的浅坑中，趴伏着，两耳向后紧贴在颈背部，即使在人行至很近时也不逃避，及至人临近其旁时，则迅速跳起而逃脱。当猛禽追捕时，时而迅速奔跑，时而突然停止，路线迂回曲折，直至逃到隐蔽物下为止。

每年冬末开始交配，初春时产仔。在较寒冷的东北地区于 2 月即可见到幼兔，而在河北省 12 月尚捕到过体重仅 700g 的幼兔。在北方地区年产 2～3 窝，长江流域年产 4～6 窝。哺乳期仍可进行交配。

产仔多在灌丛下、草丛间、坟堆旁。用垫草铺成临时的窝，并咬下腹毛铺在草上。妊娠期 45～48d，幼兔出生便有毛，睁眼，能自由活动。出生后 1 个月左右即可独立生活。草兔亦可利用其他动物的洞穴产仔。

草兔没有长距离迁移现象，但可随环境变化进行短距离迁移。

天敌主要有苍鹰、狐、狼以及鼬科动物等。

(三) 地理分布

草兔分布较为广泛，分布于我国东北、华北、西北和长江中下游一带，甚至云南和贵州也发现有草兔的分布，以及欧洲和蒙古等地。

(四) 经济意义

分布于农业区的草兔对农作物和果树等危害较重。小麦、花生和大豆等作物播种后即盗食种子，出芽后则啃食幼苗，甚至连根一起吃光。冬季对果园危害较重，常把果树树皮啃光。在牧区则与家畜争食牧草。在陕西北部和内蒙古等地的固沙造林地区冬季啃食树苗，因而对固沙造林有很大的破坏作用。

草兔肉可供食用，味鲜美。皮张经鞣制后可制成各种拟皮，是一种较好的裘皮。为我国北方地区的一种重要毛皮兽。

(五) 防治方法

由于草兔属于毛皮动物，是一种宝贵资源，因而防治工作应结合狩猎进行。通常用枪击法。要求猎手枪法准确、动作敏捷。射击时，兔若迎面跑来应瞄准其前足；若侧面跑过，应瞄准其头部；若与猎手同向逃窜，应瞄准其吻端。

其次可用活套、弓形夹、张网等方法捕捉。活套可用 10 多根马尾搓成细绳或 22 号铁丝制成，直径约 15cm，置于经常出没的道路上，套距地面约 18cm 左右，当兔的头部进入活套后，便极力挣扎，促使活套收紧而把兔勒死。弓形夹也应置于其通道上，但要进行伪装。

二、高原兔

学名：*Lepus oiostolus* Hodgson　英文名：Woolly Hare
别名：灰尾兔、长毛兔

（一）形态特征

高原兔（图10-2）体形较大，被毛柔软，底绒丰厚。耳长超过颅全长，前折时明显超过鼻端。臀部毛短，且和体色不同，呈灰色，故又称灰尾兔。

夏毛体背为暗黄灰色，没有明显的红棕色。额与鼻部中央毛色极暗，在这一区域中毛基部为棕灰色，中部为沙黄色，毛尖黑色且很发达，其间并杂有少量全黑色长毛，因而黑色色调较浓。鼻部两侧和眼周围的毛色较浅。吻端具极长的须，最长者可达耳基部。

图10-2 高原兔

冬毛长而密，背毛微呈卷曲状。头顶、耳背和体背部中央呈浅灰棕色。从背部至体侧毛色渐淡而黑斑消失。双颊、眼周及耳与眼之间的部位呈浅灰白色。耳的内方覆有沙黄色毛，耳背为白色，耳尖黑色。颈背、荐部及臀部为浅灰色。躯体腹面除前胸呈土黄色外，均为白色。尾背中央具一灰色长斑，其余部分为白色但有灰色毛基。前肢为极淡的棕黄色，后肢外侧为棕色，足背白色。

头骨粗大，成体颅全长不小于90mm。鼻骨的最大长度与额骨中缝几乎相等，但中部较窄。额骨低平，两侧有极发达且向上斜伸的骨棱。眶后突极大，并明显向上翘起，因而其外缘显著地高于眶间额骨的部分。从头骨的侧面观察，眼眶的高度显著大于其他兔种。颧骨平直。门齿孔后部的外侧1/3处显著外凸，腭骨长度明显地小于翼骨间宽。听泡小而低，听泡宽仅为两听泡间距离的60%，下颌关节面较大，关节突略向后伸。

上颌第一对门齿前具深沟，且偏于内侧，因而牙齿在沟内侧的部分很窄，并且明显地高于沟外侧部分。第一上前臼齿前侧的棱角不明显。下齿列的长度显著地小于下颌齿隙的长度。

（二）生态特性

栖息于海拔2 100～4 000m的高山地带、高山草地、高山草甸草地、河谷及河漫滩灌丛，亦可栖息植被生长比较茂盛的荒漠、半荒漠绿洲中，隐蔽条件要求较高，故在芨芨草丛、黑刺灌丛、河漫滩及河谷两岸阶地、灌丛生境中数量较多。仅出现于疏林的林缘。一般无固定洞巢。即使有也仅仅是一个较浅陋的凹窝，作为临时休憩之用。也常利用旱獭废弃洞穴藏身。营白昼活动的生活方式，但以清晨及傍晚活动较为频繁。

高原兔白天在灌丛、草地上活动，但活动范围不大，活动的路径和地区较为固定。一般无洞穴，在有旱獭活动的地区则常利用旱獭的废弃洞。冬季活动于低洼的山沟和峡谷等处，并在灌丛中挖一卧穴。巢的形状及大小可供识别高原兔的性别：雌兔巢为卵圆形，深而大；雄兔巢为长圆形，长而直。

由于分布区不同，繁殖有所差异。在气候温暖的西南部山地，每年产仔2～3窝，每胎产2～5仔；青藏高原、祁连山地区的高原兔每年繁殖1次，繁殖期为5～7月，每胎产5～7仔。

高原兔的四肢强劲，腿肌发达而有力，前腿较短，具5趾，后腿较长，肌肉、筋腱发达强大，具4趾，脚下的毛多而蓬松，适于跳跃、奔跑迅速，疾跑时矫健神速，有如离弦之箭。在奔跑时还能突然止步，急转弯或跑回头路以摆脱追击。

天敌主要有狼、狐、猞猁、艾鼬、鹰、雕等。

(三) 地理分布

高原兔分布于我国青藏高原及四川西部，祁连山地、柴达木盆地和昆仑山。国外分布于尼泊尔和印度。

(四) 经济意义

在农业区，以作物的幼茎、嫩芽、花、果实和块根以及各种杂草为食，被危害作物的种类很多，如麦类、豆类和蔬菜等。在它的食物中 80%～90% 为各种作物，杂草只占 10%～20%，因而对农业的危害较重。在牧区则啃食各种优良牧草及种子，影响牧草的更新。

高原兔毛长绒厚，皮板张幅大，在野兔中属于优质皮张，有开发价值。

(五) 防治方法

可用活套、踩夹、张网等方法捕捉。活套可用 10 多根马尾搓成细绳或 22 号铁丝制成，直径约 15cm 左右，置于洞口或经常出没的道路上，套距地面约 18cm 左右，当兔的头部进入活套后，便极力挣扎，促使活套收紧而把兔勒死，踩夹也应置于洞口或其通道上，但要进行伪装。在危害严重而劳动力不足的情况下，亦可应用 10% 磷化锌毒饵消灭之。

三、雪 兔

学名：*Lepus timidus* Linnaeus 英文名：Snow Hare

别名：白兔、变色兔

(一) 形态特征

雪兔（图 10-3）躯体略大于草兔。体长 45～62cm，耳长短于后足长，尾长短于耳长。体重为 2～5.5kg。夏毛较短，为淡栗褐色并杂有黑色毛尖针毛，头顶及耳背部杂有大量的黑褐色短毛，耳尖呈黑褐色，喉部、胸部及前后肢的外侧为淡黄褐色，颏、腹部及四肢内侧为纯白色，前肢脚掌的刷毛呈浅栗色，尾的背面有褐色斑纹。冬季全身呈雪白色，厚密而柔软，体侧的毛长达 5cm，仅有耳尖和眼圈为黑褐色。鼻腔也大，下门齿长而坚固。雪兔的耳朵较家兔为短，眼睛很大。腿肌发达而有力，前腿较短，具 5 指，后腿较长，具 4 趾，脚下的毛多而蓬松，适于跳跃前进。

图 10-3 雪 兔

(二) 生态特性

雪兔栖息于寒温带或亚寒带针叶林区的沼泽地的边缘，河谷的芦苇丛、柳树丛中及白杨林中，是寒带和亚寒带森林的代表性动物之一。除发情期外，一般均为单独活动。行动机警，听觉和嗅觉发达。白天隐藏在灌丛、凹地和倒木下的简单洞穴中，穴里铺垫有枯枝落叶和自己脱落的毛，清晨、黄昏及夜里出来活动，巢穴并不固定。它从不沿自己的足迹活动，总是迂回绕道进窝，接近窝边时，先绕着圈子走，观察细听，然后慢慢地退着进窝。雪兔性情狡猾而机警，行动无一定规律，活动时通常先耸耳静听以决定去向，离窝前制造假象以便迷惑天敌，以便兔窝不被天敌发现。它的嗅觉十分灵敏，巢穴通常都在略微通风的地方，睡觉时鼻子朝上，以便随时嗅到随风飘来的天敌气味，两只耳朵也警惕地倾听任何一点异常的声音。冬季降大雪后，它就挖一些 1m 多深的洞穴居住在里面，并且在雪地上形成纵横交错的跑道。遇到危险时，它的两眼圆睁，耳朵紧贴在背上，呈低蹲伏，常常由于具有一身与环境相仿的保护色而躲过天敌的袭击。雪兔善于跳跃和爬山，也适于在雪地上行走，平时活动多为缓慢跳跃，受惊时便一跃而起。快跑时一跃可达3m多远，时速为50km左右，是世界上跑得最快的野生动物之一。跑动之中常常腾空而起，高达1m以上。

雪兔是典型的食草动物，以草本植物及树木的嫩枝、嫩叶为食，冬季还啃食树皮。取食的时候细嚼慢咽，一般不喝水。它的粪便有两种，一种是圆形的硬粪便，是一边吃草一边排出的，另一种是由盲肠富集了大量维生素和蛋白质，由胶膜裹着的软粪便，常常在休息时排出，这时它就将嘴伸到尾下接住，再重新吃掉，以充分利用其中比普通粪便中多4～5倍的维生素和蛋白质等营养物质。正是因为具有这种双重消化的功能，雪兔才能忍饥挨饿，隐藏起来忍受恶劣的自然环境和避免天敌的侵袭。

雪兔平时胆小，性情温和，然而一到3～5月的交配季节，异常活跃，整天东奔西窜寻找配偶。在繁殖季节每只雌兽的后边都会跟随着几只雄兽，有时六七只雄兽为了争夺一只雌兽而相互角逐，激烈争斗。一年繁殖2～3胎，怀孕期约为50d，每胎产2～10仔，以2～5仔居多。初生幼仔身体被有密毛，体重为90～120g，它与家兔不同，出生后就能睁开眼睛，20d后开始独立生活，9～11个月就能达到性成熟。寿命为10～13年。

雪兔几乎是所有猛兽、猛禽和蛇类等的猎捕对象，主要天敌有猞猁、狼、狐、猫头鹰等。

(三) 地理分布

雪兔在历史上的冰河时代曾广泛分布于欧洲，以后随着冰河的后退而迁移，现在残存于北极及其附近的冻原地带和阿尔卑斯山的高山地区，包括欧洲北部、俄罗斯、日本北海道和蒙古等，在我国分布于黑龙江、内蒙古东北部和新疆北部一带。

(四) 经济意义

雪兔是典型的食草动物，夏季主要以多汁的草本植物、浆果及牧草为食；冬季主要吃嫩枝及树皮，夏天的雪兔毛呈褐色皮，以松柏及落叶松的树皮为主。分布于牧区的雪兔则与家畜争食牧草。分布于林区的雪兔对森林和果树的危害较严重，在固沙造林地区冬季常啃食幼树树皮和嫩枝，对固沙造林造成一定的危害。

雪兔兔肉可食；雪兔冬皮柔软，毛长绒厚，毛皮比其他野兔皮好，主要分布在黑龙江省大兴安岭的北部和三江平原的林区，大兴安岭的南部也有，为我国北方地区的一种重要毛皮兽。

(五) 防治方法

由于分布地区有限，已列为国家二类保护动物，只能在规定的每年准猎期猎捕。

四、达乌尔鼠兔

学名：*Ochotona daurica* Pallas　英文名：Daurian Pika
别名：蒿兔子、鸣声鼠、啼兔、青苔子、蒙古鼠兔

(一) 形态特征

达乌尔鼠兔（图10-4）体形短粗，四肢短小，体长125～185mm，后足略长于前肢，无尾。耳大，呈椭圆形，有明显的白色边缘。吻部上下唇为白色。

冬毛较长。背方从吻端至尾基都是沙黄褐色。吻侧有黑色或沙黄色的长须。眼周有极窄的黑色边缘。耳外侧毛黑褐色，内侧沙黄褐色，边缘白色。耳的后方有一明显的淡色小区，两侧颜色渐淡，为沙黄色。腹毛基部灰色，尖端乳白色。在颈下与胸部的中央有一沙黄色斑。四肢外侧的毛色与背面相同，内侧较淡。足的背面均为极淡的沙黄色或乳白色，腹面有淡黄褐色的短毛。

图10-4 达乌尔鼠兔

夏毛较短，一般背部为沙褐色，其间杂有一些全黑色的细毛。耳内侧被以褐色短毛。

颅全长不超过45mm。鼻骨狭长，前端稍微膨大，向后逐渐变窄，末端圆弧形。额骨隆起，因而头骨上方轮廓的弧度较大。顶骨前部隆起，后部扁平。有人字嵴与矢状嵴。颧弓粗壮，其后端延伸成一剑状突起。左右前颌骨腹面仅前端相接，因而门齿孔和腭孔合为一孔。犁骨完全露于外方，听泡大。

上门齿2对，前面一对强大而弯曲，其前方内侧有明显的深沟；后面1对门齿较小，呈棒状，其长不及前者之半。第一前臼齿较小，呈扁圆柱状，第二前臼形状不规则，其内侧有2个突出棱。下门齿一对。第一下前臼齿略呈三角形，外侧有3个突出棱。

（二）生态特性

达乌尔鼠兔为典型的草地动物，一般栖息于沙质或半沙质的山坡、平原和高山草甸草地。

营群栖式生活，洞穴多筑于锦鸡儿和芨芨草丛下。

洞系可分为简单洞和复杂洞；简单洞多为夏季居住洞，多数只有1个洞口，无仓库；复杂洞多为冬季居住洞，有3~6个洞口，为圆形或椭圆形，直径为5~9cm。洞口附近常有许多球形的粪便。鲜粪为草黄色，陈粪为灰褐色。各洞口间有许多宽约5cm交织成网状的跑道（图10-5）。洞口通道与地面呈30°~40°的角度，延伸50cm左右，然后与地面平行。洞道结构复杂，弯曲多支，总长3~10m。在洞道中部有一巢室，其中有用碎草建成的巢，巢形扁平，重184~212g。在距洞口不远处，有1~3个仓库。

一般从日出到日落都可以看到鼠兔在洞外活动。在夏季的中午因地表温度高，洞外活动很少，所以日活动呈现两个高峰，一个在上午一个在下午。在冬季，两个活动高峰相隔的时间缩短。有人曾于夏季半夜听到它们的叫声，这说明鼠兔在夜间并不是绝对不出洞的。

不冬眠，在积雪下仍然活动。在雪下挖有洞道，并有洞口开于雪面。上午无风时，喜在洞口晒太阳，有时，亦在雪地上活动，但一般活动范围不超过10m，稍有风雪就立

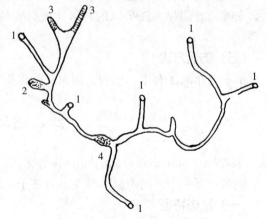

图10-5 达乌尔鼠兔洞道平面图
1. 洞口　2. 厕所　3. 盲洞　4. 巢

即跑回洞中。

达乌尔鼠兔主要食植物的绿色部分，亦食植物的嫩茎和根芽。在内蒙古地区，夏季主要吃冷蒿，其次是锦鸡儿、地椒及一些禾本科和莎草科植物。春季食物种类较多，各种植物的新生幼芽均被采食。

达乌尔鼠兔有储草习性。在7～9月集草，先将洞群周围的草咬断，然后拖至洞边，堆放成直径10～30cm的小堆，每堆重1.5～2.5kg。在它们栖息的地方，这种草堆很多，在2～3km的地面上，多到1 000个以上。草在晒成半干后，再拖入洞中储存，作为越冬之用。

在内蒙古地区，繁殖期在4～10月，于5月末至9月初均捕到过孕鼠，6月的妊娠率最高。一年繁殖2次，每窝产仔5～6只。幼鼠生后7d已长毛，睁眼，开始到洞外附近活动。在青海同德地区，5月上旬即可捕到体重34g的幼鼠，估计4月中旬已进入繁殖期。

在不同栖息地区，达乌尔鼠兔种群数量差异很大：在内蒙古，平均为洞口35个/hm^2，一日内盗洞率为30%；在青海同德巴滩，平均有洞口336.9个/hm^2，密度高的地区有洞口500个/hm^{2}以上，中等密度地区，洞口系数为每洞口0.125只，折合有达乌尔鼠兔28只/hm^2。

达乌尔鼠兔的天敌主要是艾虎、银鼠、香鼠、黄鼬及一些猛禽和蛇类。体外寄生虫有跳蚤与硬蜱，数量均很多。

一些小型鼠类常与达乌尔鼠兔同居一域，并利用其洞穴，在它们的洞口曾捕到过布氏田鼠、狭颅田鼠、仓鼠和纹背毛足鼠等。

(三) 地理分布

达乌尔鼠兔分布于内蒙古、华北北部、陕甘宁及青海高原部分地区。

(四) 经济意义

达乌尔鼠兔为主要的草地害鼠，它们不但吃去大量的牧草，而且因挖掘洞穴破坏大片的牧场。估计每一洞系破坏面积可达6.43m^2。致使草地退化和沙化，因而给牧场带来很大的损失。

在山坡地区，由于达乌尔鼠兔的挖掘活动，破坏了生草层，使水土大量流失，影响农牧业发展。

(五) 防治方法

可参照高原鼠兔的防治方法。过去，曾用氯化苦、氰氢酸等强制性杀鼠剂，效果较好。磷化锌毒饵的效果亦好。此外，可用鼠夹、挖洞、灌水等法捕杀之。

五、高原鼠兔

学名：*Ochotona curzoniae* Hodgson　　英文名：Plateau Pika，Black-lipped Pika
别名：黑唇鼠兔、鸣声鼠、石老鼠、阿乌亚（藏语）

(一) 形态特征

高原鼠兔（图10-6）与达乌尔鼠兔相似，但体形较大。吻部上下唇均为黑色，背部毛色与达乌尔鼠兔略有差别，其夏毛棕黄色，冬毛浅棕色。头骨的额骨隆起，两端下降，整个头骨背面显得较高。听泡较小，为10～11.5mm。

(二) 生态特性

高原鼠兔分布于海拔3 200～5 200m高海拔地区，营洞生活，主要栖息在高山、亚高山草甸，草地化草甸，草甸化草地和干草地上。在河谷阶地、山麓坡、山前洪积扇、低山丘陵阳坡的小蒿草和紫花针茅草场上数量较多，在山地阴坡的山柳灌丛草场上数量较少。在河滩地黑刺灌丛和草甸草场则见不到鼠兔定居。

高原鼠兔的洞穴，可分为栖居洞和临时洞两种。

栖居洞是高原鼠兔居住和繁殖的场所。其结构复杂，一般有洞口4个以上，多至25个，平均6~10个。洞口前有扇形土丘，平均土丘径长39.9cm，弧长69.7cm，高至4cm，不生草，常成为高原鼠兔出洞后或入洞前停留的瞭望台。有些洞口之间有纵横交错的跑道。

冬春季节约有一半洞口被土堵塞，留下的洞口少而小，直径6~7cm，洞口下倾斜度大于60°，并常用枯草堵住，使洞穴具有良好的御寒保温作用；夏秋季节，高原鼠兔从6~7月起陆续挖开冬天封住的洞口，或新挖洞口，此时洞口直径一般为8~12cm，洞口下倾斜度小于30°~45°，洞口前堆有新的土丘，内有陈旧的球形粪便和腐草。洞口下方的洞道伸至25cm的地方，转为与地面平行的洞道，亦有个别段落可深至45cm以下。洞道弯曲多支，全长一般在10m以上，最长达97m，平均长41m。洞道内有便所、室和巢室。便所是洞道内短而扩大的分支部分，其中积有粪便，在一些老洞中，便所较多。室为洞内扩大的部分，供临时休息之用。巢室的位置较深，距地面40~52cm，大小为21cm×30cm×13cm~32cm×35cm×23cm，巢由枯草、根须和兽毛组成，呈盘形，供产仔和睡眠之用（图10-7）。

图10-6 高原鼠兔

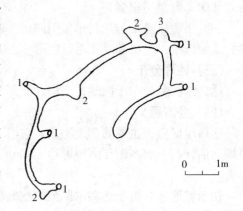

图10-7 高原鼠兔的长居洞
1. 洞口 2. 厕所 3. 巢室

临时洞是高原鼠兔暂时性隐蔽的场所，构造简单，洞口较少，仅1~6个，洞口也小，直径为6~7cm，洞道全长5m左右，距地面深20cm左右，最深也不超过33cm，很少弯曲分支。洞内亦有便所和室，但无窝巢。在高原鼠兔栖息的地区，还有大量的废弃洞穴和浅坑。这些浅坑主要是高原鼠兔冬春季挖食草根留下的痕迹。到夏秋季节高原鼠兔常将这些浅坑挖成临时洞穴，继而挖成栖居洞，但多数则成为粪坑。高原鼠兔是一种白天活动的动物，但在夏秋季的夜晚11时前仍有活动，活动包括采食、交配、挖洞和冬储等行为。

在不同季节或同一季节的不同天气条件下，它们的日活动频数、强度和活动行为的表现皆不相同。这种差异与高原鼠兔不同时期的生理生态状况有关。春末及夏季，正值高原鼠兔发情交配之季，互相往来频繁，7月活动频率最高，活动范围较大，一次能奔跑75m。7月初大量幼鼠出洞，并开始分居。此时，采食时间长，尤其幼鼠，中午仍继续采食，活动范围缩小，彼此往来减少。8~9月，成、幼个体皆进入肥育期，采食时间更长，可达13.5~16h以上。此时开始出现清理和挖掘洞穴、储备食料、封堵洞口等准备越冬的行为。10月以后活动频率明显降低,绝对时数为11.5h。活动频率最低是12月至翌年1月,绝对时数仅9.5h。冬季高原鼠兔仅在晴天无风的中午出洞晒太阳、采食,此时的活动范围更小。有时也在雪下活动,但活动不多。

高原鼠兔的活动高峰可因季节和天气的变化而异,在4~5月,活动高峰在上午6~10时,中午活动亦较多,下午活动高峰不明显。6~9月,全日有两个活动高峰,最高峰在上午7~10时,下午活动明显降低,但高峰亦很明显。10月,基本上只有上午7~10时一个活动高峰,中午和下午活动均降低。11月,明显的只有一个活动高峰,时间在11~14时。其活动半径通常为22m左右。

高原鼠兔是草食性动物,主要吃植物的嫩茎、叶、花、种子及根芽。对鲜嫩多汁的绿色部分,更为喜食,尤以禾本科、莎草科、豆科和菊科植物为甚。其中最喜食的植物有波伐早熟禾、多枝黄芪、异穗苔、青稞、蒲公英;喜食的有小蒿草、扁穗冰草、白里金梅、老芒麦、针茅、燕麦草、鹅冠草、无芒雀麦;较喜食的有二裂委陵菜、阿尔泰紫菀等。

高原鼠兔食性随环境和季节的变化而发生变化。在4~5月的胃内食物中,根、芽所占比例较大,紫菀、委陵菜、苔草、禾草的根芽高达48.2%,7月胃内食物的植物绿色部分达到82.7%;8月绝大多数植物已结实亦显黄绿色,胃内食物的绿色部分大幅度下降,仅占26.1%;而种子的出现率上升到33.9%;9月更少,仅占3.1%,相应的不仅种子数的出现率大增,而干草的比重大大提高,高达55.6%。

高原鼠兔的食量较大,平均每日采食鲜草77.3g,其日食量占体重的52%。不同季节的日食量亦有变化,夏季的食量大于春季,秋季又大于夏季。

此外,高原鼠兔亦有储草习性,每年7~8月,常把草咬断,堆成一个个的小草垛,其直径10~30cm,每垛重1.5~2.5kg,在它们栖息的地方这种草垛很多。

高原鼠兔的繁殖因地区的不同而有差异,在青藏高原大部分地区,一年繁殖一次。据调查在青海省天峻县,繁殖在4~7月进行,繁殖盛期在5月至6月上旬,妊娠率高达83.3%。在青海省泽库县,在3月下旬至9月繁殖,繁殖盛期在4月下旬至7月上旬,一年可繁殖两次,妊娠率最高为88.9%,出生早的仔鼠,可在当年参加繁殖。两地区每胎产仔数均为1~8只,平均为4.6只。高原鼠兔种群中雌鼠数多时,种群数量有较强的增长趋势,反之,则数量的增长趋于平缓。

高原鼠兔营群居生活,其种群数量随生境而有所变化。在平滩阶地,一年中每公顷内洞口数变动范围为1 700~1 824个,平均为1 728.2个,每公顷内全年数量变动范围为22~209只。在山前缓坡,一年中每公顷内洞口数变动范围为2 718~4 109个,平均为3 189.3个,全年数量变动范围为20~189只。在丘陵阳坡草地,一年中每公顷内洞口数变动范围为562~2 178个,平均为1 095.9个,数量变动范围为33~171只。但是,不论哪种情况,全年数量最高峰均出现在6~7月,以后每月的数量逐渐下降,数量最低点出现于翌年繁殖之前。

在青海省海西蒙古族藏族自治州与高原鼠兔同域栖息的鸟兽及其相互关系如表10-1所示。

寄生于高原鼠兔体外的寄生物主要是跳蚤和硬蜱;皮蝇蛆常寄生于皮下结缔组织中,5~6月寄生率较高。体内寄生虫有蛔虫和绦虫等。1960年在青海省果洛藏族自治州发现的高原鼠兔流行病,是鼠伤寒沙门菌(*Salmonella typhimurium*)引起的,流行期在5月下旬至 7 月底，以 7 月上旬为盛。

表 10-1 与高原鼠兔同域栖息的鸟兽及其相互关系（＋表示）

种 类	洞穴互通	洞穴互用	利用洞穴	敌害
喜马拉雅旱獭 Marmota himalayana	＋			
中华鼢鼠 Myospalax fontaniori	＋			
五趾跳鼠 Allactaga sibirica	＋	＋		
长尾仓鼠 Cricetulus longicaudatus	＋	＋		
白腰雪雀 Montifingilla taczanowskii		＋		
棕颈雪雀 M. rnficollis		＋		
黑喉雪雀 M. davidiana		＋		
褐背地鸦 Podoces humilis		＋		
角百灵 Eremophila alpestris			＋	
小沙百灵 Calandrelle rufesces			＋	
短趾沙百灵 C. cinerea			＋	
虎鼬 Vormela peregusna				＋
香鼬 Mustela altaica				＋
艾鼬 M. eversmanni				＋
黄腹鼬 M. kathiah				＋
苍鹰 Accipiter gentilis				＋
乌雕 Aquila clanga				＋
灰背隼 Falco columbarius				＋

（三）地理分布

高原鼠兔分布于青藏高原及其毗邻地区。

（四）经济意义

高原鼠兔是青藏高原草甸和草甸草地的优势鼠种，该鼠兔群栖穴居，具有强烈的挖掘活动和以植物为食的生态特征，使其作用集中表现在对植被和土壤的影响上。尤其是由于它们营群居生活，在一定范围内大量集中，生物量特大，危害极为严重，是草地上的主要害鼠。

高原鼠兔的挖掘能力较强，从地下抛出大量的鲜土，在地表形成无数土丘，并破坏了生草层。在其栖息地，洞穴星罗棋布，洞道纵横交错，若遇雨水，引起水土流失，坡地更为严重。从调查资料来看，青海省天峻县，在高原鼠兔轻度危害区，15％的生草层破坏，重度危害区，破坏面积在 45％，极度危害区，达 85％以上，甚至成为次生裸地。以高山草甸为例，经高原鼠兔破坏后，土壤含水量由原来的 30％～50％下降到 18％～20％，有机质含量由原来的 10％～20％下降到 4％左右，由于土壤结构、肥力和含水量的变化，不利于优良牧草的生长，但为杂草生长创造了条件，加速了草场的退化，甚至形成寸草不生的黑土滩。仅从青海果洛藏族自治州的调查资料来看，黑土滩的面积达 270 多万 hm^2，占草地面积的 8％。

高原鼠兔以草为食，采食牧草的茎、叶、花、种子和根芽。在冬季挖食牧草的越冬芽，春季返青后又啃食幼芽，破坏了牧草的生长组织，牧草的生机衰退，逐渐死亡。夏季，牧草被高原鼠兔不断啃食,以致失去抽穗、开花、结实、散播种子增加新植株的机会,不利于牧草的自我更新,因而加速了草地退化。

高原鼠兔的食量较大,一只成年高原鼠兔在牧草生长季节的4个月内,消耗牧草达9.5kg。在自然界中,56只成年高原鼠兔所消耗的牧草量,相当一头藏系绵羊1日的牧食量。在高原鼠兔危害严重的地区,数量多达250只/hm^2,少者有200只/hm^2,每年被高原鼠兔夺食的牧草数量是十分可观的。

春季,啃食幼树树皮,对人工幼林亦有危害。

(五) 防治方法

当前化学灭鼠法是消灭高原鼠兔的主要方法。毒饵法、喷雾法或熏蒸法均可应用。

毒饵灭鼠时机宜选择在冬春季(10月至翌年3月),诱饵选用燕麦、青稞、大麦、珠芽蓼种子等。如用蔬菜、青草、青干草作诱饵,亦可在夏季使用毒饵灭鼠。

喷雾法可用0.5‰甘氟溶液,宜在5月下旬至7月中旬进行,施毒后应禁牧113d以上。熏蒸法亦应在夏季使用。除此之外,还有以下3种方法。

1. 鼓风捕鼠法 利用高原鼠兔遇急促气浪即警惕逃窜的特性,向其洞内鼓风,乘它向外逃跑时捕捉,效果很好。其方法是,把有鼠的洞口堵住,只留两个,一个洞口张一个布袋,另一个洞口向洞内鼓风,高原鼠兔突然遭到急促气浪,就向顺风的一端逃窜,结果钻入布袋中而被捉住。

2. 陷阱法 5月初,幼鼠开始出洞活动时,在洞口附近跑道上挖一深约30cm的垂直洞,当幼鼠受惊吓乱窜时,就会掉入其中,或被捉住或饿死在洞中。

3. 封洞法 冬季用泥或雪将高原鼠兔洞口堵死,结冻后,不易挖开洞口,就会闷死于洞中。

第二节 旱獭和黄鼠

一、喜马拉雅旱獭

学名:*Marmota himalayana* Hodgson 英文名:Himalayan Marmot

别名:哈拉(甘肃、青海)、獭拉(藏语)、雪猪、土拨鼠

(一) 形态特征

喜马拉雅旱獭是一种大型的啮齿动物。体长,雄体平均557mm(474~670mm),雌体平均486mm(450~520mm);体重,9月雄体平均为6 193g(4 500~7 250g),雌体平均为5 192g(4 500~6 000g)。体躯肥胖,呈圆条形。头部短而阔,成体头顶部具有显著的黑斑。耳壳短小,颈粗短。尾短而末端扁,长不超过后足的2倍。四肢短而粗,前足4指,爪特别发达;后足5趾,爪不及前足发达。雌体有乳头5对。背毛深褐青黄色,并且有不规则的黑色散斑。腹毛灰而稍黑,在腹中央有橙黄色纵线,幼体呈灰黄色。

(二) 生态特性

在青藏高原的草地上,栖息地多自河谷地带(阶地、山麓平原)向两侧山地阳坡伸展而避开阴坡,因而仿佛呈双面锯齿状。其数量的分布也与地形有关。山麓平原和山地阳坡下缘密度较高,阶地、山坡上部和河谷沟壁等处数量中等,其他地区数量均较低。这种分布的特点与喜马拉雅旱獭适应高燥的地形和便于警戒敌害紧密相关。

喜马拉雅旱獭的洞系属于家族型，每个家族由成年雌体，雄体和 1、2 龄的仔兽组成，同居于一个洞系中，幼体性成熟后则分居。每组家族洞分为临时洞和栖居洞，栖居洞又有冬洞和夏洞两种类型。冬洞结构复杂，有数个洞口，洞口前有土丘。洞口可分为外洞口和内洞口，外洞口平均直径为 38.10cm，内洞口平均高为 18.35cm，宽为 10.85cm。洞道呈大半圆形，自洞口向下倾斜，一般与洞口呈 45°以下的角度，入地深约 0.5m 以后，逐渐与地面平行。其深度随地层的结构与洞穴和建造年代而不同，平均 1.5～3m。

图 10-8　喜马拉雅旱獭

洞道长 7～8m，最长达 12m。巢室离地面深 1.5～2.5m（少数达 3.5m），容积约为 140cm×80cm×60cm，内垫有很厚的干草。洞内温度较稳定，窝巢常年温度保持在 0℃ 以上，但不超过 10℃。

夏洞结构上较简单，一般只有一个巢室，容积较小。冬洞和夏洞均可作为繁殖和夜间休息的处所。

临时洞构造更简单，洞道长不超过 1～2m，有 1～2 个洞口，只有室而无窝巢。在冬洞与夏洞周围，这类洞穴较多，供采食时逃避敌害之用，亦可作为夏季中午的纳凉场所。

喜马拉雅旱獭居住的洞穴，洞口宽广结实、光滑，无草，出入践踏的足迹明显，有强烈的鼠臭味，入口处有新鲜的粪便，夏季有蝇出入；废弃洞陈旧而半塌陷，洞口生有杂草或蛛丝；临时洞洞口较小，洞壁上爪痕明显，出入处有足迹，有时亦有粪便。

喜马拉雅旱獭白天活动，出入洞的时间常依太阳出没而定。其活动频率主要随生态习性的季节变化而不同，而生态习性的变化又与其生理特点有密切的关系。从分布区西部的种群来看，5 月下旬出蛰以后，最初不分居，活动很少。不久，即开始分居。分居后以窜洞、追逐活动为主，每遇一洞必进，活动距离可达 200～300m，不限于一个群聚，这与冬眠后的性活动有关。此时，很少采食，采食延续的时间也很短（5～10min）。6 月下旬后，上述现象消失，采食开始增多，取食范围扩大。7、8 月采食的次数增多，时间延长，范围更大。幼体出洞后，成体多在洞旁守望，当发现异物时，常发出"咕比咕比"的叫声，以呼其类。此时，喜马拉雅旱獭的活动仍以洞系为中心，日出出洞采食，午间在洞外卧伏或洞内午歇，午后又采食，日落前即入洞。在活动后期，家族间的接触减少，群聚中只有个别个体迁出、迁入，或在群聚间交往。在入蛰前（9 月下旬），喜马拉雅旱獭开始准备冬眠，此时外出活动的时间很短，范围很小，多在 10 点后才出洞，16 点以后均回洞。当日均温达 0℃ 以下，并开始结冰、降雪时，喜马拉雅旱獭更少出洞，随后即入蛰。

喜马拉雅旱獭以植物的绿色部分为食，如草尖、草叶或嫩茎等，亦食草子。在高山草甸草地，主要以禾本科和莎草科植物为主，其次是豆科、蓼科和蔷薇科等植物；亦吃小型动物。在半农半牧区，常盗食附近的青稞、燕麦、油菜和马铃薯等作物。一般早晨喜食带露水的青草，不喝水。

日食量，刚出蛰以后几乎不吃东西，以后即使吃食，食量也很小。但到夏季食量则大大增加，胃内食糜最高可达 500g 左右；在笼饲条件下，日食鲜草可达 1 500g 左右。

据甘肃省天祝的调查资料，旱獭于出蛰（4月中、下旬）以后不久，即行交配，交配期延续1个多月。妊娠期为30～35d，6月中旬以后幼獭开始出洞。每年繁殖一次，每胎1～9仔，平均5.05只，以4只或6只为最常见。旱獭2岁龄时达到性成熟。雌兽的妊娠率较低，仅有50%左右，而仔兽的死亡率又高，因而旱獭的年增长率不高，数量变动较小。在正常情况下，其寿命可达8年以上。从227只旱獭统计中，幼体占26.4%。1～8龄的分别为17.61%、14.54%、11.00%、8.80%、7.92%、7.04%、5.24%和1.32%。性比为1.06（♀）：1（♂）。

旱獭于春季出蛰之后，由冬眠洞向四周分散，分洞居住。当年幼体出生后，群聚中单独生活的个体也有迁出和迁入的现象。夏季由于气候炎热，食物丰富，或因原栖息地的密度过大，一部分个体也会被迫迁出，迁到山的上部或稀疏灌丛中。在山坡下部和山麓平原等地段的旱獭，由于人类的干扰（如大量捕杀）或自然死亡而出现弃洞时，栖息在周围环境条件较差的个体迁入补充。到秋后又迁回到越冬地区去，准备合族冬眠。

旱獭每年换毛一次。出蛰以后，毛色发灰，针毛毛尖磨损较为显著。青草出现不久，即5月中旬以后开始换毛。换毛先从背部开始，扩展到身体的两侧和臀部，再延伸到头部、尾部和四肢。换毛开始时，毛先稀疏，到6月中旬以后开始大片脱落。随着旧毛的脱落，新毛先后生出。至8月上旬换毛结束，新毛全部长成。此时，毛被又显得毛绒平齐，光泽鲜润。旱獭的毛色随季节而有变化，春季较浅，略带黄色，商业上称为"黄獭子皮"，秋季略带青色，称为"青獭子皮"。

旱獭是典型的冬眠动物。8月换毛已结束，冬毛长成；9月以后，体内储存了大量的脂肪，重量可达2.5kg。9月中旬开始衔草构筑冬巢，至10月下旬开始入蛰。冬眠时，常用土掺和粪尿紧紧塞住接近冬巢的内洞口。成体伏卧于巢内，仔体卧于其中；若只有成体，则互相以吻端插入尾下，颠倒相卧。一般雌雄亲兽与当年的仔兽合族冬眠，亦有数群（多为上年度的仔兽）冬眠在一个洞中的。只有病兽则单独冬眠。旱獭冬眠时，不食不动，进入麻痹状态，虽经针刺，甚至四肢轻度受伤也不惊醒。一直到翌年3月下旬至4月上旬方才觉醒出蛰。其冬眠时间长达5～6个月之久。

旱獭出蛰和入蛰的时间各地不一，随着高原上物候期的变化而有明显的差异。出蛰期大约在当地牧草返青前半个月左右；入蛰期则在草类大部分枯黄之后。一个地方的旱獭出蛰或入蛰时间，可延续半个月左右。

旱獭的种群关系分为种内关系和种间关系。

（1）种内关系。旱獭营家族生活，通常数个家族形成一个群聚。群聚中个体活动及取食范围，互有重叠，个体接触密切。冬眠时常几个或几十个聚居于一洞，出蛰后分洞居住。群聚中家族个体居住的主洞，年中恒有一定，但可以互相串往，一般不发生争斗现象，而交配期间，雄体间的争斗却很激烈。

（2）种间关系。在不同的栖息地中，由于环境条件不同，与旱獭同栖的鸟兽组成和成分的数量对比也不同，呈现规律性的生态地理学变化。与旱獭生活在同一地域的鸟兽，其关系可归纳为3种情况：①利用洞穴，旱獭洞具有有利的生态气候条件，常为多种鸟兽所利用而形成与旱獭混居的现象。②洞穴串通，在开阔的草地上，穴居生活是一些动物的主要生活方式。在地下的洞道经常可以互相串通，如鼠兔、鼢鼠和长尾仓鼠等的洞道与旱獭洞串通。③猎食与被猎食的关系，旱獭的天敌主要是食肉兽和猛禽。如熊、狼、狐、艾鼬以及家犬等；旱獭有时也吃小型鼠类。

旱獭的寄生虫与疾病：体外寄生虫有虱、蚤和蜱；旱獭群聚之间的流行病主要是鼠疫。

(三) 地理分布

喜马拉雅旱獭主要分布于青藏高原和四川、甘南、云南等地的草地地区。

(四) 经济意义

1. 有益方面 旱獭的毛皮比较粗糙，颜色也不一致，淡黄色的毛被上有黑色散斑，但毛的密度较大，长度适中，针毛与绒毛的组合比例也较为适当，光泽美观，而且皮板较厚，可制作裘皮、皮帽、皮领、手套和皮裤等，属于高级毛皮。我国年产数十万张，仅甘肃、青海两省年产量约 20 多万张，在国际市场上是畅销品之一。

旱獭肉细嫩鲜美。入秋之后，体躯肥胖，屠宰率平均可达 60.65%（雄）和 56.46%（雌），可供食用。

秋后的旱獭体内储存大量的脂肪，可供工业用，亦可药用。

2. 有害方面 旱獭群聚穴居，挖掘能力特强，常在土壤 C 层中挖掘洞道。一个旱獭的居住洞一般可挖出 $4m^3$ 的泥土，有时挖出全是岩屑砾石，形成蚌壳形"旱獭丘"，面积达 $1\sim5m^2$，高 $0.3\sim1m$。在西北高原旱獭分布区内，这种土丘比比皆是。新土丘因无植被覆盖，易导致水土流失。

旱獭以优良牧草的绿色部分为食，在中等数量地区，因采食而减少的产草量可达 50%，严重地影响了草地的载畜量；旱獭的挖掘活动所形成的洞穴和土丘，在中等数量地区，覆盖草地面积可达 26% 左右。在其土丘上或无植被生长，或由次生植被构成镶嵌体，使局部草地退化。

旱獭是鼠疫杆菌的自然宿主，它体外寄生的蚤是鼠疫的传播者，在其栖息地带常形成鼠疫的自然疫源地。

(五) 防治方法

旱獭益害兼半，对危害严重和疫区中的旱獭，应该消灭；在对牧场危害不大的地区，可作为资源加以利用。无论消灭或猎取，均应与卫生防疫部门取得联系和指导，并采取必要的防护措施。

猎取旱獭宜在冬眠前后（8月中旬至翌年5月下旬）进行，以保证取得合格的皮张；消灭则在整个活动期均可进行。防治方法如下：

1. 化学防治 旱獭拒食人工诱饵，故毒饵法无效，一般常用熏蒸法。可用氯化苦（每洞 $60\sim100g$）、磷化铝（12g）或磷化钙（30g）熏蒸。如想取得皮张，可用长柄铁钩钩出旱獭尸体。

2. 机械捕捉 可用3号弓形夹捕捉旱獭。宜在洞口附近旱獭必经之路置夹，夹和夹链均需伪装，并每隔 $3\sim4h$ 检查一次。

3. 活套法 先找到旱獭居住的洞口，在每一个洞口上都安上活套。把活套固定在洞口旁的木桩上。当旱獭出入洞时，就会被套住。

最好应于弓形夹或活套安置好之后，往洞内投入少量的氯化苦，可促使其提早出洞，于短期内捕获。

被套的旱獭，有的在洞外挣扎，有的钻进或退进洞里。对头向里钻进洞的，可以伸手捉住它的后腿，慢慢地一拉一放，把它拉出来；如果是头向外退进洞里的，就不能用手拉，否则就会被咬伤，要用一个铁钩探入洞内，边逗边拉，就可拉出来。旱獭拉出洞外后，不要用棍子乱打，要用木棍压住它的颈部，腹面朝地，然后提起后腿猛折过来，折断颈椎处死。

4. 枪击法 在旱獭出洞前，选定射击位置，隐蔽好。要冷静而耐心的等待，旱獭警戒性很高，一般出洞后，小心翼翼，东张西望探索敌情。这时猎者不能乱动，稍微一动若被它发觉，就会马上逃回洞中，很难再从这个洞口出来。当它戒备之心消除离开洞口时，瞄准它的要害部位射击。

最好一人先隐蔽起来，另一人在远处逗引它，使它的注意力集中在远处，就可趁机射击。

5. 挖洞法 挖开冬眠洞，可捕获较多的个体。当时旱獭正在冬眠，易于处理，且毛皮好，油脂多，但应以不破坏草地为原则。

二、灰旱獭

学名：*Marmota baibacina* Brant　　英文名：Grey Marmot
别名：天山旱獭、哈拉（藏语）、苏鲁（哈语）、塔尔巴干（蒙语）

（一）形态特征

灰旱獭（图 10-9）是一种体形较大的地栖啮齿动物。体短身粗，四肢短。体重可达 7kg 左右，体长达 580mm。足较宽大，爪粗而短小，拇指十分退化。尾耳皆短，尾长仅为体长的 1/4 左右，耳长小于 30mm。雌体乳头 6 对。

图 10-9　灰旱獭

背部毛色污白或干草黄色，针毛具较长的暗褐色毛尖，也有一些个体毛棕黄色，呈锈色毛尖。腹部毛色比体侧暗，多呈棕黄色，面颊部毛色较背部暗，有的呈黑褐色，但顶部毛色均不黑。唇周毛灰白色，颏下有一块明显的长条形白斑。尾背面毛色同体背，而其腹面毛色较暗，尾端毛色更暗，呈黑褐色。幼体毛色较淡，背毛灰，无黑毛尖，腹毛浅，锈色不显。

颅骨形较短粗，颅全长小于 95mm，颧宽约 55mm。人字嵴明显向后突出，在枕骨面上呈现一个较大的凹陷坑。眶间部宽而低平，眶上突发达，眶下孔的位置甚低。

灰旱獭在新疆分为两个亚种：阿尔泰亚种（*M. baibacina baibacina*）和天山亚种（*M. baibacina centralis*）。二者的区别在于毛色。

灰旱獭上门齿前缘微凸，有一极浅的纵沟，其侧面亦有一纵沟。上颌第二前臼齿较大。

（二）生态特性

灰旱獭主要栖息于高山草甸、森林草地和山地草地中植被生长茂密的地方。垂直分布的上限为海拔 3 700m，下限为 1 200m。旱獭挖掘能力甚强，洞口常看到它挖洞时推出洞外的砂石堆"旱獭丘"。其洞道多挖掘在岩石坡或在较为潮湿的高山草地沟谷两岸的灌丛下，尤其喜栖居在向阳的山坡和开阔的山间平地。在海拔较低的地区，则主要栖息于较湿润的迎风坡。

灰旱獭营家族式的群落穴居生活。每一洞群由数目不等的居住洞和临时洞组成。临时洞十分简单，无分支，略有弯曲，洞道较浅，通常不超过2m，洞长不超过5m。临时洞多数散布在洞群周围，在觅食地内亦有。临时洞进一步加工可以改造成为居住洞。

居住洞结构复杂，洞道弯曲，分支较多。洞口1～5个，扁圆形（18～24cm×25～44cm），光滑整齐。洞道的直径为15～20cm，洞道的第一个弯曲多位于距洞口1～1.5m深处。洞道长18.5～50.4m。洞内有窝巢1～4个，巢多在离地面1.5m以下，呈卵圆形（65～96cm×39～45cm×33～48cm），巢底铺有7～10cm的垫草。居住洞有冬用洞和夏用洞之分，此外还有冬夏兼用洞，而且为数较多。冬夏兼用洞的夏巢较浅，深不超过1.5m。

灰旱獭营白昼活动的生活方式，其活动时间基本上同日出日落相吻合。7～8月，早晨6时半开始出洞，出洞后先在洞口静坐一段时间，然后开始采食。日出后2～3h内为灰旱獭活动的最高峰时间。中午炎热时，陆续回洞。日落前的2～3h达到下午活动的最高峰。早春和晚秋，因晨昏寒冷，多于中午在地面活动。活动的范围大体上是它们的居住洞与临时洞之间稍加扩大的区域。在每个家族所占洞穴之间均有明显的跑道相连，而不同家族之间则没有这种跑道。

灰旱獭一年繁殖一次。冬眠出蛰后即开始进入交配期。妊娠期为35～40d。于4月中下旬大批分娩，5月下旬或6月上旬，在地面即可发现大批仔獭。此时，仔獭体重可达550g左右，但性成熟较晚，通常需要经过3次冬眠，才达到性成熟。每胎1～13只，其中4～9只的为最多，平均6.15只。种群的雌雄比例为1:1.15。年龄组成为幼獭（当年出生的）占27%，亚成体（2～3岁的）占18%，成体（4岁以上的）占55%。

灰旱獭的数量年变幅较小，较为稳定。主要原因是，它的繁殖力较低，参加繁殖的个体，仅占性成熟个体的51%；仔獭死亡率较高，从5月下旬出现在地面至入蛰前，约有40%左右的仔獭被淘汰。

灰旱獭是草食性兽类，主要以植物的绿色部分为食，尤其喜食禾本科的某些种类，如羊茅、狐茅、早熟禾、野燕麦和高山梯牧草等，同时，还吃一些灌木的嫩枝与未成熟的种子。进食后胃的平均重约为215g。

灰旱獭为冬眠动物，入蛰前体形肥胖，体内积存大量脂肪，秋后（9～10月）将洞口全部堵死进入冬眠，翌年春天（3～4月）出蛰。其具体出、入蛰时间与物候有关，一般来说，入蛰与植物大部枯黄、初雪和0℃以下的气温有关。出蛰则与溶雪、草芽萌发和9℃以上的气温有关。

与灰旱獭在同一生境的鸟兽有长尾黄鼠、赤颊黄鼠和角百灵（*Eremophila alpestris*）等。"鸟鼠同穴"的报道，如鸟类角百灵和鹡鸰（*Motacilla alba*）就是利用长尾黄鼠和高山旱獭的洞居住的。

灰旱獭的天敌有熊、狼、狐、艾鼬、香鼬、石貂、鸢、雕、鹫等。

寄生于灰旱獭体外和巢中的寄生虫主要有蚤和蜱，其中蚤类最为重要，它们不仅数量多，而且对维持旱獭鼠疫疫源地和传播疾病有重要意义。

（三）防治方法

参照喜马拉雅旱獭的防治方法进行。

三、西伯利亚旱獭

学名：*Marmota sibirica* Radde　英文名：Siberia Marmot

别名：塔尔巴干（蒙古语）

（一）形态特征

西伯利亚旱獭（图10-10），据马勇（1987）等研究，认为是草原旱獭（*M. bobak*）的一个亚种（*M. baibacina sibirica*）。其外形酷似草原旱獭，但毛色不同。西伯利亚旱獭背部褐色，腹部草黄色。尾背、腹棕褐色，基部两侧针毛的毛尖呈黄色。四足背部为浅灰黄色。背侧和腹部毛色无显著分界。吻端和额顶部为深褐色，延及两耳基的水平线，成显著的帽盖状。眶下、两颊呈深灰色或深黑灰色。自眼至耳基成橙黄色。耳壳为浅橙黄色。吻部两侧和下颌橙黄色。嘴四周有不完整的圈。全身色调变异大，由褐灰色到深褐灰色。

鼻骨侧面与前颌衔接处成水平直线状。枕骨的乳状突长，且向前弯。枕骨大孔背缘成方圆形。

上下门齿前面内侧具有一纵沟。第三下臼齿中无齿嵴。幼獭于当年秋季（8、9月）即开始脱换前臼齿。

（二）生态特性

西伯利亚旱獭栖息于海拔1 500m以上的山区或600m以上的丘陵草地地带，避开荒漠，但在草地与荒漠相交的边缘地区偶能遇见。

图10-10　西伯利亚旱獭

在其栖息地内洞群配置呈带状或片状。多栖于山腰和坡地，山脊数量较少。对阴阳坡的选择性不太明显，但以阳坡稍多。洞穴呈洞群分布，营家族生活，每一家族有西伯利亚旱獭4~7只，多则10~12只，少则1对。

根据每个家族对洞穴利用情况及其洞穴的外形可分为3种类型。

1. 主洞（冬眠洞）　主洞是西伯利亚旱獭栖居的主要洞穴，冬季在此蛰眠。结构复杂，洞道长而深，长约6m以上，深约2m多。洞内有便所、盲洞和窝巢。多年的主洞则有维修、改道和堵弃等现象。洞口2~7个，洞口前有旱獭丘。从主洞口通向其他洞口和觅食地之间有跑道相连。

2. 副洞（夏洞）　副洞是西伯利亚旱獭活动期间的栖居洞。一个家族有3~8个副洞。副洞结构简单，常有1个洞口，少数有2个洞口，洞内有巢室，洞外的土丘较小，与其他洞口和觅食地亦有跑道相连。

3. 临时洞　临时洞是西伯利亚旱獭活动期间逃避敌害和临时休息之所。结构十分简单，洞道短而浅，内无巢室，洞口只有1个，有时也有2个，洞口外多无土丘。一个家族一般有临时洞3~5个。其巢区所占面积0.3~0.5hm^2。

西伯利亚旱獭是冬眠动物，一年中，活动期和冬眠期几乎各占一半。

出蛰，从春分开始到清明，即从3月下旬到4月上旬。出蛰日期与当地气候转暖的时间有关。栖于阴坡的比阳坡的出蛰日期相差10d左右。出蛰次序是先成獭后幼獭。刚出蛰的西伯利亚旱獭体质较弱，行动迟缓，每天晚出早归，在外活动时间较短。出蛰后的10d左右，代谢机能开始恢复正常。

入蛰时间，从秋分开始到寒露前，即从9月下旬到10月中旬。入蛰前，西伯利亚旱獭先清除洞内的污物，然后衔草入洞。入洞后，从洞里往外以泥土和粪便堵塞洞口，然后头尾相接，环卧巢中，即入冬眠期。

西伯利亚旱獭在活动期间，营白昼活动方式，每日活动随当地气候变化而不同。一般6、7月日活动量最大，日出前后出洞，日落后停止活动。春季上午9时至下午5时最为活跃，中午则很少活动。风雨天停止活动，待雨过天晴时则十分活跃；秋天活动逐渐减弱，出洞口也较晚，常以上午10时至下午2时较活跃，若寒潮袭来或人为干扰则伏洞不出。

西伯利亚旱獭出洞后，先在旱獭丘上竖立瞭望，当无敌情时，则2~3只聚集活动、觅食。西伯利亚旱獭活动时很机警，如发现有敌情，则发出叫声，以警示全群，并继续在洞口前竖立瞭望，如敌情逼近，便迅速窜入洞中，直到敌害远去以后，才又离洞活动。当幼獭开始出洞活动时，母獭不离开洞口周围，予以警戒。

西伯利亚旱獭每年换毛一次。换毛持续时间始于5月末6月初，终于7月末8月初。换毛后的西伯利亚旱獭毛被（秋毛）与出蛰后的毛被（春毛）色泽明显有别：秋毛呈沙黄色，毛细且平齐多绒，富有光泽，春毛淡黄色，毛粗而长，不具光泽。

西伯利亚旱獭主食植物性食物，春季啃食牧草嫩芽和嫩根，夏秋季采食茎、叶等。越冬时，略有储食现象，储存的食物有草、植物的根和种子。西伯利亚旱獭主要依赖植物中的水分以及草上的露水或雨后的水珠供代谢需要。

西伯利亚旱獭出蛰后，经过一段机体恢复过程，大约历时10d左右才开始交配。交配始于4月，妊娠期40d左右，妊娠率为56.4%，每胎产仔2~9只，平均为5.9只。6月中旬开始，幼獭大批出洞活动。幼獭经过两次冬眠，达到两周岁以上时性成熟。

西伯利亚旱獭体外寄生虫有蚤、硬蜱和虱等；它的天敌主要有狼、狐、鼬和猛禽等；此外，常见的有鼠兔和沙鹂出入其洞穴中。

（三）地理分布

在我国西伯利亚旱獭主要分布于内蒙古靠近中蒙、中俄边境一带。

（四）经济意义

1. 旱獭皮 质地坚实耐磨，毛被具有光泽，保温性强，是制翻毛女大衣、童装、皮帽、皮领和手套的名贵原料，也是我国传统的出口商品之一。

2. 旱獭的肉和脂肪可食用 脂肪亦可提取高级润滑油，还可入药，医治风湿性关节炎。

3. 危害性 由于西伯利亚旱獭个体大，常以家族为单位集群而居，挖掘能力很强，对于自然景观的演化有一定的影响；也影响牧草的生长和演替，对草地有一定的破坏作用。特别是在西伯利亚旱獭密集的地方，常是鼠疫的自然疫源地，对人有一定的危害性。

（五）防治方法

猎取西伯利亚旱獭或防除其危害，可参照防治喜马拉雅旱獭的方法进行。

四、蒙古黄鼠

学名：*Spermophilus dauricus* Brandt　　英文名：Daurian Souslik，Daurian Ground Squirrel，Daurian Souslik Ground Squirrel

别名：达乌尔黄鼠、豆鼠、大眼贼、草原黄鼠

（一）形态特征

蒙古黄鼠（图10-11）体长约200mm。尾短，不超过体长的1/3，尾毛蓬松。头大，眼大而圆，故有大眼贼的称号。耳壳短小，呈嵴状。前足拇趾不显著，但有小爪，其他各趾均正常，爪色黑而强壮。雌体乳头5对。

背部深黄而带黑褐色。腹部、体侧和前肢外侧均为沙黄色。尾背的毛色与体背的相同，但尾端为黑色并具有黄色边缘，尾的腹面为橙黄鼠色，仅远端两侧有黑、黄色边缘，而黑色较少。四肢的足背面为沙黄色。头顶比背色略深。颊部和颈部的侧面与腹面之间有明显的界线。眼眶四周有白圈。自吻侧到眼、眼后到耳基部以及耳后部均为灰黄色。耳壳为黄色。

颅骨呈椭圆形，吻端略尖。眶上嵴基部的前端有缺口，无人字嵴。听泡的纵轴大于横轴。

门齿狭扁，后无切迹。第二、第三上臼齿齿尖不发达或无，下前臼齿的齿尖也不发达。

（二）生态特性

蒙古黄鼠是我国北部干旱草地和半荒漠草地的主要鼠类。喜散居，对环境有一定的选择性：在草地多栖居于低矮禾草、禾草-蒿草草地，更喜居于畜圈和牲畜大量放牧的地方，在高草丛和植被稠密的地方很少；在农区多栖居于田埂、道旁和田间草地，在多年生苜蓿地和休耕地中的居住密度较高。临时栖居在田间的蒙古黄鼠，其数量依作物的物候期的变化而转

图10-11　蒙古黄鼠

移，早春田间没有蒙古黄鼠，播种3~4d后，蒙古黄鼠开始迁入田间，当禾苗长出后，数量增加，夏季作物长高后，蒙古黄鼠又开始迁入低矮的作物区内，秋后又回到田埂和道旁。

蒙古黄鼠喜独居。洞穴可分为冬眠洞和临时洞两类。冬眠洞的洞口圆滑，直径6cm。有些地区的洞口有小土丘，有的地区则无。洞口入地的洞道，起初斜行，而后近乎于垂直，接着再斜行一段入巢。洞深多数在105~180cm之间，有的达215cm以上。洞中有巢室和厕所，巢的直径达20cm。窝内蓄有羊草、隐子草等植物，有的还有羊毛等杂物。厕所常在洞口的一侧，是一个膨大的盲洞。这类洞是供蒙古黄鼠冬眠和产仔时使用。临时洞的洞径约8cm，呈不规则圆形，洞道斜行，长度在45~90cm之间，这类洞常为蒙古黄鼠临时避难之用。

在内蒙古东部，蒙古黄鼠从3月下旬开始出蛰，持续36d，至4月下旬结束。出蛰有两个高峰，第一个高峰在清明节前后，系雄鼠；第二个高峰在谷雨后，系雌鼠。因此，可以把谷雨后10d作为蒙古黄鼠完全出蛰的时间界限。在山西曲沃地区，初春气温较高的年份，蒙古黄鼠出蛰提前到2月下旬（王廷正等，1992）。大概在9月中旬以后，随着气温下降蒙古黄鼠开始入蛰，入蛰顺序和出蛰相同，即成年雄鼠入蛰最早，成年雌鼠较晚，幼鼠最晚。延续到10月中旬，个别的直至11月初。成体雄鼠冬眠约8个月，雌鼠约7个月，幼鼠5.5~6个月。

蒙古黄鼠是白昼活动的鼠类，每天日出开始出洞活动。日活动高峰：4月在上午12点左右；5~9月有两个高峰，上午9~10点和下午3~4点，上午高于下午；10月基本上不出现活动高峰。

蒙古黄鼠的挖掘能力很强，10min内就能挖一个掩没身体的洞穴。当它遇到敌害时，急

入洞中，迅速挖土，并借臀部的力量将前足送来的土帮助后足压向后方，把洞堵实，俗称"打墙"，以逃避敌害。

蒙古黄鼠的活动范围一般在100m左右，其活动距离雄性成体平均为89m左右，未成体平均为98m；雌性成体平均为89m，未成体平均为99m。巢区面积（5～8月）成年雄鼠为 $3807.2±640.3m^2$；成年雌鼠为 $4192±948.7m^2$（吴德林等，1978）。

蒙古黄鼠主要以植物性食物为主，也吃一定比例的动物性食物。其喜食植物的种类与环境提供的植物种类有很大关系。例如，罗明澍（1975）在内蒙古锡林郭勒盟调查发现，蒙古黄鼠喜食植物共28种，最喜食的有蒙古葱、阿尔泰紫菀和猪毛菜。喜食的有黄芪、冷蒿等。费荣中（1980）在内蒙古赤峰调查黄鼠啃食的植物有22种，其中啃食频次较多的有12种，除蒙古葱等6种同罗明澍调查相同外，尚有兴安胡枝子、野苜蓿、甘草、百里香、毛芦苇等。在自由生活下，蒙古黄鼠的夏季食物主要由14种植物组成，其中冷蒿、变蒿、乳白花黄芪、星毛委陵菜、羊草、鹤虱等7种植物均超过食物干重的1%，为其主要食物（王桂明等，1994）。在笼饲条件下，蒙古黄鼠平均日食鲜草44g。

蒙古黄鼠每年繁殖一次，繁殖季节比较集中。春季出蛰以后即进入交配期，4月很快由交配期进入妊娠期，而5月中旬随着交配期结束而到妊娠的盛期，当年幼鼠最早于6月中旬开始出洞，大批幼鼠在7月中旬以后分居，过独立生活。

蒙古黄鼠的妊娠期28d，哺乳期24d，出生后28d幼鼠开始出洞活动，再过4～6d即分居，不再进入母鼠洞。从母鼠交配到幼鼠分居65～70d。平均胚胎数为8.4只，最少2只，最多可达到13只，5～7只的为数较多。妊娠率为87.5%～97.2%。但由于越冬条件差异，两个相邻的繁殖期，妊娠率约相差一倍。

可用晶体干重鉴定蒙古黄鼠年龄（刘加坤等，1993），亦可用臼齿磨损特点划分年龄组（图10-12）。

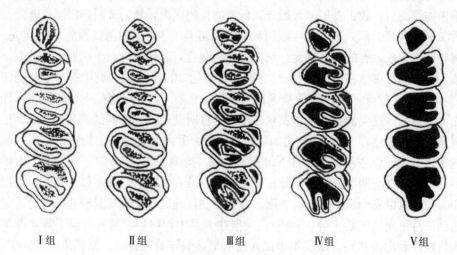

Ⅰ组　　Ⅱ组　　Ⅲ组　　Ⅳ组　　Ⅴ组

图10-12　蒙古黄鼠不同年龄段臼齿咀嚼
（仿刘加坤等，1993）

在所划分的5个年龄组中，Ⅰ组为当年出生至夏末的幼体；Ⅱ组为去年出生至该年春季之前的亚成体；Ⅲ组和Ⅳ组分别为第二年冬眠之前和第三年冬眠之前的成体；Ⅴ组为第四年冬眠之前或更长时间的老体。据推测，蒙古黄鼠的自然寿命一般为4年，另据赵肯堂

(1983) 报道，蒙古黄鼠的寿命可达 7 年。

蒙古黄鼠的染色体数目为 $2n=36$，但有多态现象，其染色体数目和形态的异常是环境诱变所致（晁玉庆等，1994）。

3 月末蒙古黄鼠开始苏醒出蛰，密度逐渐增高，至 5 月基本稳定。6 月有少量幼鼠出现，密度开始增高，7 月幼鼠全部参加了活动，数量达到高峰，9 月以后数量下降，直至冬眠为止。据 10 个夏季的观察，蒙古黄鼠数量最多的年份是最少的年份的 10 倍以上。

(三) 地理分布

蒙古黄鼠广泛分布于我国北部的草地和半荒漠等干旱地区，如东北、内蒙古、河北、山东、山西、陕西、宁夏和甘肃等地区。

(四) 经济意义

蒙古黄鼠是我国北部地区的重要害鼠之一，对农牧业均有不同程度的危害。它们主要以植物的幼嫩部分和种子为食，直接影响到植物的生长发育。

春季，蒙古黄鼠常吃草根和播下的作物种子，致使牧草不能发芽，作物缺苗断垄，幼苗生长遭到危害。夏季，植物拔节之后，咬断茎秆，吸取其所需要的水分，俗称"放排"，每遇干旱，危害更为严重。

由于蒙古黄鼠的挖掘活动，常造成大面积的不生草地和水土流失。它们的洞穴常挖在田边地埂，易引起田间灌水流失，甚至使堤坝溃决，引起严重水灾。对荒山造林和防护林建设有危害。

据调查，内蒙古苏尼特右旗查干敖包地区有草地面积 52 800hm^2，共有蒙古黄鼠 328 700 余只，每年共吃牧草 111.3 万 kg，足够 1 900 只蒙古羊食用一年；同时，它们的洞口与土丘共造成 0.3% 的不生草的面积。又据山西省天镇县马家皂公社袁家皂大队 1963 年蒙古黄鼠危害作物减产的情况调查，全大队共有耕地 40hm^2，鼠害面积占总耕地面积的 31.9%，损失粮食 22 893kg；共有苜蓿地 70 多 hm^2，每年平均损失饲草 205kg。

特别应该注意的是在我国北方地区，蒙古黄鼠是鼠疫自然疫源地中的主要储存宿主之一和传播者。

(五) 防治方法

大面积消灭蒙古黄鼠时，主要采用化学灭鼠法，人工、器械捕捉法仅具有次要的意义。根据黄鼠的生物学特征，在不同季节可采用不同的灭鼠方法。

春季（4～5 月），蒙古黄鼠由出蛰期进入交配期后，正是蒙古黄鼠活动的最盛时期，出入洞穴频繁，取食量大，但牧草尚未返青，食料缺乏，此时，采用毒饵法杀灭蒙古黄鼠是最有利的时机。群众性灭鼠的毒饵为 5%～10% 磷化锌毒饵，以谷物（麦类、玉米或豆类）为诱饵。在蒙古黄鼠洞外 16cm 处，投放麦类毒饵 10～15 粒，或玉米毒饵 8～10 粒，或豆类毒饵 5 粒，就可达到毒杀的目的。条投时，可按行距 30～60m 投放。

如用飞机喷撒时，麦类毒饵的含药量应为 10%。毒饵配制后，要在阴凉处阴干 12～24h。间隔 40m，喷幅 40m，于 5 月中旬喷撒为宜，每亩（666.7m^2）用毒饵 0.4kg。

0.5% 甘氟毒饵，以马铃薯、萝卜或番瓜作诱饵，亦可用麦类作诱饵。每洞投 3～5 块或 10～15 粒。

如果在夏季使用带油的毒饵时，为了避免毒饵风干或被蚂蚁拖去，可将毒饵投入洞中，并不影响灭效。

采用毒饵消灭蒙古黄鼠时,毒饵要求新鲜,并选择晴天投放,雨天会降低毒效。

夏季(6~7月),由于植物生长茂盛,蒙古黄鼠的食物丰富,不适于使用毒饵法。而此时正是幼鼠分居前母鼠与仔鼠对不良条件抵抗力较弱的时候,宜采用熏蒸法。

在气温不低于12℃,可使用氯化苦熏蒸。亦可用磷化铝2片或磷化钙10~15g,投入蒙古黄鼠洞中,灭效较高。若投放磷化钙时同时加水10mL,立即掩埋洞口,灭效更高。

若用烟雾炮消灭蒙古黄鼠,每洞投一只即可。

五、长尾黄鼠

学名：*Spermophilus undutatus* Pallas　　英文名：Long-tailed Souslik, Long-tailed Ground Squirrel, Siberian chipmunk

(一) 形态特征

长尾黄鼠(图10-13)为地栖的松鼠科动物,是较大的一种黄鼠。体重可达500g以上,体长通常超过200mm,最长在250mm左右,后足长在40mm以上,尾长超过体长的1/3,如连端毛,则超过体长的1/2。前后掌裸露,耳壳短,呈嵴状。夏季毛色较深,背部毛色灰褐,毛基多为黑色或暗褐色,部分背毛有白色毛尖,因而在体背部形成隐约可见的小白斑。体侧较体背毛长而毛色较浅,呈草黄或锈棕色,有的呈灰褐或浅灰色。头顶与额部毛色较深,呈灰褐色,颊部则呈棕黄色或略带棕色色调。体腹与前、后肢表面的毛色相近,多为棕色或锈棕色,但腹部要浅些。尾背面,在接近尾基部的一段与体背毛相近,呈灰褐色,并略带棕色色调,具有白色毛尖,其余部分与体背显著不同,多覆以三色长毛,这些毛呈锈棕色,具黑色近端与白色毛尖。尾腹面毛以棕黄色为主,近端的黑色部位与白毛尖清晰可见。幼体夏毛颜色比成体浅得多,背部斑点不甚明显。

头骨大而宽,颅全长50mm左右,颧宽超过30mm。额骨与顶骨部位略向上隆起。眶间部甚宽,超过10mm。眶后突较细,向两侧下方弯曲。颧弓的走向在眶前部向中央靠近,与头骨纵轴呈较缓的斜坡向鼻部延伸。上门齿后方有两个不大明显的门齿坑。上齿列长小于上齿隙长。人字嵴发达,听泡纵横轴约等长。

上门齿趋于圆形,后无切迹。下臼齿的齿尖发达。

图10-13　长尾黄鼠

(二) 生态特性

长尾黄鼠主要栖息于1 700~3 000m的高山地带和较为湿润的山前丘陵、林缘及河谷地带。植被类型多为山地草地、森林草地和亚高山草甸。有些地方与旱獭混居。在植被生长较好的缓坡、小溪的河谷地段比较集中,在河边石砾裸露的山坡林缘以下的农田地区,虽有栖息,但数量较少。有时在低山丘陵地带亦可见到,但在戈壁滩中很难见到。

洞穴一般分布在较高的地方,有时利用乱石堆的间隙为穴。和其他黄鼠一样,有居住洞和临时洞之分。居住洞洞道弯曲,内有主洞道和支洞道,在窝巢附近还有盲洞储存粪便。有时利用旱獭的废弃洞。在一般情况下只有一个洞口，个别的有两洞口，洞口直径8～13cm，洞道长短、洞岔多少与地形、土质等条件有关。窝巢多为一个，但偶尔亦有两个或两个以上的。窝巢呈椭圆形（26cm×22cm×20cm），铺以松软的干草。夏季居住洞较浅，冬眠洞较深，均在冻土层以下。

临时洞的洞道比较简单，无窝巢，仅供逃避敌害时使用。

长尾黄鼠是白昼活动的鼠类，其活动时间随季节的变化而有差别：4～5月，天气寒冷，多在上午8时至下午4时在地面活动。6月以后，天气转暖，活动时间亦随之提前，常在上午6点半左右开始在地面活动，中午炎热时则停止活动，待下午比较凉爽时再出洞活动，并于日落前有一个活动高峰期。9月因气温较低，活动时间又推迟到上午8时左右。风雨对其活动有一定的影响。活动时常以后足着地，身体直立观察周围的动静，有时亦伏于地面或石头上晒太阳。一遇敌害则发出一种特有的叫声，以警告同类，并迅速逃回洞中或隐蔽于草丛中。

长尾黄鼠亦有冬眠习性。于3月底至4月初开始出蛰。出蛰的顺序是先幼鼠后成鼠，而与性别无关。在出蛰期间，如遇有短期的天气骤变，并不引起出蛰的中断。于9月中旬开始至10月初全部入蛰完毕。入蛰的顺序是雌先雄后，幼鼠在最后。长尾黄鼠于春季出蛰后，多取食枯干的牧草。牧草返青以后，主要取食莎草科和禾本科植物的绿色部分，亦吃些鞘翅目昆虫。在牧草成熟期，偶尔在胃中出现牧草的种子，但不甚喜食。在自然条件下，长尾黄鼠拒食一切人工投放的饵料和谷物、牧草等。在农区，常以未成熟的农作物为食。

长尾黄鼠每年繁殖一次。在春季出蛰后，即开始发情交配。妊娠率为85％。妊娠期为30d左右，产仔集中在5月下旬至6月上旬。一般产仔7～8只，最多可达11只。哺乳期为25d左右，幼鼠于6月下旬开始大批到地面活动。当幼鼠能独立生活时，母鼠则离开繁殖巢穴另找新居，而幼鼠亦于4～5d后离开母鼠洞穴，各自另找新居。幼鼠于第二年春季达到性成熟。

长尾黄鼠的天敌，主要是一些中型的食肉兽和大型的猛禽。

在长尾黄鼠的窝巢中，发现有许多蚤类寄生虫，其中方形黄鼠蚤（*Ceratophllus tesqurum*）为绝对优势种，占蚤总数的74％，其次为似升额蚤（*Frontopsylla elatoites*）占蚤总数的20％。此外，还有硬蜱等。

（三）地理分布

长尾黄鼠在我国分布于黑龙江省北部和新疆天山山脉西段、阿拉套山和阿尔泰山的草地和高山草地地带。

（四）经济意义

长尾黄鼠是新疆主要害鼠之一。其数量比较稳定，在赛里木湖北部的草地中，其最高密度达每公顷136个鼠洞。在密度过于集中的地区，对农作物或草场有明显的破坏作用。长尾黄鼠为鼠疫自然疫源动物。其毛皮质量不佳，目前尚未利用。

（五）防治方法

长尾黄鼠在自然条件下，拒食人工投放的任何饵料，故不能使用胃毒剂。可用氯化苦、磷化铝、磷化钙、氰熔体等熏杀，但灭效不甚理想，灭洞率只达50％左右。用0～1号弓形夹置于洞口捕杀长尾黄鼠，不需特别伪装，可收到显著的捕杀效果。

六、赤颊黄鼠

学名：*Spermophilus erthrogenys* Brandt　　英文名：Red-Cheeked Souslik

(一) 形态特征

赤颊黄鼠（图 10-14）与其他黄鼠相似，仅体形较大，体重可达 570g 左右，体长一般为 180～230mm。尾短，其长小于体长的 1/3。耳郭小。前肢发达，趾爪较尖。前后掌裸露，仅在两侧及后跟被毛。

体色鲜艳，背部灰黄色，并隐约出现黑色小斑点，特别是头顶和颊部的锈色斑可作为鉴别的依据。腹毛淡黄色，与背毛有明显的差别。尾色浅，为单一的淡黄色，尾端毛尖更淡，几乎呈白色。

颅全长不到 45mm。听泡长小于其宽。

(二) 生态特性

图 10-14　赤颊黄鼠

赤颊黄鼠主要栖息于山地草地、荒漠、半荒漠草地，生长着针茅、蒿类、葱类、禾草类、锦鸡儿等植物的高平原台地、闭合洼地或湖盆的缓坡上，以及河谷地和与河漫滩相嵌的阶地上。通常缓坡、阶地上的密度最高，并且也是该鼠集中的冬眠生境，平坦的草地中密度较低。在有些地区与黄兔尾鼠或蒙古黄鼠混居在一起。

赤颊黄鼠的洞穴和其他黄鼠的相似，亦可分为居住洞和临时洞两类。临时洞比较简单，大多只有一个洞口，洞道短而浅，内无窝巢，多在居住洞的周围和经常采食的地方。居住洞比较复杂，夏季洞包括两个洞口，一为出蛰时的洞口，也是居住洞的主要进出口，圆形光滑而无抛土；另一洞外有大量抛土，松土上则有新鲜的粪便和足迹。这一洞口内通斜洞，冬眠时将洞道堵住，出蛰后再把它掏开。冬季蛰眠洞仅有一个洞口，内有窝巢和空室各一，另有一条垂直向上的暗窗。夏季，赤颊黄鼠在妊娠期另挖新洞，所以夏用洞常有新旧两个窝巢和数目不等（1～4个）的便所。窝巢的大小和深浅随生境不同而异，通常育仔巢距地表 140～160cm，蛰眠巢可能更深。

约于 3 月下旬，当平均地温达到 0℃时，赤颊黄鼠开始苏醒出蛰，雄先雌后，隔年生的幼鼠出蛰较晚，全部出蛰历时 1 个月。入蛰从 9 月下旬开始，到 10 月上旬全部入蛰结束。

据报道，该鼠在前苏联境内于夏天干旱季节常有数鼠集群，在洞内进行夏眠，有的鼠体甚至还能由夏眠直接转入冬眠。

赤颊黄鼠是白昼活动的鼠类。其听觉、视觉和嗅觉都很灵敏，警惕性高。出洞前，在洞口四处瞭望，观察动静，如遇可疑物或危险信号，立即发出短促单一的"吱吱"声。通报同类后，迅速逃入洞中。天气变化对其活动有一定的影响，一般无风、晴天和气温高时，活动频繁，在地面活动的时间有时可达 220min。当遇到阴雨天气，则活动减弱，甚至出现由低处向高处移动的现象。在 7 级以上大风时，很少出洞活动。据报道，5 月中旬上午 8 时至下午 6 时前，捕获率高于其他时间，尤其在午间 12～14 时，有一次活动高峰，早晚活动甚少，夜间无活动。活动范围一般不超过 30m，但有时可达 40m 以上。

赤颊黄鼠为草食性动物，食性比较简单，主要采食鳞茎草类、蒙古葱、多根葱和一二年生禾草的营养部分。刚出蛰时,除挖食葱、针茅和芨芨草根外,也吃少量动物性食物——甲虫和蜥蜴。营养交替现象十分明显,通常,除捡食葱子外,葱的其他成分在雨季前占有极大比重,4～6月逐渐由67.1%增至79.1%,最高达到88.8%;7～9月的雨季期间,夏雨型禾草类转而成为它们的主要食物,在胃内容物出现的最高频次可达62.4%。秋季又转食葱及其花、子,直至冬眠。日食量为150～170g,而每次饱食时的平均取食量为10.7g左右。无储存食物的习性。

赤颊黄鼠全年仅繁殖一次,经过冬眠的鼠,从3月底出蛰,出蛰后很快进入交配期。交配期的雌雄鼠频繁窜洞,极为活跃。赤颊黄鼠平时单居独室,但在此时经常可于一个洞中捕获2～3只黄鼠,成为该鼠在交配期生态特征之一。交配期由4月上旬起持续至4月底,约3周左右,此时,可以同时见到妊娠鼠、生殖道内有阴道塞的鼠和处于排卵期的鼠,其两性比例基本上为1:1;不育鼠约为全部雌鼠的10%。种群的交配-妊娠期(据内蒙古的资料,大约从4月中、下旬到5月底)约50d,而妊娠期则为28～30d。产仔期主要集中在5月上旬到月底。6月上旬全部孕鼠产完,历时4周。胚胎数为2～10只,平均约为5.68只,最常见的胚胎数是4～7只。孕鼠于分娩后在子宫内所留下的子宫斑于入蛰前消退殆尽。幼鼠与母鼠分居的时间一般集中在6月下旬,但最早出窝活动的幼鼠可能在6月初。

(三) 地理分布

赤颊黄鼠在国内仅分布于内蒙古的北部和新疆的北部。

(四) 经济意义

赤颊黄鼠的种群数量一般比较稳定。在高密度时,对农牧业会造成危害;它也是与鼠疫流行病有关的鼠种之一。

(五) 防治方法

春季毒杀效果较秋季好。各地防治的经验是,以10%～12%的磷化锌拌小麦或玉米渣,配制成磷化锌毒饵,投放在洞口外(20粒左右),效果较好。靠近水源的地方,也可用灌洞法。在大面积毒杀后,可用灭鼠炮进行扫残,每个有鼠洞投入1～2个即可。

第三节 仓 鼠

一、大 仓 鼠

学名:*Cricetulus triton* de Witon 英文名:Greater Long-tailed Hamster
别名:灰仓鼠、大腮鼠、田鼠、齐氏鼠、棉榔头

(一) 形态特征

大仓鼠(图10-15)为仓鼠属中体形最大的一种,成体体长大于140mm。体形似褐家鼠的幼鼠,但尾较短,其长度不超过体长的一半。耳短、圆形,有极窄的白色边缘。具颊囊。乳头8个。

冬毛背面呈深灰色。体侧较浅,背部中央无黑色纵纹。腹部与四肢内侧均为白色,其中下颏、前肢内侧和胸部中央为纯白色。其他部分的毛均有灰色毛基。耳的内外侧均被以很短的棕褐色毛。尾的背腹面均为暗色,尾尖白色。足背亦为纯白色。夏毛稍暗,但沙黄色较明

显。幼体几乎是纯黑灰色。

头骨相当粗大，有明显的棱角。鼻骨狭长，前 1/3 处略膨大。眶间区较宽，其两侧边缘有明显的眶上嵴（幼体例外），并向后延伸，经顶间骨的边缘与人字嵴相接。顶间骨甚大，几乎成方形。枕骨上缘具人字嵴（幼体不明显）。前颌骨两侧有上门齿齿根所形成的凸起，因而从外侧可以清楚地看到门齿齿根伸至前颌骨与上颌骨

图 10-15　大仓鼠

的接缝处。上颌骨颧突下支形成较宽的板。颧骨甚细弱。门齿孔狭长，其末端不达于第一上臼齿前缘。听泡隆起，其内角与翼骨相接。二听泡间的距离与翼骨间宽度相等。

上下颌牙齿的结构与黑线仓鼠的牙齿相似，但上颌第三臼齿的咀嚼面仅有 3 个齿突，其后方外侧的齿突极不明显。下颌第三臼齿的齿突虽然有 4 个，但内侧的 1 个极小。

（二）生态特性

大仓鼠广泛栖居于土质较为松软的农田、菜园以及与之相邻的荒地、草地、河谷、沼泽以及灌丛和林缘。偶尔也进入住宅区。

洞穴不甚复杂，洞口大小不一，依鼠的大小而异，直径 3~8.5cm，以 4.5cm 左右的最常见。每个洞系有 3~4 个洞口，其中有一个洞口和地面垂直。其余洞口倾斜并经常堵塞，仅在新挖洞口或春季清除洞穴时作为向外运输的通道。垂直洞向下深入到 40~60cm 时，即与地面平行。洞道总长度可达 125~350cm。洞系中还有巢室与仓库。巢一般有 1~2 个，其直径为 11~30cm，由柔软杂草构成，为居住和哺乳的场所。仓库通常有 1~3 个，最多可达 8 个，其直径为 7~10cm，深 35~140cm，储藏量可达 4~10kg 不等。东北某地 5 月曾挖一洞穴，挖出粮食 500g 左右，可见秋季储粮数量之大。

大仓鼠食性杂，主要以植物种子为食。食物种类随环境不同而有变化，诸如大豆、玉米、小麦、燕麦、马铃薯和向日葵等。同时也吃一些昆虫和植物的绿色部分，特别于春季，吃植物的绿色部分较多。秋季储粮甚多，分类加以储藏，在一个库内，最多只存 3 种食物，多以高粱和黍子存在一个仓库，谷子和稻谷放一库。大仓鼠的日食量在饲养条件下平均为 14.1g（刘焕金等，1982）。

大仓鼠属于夜间活动类型。但季节不同，活动时间有别。春季（4月）凌晨 1~5 时活动频繁，其中 3~5 时是活动盛期。夏季（6月）以 21 时至次日 1 时活动最盛，3 时活动次数减少。秋季（9月）是大仓鼠全年活动高峰期，其中 19~21 时和 1 时活动次数频繁。冬季（1月）夜间均有活动，以 17~19 时活动较盛，1 时后活动明显减少。大田调查，偶见白天活动的个体（曹长余等，1993）。

据张洁（1982）对北京地区大仓鼠种群繁殖生态调查，春季出生的雌鼠，两个月左右即达到性成熟，并参加繁殖。在 7 月以后出生的雌鼠当年不参加繁殖。越冬鼠一年可繁殖 2~3 次。在种群数量较高的年份，性比（♂/♀）为 1.33，平均胎仔数为 9.14；数量较低的年份性比（♂/♀）为 0.95，平均胎仔数 9.94。

以大仓鼠的胴体重可划分为 4 个年龄组：幼年组，胴体重 40g 以下；亚成体，40.1~

75g；成年Ⅰ组，胴体重为75.1~120g，成年Ⅱ组，120.1g以上。大仓鼠的年龄组成季节变化大，并有年度差异。幼鼠在5月和8月有两个数量高峰；亚成体组数量从6月开始上升，最高峰8~9月；成体Ⅰ组5~7月数量较高，最高峰在10月，其中5月均为越冬鼠，7月已有当年早期出生的幼鼠进入成体Ⅰ组，10月主要由当年鼠组成；成体Ⅱ组主要出现在4月前和10月以后，大部分是当年出生的鼠（张洁，1986）。朱盛侃（1991）调查淮北农业区大仓鼠的年龄季节变化发现，不同时间段内大仓鼠种群年龄结构的主体成分在6月前为老年组，以后则为成年Ⅰ组。

大仓鼠种群数量的季节消长特点是数量高的年份出现3个波峰（即前峰、中峰和后峰），平常年份有2个波峰（中峰和后峰），数量低的年份仅有一个波峰（后峰），波峰幅度大都是后峰最高，其季节变化的变幅最高是最低的10~48倍；年间数量变幅明显，最高数量是最低数量的27倍。年间种群数量从一个高峰期到另一个高峰期需经历7~8年（朱盛侃等，1991）。

通过计算机模拟模型对大仓鼠野外夹捕率的拟合分析，发现大仓鼠的成熟历期、性比和胎仔数对其种群繁殖与数量增长影响较大（张知彬等，1990）。用Jolly-Seber模型估计种群各年龄组的存活率发现，在所划分的5年龄（Ⅰ，0~40g；Ⅱ，41~80g；Ⅲ，81~120g；Ⅳ，121~160g；Ⅴ，160g以上）在1986年，胎-Ⅱ、Ⅱ-Ⅲ、Ⅲ-Ⅳ和Ⅳ-Ⅴ组月均存活率分别为0.603 1，0.587 4，0.742 3和0.747 6，平均为0.668 9±0.085 2；1988年分别为0.571 6，0.641 7，0.563 8和0.743 7，平均为0.630 7±0.082 9（张知彬等，1993）。

大仓鼠的肥满度雌性大于雄性，肥满度随年龄增长而减小。大仓鼠肥满度的季节变化主要与繁殖和气候有关，它与种群密度之间不存在明显的对应关系。

大仓鼠染色体数目$2n=28$。

小型食肉兽为大仓鼠的主要天敌。

(三) 地理分布

大仓鼠广泛分布于我国北方地区，如黑龙江、辽宁、吉林、河北、山西、内蒙古东部；甘肃、宁夏、陕西、山东、河南、江苏、安徽和湖北等省区也有分布。

(四) 经济意义

大仓鼠为农业的主要害鼠。它的危害主要是窃食和盗储大量粮食，由此而使作物减产。同时，大仓鼠也是某些传染病（如鼠疫、钩端螺旋体）的传播者和储存宿主。

(五) 防治方法

1. 捕杀 鼠夹和弓形夹等捕鼠工具以及挖洞和灌洞等方法均有效。

2. 毒杀 效果好，尤其宜在春秋两季进行。诱饵以谷物种子为佳。如某地用5％磷化锌毒饵，每洞投饵1g，灭鼠率为93.88％。

3. 熏杀 氯化苦、磷化铝和磷化钙等均有效。

二、灰仓鼠

学名：*Cricetulus migratorius* Pallas　　英文名：Grey Dawarf Hamster，Migratory Hamster

别名：仓鼠

(一) 形态特征

灰仓鼠（图10-16）体形中等大小，尾长约为体长的30%。耳圆形，无明显的白边。足掌裸露。具颊囊。乳头8个。

灰仓鼠毛色个体差异较大，一般体躯背毛黑灰或沙灰色，毛基深灰，毛尖黄褐或黑色。幼体背毛灰色调较成体明显，年龄愈老，沙黄色愈明显。体侧毛色较浅，具沙黄色调。腹部毛基灰色，毛尖白色，有些个体亦杂有全白色毛。背、腹毛色界限在体侧明显。喉部、胸部和鼠蹊部毛全为白色，后肢外侧与背部相同。耳背面具暗灰色细毛，耳郭内部较浅。尾毛上下同色，被灰白色或浅黄褐色短毛。

图10-16 灰仓鼠

头骨狭长，鼻骨亦长。额骨隆起，眶上嵴不显，眶间平坦。顶部扁平，顶骨前方的外侧角前伸达眶后沿，其端部不向内弯曲。顶间骨发达，略呈等腰三角形。枕骨略向后凸，枕髁明显超出枕骨平面。颧弓中间较细。腭孔小，其后缘不达臼齿前缘水平线。翼内窝达臼齿列后缘。听泡小。

门齿细长，臼齿具两纵列齿突，M^1具3对，M^2具2对，M^3仅有3个齿突，前面两个相对称，后面1个独立。

(二) 生态特性

灰仓鼠栖息于森林草地、干草地、河谷、荒漠、半荒漠和高原地带（在帕米尔可升高到4 000m），喜居于山坡砾石堆和灌丛下。它们不适于在林下茂密的草地和林间空地上生活。在盆地和平原中，不论是砾石荒漠和盐渍化荒漠都有分布，但最适宜的栖息地是平原和山地草地。在荒漠和半荒漠地区则沿着湿润地带伸入到居民点。在农区栖息于地埂和较高的土丘、建筑物和居民住宅，甚至在乌鲁木齐市中心也有分布。

常营巢于大块砾石、倒木和其他天然隐蔽物下面。农区的灰仓鼠则常营巢于地埂、土丘和其他啮齿类的废弃洞中，冬季有时与小家鼠同居于草垛中。城市和居民点中的灰仓鼠则营巢于室内。洞穴较简单，通常有两个出口，一个巢和若干个仓库。

主要以野生的或栽培的作物种子为食。据Виноградов报道，在其窝巢中曾发现过樱桃核、李子核、谷类作物种子、荞麦、豌豆等，多达800g。在其颊囊中一次可储存45颗向日葵种子，重达4.8g。灰仓鼠也吃一些动物性食物，如软体动物和鳞翅目的幼虫，有时甚至吃蝎子。具储粮习性，但繁殖母鼠在夏季的储藏量很少，只有200g左右。

夜间活动，晨、昏为活动高峰。不冬眠。

繁殖期在每年的3~9月，年繁殖3次，每胎1~13仔，平均6~7仔。幼鼠约3周左右离开母鼠。当年第一窝的幼仔在条件良好的年份中，秋季也可以参加繁殖。

(三) 地理分布

灰仓鼠国内仅分布于新疆、甘肃、宁夏、青海，向东达内蒙古中部。

(四) 经济意义

灰仓鼠在农区主要盗食种子，啃食幼苗，使作物缺苗断垄，危害瓜类。当作物成熟后，还大量将小麦、玉米等谷物盗入洞内储藏。在室内破坏粮仓和人房中的储藏物。灰仓鼠也是鼠疫和土拉伦病的传播者和带菌者（Виногралов，1952）。

（五）防治方法

与小家鼠相同，参看小家鼠一节。

三、黑线仓鼠

学名：*Cricetulus barabensis* Pallas 英文名：Chinese Hamster, Striped Hamster

别名：背纹仓鼠、花背仓鼠、仓鼠、腮鼠、板仓、搬仓

（一）形态特征

黑线仓鼠（图10-17）为小型鼠类，体形粗壮，体长约95mm。口内因有颊囊而膨大，吻形较钝。耳圆。尾短，约为体长的1/4左右。乳头8个。

黑线仓鼠的毛色因地区不同而具有很大的差异。冬毛背面从吻端至尾基部以及颊部、体侧与大腿的外侧均为黄褐色、红棕色或灰黄色（因地区而异）。背部中央从头顶至尾基部有一条暗色条纹（有时不明显）。耳内外侧被有棕黑色短毛，且有一很窄的白边。身体腹面、吻侧、前后肢下部与足掌背部的毛均为白色。故体背与腹部之间的毛色具有明显的区别。尾的背方黄褐色，腹面白色。

图10-17　黑线仓鼠

头骨的轮廓较平直，听泡隆起，颧弓不甚外凸，左右几乎平直。鼻骨窄，前端略膨大，后部较凹，与颌骨的鼻突间形成一条不深的凹陷。无明显的眶上嵴。顶骨的前外角向前延伸达额骨后部的两侧，形成一明显而尖的凸起。顶间骨宽为长度的3倍。上颌骨在眶下孔的前方形成一小凸起。颧弓细小，门齿孔狭长，其末端达第一臼齿的前缘。

上门齿甚细长。上臼齿3枚，前者较大，愈后愈小。第一上臼齿的咀嚼面上有6个左右相对的齿突。第二上臼齿仅4个齿突。最后一个臼齿的4个齿突排列不规则，并且后方的两个极小。因而整个牙齿较第二臼齿小得多。下臼齿与上臼齿相似，向后逐渐变小。第一下臼齿的咀嚼面上有齿突3对，第二、三下臼齿均有齿突2对。

（二）生态特性

黑线仓鼠的栖息环境极为广泛，草地、半荒漠、农田、山坡及河谷的林缘和灌丛中都可栖息。但在高山裸岩、沙地和砾石多的田埂则找不到它们的踪迹。在半荒漠地区，通常栖息于有较高蒿草的地方或水塘附近。在草原地区，则以有锦鸡儿（*Caragana* spp.）、蒿（*Artemisia* spp.）的地段为最多。在农区，多集中于田埂、土坡或农田中的坟堆上，以及人工次生林等地。林缘与灌丛中虽有分布，但在大面积森林内尚未发现。在居民点，有时亦可进入房舍。

洞穴由洞口、洞道、仓库、窝巢、膨大部和盲道等几部分组成。每个洞系通常有2个洞口，但也有3～4个的。洞口直径2～3cm，洞口附近无土丘，洞道自洞口处垂直下降约20cm左右，达于一膨大部，在此膨大部由洞道与窝巢和仓库相连。黑线仓鼠的地下洞道形

式不一，大致可以分成以下 3 种类型。

(1) 临时洞或储粮洞。这一类洞穴结构简单，一般仅有一个 40~47cm 的洞道，末端有一个直径 8~20cm 的膨大部，很少有分支。洞口一个，直径 3~4.7cm。这类洞道无鼠居住，亦无巢窝，仅供临时储存粮食或筑巢材料之用。曾在一个洞中挖出大豆、绿豆、高粱等约 250g。

(2) 居住洞。其结构较临时洞复杂，是鼠类自春季至秋季居住、产仔和育幼的场所。通常有洞口 1~3 个，其直径 2.5~4.5cm。若鼠在洞中停留，常以松土堵洞口，敞开洞口者均为废弃洞或无鼠洞。洞道直径 4~6cm，深入地下一小段后即与地面平行。有较多的分支和膨大部。巢穴 6~8cm×9~13cm，距地面 30~40cm，有时可深达 1m 左右。巢材由柔软的干草和羽毛组成。

(3) 长居洞或越冬洞。其是结构最复杂的一类洞道，可能是在前一种洞的基础上扩大而成。一年中均有鼠居住。洞道较长，约在 2m 以上。洞道的分支和膨大部更多。越冬窝巢较深，距地面 70cm 以上。

此外，黑线仓鼠还利用其他鼠（如黄鼠）的废弃洞。

黑线仓鼠为夜出性鼠类，白天匿居巢中，很少外出活动，以黄昏和清晨为活动高峰。秋季活动频繁，但范围小，一般在居穴 20~50m 之内，冬季和初春活动减少，但范围大，可超过 100m。不同季节有两个相近的日活动高峰，分别在 20~22 时和 4~6 时，不冬眠，冬季活动较少，以储粮过冬。

黑线仓鼠食性杂。主要以植物种子为主，包括各种作物种子和草子。农作物中有豌豆、小麦、大麦、花生、高粱等，同时，也吃少量的昆虫和植物的绿色部分，以及根、茎等。根据饲养试验结果，每天平均食量为 4.6g。具储粮习性，外出饱食后常用颊囊盛纳食物运进洞内，每次可装 1g 左右。每个洞穴可储粮 1~1.5kg。

黑线仓鼠每年有 9~10 个月进行繁殖。内蒙古地区 3~10 月为繁殖期，一般年份有两个高峰期（5~6 月和 8~10 月），平均胎仔数为 6.2±0.1 只。淮北地区的黑线仓鼠也有两个繁殖盛期：开春和秋季，胎仔数一般为 5~6 个。

在内蒙古地区黑线仓鼠种群数量的季节动态有两个数量高峰，分别在 5 月和 8 月（侯希贤等，1989），淮北地区多数年份只有一个高峰。年度间亦有数量变化，数量高峰年与最低年相差 6.7 倍，由前一个高峰年到后一个高峰年经历约为 8 年时间（朱盛侃等，1991）。

黑线仓鼠的巢区，雄性为 $7\,684.1±1\,736.6m^2$，活动距离 $135.9±12.4m$；雌性为 $2\,720.1±576.0m^2$，活动距离 $95.5±14.4m$（董维惠等，1989）。

黑线仓鼠的肥满度与栖息地和年龄无关，有性别、季节的年度差异。

(三) 地理分布

黑线仓鼠为我国北方地区分布极为广泛的一种啮齿类，在甘肃、宁夏、陕西、内蒙古、河北、山东、河南、江苏、安徽、辽宁、吉林和黑龙江等省区都有分布记录。

(四) 经济意义

黑线仓鼠主要对农业生产有较大的危害，一方面消耗部分粮食，另一方面在储粮的过程中还要糟蹋远比吃掉的还要多的种子。在牧区，则影响牧草的更新。黑线仓鼠还是鼠疫和钩端螺旋体病的储存宿主。

(五) 防治方法

对黑线仓鼠的防治宜用 0.1%～0.2% 敌鼠钠 (牧区用莜麦、农区用玉米面作诱饵) 和 0.037 5%～0.075% 杀鼠迷进行防治。在农田鼠密度低时按洞投饵,每洞投急性杀鼠剂 0.2～0.3g,慢性杀鼠剂 0.5～2.5g。密度高时采用等距堆状投饵 (行距 5～10m,堆距 5～10m,每公顷投饵量 2.25kg),也可用沿田埂投饵每 5m 投 1 堆,每堆 3～5g,在草地条投,行距 15m,投饵量 2.25kg/hm²。大面积灭效可达 85%～90%。

第四节 鼢 鼠

一、中华鼢鼠

学名：*Myospalax fontanieri* Mile-Edwards　英文名：Chinese Zokor, Common Chinese Zokor

别名：原鼢鼠、瞎老鼠、瞎瞎、瞎老、瞎狯、仔隆 (藏语)

(一) 形态特征

中华鼢鼠 (图 10-18) 体形粗短肥壮,呈圆筒状。体长 146～250mm,一般雄鼠大于雌鼠。头部扁而宽,吻端平钝。无耳壳,耳孔隐于毛下。眼极细小,因而得名。四肢较短,前肢较后肢粗壮,其第二与第三趾的爪接近等长,呈镰刀状。尾细短,被有稀疏的毛。

全身有天鹅绒状的毛被,无针毛。毛色呈灰褐色,夏毛背部多呈现锈红色,但毛基仍为灰褐色。腹毛灰黑色,毛尖亦为锈红色。吻上方与两眼间有一较小的淡色区,有些个体额部中央有一小白斑。足背部与尾上的稀毛为污白色。

整个头骨短而宽,有明显的棱角。鼻骨较窄,幼体的额骨平坦,老年个体有发达的眶上嵴,向后与颞嵴相连,并延伸至人字嵴处。鳞骨前侧有发达的嵴。人字嵴强大,但头骨不在人字嵴处形成截切面。上枕骨自人字嵴向上常形成两条明显的纵棱;向后略为延伸,再转向下方。门齿孔小,其末端与臼齿间没有明显的凸起。听泡相当低平。

第三上臼齿后端,多一个向后方斜伸的小凸起。而内侧的第一凹入角不特别深,因而与第二下臼齿极相似,只是稍小一点。

图 10-18 中华鼢鼠

(二) 生态特性

中华鼢鼠为地下生活的鼠类,主要栖息于我国华北、西北各省区的农田、山林及草地中,特别喜在地势低洼、土壤疏松湿润、食物比较丰富的地段栖息。垂直分布可达 3 800～3 900m 的高山草甸,高山灌丛较少。通常分布在山地的阴坡、阶地和沟谷等处退化的杂类草草场上;在农区,各类耕地中均有,尤其以种植土豆、莜麦和豆类农田中的数量较多。

中华鼢鼠的洞穴结构复杂,地面无洞口,由洞道和老窝组成。中华鼢鼠的洞道可分为常洞、草洞和朝天洞。

(1) 常洞。常洞是中华鼢鼠由老窝到草洞经常活动的通道。一般距地面 10～40cm,与地面平行，比较固定，弯曲多支，其直径为7～10cm。常洞中常有一些数量不等的临时巢、仓库和便所。

临时巢距地表35～40cm，直径12～15cm，通常垫有干草，是中华鼢鼠临时休息的地方。仓库多位于洞道两侧，略呈哑铃形，是储存食物之所。便所的构造与仓库相似，但较小，内有粪便。

中华鼢鼠挖洞时，将洞内挖出的土，每隔一段距离推出洞外，堆成土丘。土丘位于洞道的两侧，但也有少数在洞道的上方。在某些特别疏松的地里，中华鼢鼠将洞道内的土挤压在洞道的两侧和顶部，地面没有土丘，但在地面留下成串的隆起和峙。

(2) 草洞。草洞是中华鼢鼠取食食物时所留下的洞道。较浅，距地表6～10cm，从常洞通向地表，在地表留下具有龟裂的隆起，或末端呈土花状的小隆起，俗称食眼。

(3) 朝天洞。由常洞向下通到老窝的1～2条，垂直或斜行的通道。

老窝常位于洞内较干燥处，距地面深50～180cm，雄鼠的较浅，雌鼠的较深。在老窝中通常有巢室、仓库和便所。巢室较大，直径15～19cm，高17～36cm。巢呈盘状，内垫软草，构造精致。仓库位于巢室附近，2～3个不等，呈囊状，10～20cm×15～30cm，常储存大量的食物。便所是老窝中的一段短的盲洞。

中华鼢鼠营单洞独居生活，通常每个洞系中居住一只鼢鼠，但在繁殖期雌雄的洞道互相沟通，可在同一洞系中获取不同性别的成体，而在繁殖期过后，这些通道又被堵塞。幼鼠于分居之后，亦营独居生活。

中华鼢鼠是典型的地下生活种类。终年在地下活动，只有当暴雨冲塌洞道或水灌入洞内时，才被迫到地面上来，但也有偶然到地面上活动的现象。由于中华鼢鼠在地下活动，观察它的活动时，只能根据它挖掘活动留在地面上的痕迹，如土丘、隆起的土峙和土花来判断它活动的规律。

挖掘活动在春、夏、秋各季都有，但以春秋最为频繁，尤以春季为盛。初春，地表尚未完全解冻时即已开始，至地表解冻后青草返青时节，挖掘活动更为频繁。4月初只见地面出现少量的新土丘，4月中旬到5月初新土丘逐渐增多，这时正是它们的繁殖盛期，觅食及寻求异性的活动大大

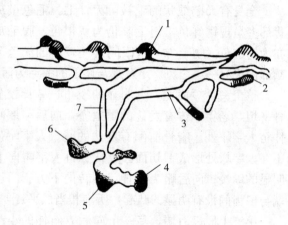

图10-19　中华鼢鼠的洞穴
1. 土丘　2. 草洞　3. 常洞
4. 仓库　5. 巢室　6. 厕所　7. 朝天洞

增强。6、7、8月新土丘逐渐减少，地面上仅留下取食时所留下的土峙和土花。秋季为储运冬季食物，挖掘活动又趋频繁。自9月初新土丘开始增加，9月下旬达到高潮，10月初新土丘逐渐减少，地面冻结后完全消失。新土丘出现的数量变化与中华鼢鼠的活动规律有密切的关系。中华鼢鼠不冬眠。它冬季栖居于老窝中，除取食外不大活动。

中华鼢鼠昼夜都有活动。春季日活动高峰在当地时间10～12时与18～20时；夏季运动降低，早晚在地下层；秋季日活动高峰在14～18时。小雨或阴天则全天活动，大雨和大风活动极少，雨后地面湿潮时，活动最为频繁。

中华鼢鼠有一种封洞习性，当它的洞道被挖开后，就必然要来推土封闭，将洞口堵死，然后另挖一通道衔接起来。

中华鼢鼠主要采食植物性食物，只有个别个体的胃内发现有昆虫的残体。它特别喜食植物的多汁部分，如地下根、茎等，有时亦将地上部分的茎、叶和种子拖入洞内取食。其食性广，而且因时因地而异。从储粮的情况来看，储存的粮食与当地的植被或作物的成分相一致。在草地（青海）取食异叶青兰、引果芥、沙蒿、多裂委陵菜等、阿尔泰狗娃花、二裂委陵菜、珠芽蓼等植物的根系，以及赖草，针茅的根部、花序和种子；在农区（晋冀北），其采食作物的种类也很广泛，如苜蓿、青稞、燕麦、小麦、马铃薯、豆类、高粱、玉米、黍子、花生、甘薯、甜菜、棉花幼苗以及蔬菜等，甚至啃食果树或针叶树的根部。

中华鼢鼠的繁殖情况，各地不完全一致。在青海高山草甸，一年繁殖一次。雄鼠至3月下旬性器官发育达到最高峰，4月初开始交配，4月下旬结束。随着交配的开始，睾丸便下降。雌鼠繁殖期从4月上旬开始，延续到6月中旬，历时60d，而繁殖盛期为4月下旬到5月中旬，其繁殖期短而集中。参加繁殖的雌鼠占总雌鼠的81.30%。妊娠期约为1个月。哺乳期从5月中旬开始，延续到8月上旬，其中哺乳盛期在5月下旬至7月上旬。大量幼鼠独立生活在7月。胚胎数变化幅度不大，一般为1~5只，个别的6只，以2~3者居多，平均为2.74±0.05只。

在宁夏、陕西北部，每年繁殖2次，第一次在4~5月，第二次在8~9月。营地下生活的鼠类雄性的百分比较低，雄性成体约占39.64%。

根据晋中的资料，中华鼢鼠全年数量的升降比较平缓，最低和最高相差仅1倍左右。除5~6月数量差异显著外，其他各月均不显著。

（三）地理分布

中华鼢鼠分布于甘肃、青海、宁夏、陕西、山西、河北、内蒙古、四川、湖南等省区。

（四）经济意义

中华鼢鼠是我国华北、西北地区的主要害鼠，对农业、林业和畜牧业均有严重的危害。

1. 对草地的危害 鼢鼠主要以植物的地下部分为食。日食鲜草120g左右。据6月在盖度为90%以上的高山草甸上的调查，中华鼢鼠每日采食的面积约为500cm^2，食取牧草的重量（包括牧草的地上、地下部分）约占植被重量的70.68%，占植株数的95.2%，致使500cm^2的草地成秃斑。

鼢鼠挖掘活动造成的危害比采食更为严重。一般每只鼢鼠一年能推出15~20个土丘，多的可达到180个。在中等数量的地区，1hm^2内约有土丘200多个，土丘覆盖度为20%~40%，严重地区可达80%。

2. 对农业的危害 有一首民谣可以说明鼢鼠对农业的危害"春滚子，夏害苗，秋拉穗，冬积仓。丰收一半粮，遇灾空了仓，挖开瞎老洞，大斗小斗装"。

3. 对林业和果树的危害 鼢鼠对果树幼苗的危害很大，例如，延安农业试验站的一年生果树，每年因鼢鼠危害而死亡的达10%；河北省涿鹿县九堡果树场，有2hm^2杏树苗共1283株，由于鼢鼠咬断根部，死亡率达19.79%；鼢鼠对人造针叶幼林地的危害也很严重。据甘肃省林业局的资料，鼢鼠常将多年的油松幼苗的根系全部吃掉，因而只用手就可以把树苗拔出来。

鼢鼠的毛皮，可加工制作衣帽、手套等。过去东北地区每年可以收购10万余张。

(五) 防治方法

传统的杀灭方法为地箭法,亦可用弓形夹捕打(图10-20)。常用0、1号弓形夹,方法是先通开食眼,留作通风口。顺着草洞找到常洞,在常洞上挖一洞口,再在洞道底挖一圆浅坑。然后,将夹支好,置于坑上,踏板对着鼠来的方向;也可以将夹与洞道垂直布放,使两边来的鼠均能被夹住,再在鼠夹上轻轻撒些细土,夹链用木桩固定于洞外地面上,最后用草皮将洞口盖严。

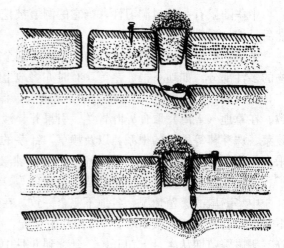

图10-20 置夹法

用毒饵毒杀中华鼢鼠时,各种杀鼠药物均可使用。诱饵最好用大葱、苴莲、马铃薯和胡萝卜等多汁的蔬菜。毒饵法毒杀中华鼢鼠的关键是投饵方法。这里介绍两种方法:

(1) 开洞投饵法(图10-21)。在中华鼢鼠的常洞上,用铁铲挖一上大下小的洞口(下洞口不宜过大),把落到洞内的土取净,再用长柄勺把毒饵投放到洞道深处,然后将洞口用草皮严密封住。这种方法在较紧实的草地上使用较好。

(2) 插洞投饵法(图10-22)。用一根一端削尖的硬木棒,在中华鼢鼠的常洞上插一洞口。插洞时,不要用力过猛,插到洞道上时,有一种下陷的感觉。这时不要再向下插,要轻轻转动木棒,然后小心地提出木棒。用勺取一定数量的毒饵,投入洞内。然后,用湿土捏成团,把洞口堵死。这种方法在松软的草地上使用较好。

毒杀中华鼢鼠的时间,最好在5月中旬以前,最迟也不能超过6月中旬。

在水源较近的地方,用喷雾法消灭中华鼢鼠,效果较好。

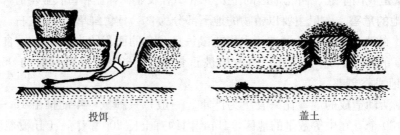

投饵　　　　　　　盖土

图10-21 开洞投饵示意图

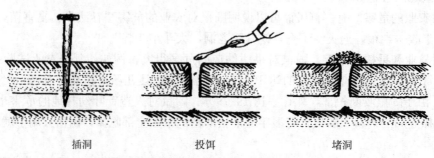

插洞　　　　投饵　　　　堵洞

图10-22 插洞投饵示意图

二、东北鼢鼠

学名：*Myospalax psilurus* Milne-Edwards　　英文名：Transbaikal Zokor, Siberian Zokor

别名：华北鼢鼠、地羊、瞎摸鼠子、盲鼠、瞎老鼠、鼢鼠

(一) 形态特征

东北鼢鼠（图10-23）体形与中华鼢鼠相似，但前肢较粗大，爪也较长。与中华鼢鼠不同的是第三趾的爪最长，后足的爪较弱。尾较短，几乎全部裸露，仅有极稀疏的白色短毛。

毛被细软而有光泽，夏毛一般为浅棕灰色。靠近毛端部分为污白色。多数个体的额部中央有一块白斑，其大小变化很大，有些个体甚至完全消失。耳不露于毛外，但在耳的位置上常出现少数淡白色毛，形成不大明显的淡色斑点。顶部与整个背面均为浅红棕灰色，毛基为黑灰色，毛尖为浅红棕色。身体两侧及前后肢的外侧毛色与背面相似，但浅红棕色稍淡。全身腹面均为灰色，其上有一些淡褐色的毛尖，与两侧毛色并无明显的界限。

图10-23　东北鼢鼠

颧弓相当宽大。头骨后端在人字嵴处呈截切面。鼻骨宽平，前端1/3显著扩大，后端2/3的部分外缘接近平行，末端稍尖。额骨的前缘嵌入两鼻骨之间。眶前孔略呈三角形，上部比下部宽得多。上门齿相当强大，其齿根伸到第一上臼齿的前方。第一上臼齿较大，其内侧有两个内陷角并与外侧的两个内陷角交错排列，因而将其咀嚼面分割成前后交错排列的三角形和一个略向前伸的后叶。第二、第三上臼齿较小，其结构基本相同，内侧仅有一个内陷角，外侧两个内陷角，这样就把整个臼齿的咀嚼面分成一个横列的前叶，其后方有两个交错的三角形，最后是一个向外侧弯曲的后叶。下门齿齿根更长，直达下颌角突的上方。

(二) 生态特性

东北鼢鼠主要栖息在草地及农田中，有时在丘陵地区斜坡上的荒草地与灌丛中，沙质土壤的荒地与树丛间、森林边缘地区也有。在山东省境内，曾发现于黄河堤上及其附近。

洞道较复杂，一般在地面均无明显的洞口。东北鼢鼠栖息的地方，在它们的洞道上方的地面上常形成许多小土丘，这是它们挖洞时推出的土。洞道分支极多，并且互相串通形成网状。洞道直径一般为5～6cm，窝巢与仓库部分最深，距地面达95cm。距窝巢最远的洞仅深16cm。在居鼠的洞道中，有许多零星的食物和它们的足迹爪痕。仓库位于一些分支较多的洞道中，这些洞道稍大一些，里面堆满了草根与其他食物。储藏物常按不同种类分别储藏。窝巢较大，长50cm，宽20cm，高15cm，窝内有草做成的巢。此外，在洞道中亦有便所。东北鼢鼠常把一些发霉的仓库、旧的窝巢和陈旧的洞道用土堵死废弃，而另挖新的洞道、窝巢和仓库，因而它的洞穴变化很大。一般秋冬季节窝巢位置较深（可达1.46m），仓库的储存物较多，但洞道的分支比春季的少。春季另建新窝巢，较浅，最深也只有96cm。夏季洞

更简单，很少有仓库或窝巢。

东北鼢鼠雌雄分居。从秋季的洞穴来看，雌鼠的较复杂，仓库中的储粮较多；雄鼠的较简单，储粮较少。

昼夜均有活动，以清晨及黄昏活动较多，但亦因季节不同而有变化：春季与秋收以后，以当地时间11~13时活动最多，夏季则整天都很活跃，夜间亦到地面觅食，冬季不冬眠，主要在洞内活动，在地面上看不到它们活动时留下的痕迹。

在河北地区，春季从2~3月，即在向阳的地方开始挖掘活动，以后活动逐渐增加，至7~8月活动最为频繁，10月以后，逐渐减少。

东北鼢鼠主要吃植物的地下部分，也吃一部分植物的绿色部分和种子。根据储藏的食物来看，有茅草、苦菜、龙须菜、豆类、花生、甘薯、马铃薯和胡萝卜，偶尔也吃榆树的种子和洋葱的地下部分，也吃少量的昆虫（如金龟子等）。

繁殖主要在春末夏初（4~6月）进行。大约每年繁殖一次，每次产仔2~4只，亦有产5只的。

东北鼢鼠的密度不高，在华北平原上，最大密度也不过5~7.5只/hm^2。

(三) 地理分布

东北鼢鼠分布于我国东北、内蒙古、河北及山东等地区。

(四) 经济意义

东北鼢鼠是农业、畜牧业的主要害鼠，对于农业的危害更为显著，尤以对甘薯、马铃薯、胡萝卜和花生的危害更甚。它们的数量虽不多，但由于挖洞觅食和储粮活动，给农业带来很大的危害。曾经在一个洞内挖出8.75kg花生和5kg草根，在另一个洞中挖出7.9kg草根。它们常把整棵禾草拉入洞中。由于它们吃去植物的根部，致使作物成片枯死。在牧区，也破坏牧场。

东北鼢鼠的毛皮亦可利用，加工制衣帽和手套等。

(五) 防治方法

可参照防治中华鼢鼠的方法进行。

三、草原鼢鼠

学名：*Myospalax aspalax* Pallas　　英文名：False Zokor, Steppe Zokor

别名：地羊、瞎老鼠、外贝加尔鼢鼠、达乌尔鼢鼠

(一) 形态特征

草原鼢鼠（图10-24）与东北鼢鼠极相似，但尾较长。前足的爪极粗大，第三趾上的爪长16~20mm。眼小。耳隐于毛被之下。

毛色为我国鼢鼠中最淡的一种，通常为银灰色而略带浅赭色，无明显的锈红色。大多数个体的上下唇均为纯白色，特殊的个体这个纯白色的毛区向上延伸到鼻的上部。除极个别的个体外，额部均无白色斑点。顶部、背部及身体两侧的毛色一样，毛基为淡灰色，有很短的淡赭色毛尖。腹面毛基为灰褐色，毛尖污白色。尾及后足背面均有白色短毛。

头骨和东北鼢鼠极相似。

上门齿末端伸至臼齿列的前方。第一上臼齿最大，以后逐渐减小。3个上臼齿的结构极

相似，每一个臼齿的内侧均有1个内陷角，外侧有2个内陷角。第一下臼齿内侧有3个内陷角，外侧有2个内陷角，其咀嚼面的最前叶近似圆形。第二下臼齿的内侧各有2个内陷角，其第一叶几乎是横列的。第三下臼齿外侧2个内陷角极不明显，因而齿的外缘近似直线，内侧第一个内陷角较深，第二个较浅，齿的最后一叶成为向后伸的突起。

（二）生态特性

对于草原䶄鼠的生态研究得很少，就已有的资料来看：草原䶄鼠栖息于各种土质较为松软的草地地区，在

图10-24 草原䶄鼠

灌木丛及半荒漠地区的草地上也有少量分布。在农区主要栖居于农田中，它们的数量也不少。

草原䶄鼠的洞系也可以分为洞道、窝巢及仓库等部分。洞道极长；一般的深度30～50cm，而其窝巢则可深达2m左右。在它们栖息的地方，地面上常有许多排列成直线或弧形的土丘。土丘大小不一，一般直径50～70cm，也有达到100cm以上的。

草原䶄鼠主要营地下生活，但也有在夜间爬出地面活动的。不冬眠。春末夏初活动较为频繁，其他季节活动较少。

在内蒙古地区于5～6月开始繁殖。7月捕到的幼鼠体重已达160g。

以植物的地下部分为食，尤以富含淀粉的根茎为主。

（三）地理分布

草原䶄鼠主要分布于内蒙古、东北以及河北等地区。

（四）经济意义

草原䶄鼠对农业、畜牧业均有危害。但它的毛皮绒细柔软，可用以制衣帽和手套等。

（五）防治方法

可参照防治中华䶄鼠的各种方法防除之。

第五节 沙 鼠

一、大 沙 鼠

学名：*Rhombomys opimus* Lichtenstein 英文名：Great Gerbil

别名：大沙土鼠

（一）形态特征

大沙鼠（图10-25）成体体长150～200mm，是沙鼠亚科中体形较大的种类；耳短小，不及后足长之半；尾粗大，几近体长。

大沙鼠毛色变异较大，一般夏毛短而色浅，冬毛长而色暗。夏毛额部和背部暗沙黄或暗黄褐色，毛基灰色，中段沙黄，尖端黑色或褐色。颊、耳后和体侧毛色较浅。腹面和四肢内侧毛色污白，并略带黄色。四肢外侧和后足跖部被有少量黄色或红锈色毛。尾毛上下同色，后半段具黑色或棕黑色长毛，且愈向后黑毛愈多，在尾端形成笔状毛束。爪粗壮而锐利，暗

黑色。

头骨宽大、粗壮，颧宽近颅全长的3/5，鼻骨狭长，眶上嵴明显，额骨长大，中央低凹，顶骨较短而平，有明显的颞嵴。听泡不与颞骨颧突相接触。门齿孔后缘连线不达于上臼齿列。

每枚门齿唇面有2条纵沟，外侧的一条更为明显。M^1的咬合面有3个椭圆形齿环，M^2具2个，M^3靠近中部有一浅的凹陷，将该齿分成前后两个齿叶。

(二) 生态特性

大沙鼠是中亚型典型荒漠啮齿动物。栖息环境与固沙植物琐琐 (*Haloxylon ammodendron*)、柽柳 (*Tamarix* spp.)、盐爪爪 (*Kalidium* spp.)、白刺 (*Nitraria tangtarum*) 等灌木丛相联系，在琐琐荒漠中常能形成高密度的群体，洞群覆盖环境面积可达50%。经常遭受春雪融灌的地区、土壤严重碱化的地段，以及流动沙丘连绵的地段，大沙鼠很少栖居。

图10-25　大沙鼠

大沙鼠为典型群栖性鼠种，常形成相当明显的洞群。洞群形态随地形而异，沿沟谷、垄状沙丘、渠边、道路两侧分布的为条带状洞群，长者可达数千米；地形无明显走向的半固定沙丘、块状琐琐林等处为岛状洞群。每个洞群常有一个中心区，其面积不大，具有优良的自然生存条件，这里常常洞口密布，洞系相连，鼠密度最大，由中心区向外，密度随距离增加而递减。

大沙鼠为家族式洞系，早春每一洞系中有繁殖鼠一对，秋后可达10余只。洞道结构十分复杂。洞口直径6～12cm，洞口数目少者有数十个，多者达百个以上，占地数百平方米。

洞系的地下通道纵横交错，可分2～3层，上层距地表20～40cm；巢分夏巢与冬巢，夏巢较浅，冬巢深在1.5～2m之间。洞道中扩大部设有粮仓，其大小不一，最大者可储草上百千克，废弃的仓库多改作厕所。在土质结构松软的地段，洞系往往自然塌陷，人、畜及车辆通过时，常有陷足陷轮的危险。在土质较为坚实的地段，使用较久的洞系，洞口前多有高大的土丘，为抛土、残食等废弃物构成；有的土丘高达40～60cm，占地1～2m，有时土丘相互连接，可使栖息地微地形为之改变。

大沙鼠主要以植物的绿色部分为食，据报道，其食谱可达40多种，主要有琐琐、猪毛菜、琵琶柴、盐爪爪、白刺、假木贼、锦鸡儿、芦苇等。其食性有季节性变化，在新疆地区，早春常将琐琐等植物枝条外皮剥去，只食取芯部，植物萌发时，则剥食外皮，当嫩枝长成，则以这肉质多汁的绿色部分为食。在内蒙古地区，春季以短命植物和琐琐嫩枝等为食，从春末到秋季，主要吃琐琐、锦鸡儿、猪毛菜的绿色多汁部分，冬季主要依靠夏秋储粮越冬，也采食种子和植物茎皮。大沙鼠不喝水，完全依赖食物中的水分维持生命，经测定，其夏季食物中所含水分不能低于45%～50%。

秋季储存食物，常把琐琐枝条咬断成5～7cm的小段，搬进仓库中储存，有时也堆放在洞外。每一仓库，储草量有地区差异，内蒙古约为1kg，在新疆可达数十千克。

大沙鼠不冬眠，白天活动。日活动节律冬季活动高峰在中午（11～14时），呈单峰型，其活动范围一般不超过2.5m；夏季则呈双峰型，中午活动明显降低，其活动时间主要集中在7～10时和17～19时。大沙鼠在出洞时，先探出头部张望，若遇危险即发出尖叫声，以示警报，并将头缩回洞内，需经 0.5～1h 以后才再次出洞；出洞之后，先立在洞口的土丘上向四处张望，如无异常，仍以叫声发出信号，然后才开始在地面上活动。大沙鼠有相当高的回巢能力，成鼠在百米之内，普遍能返回原有洞系，但幼鼠对巢区的保守性却远不如成鼠，即使标志流放于邻近的洞系，也能就地安"家"而不返回原来的洞系。ДобаЧеЪ (1974) 报道，用放射性锶标记了 150 和 180 个群落的大沙鼠，在距标记地 1～17.5km 距离的 6 处，发现了被标记的动物。

大沙鼠繁殖季节为 4～9 月，繁殖高潮为 5～7 月。年繁殖 2～3 胎，怀孕期约为 25d，每窝产仔 1～11 只，一般 4～7 只。春季出生的雌鼠当年可以繁殖。幼鼠于母鼠洞内越冬，翌年春季分居并开始繁殖。其死亡率很高，冬季死亡率可达 90% 左右。

大沙鼠的数量变化常与食物有关，而在荒漠中植物的生长状况又与前一年 10 月至本年 5 月间的降水量有密切关系，大沙鼠的数量与这一时期的降水量成正比。因此可根据这一时期的降水量来预测大沙鼠的数量变化。

大沙鼠常与子午沙鼠、红尾沙鼠等组成混合群。天敌有鹰、虎鼬和狐等。

(三) 地理分布

大沙鼠分布于新疆、甘肃、宁夏、内蒙古等省区。占据着准噶尔荒漠，新疆、内蒙古和甘肃的毗连荒漠，阿拉善荒漠以及蒙甘宁荒漠等广大地区。

(四) 经济意义

大沙鼠喜食琐琐等固沙植物的枝条及种子，从而促使琐琐林衰退，影响其天然更新和正常结实；其取食活动和挖掘活动，影响荒漠植被，降低草场载畜量，还可能破坏路基，并为鼠疫等自然疫源性疾病的储存宿主。

(五) 防治方法

可用琐琐嫩枝配成的毒饵杀灭，灭鼠时机以 3～4 月较好。

二、长爪沙鼠

学名：*Meriones unguiculatus* Miine-Edwards　英文名：Mongolian Jird，Mongolian Gerbil

别名：黄耗子、白条子、黄尾巴鼠

(一) 形态特征

长爪沙鼠（图 10-26）体长 100～130mm。尾巴小于头躯的长度，披有密毛，末端逐渐加长而形成毛束；后肢跖部和掌部都有细毛，爪黑褐色，弯曲而且锐利。头部和尾部毛呈沙黄色，并常带有黑色毛尖；口角至耳后有一灰白色条纹；胸部及腹部呈污白色（子午沙鼠为纯白色），毛尖白色，毛基灰色；尾毛黄色，其末端的毛束则为深黑色。成年雄鼠白喉部到胸腹部中线有一棕黄色纵纹。

颅骨前窄后宽，鼻骨较狭长；顶间骨卵圆形；左右听泡相距较近；门齿前缘外侧部各有一纵沟；成体上、

图 10-26　长爪沙鼠
（引自韩崇选）

下颊齿有齿根，咀嚼面由于磨损而形成一列菱形。此为沙鼠亚科的重要特征。

（二）生态特性

长爪沙鼠常见于荒漠草地，但也分布于干草地和农业地区。在疏松的沙质土壤、背风向阳、坡度不大并长有茂密的白刺、滨藜及小画眉草等植物的环境条件下，常常可成为它们栖息的最适生境。在这样的生境中，有时每公顷可达 50 只以上。在干草地的长爪沙鼠除非在大发生的年代里可以波及较大的范围以外，在一般情况下，仅有零星的分布；在撂荒地上往往能形成较高的密度；在农业地区主要栖居于田埂、水渠垄背和人工林边的荒地，秋季则迁入农田。

长爪沙鼠多以家族为单位生活在同一洞系之内。在一个洞系中包括洞口、洞道、仓库和巢室等部分。根据其结构的繁简和利用状况的不同，大致可以分为越冬洞、夏季洞和临时洞。越冬洞最为复杂，可有 4~5 个洞口，有时可达 20 个以上，洞口略呈扁圆形，高 6cm，宽 6.5~7cm，接近地面的洞道先以 45°~60°角斜行而下，入土 30cm 以后的洞道则基本上与地面平行，巢室的位置更深一些，一般离地 50~150cm，通常都在冻土层内。窝内铺有盐生酸模、雾冰藜、小画眉草、虎尾草或针茅等植物；仓库可多到 5~6 个，其容积大小不等。

夏季洞无仓库。临时洞则更为简单，仅有 2~3 个洞口，洞道短而直，是沙鼠的临时藏身之处。

长爪沙鼠主要在白天活动。不冬眠，在 $-20℃$ 的冬季里仍可外出活动，冬、春季节活动时间主要集中在中午（10~15 时），夏、秋季节则自早到晚全天活动。其活动距离可由数百米到 1km。

长爪沙鼠常以滨藜、猪毛菜、绵蓬、蒿类和白刺果等植物的绿色部分及其种子为主要食物，在农区则主要采食糜、黍、高粱、谷子、蚕豆、胡麻、苍耳和益母草等，尤其喜食胡麻和糜黍类。到秋季作物收割时开始储粮，其储藏量可从几千克到数十千克不等。牧区该鼠储粮的植物常为白刺、沙蓬、绵蓬、苦豆子和蒺藜种子等。

在环境条件适宜的情况下，全年各月都可发现有妊娠母鼠。而其繁殖高峰则集中在春、秋两季，在农区于 2~5 月和 7~9 月（尤以 7 月的妊娠率最高）繁殖，根据在草地地区调查的资料，3、4 月进入交配期，繁殖活动极其活跃，母鼠妊娠率高达 41%~57%。由此可知，农区和牧区长爪沙鼠繁殖高峰是有明显差异的。每胎 3~10 仔，平均 6~7 仔，妊娠期为 20~25d。6 月初可见到大量幼鼠出洞活动。春季所产幼鼠，当年秋季即可参加繁殖；但秋后所产幼鼠则要到翌年 4 月才开始繁殖。

夏武平等（1982）将长爪沙鼠划分为 4 个年龄组（图 10-27）。

长爪沙鼠种群数量的年间变化较大，季节变化较小，最高数量年夏季密度达 28.81 只/hm^2，最低数量年秋季密度仅为 1.13 只/hm^2，相差 20 多倍。当种群处于"不利时期"，即低密度年份时，主要集中在农田生境以渡过危机，而在高数量年份则两种生境无大差别。各年春季，休闲地的种群密度均较高，秋季由于作物成熟以及邻近休闲地经过夏季的压青耕翻，大部分个体迁至作物地，因而休闲地的种群密度剧烈下降。

降水是影响长爪沙鼠数量变化的重要气候条件。在秋季，利用冬季积雪的预测资料，亦可作为预测来春数量的依据（夏武平等，1982）。

长爪沙鼠的种群密度（y）和年降水量（X）有如下回归关系：$y=-3.139\,12+0.000\,67X^2$。（李仲来等，1993）。

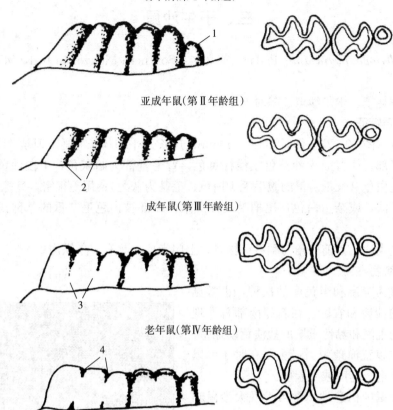

图 10-27 长爪沙鼠上臼齿形态的年龄变化
(左为齿列的侧面，右为齿列的咀嚼面)
1. 第三上臼齿未与齿列平行　2. 第一上臼齿齿冠沟末端未露出齿槽
3. 第一上臼齿齿冠沟末端已露出齿槽　4. 齿冠沟长度未及齿冠高之半
(仿夏武平，1982)

农业生产活动中，翻耕、秋收、运场；打草对长爪沙鼠的活动（尤其是越冬）都产生重要影响，但这些因素对长爪沙鼠种群数量的变化一般起不到决定作用。

(三) 地理分布

长爪沙鼠分布于内蒙古、甘肃等地。

(四) 经济意义

长爪沙鼠盗食并储存大量粮食，严重时可减产 20%～25%，有时甚至使农作物达到免于收割的程度。在牧区，消耗数量可观的牧草，破坏土层结构；而且是鼠疫病原体的主要储存宿主，是我国北方农牧业的主要害鼠之一。

(五) 防治方法

在草地高密度的条件下，可采取 30m 行距条状投放磷化锌或敌鼠钠盐等急性或慢性无壳谷物毒饵。在农区最好能采取综合防治的办法：先在春季发动一次捕鼠运动，降低基础鼠数；收获前用药物进行第二次灭鼠；秋收时快拉快打，捡净地里的谷穗；消灭毗连地沙鼠的栖息处所；此外，冬灌和深翻都能收到良好的防治效果。

三、子午沙鼠

学名：*Metiones metidianus* Pallas　　英文名：Southern Mongolian Jird，Midday Gerbil，Midday Jird

别名：黄耗子、中午沙鼠、午时沙土鼠

(一) 形态特征

子午沙鼠（图 10-28）体长 100~150mm；尾长几乎与体长相等。耳壳明显突出毛外，向前折可达眼部。体背面为沙黄色或浅棕黄色，背毛基部为暗灰色，中段沙黄色，毛尖黑色；腹毛为纯白色（长爪沙鼠的腹毛毛尖白色、毛基为灰色）；尾毛很密，呈棕黄色或棕色，尾下面有时稍淡，或杂生白色，尾梢毛延伸成束；跖部被白色毛。爪的基部浅褐色，尖部白色。

头骨听泡发达，其前外角与颧弓可接触。上门齿前面具有一条纵沟。

(二) 生态特性

子午沙鼠为荒漠和半荒漠的鼠种，也常见于非地带性的沙地和农区，在新疆南部曾发现于杂草丛生的荒漠和黏性土壤的盐渍荒漠地带。在新疆北部也以荒漠地带为最多，有时还可以侵入耕地、住宅、仓库或果园中。

在子午沙鼠的栖息地，常可发现大沙鼠和红尾沙鼠。在甘肃省，该鼠多居住在半荒漠沙地，在兰州市郊外，常居住在塬坡上，坡的天然植被为羽茅、阿盖蒿、锦鸡儿及狗尾草等。

图 10-28　子午沙鼠

在青海地区，2 000m 以上的干草地上也有分布。在陡坡上的沙鼠多栖于树坑内。在内蒙古，子午沙鼠的典型生境为灌木和半灌木丛生的沙丘和沙地，常常和三趾跳鼠、小毛足鼠等栖于同一生境，但数量较高，因而成为群落的绝对优势种。它也分布在干涸河床和洼地中，集居于丛生的白刺盐爪爪的风蚀残丘上，这些生境也往往是长爪沙鼠和大沙鼠的聚居之地；在芨芨草盐生草甸-白刺盐土荒漠中，它也是常见的鼠种。在内蒙古西部荒漠和半荒漠草地，该鼠常栖居于丛生琐琐、柽柳、白刺等灌木的生境中。在农区常栖于杂草丛生的沙地。在沙质荒漠的生境中，常和大沙鼠混居，二者都可成为群落中的优势鼠种；在荒漠草地，它又常和长爪沙鼠同处于一个群落中；有时在不同生境的结合部还可发现 3 种沙鼠同处于一个栖息地之中。在宁夏，该鼠在农田间的小片荒地也有分布（李枝林等，1988）。

子午沙鼠的洞穴多在固定沙丘的边缘或灌丛下，在风蚀坑、风蚀残丘及人为坑坎（挖过树根的坑、渠道边、田埂）的中、下部数量也不少，但在平地上少见。洞穴结构较简单，可分为栖息洞和临时洞，栖息洞多数为单洞口，也有 2~4 个洞口的。洞口直径 5~9cm，洞道直径 8cm，常以 23°的角度或水平方向向下或向前伸展，长 1.2~3m，以 2m 左右的较多。洞道多具有分支和盲洞。盲洞多位于主洞洞口附近，盲洞紧接地面，便于遇敌时破土逃遁。洞道中某些地段常膨大成室，分别作为便所、仓库、食台和窝巢之用。食台是沙鼠将采集来的食物在此啃食的地方，常留有许多种壳和残核。窝巢常位于洞道最远端的沙层中，垂直深度 40～75cm，形状不规则，大小为 18cm×20cm×25cm。巢由芦苇及其他植物的根皮、须根和兽毛组成。一般每洞系只居住一对成鼠，而在哺乳期，仅雌鼠和幼鼠同居。夏季，子午沙鼠常将洞口用沙封住。临时洞多掘于食源附近，洞口不止一个，洞道浅，长不过于 1.5m。临时洞的盲洞较多，而室较少并略小，约为 15cm×20cm×20cm，无窝巢（宋恺等，1984）。

子午沙鼠全年活动，不冬眠。主要在夜间活动，在寒冷的季节里也常在白天活动。夏季几乎全部在夜间活动，活动曲线是前峰型，高峰出现于子夜 0 时。

子午沙鼠为一种杂食性鼠类，在它们的胃内容物中，动物性食物占总频次的 8.8%，而且各月（6～11 月）均有不同程度（5.4%～17.9%）的出现；在植物性食物中，各类植物的种子占有主要的地位，约为总频次的 43.6%，其次是植物的营养体为 40.9%。在各月中，随着季节的变化，植物的营养体在胃内的出现显著地呈递减的趋势，相反，植物的种子则逐月有所增加。正是由于食性的这种季节变化，日食量也随着而不同：6、7 月的日食量分别为 34.6g 和 32.4g，而 9 月则为 18.3g。冬季主要靠储粮生活，但也经常出洞觅食。

子午沙鼠的繁殖。在新疆于 3 月中旬开始交尾，至 4 月中旬多数越冬雌鼠已经妊娠；内蒙古于 5 月中旬前捕到孕鼠，在宁夏 2、3 月有个别孕鼠出现，4 月孕鼠较多，据此推测，每年 4 月开始繁殖。在内蒙古西部于 11 月上旬还发现有个别孕鼠，繁殖期长达 7 个月之久。每年繁殖 2～3 次。妊娠率不高，5～9 月妊娠率为 16.67%～37.5%，和睾丸下降率一样，也逐月下降。

产仔数的变化幅度为 2～11 只，以 4～6 只者居多，平均为 5.12 只。妊娠期 22～28d。

子午沙鼠的数量从春季到秋季约能增长 10 倍。其死亡率（主要在冬季）约为 90%。约有 60% 的个体活不到 6 个月以上；30% 在后 3 个月死亡，在自然界中能活到一年的还不到 1%（0.9%）。年度之间的数量波动不大。

(三) 地理分布

子午沙鼠在我国北方，如河北、山西、陕西、内蒙古、宁夏、甘肃、青海和新疆等省区均有分布。

(四) 经济意义

子午沙鼠的危害是传播鼠疫；其次是危害作物，破坏荒漠和半荒漠牧场的饲料条件，并危害固沙植物，在黄土高原上，其洞穴可加速水土流失。

(五) 防治方法

用毒饵法消灭子午沙鼠是最好的方法。它不但很喜食种子，而且还积极觅寻撒在地上的种子，同时不论大粒或小粒、软的或硬的、不带皮的种子（如大麦和小麦）它都喜食。因此，用不带皮的种子作诱饵最好。在春秋两季，子午沙鼠最活跃的季节，以间隔宽 70m，浓密带状撒播种子拌成的毒饵，灭效很高。在人口非常稀少的荒漠地带，若用安-2 型飞机撒播时，高标 50m，间隔 70m，沿两边撒 2 条，每小时可撒播 900hm^2 以上，灭效较为理想。

四、红尾沙鼠

学名：*Meriones libycus* Lichtenstein　　英文名：Libyan Jird, Asiatic Hairy-footed Gerbil

别名：黄老鼠　红尾沙土鼠

(一) 形态特征

红尾沙鼠（图10-29）体形较大，体长一般为120～180mm，尾长等于或略大于体长，一般为123～180mm。背部毛色灰棕或黄褐色。毛基深灰，端部沙黄或黑色。耳背部浅沙黄色，耳尖被稀疏的白毛。体侧色较背部浅，不具黑色毛尖。喉部和四肢内侧毛皆纯白，胸、腹部毛基浅灰，毛尖白色或略黄，在雌性个体腹部中间具一狭长的腹腺。尾较背部色深，呈棕黄色，尾毛较长，末端具黑色或栗褐色长毛，形成一毛束，近尾梢黑色或栗褐色毛约占尾长的1/3。前足掌肉垫裸露，足背覆沙黄或白色密毛，后足掌覆沙黄色或污白色毛，跖部有一狭长的裸露区，爪灰褐色。

头骨较粗壮，鼻骨狭长，顶骨平坦，眶上嵴发达，在顶骨末端平直向两侧延伸。顶间骨发达，前缘中间前凸，后缘平直。颧弓中部略向下弯。听泡甚发达，略呈三角形，听道口前壁膨大成一显著小鼓泡，并与鳞骨颧突相接。听泡后缘向后突出，超出枕髁后缘。腭孔较宽而长。

图10-29　红尾沙鼠

上门齿唇面黄色，有一条纵沟。M^1具3个椭圆形齿环，M^2具2个，M^3略呈圆形。

(二) 生态特性

红尾沙鼠主要栖息于以蒿属、假木贼为主的黏土荒漠和荒漠草地中。在准噶尔盆地南缘，红尾沙鼠的栖息地可上升至1 800m的山地草地。绿洲中的红尾沙鼠多栖息在道路两旁、渠沿、田埂、坎儿井周围的土丘、田间荒地、弃耕地以及苜蓿地中，并在乡村和城镇的建筑物中栖息，甚至在乌鲁木齐市中心也曾偶然发现该鼠。

红尾沙鼠的洞穴分为居住洞和临时洞。居住洞有5～20个洞口，洞道纵横交错，十分复杂，并设有仓库、巢室等。临时洞分支不多，出口仅2～3个。常由若干居住洞和临时洞组成洞群，其占地面积由几平方米至百余平方米不等。洞群内各洞口之间，有明显的跑道相连。

红尾沙鼠昼夜活动。在作物成熟季节活动十分频繁，活动距离最远可达百米左右。不冬眠，严冬可在雪上或雪下活动。雪被较厚时，各洞口之间有雪下隧道相通。

红尾沙鼠以作物的种子和草子为食，春、夏亦吃绿色植物；胃内容物也曾发现动物性食物成分。秋季储粮，储藏的食物包括小麦、玉米、葡萄干等。农作区往往可以从红尾沙鼠洞穴中挖出数十千克种子，在吐鲁番地区，葡萄园附近的鼠洞中可挖出大量葡萄干。

每年繁殖3次，每胎4～9仔。4～8月为生殖高峰期。春季出生的雌鼠，一部分当年即可参加繁殖。

(三) 地理分布

红尾沙鼠在我国仅分布在新疆的塔城盆地、伊犁谷地、天山北麓的山前冲积扇、吐鲁番盆地、哈密盆地。

(四) 经济意义

农区的红尾沙鼠在渠埂上打洞，可造成漏水和跑水。室内的红尾沙鼠则破坏墙基，在收获季节可进入场院盗食粮食。吐鲁番盆地的红尾沙鼠从葡萄开始成熟起，即成批迁入葡萄园，在田埂上挖洞筑巢，盗食葡萄，此时的捕获率可达 10%。在一个具有 5~6 个洞口的洞群内曾挖出葡萄 5~6kg。据估计，一只红尾沙鼠在收获季节里，连吃带搬，至少要损耗葡萄 20kg 以上。在哈密瓜成熟季节，该鼠迁入瓜田，将瓜咬穿，取食种子而造成减产，为新疆农业区主要害鼠之一。

据国外资料，红尾沙鼠对形成鼠疫自然疫源地有重要意义。在中亚地区，查明为季节性皮肤利什曼病和蜱传回归热病原体的储存宿主。在新疆，从红尾沙鼠体内曾检出红斑丹毒丝菌（类丹毒病原体）。

(五) 防治方法

可以用毒饵消灭该鼠，例如，用磷化锌谷物毒饵，毒饵放在洞外跑道两侧。

葡萄园、瓜田灭鼠宜用熏蒸法，如用氯化苦每洞 3~5mL，磷化铝每洞 3g。

在粮食仓库灭鼠，应采取防鼠灭鼠并重的措施。如不用土墙房屋存粮，堵塞仓中的鼠洞，仓底和墙基用水泥抹面，做好门窗防鼠工作，清除仓库外的杂物。由于红尾沙鼠洞口明显，可用鼠夹置洞口处捕打。

第六节 田 鼠

一、布氏田鼠

学名：*Microtus brandtii* Radde　英文名：Brandt's Vole
别名：沙黄田鼠、草原田鼠、白蓝其田鼠、布兰德特田鼠

(一) 形态特征

布氏田鼠（图 10-30）体长 90~135mm。尾和四肢较短，尾长 18~28mm，为其体长的 1/5~1/4。后足长 17~20mm，约相当于其尾长的 2/3。掌和趾下部裸露。耳较小，为 10~13mm。外表与狭颅田鼠相似而毛色较浅。夏毛体背沙黄色，毛基呈黑灰而毛尖为沙黄色，杂以少量黑毛。体侧较浅而与背部的界限不清。腹部呈乳灰而略带黄色，毛基灰色，毛端乳白色。足部和尾部都为浅黄色。

头骨较狭颅田鼠宽大。颧宽一般可相当其颅长的 3/5。成鼠的眶间宽超过 3mm。眶间嵴在眼间的中央仅能相遇，不形成纵棱。腭骨后缘中央有下伸的小骨与翼状骨相连，在两侧形成翼窝（此为与䶄属相区别的主要特征）。前颌骨的后缘与鼻骨后缘齐平（与北方田鼠相区别）。

第一上臼齿的内外侧各有 2 个关闭的三角形。第二上臼齿外侧 2 个、内侧 1 个。第三上臼齿内侧有 3 个突出角。第一下臼齿后端横齿叶之前有 5 个关闭的三角形，内侧 3 个，外侧 2 个。前端还有 1 个不规则的齿叶。第二下臼齿的横齿叶前有 4 个三角形，内外

图 10-30　布氏田鼠

各 2 个。第三下臼齿由 3 块向内倾斜的齿叶组成。

(二) 生态特性

布氏田鼠属群居性鼠类，常见于针茅草地。尤喜栖居在冷蒿（Artemisia frigida）、多根葱（Allium polyrrhizum）及隐子草（Cleistogenes spp.）较多，植被覆盖度在 15％～20％之间的草场；在芨芨草滩和杂草丛生的地区、连绵起伏的丘陵，或是植被覆盖度低于 5％或高于 25％时，该鼠的数量一般不高；在光秃的沙梁或低洼的沼泽地区则更不多见。但在该鼠大量繁殖、密度很高的时候，其洞系往往连接成片，除水泡内及不毛的沙丘之外，几乎占据了所有各种生境条件的地段。

在地形、草场类型相似的条件下，布氏田鼠对其较适植被环境的选择是以草群的相对低矮和稀疏为先决条件的（钟文勤等，1983）。当布氏田鼠处于低数量期时，寸草苔草场集中了密集的鼠洞，针茅草场和冷蒿草场一般不形成高的密度，但在局部小环境（如旧营地周围、土丘植被较茂盛的地方）也可见到较密集的洞系，中生禾草为主的草场是典型的低密度生境。布氏田鼠对生境的选择与草场的放牧强度恰成正相关（施大钊，1988）。

布氏田鼠的洞系大体上可区分为 3 种类型：越冬洞、夏季洞及临时洞。临时洞仅 1～2 个有洞道相连的洞口，最为简单，仅作避难之用。越冬洞最复杂，由夏季洞进一步加工扩展而来，每一洞系通常有 8～16 个洞口，有时可达几十个，洞口之间有跑道相连，这些跑道还可以通到周围采食基地；越冬洞系的地下部分有仓库、巢室和厕所等部，各部之间贯通有纵横交错的地下洞道，大部分洞道都分布在离地面 12～22cm 的深度，巢室一般一个，容积为 29cm×17cm×35cm，内铺有 21～25mm 厚的垫草，顶部距地面 21～32cm，有 2～3 个仓库，库顶离地面 16～28cm，多呈不规则长形，其宽度与高度一般 10～20cm，长度 0.5～1m，因为它的跨度大而顶盖薄，很容易被牲畜踏陷，尤其在乘骑奔跑的时候，猛然陷入，常常会造成人畜伤亡事故。

田鼠建修洞穴，将地下的土壤翻到地面，形成土丘，土丘高度 4～8cm，占地 4～6m^2，大的可达 10m^2，它覆盖或部分覆盖洞系表面的多年生牧草。土丘上土质疏松，保水性能较好，再加鼠的粪尿，这些条件都有利于一年生或两年生植物的发展。土丘植物的改变在草地上形成了特殊的镶嵌体植被景观；由于各地的水分、土壤和地形等条件的变化，镶嵌体上的植被差异很大，可由黄蒿、灰菜、绿珠藜、猪毛菜、多根葱等植物为主，构成不同组合的土丘植被。这些由于鼠类的影响而形成的镶嵌体植被，如果不再有鼠类的干扰破坏，若干年以后，经过缓慢的演替过程，还能恢复到原来的状态。

布氏田鼠行家族生活方式，即同一洞群内有由少数成体和一定数量的幼体或亚成体组成的家族。其成员组成有季节和年度变化，变化特点表现在群体的大小、成员的组成和比例以及雌雄比上（张洁等，1981）。

布氏田鼠大约在 8 月下旬或 9 月上旬开始储粮。其储粮量可达 10kg 以上。储藏的种类与其周围环境中的食源有关，在其仓库中曾发现有羊草、藜科植物等；亦有人在牧区饲料基地近旁的田鼠洞系中挖出 7.5kg 麦粒。

布氏田鼠在冬季 1～2 月间常将洞口堵塞，在洞中靠其储粮生活，但有时在零下 10℃多的低温条件下也出洞活动，不过时间不长，约 50min 左右，距巢 9～12m。到春季，自 3 月中旬开始，田鼠在地面活动的时间迅速增加，开始在中午 11～13 点最为频繁。到夏季时在地面活动的时间为 15～16h，每天以日出以后和日落之前为其活动高峰。到秋季时，地面活动逐渐减少，慢慢转入冬季生活方式。

在植物生长季节，布氏田鼠主要采食牧草的绿色部分。在其洞口附近，常可发现羊草、针茅、苔草、冷蒿、多根葱、隐子草、狭叶锦鸡儿和冰草等植物的碎片。在笼饲条件下，同时喂饲上述草类（冰草除外），其中以冷蒿、寸草苔、多根葱和针茅比较喜食。成鼠每日消耗牧草约 38g，折合干重 14.5g。通过胃内容物显微组织学分析，发现布氏田鼠于春季和夏季都最喜食羊草，食性有明显的季节变化。植被的物候变化和植物体的蛋白含量以及硅等矿质元素的含量是影响布氏田鼠进行选食的主要因素（王桂明等，1992）。

布氏田鼠的繁殖力很强，每胎产仔 5～10 只，最多 14 只，最少 2 只。3 月下旬或 4 月初开始繁殖，大量幼仔出巢活动的时间主要集中在 5 月中下旬，出巢时幼仔的体重一般在 5～15g 之间（武晓东，1988）。9 月停止繁殖，其繁殖时间长达 6～7 个月，越冬鼠每年可繁殖 3 胎，当年出生的第一胎和第二胎个体生长发育迅速，当年就参加种群繁殖，可怀孕 1～3 胎（刘志龙等，1993）。布氏田鼠的动情周期，以 6、7 月较为稳定，7 月以后普遍增长，有的鼠竟达 32d 之久。在室内笼饲条件下，母鼠分娩后 1 周左右开始动情。怀孕期 20d 左右。布氏田鼠的生态寿命为 13 个月。

布氏田鼠可形成极高的密度，有时每公顷洞口可达 2 000 多个。其数量波动十分明显。在同一地段中，上下两年的密度可相差几十倍甚至几百倍。影响布氏田鼠数量波动的因素是多方面的。研究发现，密度因素对布氏田鼠种群发展具有明显的调节作用（周庆强等，1992）。也有认为，布氏田鼠繁殖的调节，肾上腺在其种群增长过程中起主导作用（中国科学院动物研究所生态室一组，1978；张洁等，1979）。

布氏田鼠的生态寿命较短，可以用体重划分年龄组。根据布氏田鼠生长的变化，用体重将其划分为 5 个年龄组，即 20g 以下、21～30g、31～40g、41～50g 和 50g 以上。

通过标志重捕研究发现，布氏田鼠经常的活动距离为 25m，25～55m 的范围也是该鼠较经常的活动距离。其活动距离有年龄、性别和季节差异，成年个体在繁殖盛期（5～7 月）活动距离最远，雄鼠比雌鼠远，成年雌鼠 6 月活动距离最远。

布氏田鼠有迁移习性，迁移距离可达 4～10km。各生境之间的季节性迁移活动表现得较为明显。

（三）地理分布

布氏田鼠在我国的分布集中于大兴安岭以西和集二线铁路以东的地区。大兴安岭的台地羽茅草地也有少量分布，成为我国境内的一个隔离分布区。限制该鼠向东扩散的主要因素是植被环境；向西扩散的主要因素是水热条件（施大钊，1988）。

（四）经济意义

布氏田鼠消耗牧草，由于挖掘洞穴产生土丘，可改变植被的群落组成，影响产草量，并能加剧水土流失。而且还是鼠疫等疾病的储存宿主。为沙狐、艾虎等毛皮兽的主要食料。

（五）防治方法

可用 5%～10% 磷化锌毒饵或 0.2% 敌鼠钠盐毒饵杀灭。密集时可采用 20m 宽行距条状投饵的方法，数量不大时可用洞口投饵。也可用 C 型肉毒梭菌毒素的冻干毒素配制莜麦毒饵进行杀灭，每克诱饵含 1.0 万 U 和 2.0 万 U 水溶液毒素，灭效可达 99% 以上。

长期防治布氏田鼠应采用生态综合治理方法。周庆强等（1991）提出了以协同调整鼠害草场中主要成员（草-畜-鼠）生态经济结构关系为主的治理策略。

二、狭颅田鼠

学名：*Microtus gregalis* Pallas　　英文名：Narrow‐skulled Vole，Narrow‐headed Vole

别名：群栖田鼠

（一）形态特征

狭颅田鼠（图10-31）体长100～135mm。四肢短小。耳较小，差不多藏于毛中。尾短，成体一般为体长的1/5～1/4，但比后足略长。

夏毛一般为沙灰色，吻部及耳的前方则带棕色。额及背部为灰棕色，毛基黑色，尖端为浅棕色或浅黄色，并杂有纯黑色毛。体侧毛色较浅，呈苍黄色。腹面乳灰色。四肢背面沙黄色。尾背腹二色，背面与体背色调相似而稍浅，下面乳白色。狭颅田鼠的冬毛较浅。

图10-31　狭颅田鼠

头骨狭窄而长，最大长度几为颧宽的2倍，上面较平。老年个体的脑颅特别狭小。眶间宽甚小，通常为3mm左右，眶中间的纵棱非常明显，纵棱向后延伸，与脑颅两侧之棱相接。

两听泡间距离较大。腭骨具有2条纵沟。第一上臼齿在第一横叶之后有4个封闭的三角形；第二上臼齿有3个；第三上臼齿在第一横叶之后有3个关闭的三角形，最后一块齿叶不呈三角形，其前端微向内弯。第一下臼齿的最后横叶之前有5个封闭的三角形，其前端更有一形态不规则的齿叶，该齿叶在内外侧各伸出一个小锐角；第二下臼齿在横叶之前有4个封闭的三角形；第三下臼齿有3个向内伸的齿叶。

（二）生态特性

狭颅田鼠一般都栖息在植被覆盖较好的草地，常居住在锦鸡儿丛下或其他丛生的牧草下面。在新疆北部地区，多栖息于森林草地和山地草地中比较湿润的地方，在河谷两岸与小溪附近的灌丛、草丛及河湖周围的沼泽地带。

狭颅田鼠在傍晚和前半夜比较活跃，白昼也可以见到它的活动。

狭颅田鼠的洞系结构可因地而异，在高山地带的灌木和委陵菜植丛中的洞系，一般有4～11个洞口，洞系深度不超过8～10cm，通常5～6cm，每洞系有2～3个或更多个仓库，仓库直径可达25cm；在禾草草地上的洞系比较复杂，洞深可达30cm，在主洞系之外，周围还可发现有若干个临时洞穴。

狭颅田鼠是群居性鼠类。在一个洞系中常常会居住几只雄鼠或几只妊娠母鼠。

狭颅田鼠以植物绿色部分为主要食料，有储粮习性。

在蒙古，5月开始繁殖，8月还可发现妊娠母鼠。每胎8～10仔，多达11仔。年产3～4窝，春季出生的幼鼠当年可参加繁殖。

(三) 地理分布

狭颅田鼠分布在我国内蒙古、河北北部及新疆等地。

(四) 经济意义

狭颅田鼠为牧业害鼠之一。在数量多时，啃食大量牧草，其挖掘活动也可以严重破坏草场。狭颅田鼠数量波动较大，高数量可达到惊人的高密度：如1968年天山尤尔都斯高原上最高密度为每公顷2 000个洞，而昭苏的洞口密度高达每公顷5 000～6 000个。在蒙古，该田鼠数最高的年代，可降低产草量达30%，在高山放牧地的损失则更大。

(五) 防治方法

狭颅田鼠数量多时可用喷洒内吸性药液的方法消灭之，亦可用毒饵法毒杀。

三、东方田鼠

学名：*Microtus fortis* Buchner　英文名：Reed Vole

别名：沼泽田鼠、水耗子、远东田鼠、大田鼠、苇田鼠、长江田鼠

(一) 形态特征

东方田鼠（图10-32）体形较一般田鼠为大。体长110～190mm；尾也较长，为36～69mm；后足长20～99.5mm；耳长13～18mm；颈长26～36.1mm；颧宽14.5～20.1mm；眶间宽3.6～4.8mm；鼻骨长6.8～10.4mm；后头宽12～15.6mm；听泡长6.9～9mm；腭长16.1～19mm；上颊齿列长6.7～9.3mm。

体背面从赤褐色至暗褐色；体腹面略带白色，有时带浅土黄色，毛基灰色，足背面褐色毛二色，正面黑褐色，下面白色。

颅骨顶部略弯；眶间一般有明显的纵嵴；前颌骨后端超出鼻骨，门齿孔较长，几乎达M^1前缘水平线。第一下臼齿咀嚼面在后横锥之前有5个关闭的三角面。第一上臼齿横锥之后有4个交替的三角面。第二上臼齿在横锥之后有2个外三角面和1个内三角面。

体形较大的田鼠，头部圆胖，吻部较短，口腔内有颊囊，两腮显得膨大；耳壳短圆，几乎隐于毛被中；尾短，不及体长一半，但大于1/3。足掌上生毛，为酱棕色。足垫5枚。

图10-32　东方田鼠

背毛黑棕色，自头至臀部色调基本一致。两侧毛色稍淡。腹面为污白色，毛基深灰色，毛尖白色，但有的带灰栗色。四足背毛与体背同色。尾二色，上面与背色相同，下面灰白色。幼体背面毛色较淡，呈灰褐色，腹面乳白色。该鼠毛色各地区间的差别较大，有的毛色要浅，呈黄棕色色调。如长江亚种的毛色比指名亚种深，而比东北亚种的浅。洞穴一般有1～5个洞口，有时多达20个。洞口直径4～7cm。昼夜活动，但以傍晚和天亮前最为频繁。主要以植物绿色部分和种子为食。乳头4对：胸部2对，鼠蹊部2对。繁殖力强，每窝一般为5～6仔，最多达14仔。

(二) 生态特征

东方田鼠在北方常栖居于河边或林区中长有苔藓的潮湿区。在安徽南部、江苏、湖南一

带则喜居于莎草和芦苇丛生的湖滩沼泽地带或农田中。

喜低洼多水、草茂盛、土松软的环境。主要栖息于稻田、湿草甸、沙边林地。东方田鼠的巢穴特点是洞口多而成群，洞道密而表浅，结构格局单调。洞系的洞口数因地而异，从几个到几十个不等，如在洞庭湖的洲滩上，最多的一个洞群竟有洞口80多个，而在院内农田，鼠巢穴结构要小得多。北方的东方田鼠有储粮习性，一个洞系储粮可达10kg，而南方却没有。昼夜均外出活动，仍以夜间活动较多。游泳能力强，可在水中潜行。主要以植物的绿色部分为食，有时也会取食种子，啃树皮、吃谷、瓜、薯、菜等作物，尤其含水多、质地软的如各种瓜、薯及荸荠的球茎之类，也吃树皮和昆虫。繁殖季节各地不同，在南方主要在冬春繁殖，北方春夏为繁殖高峰，一年可产2~4窝，每窝4~11仔。

(三) 地理分布

东方田鼠分布于东北、内蒙古、陕西、甘肃、山东、安徽、江苏、浙江、福建和湖南等地。国外分布于前苏联外贝加尔和远东部分以及蒙古北部和朝鲜中部。

(四) 经济意义

东方田鼠危害各种农作物，造成减产。在湖区，东方田鼠的危害是季节性、突发性的。最大的危害是在汛期成群迁移时，对滨湖农田各种作物成片洗劫，可造成大面积绝收。水稻、红薯、花生、西瓜、黄豆、甘蔗、苎麻、荸荠等，实际上是遇到的全吃。东方田鼠还严重危害林木和果园，啃咬树皮和幼枝，造成苗木死亡或生长不良。为鼠疫、流行性出血热、土拉伦斯病、蜱性斑疹伤寒、细螺旋体病病原的天然携带者。

(五) 防治方法

1. 挖洞法 由于东方田鼠洞穴浅，行动不很灵活，因此挖洞捕杀往往可以奏效。

2. 夹捕法 在东方田鼠洞口置弹簧踩夹，捕杀效果很好，也可用铁（木）板夹。放置前宜将部分洞口堵塞，将夹放在鼠最经常出入的洞口下方。

3. 毒饵法 在鼠密度较高时，可使用化学灭鼠法降低鼠密度。宜使用抗凝血灭鼠剂，药物浓度可适当降低，如0.05%~0.07%的敌鼠钠盐、复方灭鼠剂（特杀鼠2号）等。饵料要因地制宜，以多汁甜味食品为好，南方可用稻谷。

4. 农业措施 东方田鼠喜选择潮湿多草处栖息，农田田埂和沟渠清除杂草是很有效的防治措施。特别是果园、防护林带尤其强调除草，并使地面干硬些，可抑制东方田鼠入侵。在长江流域，在冬春主要栖息在湖（河）滩上，并不造成经济危害，却是天敌的食物资源，所以不必也不应杀灭。只要在汛期大迁移时阻其大量进入院内（通过设障埋缸、挖防鼠沟等方法阻断其迁移通路），然后对少量漏入农田的东方田鼠予以杀灭，即可消除该鼠危害。对已大量侵入农田的东方田鼠，除人工捕杀外，应立即投放毒饵杀灭。

四、根 田 鼠

学名：*Microtus oeconomus* Pallas　英文名：Root Vole

别名：田老鼠

(一) 形态特征

根田鼠（图10-33）体形中等大小，较普通田鼠略大而粗壮，体毛蓬松，体长约为105mm，后足长约19mm，尾长不及体长一半，但大于后足长的1.5倍。体背毛深灰褐色至黑褐，沿背中部毛色深褐；腹毛灰白或略显淡棕黄色，尾毛双色，上面黑色，下面灰白或淡黄；四肢外侧及足背为灰褐色，四肢之内侧色同腹部。头骨较宽大，颅全长约26mm，颧骨相当宽大，颧宽约14mm，为颅全长的1/2，眶间较宽大。第二上臼齿内侧有两个突出角，外侧有3个突出角；第一下臼齿最后横叶之前有4个封闭三角形与一个前叶；上齿列长约6.8mm，短于齿隙之长度。

（二）生态特征

根田鼠栖息于海拔2 000m以下的亚高山灌丛、林间隙地、草甸草地、山地草地、沼泽草地等比较潮湿、多水的生境。农田、苗圃绿洲中亦有少量分布。筑洞穴居，洞道较简单，大多为单一洞口。筑窝于草堆、草根、树根之下方。个别个体筑有外窝。以植物的绿色部分为食，冬季挖食植物之根部、块茎幼芽、种子。营昼夜活动之生活方式，于夏秋之间进行繁殖。年繁殖3~4次，在祁连山地，于7、8月间捕到的成年雌鼠，多数为怀孕个体。每胎通常有3~9仔，平均为5仔。天敌主要为鼬类、狐和狼，猛禽类。

图10-33　根田鼠

（三）地理分布

根田鼠国内分布于新疆、甘肃、青海和陕西。国外分布于蒙古、前苏联，向西直至欧洲西部。

（四）经济意义

根田鼠消耗牧草，由于挖掘洞穴产生的土丘，可改变植被的群落组成，影响产草量，并加剧草地的水土流失。同时还是鼠疫等疾病的储存宿主。为沙狐、艾虎等毛皮兽的主要食料。

（五）防治方法

1. 化学灭鼠法　大面积灭鼠时，主要采用化学灭鼠法，人工、器械捕捉仅具有次要的意义。

（1）毒饵法。近年来群众性灭鼠的毒饵有：①5%~10%磷化锌毒饵，以谷物（麦类、玉米或豆类）为诱饵，先用水煮成半熟，捞出后稍稍晾干，然后加3%~5%的面糊，搅拌均匀，再加磷化锌，继续搅拌，最后加少量清油再搅拌均匀即成。在鼠洞外16cm处，投放麦类毒饵10~15粒，或玉米毒饵8~10粒，或豆类毒饵5粒，就达到毒杀的目的。条投时，可按行距30~60m投放。如用飞机喷撒时，麦类毒饵的含药量应为10%。毒饵配制后，要在阴凉处阴干12~24h。间隔40m，喷幅40m，于5月中旬喷撒为宜，每亩用毒饵0.4kg。②0.5%甘氟毒饵，以马铃薯、萝卜或番茄作诱饵。先将诱饵切成指头大小的方块，再将0.5%甘氟用水稀释4倍。然后将诱饵放入盛甘氟水溶液的金属容器中，搅拌、浸泡至甘氟水溶液诱饵吸干为止，亦可用麦类作诱饵。每洞投3~5块或10~15粒。如果在夏季使用带油的毒饵时，为了避免毒饵风干或被蚂蚁拖去，可将毒饵投入洞中，并不影响灭效。采用毒饵法消灭鼠时，毒饵要求新鲜，并选择晴天投放，雨天会降低毒效。

（2）熏蒸法。夏季（6~7月），由于植物生长茂盛，鼠的食物丰富，不适于使用毒饵法。而此时正是幼鼠分居前母鼠与仔鼠对不良条件抵抗力较弱的时候，宜采用熏蒸法。①氯化苦熏蒸法，温度不低于12℃时，在鼠洞前使用氯化苦熏蒸法较好。用小石子、羊粪粒或预先准备好的干草团若干，在晴天气温较高时，将羊粪粒或小石子盛于铁铲上，然后迅速倒上3～5mL的氯化苦，马上投入鼠洞中，再用草塞住加土封好洞口即可。②磷化铝或磷化钙熏蒸法，用磷化铝1片或磷化钙15g，投入鼠洞中，灭效较高。若投放磷化钙时同时加水10mL，立即掩埋洞口，灭效更高。③灭鼠炮熏蒸法，投放灭鼠炮时，先将炮点燃，待冒出浓烟后再投入洞中，随后堵塞洞口。每洞投放一只灭鼠炮即可。

2. 其他灭鼠法 通常使用的方法有下列几种。

(1) 置夹法。用0～1号弓形夹，支放在洞口前的跑道上。

(2) 活套法。将细钢活套安放在洞口内约6cm深处，三面贴壁，上面腾空0.5cm，当鼠出洞或入洞时均会被套住。

(3) 灌水法。消灭鼠的效果较好。对于沙土中的鼠洞，在水中掺些黏土，灭效更好。此外，还可采用箭扎、挖洞、热沙灌洞等方法来灭鼠。

五、鼹形田鼠

学名：*Ellobius talpinus* Pallas　英文名：Norther Mole Vole

别名：瞎老鼠、地老鼠、普通地鼠、田鼠、拱鼠、瞎鼠子

(一) 形态特征

鼹形田鼠（图10-34）体形短而粗呈圆筒状，成体体长95～130mm，尾长8～18mm，后足长18～24mm，爪不发达。颅骨从枕髁后缘至上门齿前缘27～35.6mm，颧宽19～24mm，乳突宽14～15mm，眶间宽4.4～5.8mm，鼻骨长5.5～7.3mm，听泡长6.6～8.7mm，上颊齿列长5.7～7mm。

鼹形田鼠是适应地下生活极为特化的田鼠类，主要表现在：全身披毛短而厚密，毛长短均一，无针毛。尾很短，略显露于毛被外。外耳壳退化，毛被之下仅有一外耳孔；眼极小；上门齿表面不呈黄色，向前突出，用以松土和咬断植物的根；前足5指，拇指极短，第二、三指较长，掌垫两枚；后足亦为5趾，与前足相似，掌垫3枚；前后足外侧密生长毛；鼹形田鼠毛色变异较大，除常态型外，亦有黑化型和白化型的个体。黑化型出现频率很高。毛短密，柔软如绒。背部毛色个体间差异很大，成体多呈黄褐色、黑棕色或浅红肉桂色。幼体灰色色调较重。毛基灰色，毛尖黄色或浅红褐色。自吻

图10-34　鼹形田鼠

端至两耳处的毛色黑褐，黑色愈向吻端愈浓，最后几为纯黑色。体侧和腹部毛基黑灰，毛尖白色或土黄色。足背被稀疏白色毛，沿足掌边沿生有长而硬的白毛。尾毛淡黄或暗褐色。

黑化型，其全身毛色从深灰黑色到乌黑色，部分个体毛尖略显棕褐色，足的外侧、足背、尾尖有白色长毛。

颅骨宽阔，颧弧向外开展。鼻骨细长；额弓向外扩展；顶骨和顶间骨变异较大，顶间骨呈方形或长方形，有的个体很小或缺少。脑颅圆。门齿很发达，向前伸出唇外。门齿孔小。

腭后缘达 M^2 中间。听泡较小。成体臼齿有齿根。齿型与田鼠属有所不同。内外侧两边凹角几乎相对。因此，不形成闭锁三角形。第一和第三上臼齿内外侧各有 2 个凹角。第三上臼齿内外侧各有 1 个凹角。第一下臼齿在最后横叶之前，内侧有 3 个凸角，外侧有 2 个。第二下臼齿在后横叶之前，内外侧各有 2 个凸角。第三下臼齿在横叶之前内外侧各有 2 个凸角，但外侧的较小。

（二）生态特性

鼹形田鼠栖息于森林草地、山地草地、荒漠草地和荒漠中。在新疆北部广泛分布在四季草场。栖息环境从亚高山草甸到丘陵、谷地、山坡、农田、戈壁、沙丘以及沼泽的边缘，最喜栖居在较湿润、植被发育良好的夏牧场中的沟谷、阴坡、准平原等生境。

鼹形田鼠营地下生活，很少出洞活动。洞穴结构复杂，大致由如下几部分构成。

(1) 主洞道。为采食及往来活动的主要通道。大致与地面平行，洞顶一般距地面 15～20cm，在砾石很多、土地干燥地区可超过 20cm，在沙土地带洞道距地面在 40cm 以上。洞道断面为扁圆形，直径 5～7cm。蜿蜒曲折，四壁光滑，可有许多分支。洞道长度短则十余米，长则在百米以上。部分废弃不用的支洞常被沙土堵塞。

(2) 排土洞道。为鼹形田鼠向地表抛出废土的洞道。分布在主洞道两侧，与主洞道的水平距离在 20cm 左右，排出的土丘形态与新月形沙丘相似，洞口位于土丘内侧，为一略微突起的土栓堵塞。上丘底面积约 30cm×40cm，高 10～15cm。土丘排列无一定规律，土丘间距离亦不固定。

(3) 草洞。在土洞道与排土洞道相交处附近，常有呈圆锥形的洞，锥顶指向地表，亦接近地面，有时有一小孔与地面相通，有人因而谓之通气洞。此洞道实为巢主挖食草根时形成的，顶部之小孔是草根被拉入洞中时自然形成的。

(4) 栖息洞。为斜向深处的洞道，洞端有巢、仓库和厕所。巢室约 17cm×17cm×13cm，巢呈碗状，巢材由干枯禾草构成，内衬柔软的草叶。仓库位于巢的附近，约 25cm×25m×13cm，常有 2 个以上，厕所亦在巢室附近，为一短小的盲道。

(5) 巢室。巢室有冬、夏之分，夏巢较浅，距地面 30～40cm，其附近未发现仓库。冬巢较深，多在冻土层以下，附近有仓库，鼹形田鼠由于营地下生活，故其主要以植物的地下部分（如肥大的圆锥根、地下茎）为食，但也采食少量的植物绿色部分和种子。鼹形田鼠在乌鲁木齐南山地区的主要食物有蓝芹（*Carum atrosangnineum*）的肥大圆锥根和蓟（*Crisium* spp.）的地下茎。

鼹形田鼠主要营地下生活，但也有短时间到地面活动。在其仓库中曾发现野生大麦穗，同时，在小型肉食兽胃中和猛禽的吐物中均发现有它的头骨。

鼹形田鼠的挖掘活动，6～8 月在上午 10 时前和下午 6 时后较为频繁，在这段时间内地面出现较新鲜土丘较多。

秋季挖掘活动更剧烈，终日可见新增加的土丘。

文献记载，每年繁殖 3～4 胎，每胎 2～5 仔。据笔者在天山乌鲁木齐段调查，最早于 4 月即发现孕鼠，但此时大多数个体均不呈繁殖状态。随后，妊娠率逐渐增高，于 6 月达到高峰，并一直延续到 8 月，不过 8 月的妊娠率已明显低于 6 月，9 月孕鼠数量急剧下降，整个种群空怀率较高，约占雌性成鼠之半。每胎 2～8 仔，平均 4 仔，种群雌雄比为 1∶0.93。

小型食肉兽和猛禽是鼹形田鼠的天敌，曾多次在猛禽吐物中发现它的骨片。此外，还有多种体内外寄生虫，体外寄生虫发现有蚤类，体内寄生虫为绦虫类。

（三）地理分布

鼹形田鼠分布在内蒙古、甘肃和新疆等地，并见于蒙古、前苏联和阿富汗。

（四）经济意义

鼹形田鼠的主要危害表现为对草场的破坏。由于它营地下生活，因而挖掘活动特别强烈，在挖掘的同时，还抛出土丘覆压牧草。在自然条件良好的亚高山草甸牧场，由于植被的补偿作用，影响不大，但在自然条件比较恶劣的半荒漠地带，不仅减少当年产草量，而且也导致草场植被类群的改变。严重者甚至会造成寸草不生的局面。其为巴斯德茵病病原的自然携带者。

（五）防治方法

由于鼹形田鼠营地下生活，因而不宜采用一般的灭鼠方法，兹将灭鼠的一些特殊方法介绍于下。

1. 铁钎插洞投饵法　用一直径3cm左右的铁钎在鼹形田鼠的主洞道上深插，然后在此洞内投入10%磷化锌土豆或胡萝卜毒饵，可以消灭之。但此法在小范围内或数量少的情况下适用，大面积而数量多的情况下，此法费时费工。

2. 鼠夹捕打法　挖开主洞道，清除洞内浮土，用铁板夹或弓形夹捕打。常用0、1号弓形夹，方法是先通开食眼，留作通风口。顺着草洞找到常洞，在常洞上挖一洞口，再在洞道底挖一圆浅坑。然后，将夹支好，置于坑上，踏板对着鼠来的方向；也可以将夹与洞道垂直布放，使两边来的鼠均能被夹住，再在鼠夹上轻轻撒些细土，夹链用木桩固定于洞外地面上，最后用草皮将洞口盖严。出于鼹形田鼠为群栖性鼠类，故须经多次捕打才能消灭整个洞系中的害鼠。

3. 药物喷草法　用内吸传导性药物（如甘氟、毒鼠磷、除鼠磷206等）喷草，使草全株带毒，害鼠取食后中毒死亡。据笔者初步试验，以1.2%的除鼠磷206溶液喷草，每平方米喷洒约40mg，以鼹形田鼠活动性土丘为中心，作半径2m的斑点状喷洒，灭效可达100%。此法的缺点是用水量大，在离水源较远的地区使用比较困难。喷毒后的草场得有足够长的禁牧期。

灭鼠时机方面，铁钎插洞法宜在早春进行。此时大部分牧草处于返青阶段，土丘裸露，极为明显，易于寻找洞道。同时，春季正值食物青黄不接之际，用投饵法容易取得较好的效果。

喷草法宜在草层高度10cm左右进行。过早进行，由于植物盖度小，使许多药液落在地表而失去作用；过晚时则因草层过高，植物枝条的中下层不易接受药液，传导速度慢，因而必须增加喷液量。

六、棕背䶄

学名：*Clethrionomys. rufocanus* Sundevall　英文名：Grey-sided Vole

别名：红毛耗子、山鼠

（一）形态特征

棕背䶄（图10-35）体长97~127mm。体形粗胖，四肢短小，毛长而蓬松。尾短，约为体长的 1/3，尾毛短而尾椎小，因此看起来很纤弱（这是从外形上与红背䶄区分的重要特征之一）。后足较小，一般不超过 20mm，常在 18mm 左右。足掌上部生毛，背侧毛长到趾端，足垫 6 枚。耳较大，但大部隐于毛中。

额、颈、背至臀部都为红棕色，毛基灰黑色，毛尖红棕色。体侧灰黄色。背及体侧皆杂有少数黑色。吻端至眼前为灰褐色。腹毛污白色。尾上面同背毛，下面灰白毛。冬毛和夏毛的颜色相似。幼鼠毛色普遍较深。

头骨较粗短，颅全长一般大于 25mm。鼻骨短，后端很窄。眶间部分中央有一个下凹纵沟，可与红背䶄相区别。眶后突出比红背䶄明显。顶间骨横长，中间有向前突出的尖。腭骨后缘中央无下伸的两条小骨（这是䶄属与一般田鼠的重要区别）。颧弓中央部分明显增宽（这也是与红背䶄相区别之点）。

图 10-35 棕背䶄

棕背䶄比红背䶄的臼齿略大，第一、二上臼齿各有 5 个关闭的三角形；第三上臼齿有 4 个，但其最后的一个齿叶常与前方的三角形相通，由前向后稍稍突出，故内外两侧各构成 3 个突出角（此点又与红背䶄相区别）。仅在个别标本中，内侧有 4 个突出角。

棕背䶄的臼齿在幼年时无齿根。

(二) 生态特性

棕背䶄是典型的森林鼠类之一，栖息于混交林、阔叶疏松、杨桦林、红松林、冷杉林、落叶松林、栎林、沿河林、台地森林及坡地林缘等生境中。在湿润或稍干燥的樟子松人工幼林内也有分布，且林木被害率可达 96%（吉林省黄泥河林业局，1977）。在踏头甸子等沼泽地里也有少量分布，并偶然窜入居民住室。各个生境里的数量很不均衡。该鼠的最适生境是采伐迹地。在内蒙古大兴安岭喜居于较干燥的环境，其数量占总捕获数的 36.93%，而且稀疏的落叶松下的石褶子中数量也较多（罗泽珣，1959）。在柴河林区的混交林里数量最多，捕获率为 13.2%（孙儒泳等，1962）。该鼠在林区的垂直分布明显，从柴河的垂直分布看，它们在海拔 500～900m 的林区数量较多，而在海拔高度较低的林区数量随之减少。

林地郁闭度和林地坡度对其数量的分布产生影响，郁闭度大的林地各季数量变动平稳，而郁闭度小的林地各季节数量变动大，秋季猛增，达到一年里的最高峰（舒风梅，1981）。棕背䶄的数量在陡坡数量少，平坦林地多，缓坡居中（舒风梅，1979）。林龄也是影响棕背䶄分布的主要因子，一般表现为幼林密度高，中龄林次之，成龄林密度最低（李彤等，1991）。

棕背䶄一般都居住在林内的枯枝落叶层中。在树根处或倒木旁，往往可以发现其洞口，有的利用树洞作巢。

棕背䶄主要在夜间活动，但在白天也常可捕到。其夜间活动的频次约比白昼多 9 倍以上。冬季可在雪层下活动，在雪面上有洞口。

棕背䶄喜食植物的绿色部分，但有明显的季节变异；夏季有 90% 的胃内都为绿色；秋季胃中则大部为白色乳糜团；冬季及早春除了吃种子以外，往往啃食树皮。其食物种类主要有延胡索（*Corydalis* spp.）的球茎、风毛菊（*Sanssurea umbrata*）、山芝麻（*Lamium barbatum*）、附地菜（*Trigonotis pedunlaris*）、细脉巢菜（*Vicea venasa*）等，并采食红松和托盘、榛子等种子。

采食时常攀登小枝啃食树皮和植物的绿色部分。有时还把种子等食物拖入洞中。

在东北柴河地区,3月开始交配,4~6月有80%~90%的雌鼠妊娠。到4月下旬约有一大半进入第二次繁殖,一小半进入第三次繁殖,到6月就出现进入第四次繁殖期的个体。在一般情况下,4月开始繁殖,5~6月繁殖力最高,到8月繁殖基本停止,9月仅能发现极少数的孕鼠。年产3~4窝,每窝5~7仔。春季出生的幼鼠能在当年参加繁殖。因此在棕背䶄的种群中5月以前以隔年鼠为主体,7月则以当年鼠为主体,到9、10月几乎全是当年鼠了。寿命约1年半。

棕背䶄种群数量的季节波动特点是,春季上升很快,7月达到高峰,其后则逐月下降。其年际的数量,也有比较明显的周期性的波动现象,在黑龙江伊春林区,1965—1973年8年期间,该鼠的数量波动周期约为3年,其高年的数量为低年的50~60倍。

(三) 地理分布

棕背䶄分布在东北、内蒙古、河北、山西、陕西、甘肃、新疆、湖北及四川等省区。

(四) 经济意义

棕背䶄在冬春季节啃食人造针叶幼林的树皮,为造林业中的一大祸患。在内蒙古等地危害油松幼林,有时在危害严重的地段,受害植株可达30%;在黑龙江伊春林区,棕背䶄等害鼠对樟子松的危害,有时几乎达造林面积的一半,受害严重的地段,被害率可高达85%以上。受其危害的树种,除油松和樟子松之外,尚有落叶松、云杉、红松、黄菠萝、水曲柳、椴树、杨树和枫桦等。此外棕背䶄还盗食直播的种子,危害造林业,也影响天然更新中的种子来源。另一方面,它采食种子时,常把种子拖入洞中,对优良树种子的传播不无积极作用。

(五) 防治方法

可用废松仁、粮食、土豆以及胡萝卜等作饵,配成5%磷化锌毒饵,按10m×5m约放10粒松子,在9月末10月初投放,可收到较好的效果。

七、红背䶄

学名:*Clethrionomys rutilus* Pallas 英文名:Northern red-backed Vole, Ruddy Vole

别名:红毛耗子

(一) 形态特征

红背䶄(图10-36)的身体比棕背䶄略小,体长71~123mm。四肢短小,后足长度小于18mm。足掌前部被毛,足垫6枚。尾长约为体长的1/3,尾密生长毛,外表看来比棕背䶄的尾要粗一些。耳较小,隐于毛下。

夏毛背部呈锈红色或棕红色,背毛毛基灰黑色,毛尖红褐色。由额至臀部毛色均一。眼前到吻端略带灰色。体侧为浅赭色。尾上下二色,上面与背色相似而略带黑色,下面为米黄色。冬季毛较长,色较浅,背部锈红色区较窄。

颅全长小于25mm。鼻骨前宽后窄且较短。颧弓细弱,中央不特别增宽。眶间部分比棕背䶄宽平,没有下陷的纵沟,眶后突也不及棕背䶄明显。顶间骨中央部向前突出。腭骨中央无下伸的两条小骨。

臼齿比棕背䶄细小，第一上臼齿有 5 个关闭的三角形，第二上臼齿只有 4 个，第三上臼齿外侧有 2 个内陷角，内侧有 3 个内陷角，因此内侧有 4 个突出角（棕背䶄一般仅 3 个齿叶）。

幼鼠出生后两个半月后开始生齿根。

(二) 生态特性

红背䶄是典型的林栖种类，分布于红松林、落叶松、云杉等针叶林、针阔叶混交林、杨桦林以及森林草地等生境中；在采伐迹地上，甚至在榛丛及农田中，有时也有它们生存。但该鼠在迹地上，其数量有逐年减少的趋向，如迹地保持疏林的阶段，并不影响该种的生活，但如迹地向干燥方向而达到荒山榛丛阶段时，该鼠就不易生存。它的最适生境为落叶松-冷杉林与红松林。在柴河地区，海拔 600m 左右的高度内数量较多。

图 10-36　红背䶄
（引自韩崇选）

它常常活动于枯枝落叶层中，建洞于树根下和倒木旁。冬季在雪下活动，雪面有洞口，雪层中有洞道。以夜间活动为主，但白天也有活动，夜间活动的频次约比白天大 9 倍以上。

红背䶄夏季喜食植物的绿色部分，秋季则以食种子为主，它比棕背䶄更喜食种子。据笼饲试验的结果，它吃山芝麻（*Lamiumbarbatum*）、延胡索（*Corydalis* spp.）、乌头（*Aconicum* spp.）附地菜（*Trigonotis pedunlaris*）、风毛菊（*Sanssurea umbrata*）和细脉巢菜（*Vicea venasa*）等，并常采食红松、榛子、托盘和椴树等植物的果实和种子。其采食行为大致与棕背䶄相似。

在我国东北地区，红背䶄从 4 月开始繁殖，成年鼠的繁殖始于 5～6 月，终于 8 月；亚成年鼠的繁殖季节在 6～7 月，8 月也有繁殖个体，在 9 月则仅见个别孕鼠。在正常情况下，幼鼠达 2 月龄左右，雄鼠睾丸长达 7mm 时即进入繁殖。每窝 4～9 仔。寿命约 1 年半。

在一年中红背䶄的数量高峰大致在 9 月，10 月开始下降，其数量的季节消长属后峰型。年际的数量波动周期，根据在东北带岭调查的资料，大约 4 年有一次数量高峰，但在不同的生境里，其周期并非总是一致的。夏季的积温与降水量、11 月中旬和下旬的降雪量以及种群个体的肥满度都可作为当年和来年数量预测的依据。

(三) 地理分布

红背䶄在我国分布于东北及内蒙古东部，新疆天山、阿尔泰山。

(四) 经济意义

红背䶄喜吃种子，对红松直播危害较大，并消耗一部分天然种源。另一方面红背䶄有储粮习性，对传播种子不无积极意义。

(五) 防治方法

其防治方法同棕背䶄。

八、草原兔尾鼠

学名：*Lagurus lagurus* Pallas　英文名：Steppe Lemming

别名：草原旅鼠

（一）形态特征

草原兔尾鼠（图10-37）体形小，成体长80～120mm。尾短于后足长。耳短圆，微露于毛被之外。四肢亦短。

背部被毛浅灰褐色，略显淡黄色调，毛基深灰，中段浅黄，毛尖黑色或黄色。背脊有起于顶部止于臀部的黑色纵纹。腹部毛基浅灰，毛尖浅黄或污白，带明显的黄色色调。两颊、体侧及臀部毛色较背部浅。尾毛两色：背面浅黄，下面色白。尾基附近毛色淡黄，四足背面被浅黄色毛，前足掌裸露，后足掌被白色毛。

头骨宽扁，鼻骨短宽，额顶帮平直。眶上嵴微弱，眶后突发达，顶间骨长方形或椭圆形。颧弓粗壮发达，向外突出。门齿孔较大，腭骨上具有两条浅的纵沟。听泡膨大，下缘超过白齿齿冠，听泡处的后头宽近于颧宽，听泡后缘不超过枕髁。

图10-37 草原兔尾鼠

M^3 显著长于 M^2，M_3 最后一个齿环呈三叶状，其内侧有3个突角，外侧有4个突角。M^1 具有7个封闭的齿环，最前面的一个齿环亦为三叶状。

（二）生态特性

草原兔尾鼠主要栖息于亚高山草甸和高山草地地形微有起伏的丛生禾草地段，以及荒漠草地和荒漠中植被生长较好的地方。在蒿属荒漠草地、灌溉草场、老苜蓿地、耕地畦埂、道路两旁和沟渠两岸栖息。

草原兔尾鼠洞呈集群分布。居住洞洞道距地面10～20cm，长10～20m，直径3～4cm。洞道走向多与地面平行，仅近巢室时才向下倾斜。洞道迂回曲折，有10～20余个洞口。巢深25～50cm，巢室圆球形或卵形，容积约为20cm×14cm×18cm，内有干细草叶做成的窝。在居住洞外，常有几个临时洞，分布于居住洞1～3m范围内。临时洞一般仅长20～50cm，有1～2个洞口。每个洞群的洞口之间有跑道相连，其洞数多时可达100多个。此外，草原兔尾鼠还利用其他啮齿动物的弃洞。

该鼠主要以禾本科和豆科植物的绿色部分为食，亦喜食蒿属（Artemisia）植物，广食性，在食物不足的情况下，甚至连莨菪属（Hyosocyamus）植物都吃光。亦见啃食植物茎部嫩皮和根部表皮，春、夏拒食种子。其食量每日约10g左右。秋季储粮，常在洞口储存大量干草。

昼夜活动，晨、昏为其活动高峰。活动范围不大，仅在群内各洞口附近取食。不冬眠，冬季在雪下活动。寻食时挤压雪被形成纵横交错、迂回曲折的雪道，雪道在雪面上有少数几个洞口，也只有一处或几处与地面洞口相接，雪道内有很多被啃食过的植物茎叶残渣和粪便。

草原兔尾鼠繁殖力强，据记载，每年可繁殖6次左右。在天山巴音布鲁克，年繁殖3～4次，繁殖期从4月初到8月，在平原地区，繁殖期从3月到9月。妊娠期21～25d，雌鼠29～40日龄可参加繁殖，而雄性个体在48～82日龄才可交配繁殖；一般雄性3月龄、雌性2月龄才完全成熟，此时产生的幼仔成活率高。每年前期出生的幼鼠参加当年的繁殖。每胎4～8仔，平均胎子数在不同月有一定变化，如在天山巴音布鲁克，7月前平均每胎6.2仔，

7月以后平均3.3仔；奇台草原站的荒漠草场上，4、6、7、9各月每胎平均仔数依次为7.4仔、5.2仔、4.2仔和4.0仔。

天敌有鹫、乌鸦、沙狐等。草原兔尾鼠种群数量季节变化颇大，若幼鼠死亡率达25%，在6个月当中也可增长200倍左右（БаШенИна 等，1957）。其年际数量波动剧烈，据Громов 等记述（1963），前苏联境内的草原兔尾鼠常出现大发生现象，大发生过后，数量急剧下降，有时只有通过猛禽吐物分析才能察知它的存在。

（三）地理分布

草原兔尾鼠在我国仅分布于新疆。

（四）经济意义

草原兔尾鼠为新疆地区主要害鼠之一。数量变化显著，在数量高的1967年，密度达每公顷4 593个洞，而在低数量的1974年，在同一地区仅发现个别有鼠洞群。数量高的年份，危害严重。

草原兔尾鼠取食的特点是把植物咬断后，仅取食其幼嫩部分，其余则被抛弃，因而可危害大量牧草；其取食的另一特点是掠夺性取食，即将一片牧草吃光后再迁移到牧草丰盛之处生活。夏末秋初储粮季节，在洞群区遍布一堆堆的干草或鲜草，每堆达200~500g，被采食的区域有时好似人工割过的一样。据调查，在洞群密集处，产草量将减少30%~40%。

在农作区，草原兔尾鼠啃食麦苗，往往造成缺苗断垄，给农业生产带来严重危害。

草原兔尾鼠还是兔热病病原体的天然携带者。

（五）防治方法

一般以化学防治为主。由于在植物生长季节该鼠拒食种子，可用胡萝卜丁或苜蓿作诱饵来配制毒饵。

使用任何一种方法杀灭草原兔尾鼠往往只能收到暂时性防治效果。因为该鼠繁殖力较强，灭鼠后残留鼠群可在一个不长的时间内使鼠密度恢复到原来的水平。所以，应当加强监测和研究，制定科学的防治策略，坚持反复的斗争。

九、黄兔尾鼠

学名：*Lagurus luteus* Eversmann　　英文名：Yellow Lemming

别名：兔尾鼠、黄草原旅鼠

（一）形态特征

黄兔尾鼠（图10-38）体形较大，体长大于100mm；耳极短，耳郭不突露于毛外，尾短于后足长，四肢短小，前足拇指爪很小。

头部与体背毛色一致，呈沙灰或沙黄色。夏毛及成体毛灰色色调明显，冬毛及幼体毛显黄色。背部毛基灰色，中段淡黄白色，毛尖黑或黄褐色。两颊、体侧比背部色浅，黄色调明显。腹部和四肢显淡黄色，毛基浅灰，毛尖淡黄或污白色。足掌被有白色密毛，足背略带浅黄色，尾毛上下均被黄色短毛。

头骨粗壮而短宽。鼻骨较短，额顶部隆起，额骨后端凹陷，眶上嵴明显，彼此平行，中间形成一较深的沟；眶后突发达，颞嵴清晰可见，前接眶上嵴，后连人字嵴。顶间骨方形或梯形；颧弓粗大，向外扩张；门齿孔细长，腭骨具两条细沟，前端与门齿孔相通。听泡膨大，侧面向外突出，其下缘不超出臼齿咀嚼面，后缘不超出枕髁，听道口向外突出成管状。

M^3长等于或略小于M^2之长，M^2最后一齿环不分叶，此齿内侧有2个突角，外侧3个突角。M^1具7个封闭的齿环，最前面的一个封闭齿环近似斜置的矩形。

（二）生态特性

黄兔尾鼠最喜栖居于低山丘陵的荒漠草地。在数量高的年份，砾石戈壁、黏土荒漠和农田周围普遍有此鼠栖息。

图10-38 黄兔尾鼠

黄兔尾鼠夏季以绿色植物为食，食性广泛。喜食蒿属、针茅、猪毛菜、骆驼蓬等，在农田危害小麦、苜蓿等作物。秋后主要以种子为食，未见有储草现象。在食物缺乏时，会迁移到食物丰盛之处。

以白昼活动为主，晨昏活动最为频繁。行动迅速、机警，取食时将草咬断后迅即衔入洞内，一般仅耗时10~20s。通常不远离洞口，多在2m范围内活动。在连续采食10~20次后常在洞中停留一段时间。阴雨天、刮风天活动明显降低。不冬眠，冬季在雪下活动。在雪被下面有纵横交错的雪道，一般不到雪面上活动。

黄兔尾鼠属群栖动物，每一洞群占地10~100m，高密度区洞群连成一片。每一洞群洞口数一般有20~50个，多者则超过100个。居住洞洞道距地面仅20~30cm，走向约与地面平行，洞道迂回曲折，分支颇多；内有1~3个巢室及厕所，洞道总长10~20m，直径5~7cm，常有5~8个洞口，洞口旁有小土丘，有鼠栖居的洞口常在洞口外见有2~3粒鼠粪；秋季有清理厕所的习惯，常将旧粪推出洞外。在居住洞附近，常有一些短浅的临时洞，作躲避突发危险之用。

每年4月上、中旬开始繁殖，9月基本停止繁殖。妊娠期20d左右，年约繁殖3次，每胎产仔2~11只，平均6只。第一胎幼仔当年可达性成熟。

黄兔尾鼠数量变动较大，在食物、气候条件有利的年份，数量可以猛增，分布区逐渐扩大，每公顷鼠洞洞口有1 500~3 000个。随后，由于种种原因，数量将急剧下降，分布极度收缩，仅在条件较好的低山丘陵的荒漠草地可见到少量黄兔尾鼠。

（三）地理分布

在我国主要分布于准噶尔盆地。青海、内蒙古分布的实为另外一种——蒙古黄兔尾鼠（*L. przewalskii*），其形态特征与生态习性均与黄兔尾鼠有别。

（四）经济意义

黄兔尾鼠为新疆北部主要害鼠之一。其采食特点是吃光洞群附近的牧草再转移到植物丰盛地段，营逐草而居的游牧式生活，其洞口土丘可压埋大片草场，所以在高密度年份对农作物和草场均有严重危害。由于洞道表浅，极易为人、畜踏陷造成骨折，影响人畜安全。

（五）防治方法

由于黄兔尾鼠主要栖息于春秋牧场，可在牲畜转入夏场后用化学灭鼠法消灭之。磷化锌、甘氟等药物对该鼠有良好灭效，诱饵既可选用谷物，亦可现场采集蒿类、假木贼等植物的茎叶使用。在中等密度时可组织专业灭鼠队伍人工布饵，在高密度时不妨采用机械化或飞机投毒方法。在低密度时,可组织精干人力带毒侦察,发现其储备地即下毒消灭之,以防患于未然。

第七节 跳 鼠

一、三趾跳鼠

学名:*Dipus sagitta* Pallas 英文名:Norther Three-toed Jerboa
别名:毛脚跳鼠、沙鼠、跳兔、耶拉奔(蒙古语)

(一)形态特征

三趾跳鼠(图10-39)体形中等,体长101～155mm,尾长超过体长1/3以上。头大,眼大,耳较短,前折不超过眼的前缘。耳壳前方有一排栅栏状白色硬毛。前肢5指,第一指具短而宽的爪,其余4指的爪都细长而锐利。后肢特别发达,其长度为前肢的3～4倍。后足只有中间3趾,两侧趾完全退化,趾下面具有梳状硬毛。第二趾和第四趾的爪特别发达,侧扁,呈刀状。尾末端有黑白相间的"尾穗"。

体背毛色变异较大,一般从灰棕色或棕红色到沙棕色或沙土黄色,部分背毛毛尖黑色或为纯黑色毛,体侧与股部外侧毛锈黄色,整个腹面连同下唇和尾基部毛色纯白。

颅骨短而宽。鼻骨前端具一缺刻,鼻骨与额骨相交处明显下凹。额骨在泪骨后缘的部分最窄。颧骨细,但前部沿着眶前向上扩展,宽并达于泪骨下缘。泪骨发达。眶前孔很大。顶间骨的宽为长的一倍半。听泡发达,左右听泡间有相当宽的空隙。门齿孔短,其后端达于上臼齿列中小前臼齿之间。在上颌左右第二臼齿之间有一对近于圆形的腭孔,第二对腭孔位于齿后缘之内方,两对腭孔都很小。硬腭较长,其后缘超过上齿列末端甚远。

图10-39 三趾跳鼠

上门齿几乎与上颌垂直,前面黄色,中央有浅沟。前臼齿的高度不及第一上臼齿之半,其横截面为圆形。第一臼齿很大,其余两枚臼齿依次渐小。下颌臼齿3枚。下颌门齿前面亦为黄色,下颌门齿的齿根很长,达于髁状突之外下方,形成一突起。

(二)生态特性

三趾跳鼠为喜沙种类。尽管其栖息地在海拔高度(青藏高原可分布于3 000m以上)、地形、植被方面是多样性的,但都是沙地。在沙质冲积扇、河滩地、固定或半固定沙丘、砾石荒漠中的风积沙丘地段,以及沙漠中的流沙区都有捕获记录。以琐琐、沙拐枣为主的灌木荒漠、红柳沙丘、胡杨疏林沙丘,以及沙蒿、沙柳、徐长卿为主的沙生植被中较多。

三趾跳鼠为弥散性分布,洞系构造较为简单,一般由洞口、洞道、窝巢、盲洞和暗窗组成。每个洞系只有1个洞口,洞道长短不一,通常为1.5～2m,但位于沙梁上的洞道较长,洞径7.5～9.5cm,巢室位于洞道末端,呈圆形,距地面60～70cm,浅的在30cm以内,但在塔里木盆地有深达4m的记录。巢圆盆形,由细软杂草构成,直径13～15cm。盲洞位于窝巢两侧。暗窗是由洞道或巢室挖向地表的预备通道,末端仅以一薄层沙土阻隔,当洞口部受到惊扰时，巢主便会突然由暗窗中破洞而逃。洞口常为抛沙所掩埋，但抛沙不聚集成堆。

夜间活动，白天藏身在洞中，并用细沙掩埋洞口。傍晚出洞活动觅食，天色初明时，才重返洞中或另挖新洞。三趾跳鼠行动时只用后脚着地纵跳窜跃，最大纵距可达3m以上。尾不仅可控制方向和保持平衡，并能竖直敲打地面，增加弹跳力。一般的风沙和细雨并不妨碍三趾跳鼠的活动，但风速太大或阴雨连绵时，活动就会降低甚至停止。一旦风息雨停，跳鼠往往提早出洞而活动更加频繁。

三趾跳鼠的活动强度随季节而异。4月出蛰后，因食物不足，活动强度很低，随着天气转暖，植物萌发生长，跳鼠的活动逐渐加强。5月中旬因繁殖而达到全年活动强度的最高峰，7～8月活动又逐渐减弱，到8月下旬，开始准备冬眠，形成全年活动的第二次高峰。

三趾跳鼠为冬眠动物，出蛰入蛰时间各地并不一致，一般在3～4月出蛰，出蛰后不久即进行交配，4～6月为繁殖期，妊娠期25～30d，每胎仔数2～7仔，平均3～4仔。通常每年繁殖一次，极少数产2胎。幼鼠第二年达性成熟，但出生较晚的要过两个冬天才达性成熟。8月育肥，9～10月进入冬眠期，但新疆曾于11月18日采到过标本。入蛰有一定顺序，首先入蛰的是老年雄性个体，其次是成年雌性个体，最后为幼体。

跳鼠以植物的茎、果实和根部为食，也吃一些昆虫。据在内蒙古的调查，三趾跳鼠以杂草种子、昆虫、沙蒿、白刺果和马铃薯的茎叶为食。据在新疆的考察，它还喜欢吃一些芦苇和某些禾本科植物的根部。跳鼠不需专门饮水，植物中的水分已足够其新陈代谢的需要。

(三) 地理分布

三趾跳鼠分布很广，我国北部大部分省区均有，分布的东界为吉林和辽宁二省的西部，南界约为万里长城、祁连山与昆仑山脉。

(四) 经济意义

三趾跳鼠是荒漠草地和沙地的主要害鼠之一，因盗食谷物，挖吃固沙植物种子和啃啮树苗，对农业和林业造成损害。20世纪60年代初，内蒙古巴彦淖尔盟和鄂尔多斯市的固沙育林工作就是由于三趾跳鼠和小毛足鼠挖食种子和幼苗而遭到失败。

(五) 防治方法

1. 化学防治 用毒饵法或熏蒸法均可取得一定效果。

2. 人工捕打

(1) 挖洞。找到跳鼠洞口后，先在洞口附近用手指探查暗窗，然后用物品将暗窗的开口盖住，再循洞找鼠，但须时刻警惕它由洞口窜出。

(2) 杆钩法。用长约3m的柳条棍，顶端装一铁质倒钩，以此杆迅速插入有鼠的洞道，钻通堵洞的土栓，将三趾跳鼠拧在挑杆钩上，拖出击毙。

(3) 火诱法。在三趾跳鼠密集区，在无月光的黑夜，点燃火堆，当跳鼠发现火光后即会前来，此时，人们可手持树枝贴地横扫其足，使其腿部受伤，不能跳跃，乘机捕捉。

二、五趾跳鼠

学名：*Allactaga sibirica* Forster　英文名：Mongolian five-toed Jerboa
别名：西伯利亚跳鼠、跳兔、驴跳、硬跳儿

(一) 形态特征

五趾跳鼠（图 10-40）是跳鼠科中体形最大的一种，体长约 140mm 左右。耳长与颅全长几乎相等。头钝，眼大。后肢较前肢长，为前肢的 3~4 倍。尾长约为体长的 1.5 倍，末端呈"旗"状。后足 5 趾，其第一、五趾不达于其他 3 趾的基部。

图 10-40 五趾跳鼠

夏天额部、顶部、体背面和四肢外侧的毛尖一般为浅棕黄色，有灰色的毛基。由于一部分毛具黑色毛尖，同时灰色毛基也常显露于外，因而总体上具有明显的灰色色调。耳的内外侧边缘具有沙黄色短毛。颊部与体侧亦为浅沙黄色。尾基上方淡棕黄色，腹面污白，末端具黑色和白色长毛构成的"旗"，黑色部分呈环状，其前方的一段尾毛为污白色。

吻部细长。脑颅无明显的嵴，顶间骨甚大，宽约为长的 2 倍。眶下孔极大，呈卵圆形，其外缘细小。门齿孔甚长，其末端超过上臼齿列前缘。颧弓纤细，后部比前端宽得多，有垂直向上的分支，沿眶下孔外缘的后部伸至泪骨附近。腭骨上具有卵圆形小孔 1 对，其位置与第二上臼齿相对。下颌骨细长而平直。角突上具有卵圆形小孔。

上门齿较三趾跳鼠向前倾斜，前方白色，平滑无沟。前臼齿 1 枚，圆柱状，其大小与第三上门齿相似。下门齿齿根极长，其末端在关节突下方形成很大突起。无下前臼齿。下颌臼齿 3 枚，第一枚最大，逐次变小。

(二) 生态特性

该鼠主要生活在干旱的半荒漠地带，荒漠地带偶尔也能见到。在青海栖息于 2 500m 的山麓平原和丘陵地带的羽茅及苔草草地上，在甘肃河西走廊的山地半荒漠地带采到过标本，在内蒙古则栖息于山坡草地上。

洞穴很简单，洞道几乎水平走向，长约 5m，洞口直径约 6cm 左右。临时洞较小，长 60~120cm，深 20~30cm，没有曲折，洞口经常从里面向外堵住。平时多在临时洞中栖息。

活动力很强，通常于早晨和黄昏进行活动，有时白天也外出活动。冬眠，在内蒙古呼和浩特地区开始出蛰时间为 3 月底或 4 月初，出蛰临界日均气温 3.3~4.2℃，出蛰顺序为先雄后雌，相差 20d 左右；入蛰开始时间为 9 月底或 10 月初，入蛰临界日均气温 14℃ 左右，入蛰顺序先雌后雄，入蛰结束时间 10 月 20 日。出蛰和入蛰无年龄顺序（周延林等，1992）。

五趾跳鼠以植物种子、绿色部分以及昆虫为食。有时动物性食物比例甚高，可达 70%~80% 左右，食物中主要成分是甲虫（包括幼虫），在新疆亦吃较多的蝗虫。在植物性食物中，主要以狗尾草、紫云英等植物种子为食，农区则以谷物种子为食。

每年 4~5 月开始交配，在 4 月底 5 月初即可捕到孕鼠，5 月 31 日捕到具子宫斑的雌鼠；直到 7 月中、下旬仍有鼠怀孕，7～8 月可见到幼鼠，估计年可产 2 胎以上。每胎 2～9 仔，平均 4～5 仔。

跳鼠的天敌很多，如鸟类中的猫头鹰，兽类中的鼬科动物、沙狐、兔狲等均能捕食跳鼠。

（三）地理分布

五趾跳鼠在我国北方分布较为广泛，黑龙江、辽宁、吉林、河北、山西、内蒙古、陕西、宁夏、甘肃、青海和新疆等省区均有分布。

（四）经济意义

在草地上，该鼠主要以各类植物的种子为食，因而影响草地植被的更新。而在农区则盗食蔬菜和播下的种子，秋季则大量盗食作物种子，因而给农牧业都带来一定的危害。

（五）防治方法

其防治方法与三趾跳鼠相同。

三、三趾心颅跳鼠

学名：*Salpingotus kozlovi Vinogradov*　英文名：Three-toed Dwarf Jerboa, Koslov's Pygmy Jerboa

别名：小长尾跳鼠、长尾心颅跳鼠、倭三趾跳鼠

（一）形态特征

三趾心颅跳鼠体形小，体长不超过 60mm。尾细长，为体长两倍左右，尾毛稀疏，尾鳞可见，尾端有稀疏束状长毛，尾末毛特长，稀散放射排列，尾基于夏秋季因皮下脂肪积累而变粗。后肢比前肢长，后肢三趾，趾下具长毛，形成刷状毛垫。上门齿前无纵沟，触须特别发达，成束斜向后侧。背毛土棕灰色或灰红棕色；头部淡沙黄色；体侧较背毛色浅；腹及前后肢毛色白；尾浅灰棕色，尾上部较尾下色深，尾末端毛灰褐色，尾端向外散射的长毛白色污黄。头骨结构特异，颧弓不向外扩张，其前部（上颌骨之颧突）特别宽，由其腹面伸出一尖长的突起，其长度显著超过颧弓后部长度之半，听泡发达，听泡及乳突部特别扁平，并强烈向后延伸，超出枕骨大孔后缘，两侧乳突部几相接触，因而在头骨后缘中央形成一窄槽；鼻骨明显超过上门齿前缘；顶间骨异常狭小，其长明显大于宽；鳞骨伸出两条细长骨支，一支沿眼眶上缘达泪骨，另一支向侧伸展在外听道上；硬腭后缘远超出上白齿列最后端；下颌骨宽而短，后端向外沿水平方向伸出一板状突起，喙状突很小。上门齿前面光滑无沟，淡黄色。前白齿和最后一个白齿均甚小，第 1、2 白齿较大，其内外侧齿壁中央各具一凹陷，使齿冠分成四部分，咀嚼面有 4 个明显的柱状突起。第 3 白齿较小，呈圆柱状。下颌白齿 3 枚，第 1、2 枚的咀嚼面上有 4 个突起；第 3 枚较小，约为前 2 枚的 1/2，圆棒状，咀嚼面上仅有 1 个突起。

（二）生态特性

三趾心颅跳鼠为亚洲中荒漠地带特有种类，分布范围较窄，栖息于覆盖度极低的红柳、盐爪爪流动与半流动沙丘及大风通道而有流沙的地方或戈壁、沙丘，数量较多。洞道短直，结构简单。1982 年在敦煌鸣沙山，偶见一洞，长 30～40cm，洞口径 3～4cm。4 月底开始繁殖，5 月发现孕鼠，每胎 3～4 仔。黄昏及夜间活动，冬眠。以植物茎叶及种子为食也猎食

鞘翅目昆虫。天敌为鼬类。

(三) 地理分布

三趾心颅跳鼠国内分布于甘肃西部的敦煌南湖和鸣沙山、内蒙古西部、新疆塔里木盆地；国外分布于蒙古外阿尔泰戈壁。

(四) 经济意义

该鼠数量稀少，分布区狭窄，经济意义不大。

(五) 防治方法

可采用化学防治和人工捕打两种灭鼠方法。采用化学防治时，用毒饵或熏蒸的方法都可收效。人工捕打分为两种方法，一是挖洞法；二是火诱法，在其密集地区，无月的夜晚，点燃火堆，当跳鼠发现火光后即会前来。此时，人们可手持树枝等工具紧贴地面横扫其足，使其腿部受伤，不能跳跃，乘机捕捉。

四、五趾心颅跳鼠

学名：*Cardiocranius paradoxus* Satunin　　英文名：Firve-toed Pygmy Jerboa
别名：小跳鼠、心颅跳鼠

(一) 形态特征

五趾心颅跳鼠（图 10 - 41）体形小，体长不超过 60mm，耳小，呈圆筒状。尾较体长稍长，尾端有稀疏长毛构成的毛束，肥育季节尾基因皮下脂肪积累而显著变粗。上门齿前面有一条纵沟。后足 5 趾，第 1 趾不达第 2 趾趾骨末端，趾端膨大，趾垫显著，趾两侧及下方被毛，但不形成"毛刷"。体背及前肢外侧呈沙黄色或灰锈色，毛基灰色，上段沙黄，毛尖黑色；体腹面自下唇至尾基为纯白色；颌下毛色白略显淡沙黄色；体背、体侧分界明显，在体背灰沙黄色与腹面白色中间有一锈红色带，自鼻上方向两侧经面颊直伸至尾基，耳后基部毛色较淡；

图 10 - 41　五趾心颅跳鼠

触须黑白均有；尾双色，背面同背色，下面同腹部毛色。颅骨较短，全长约 20mm，鼻骨短狭。顶间骨甚小，略呈三角形；听泡与乳突特别扁平，向后延伸，超出枕骨大孔后缘，使头骨后缘中央有一深凹陷；颧弓中部无向后伸出的刀状突起。上门齿橙黄，前缘具纵沟。上前臼齿形小，隐约可见。第 1、2 上臼齿的咀嚼面较复杂，齿突 4 个以上。第 3 上臼齿内外侧有明显凹陷，咀嚼面有 4 个齿突。下臼齿 3 枚，第 1、2 枚大小近似，咀嚼面有 5 个齿突。第 3 下臼齿咀嚼面有 3 个齿突。

(二) 生态特征

该鼠栖息于荒漠草地，营夜间活动，洞道简单而浅短，分支少。以植物绿色部分为食。有冬眠习性。天敌有鼬类及小鸮等。

(三) 分布范围

该鼠国内分布于甘肃的河西走廊、内蒙古和新疆；国外分布于内蒙古及俄罗斯。

(四) 经济意义

该鼠分布区窄，数量不多，经济意义不大。

(五) 防治方法

其防治方法同三趾心颅跳鼠。

第八节 家鼠和姬鼠

一、褐家鼠

学名：*Rattus norvegicus* Berkenhout　英文名：Brown Rat，Norway Rat
别名：大家鼠、沟鼠、挪威鼠、白尾吊（广东）

(一) 形态特征

褐家鼠（图10-42）的体形粗大，尾比较短，比体长短20%~30%。耳短而厚，约为后足长的1/2左右，向前拉不能遮住眼部。后足粗大，长度大于33mm，但小于45mm。后足趾间有一些锥形的蹼。乳头6对，胸部2对，腹部1对，鼠蹊部3对。

背毛棕褐色至灰褐色，毛的基部深灰色，毛的尖端棕色。背中央全黑色的毛较多，故其颜色较体侧深。头部的颜色亦较深。腹面苍灰色，略带一些乳黄色，腹毛基部灰褐色，尖端白色，足背白色。尾上面黑褐，下面灰白。尾部由鳞片组成的环节明显，鳞片的基部生有白色和褐色细毛。褐家鼠的毛色变化较多，在旅大市曾发现白色个体；在福州曾发现淡黄色和黑褐色的个体。头骨与家鼠属（*Rattus*）其他种类不同的特点是，左右两侧的颞嵴近乎平行，顶间骨的宽度与左右顶骨宽度的总和几乎相等。

图10-42 褐家鼠

上颌第一臼齿较大，第二臼齿的长度仅为第一臼齿的2/3，第三臼齿的长度仅为第一臼齿的1/2。臼齿的咀嚼面上的齿突由釉质围成三个横嵴，但第二、第三臼齿咀嚼面的第一个横嵴退化，仅为1个内侧齿突，第三臼齿的横嵴已愈合，呈"C"字形。下颌臼齿咀嚼面的齿突不明显，但横嵴尚清晰。

(二) 生态特性

褐家鼠主要是栖息于人类建筑物内的鼠种，在住室、厨房、厕所、垃圾堆和下水道内经常可以发现，特别是猪舍、马厩、鸡舍、屠宰场、冷藏库、食品库以及商店、食堂等处数量最多。

在自然界主要栖息于耕地、菜园、草地，其次是沙丘、坟地和路旁。但在其栖息地附近必须有水源，这是褐家鼠所要求的基本栖息条件之一。河岸和沼泽化不高的草甸地带也是它们在自然界最基本的栖息地。

在居民区，褐家鼠的洞穴多建筑在阴沟和建筑物内。地板下、墙缝里以及各楼层之间的地板空隙都是褐家鼠隐蔽或筑巢的良好场所。在土木结构的建筑物内，常在墙角挖洞，洞道很长，分支很多，有时能从墙垣一直挖到室外，或从墙基挖到屋顶。

在野外，洞穴多建筑在田埂和河堤上。洞口一般为 2～4 个，有时有进出口之分，进口通常只有 1 个，而出口处有松土堆。洞道长 50～210cm，深 30～50cm，一般只有一个窝巢。

在自然生境中，褐家鼠习惯于夜间活动，通常以黄昏和黎明前为活动高峰期。在居民区，昼夜均有活动，但以午夜前活动最频繁。每天下午起，活动逐渐增多，至上半夜达到高峰，午夜后，又趋减少，至上午则活动更少。夜间活动约为白昼活动的 2.7 倍。

褐家鼠视觉差，但嗅觉、听觉和触觉都很灵敏。记忆力强，警惕性高，多沿墙根壁角行走。善攀缘，会游泳，能平地跳高 1m，跳远 1.2m。从 15m 高处跳下不受重伤。行动小心谨慎，对环境改变十分敏感，有强烈的新物反应，但一经习惯，即失去警惕。

褐家鼠的迁移，可分为被动迁移和主动迁移两种形式。

被动迁移，是借助于人类的车船及飞机等各种交通运输工具等被带到各处。在兰新铁路通车以前，新疆没有褐家鼠，现在已成为哈密、乌鲁木齐等城市主要家栖鼠种之一。在褐家鼠迁移史上，这种被动迁移对其现代巨大的分布区的形成起了决定性的作用。

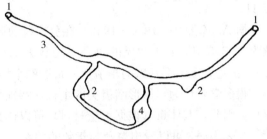

图 10-43 褐家鼠的洞穴剖面
1. 洞口 2. 膨大部 3. 洞道 4. 巢

主动迁移，又可分为季节性迁移和非季节性迁移。仅有一部分褐家鼠进行季节性迁移，它们春末夏初迁移至室外活动，到 10 月，天气转冷后，又移入室内。这种迁移，有较大的流行病学意义。

褐家鼠非季节性迁移有不同的原因，而且性质也不全一样，总是迁移到对它有利的新环境中去。但是，褐家鼠具有很大的保守性，总是留恋自己的栖息地。

栖居在野外的褐家鼠常以动物性食物为主要食料，如蛙类、蜥蜴类、小型的鼠形啮齿类、死鱼和大型的昆虫等，但植物性食物仍然是重要的补充食料。

在室内，由于长期依附于人类，显然是杂食性的，但比较偏于肉食。它的食谱很广，几乎包括所有人类的食物，以及垃圾、饲料、粪便等，也吃肥皂、昆虫或其他能够捕得到的小动物。对各种食物的喜食程度，与栖息环境很有关系，在不同环境里差别很大。每天食量为其体重的 10%～20%，体重越轻，所占百分比越高。对饥渴的耐力较小，故取食较为频繁。据测定，褐家鼠对含水食物的日食量，与其含水量成正比。例如，以干小麦的消耗量为 100%，则对含水一半的面丸为 190%。若食物的含水量增加，饮水量相应减少，在达到一定程度后，虽不饮水也能生存。但仍保持其饮水习惯。

褐家鼠常有搬运食物的现象，但通常并不储藏食物，然而也有例外。

在热带和亚热带，全年均可繁殖。在温带，春、秋各有一个繁殖高峰，随着栖息地的不同，酷热的夏季有一个繁殖低潮，而在冬季则几乎完全停止。但在 -10℃ 左右的冷藏库中，由于食物丰富，亦能繁殖。

据方勤娟等（1959）在重庆的调查：除 11 月和 12 月未发现妊娠个体外，1～10 月均有孕鼠。逐月的妊娠率和每胎仔数如表 10-2 所示。

表 10-2　褐家鼠各月的妊娠率和每胎仔数 (1959)

月份	妊娠率（%）	每胎仔数	月份	妊娠率（%）	每胎仔数
1	14.82	8.1	7	9.67	7.3
2	33.33	10.0	8	13.33	7.0
3	30.76	10.1	9	15.00	8.1
4	22.72	8.4	10	16.66	7.3
5	16.21	8.7	11	0	0
6	6.97	10.3	12	0	0

每胎平均仔数为 9.94 只（5～14 只）。

据伍律（1958）在旅大（现大连）的调查，每胎平均仔数为 8.1 只，最少为 3 只，最多 17 只。

据 A. 库加金（1944—1946）在莫斯科的调查，3 年期间用捕鼠器捕获的雌性褐家鼠总数为 52 690 只，其中孕鼠的每月平均数为 7.05%，其变化为 3.4%（12 月）～13.7%（5 月）。在绝大多数都妊娠的季节里，每胎的平均仔数也比较多。

很多学者认为，鼠形啮齿类的生长，特别是它们体重的增长，直到其生命结束之前也不停止，因此，其体重（根据大量材料）可以作为年龄的指数。

从表 10-3 可以看出繁殖与年龄的关系（在城市条件下）。

表 10-3　1944—1946 年在城市所获雌性褐家鼠的月龄组成和繁殖指标（自库加金）

重组量	雌体数	雌体重量（g）	月龄组成	月龄组成与雌体总数对比（%）	其中的孕鼠 数量	其中的孕鼠 百分比（%）	平均胚胎数
1	1 030	18～70	2 以下	12.1	0	0	0
2	2 629	71～160	2～6	30.2	30	1.1	7.3
3	1 974	161～240	6～12	23.2	144	7.3	7.1
4	1 230	241～290	12～24	14.5	157	12.8	8.1
5	886	291～340	24 以上	10.4	140	15.8	8.2
6	661	341～420	24 以上	7.8	125	18.9	8.8
7	95	421～529	24 以上	1.1	29	30.5	8.6
1～7	8 508	18～529	—	100.0	625	7.35	8.06

在北方，每一雌性褐家鼠一年生产 2～3 窝仔鼠。褐家鼠的妊娠期约为 21d。初生的仔鼠生长很快，一周内长毛，9～14d 睁眼，开始寻食，并在巢穴周围活动。约 3 月龄时，达到性成熟。生殖能力可保持到一年半到两年。它的寿命可达 3 年以上，但平均寿命小于 3 年。

褐家鼠的数量，城市比农村多，大、中城市比小城市多。据调查，在一些城市中褐家鼠所占捕获鼠类中的百分比为：沈阳 97.47%，旅大（现大连）65.68%，厦门 95.5%，广州 57.07%，重庆 90%，贵阳 49.03%，福州 27.58%，怀德（现公主岭）8.12%。

该鼠的群落关系可分为共栖者和寄生物。

共栖者：褐家鼠常攻击其他鼠类，并不与它们共栖。但在建筑物内，可同时发现褐家鼠与小家鼠，而在某些船舶、码头和其他建筑物内，经常与黑家鼠（$Rattus\ rattus$）共栖。

寄生物：褐家鼠的寄生物，无论种类或数量都非常多。

在褐家鼠的分布区内，从被毛上发现的微翅类约有几十种，其中某些种类是家鼠所特有的。在特有种内与人类有关的是鼠疫蚤（$Xenopsylla\ chenopis$）。鼠疫蚤是鼠疫、家鼠立克次体病和其他疾病病原体的主要积极传播者（由家鼠传给家鼠和由家鼠传给人）。在亚洲东部还有横滨单蚤（$Ceratopyllus\ anisus$）。其他外寄生物中有：巴氏刺脂螨（$Lipanissus\ bacoti$），其幼虫能传播鼠咬热，恙螨类（$Trombidiidee$）传播恙螨病；硬蜱类（$Ixodidae$）的幼虫和稚虫，也是各种疾病的传播者；家鼠虱（$Polyplax\ spinulosus$）能传播斑疹伤寒。

在褐家鼠的各个器官中寄生着许多圆虫类和绦虫类，特别是对人和家畜有危险的旋毛虫（$Trichinella\ spiralis$）。

褐家鼠的疾病（包括与人类和家畜共有的疾病在内）是很多的，其中主要的有：鼠疫、假性结核病、狂犬病、脑炎、立克次氏体病、类鼻疽病、李氏杆菌病、类丹毒、肠道传染病（副伤寒类）、布氏杆菌病、螺旋体病、黄疸病和霉菌病等。

（三）地理分布

褐家鼠是一种世界性分布的鼠种，除苔原带和亚寒带针叶林带的寒冷地区以外，凡是人类居住的地方都可以找到褐家鼠。在国内，除少数干旱地区外，遍及全国，是最常见的家栖鼠种。

（四）经济意义

褐家鼠是一种世界范围内的有害动物。各国人民都或多或少地遭受到褐家鼠的危害。

家鼠的危害方式很多：它们毁坏作物，损害果树，损害和污染食品；损坏家具、衣物、建筑物和建筑材料，包括铅管和电线，甚至引起火灾；破坏田埂，引起灌水流失；咬死家禽和幼畜。特别是传播许多对人和家畜有危害的疾病。

（五）防治方法

对于家栖鼠种，应强调防重于治的原则。要求储藏食品的房间整齐、卫生、储藏好食品，使鼠类无法找到食物，而无法生存。仓库、食品加工间之类的建筑物，应有防鼠设施。由于人类生存环境十分复杂，褐家鼠等生存能力又十分顽强，常常防不胜防，应该用各种方法进行灭鼠。

1. 毒饵法 适用于毒杀褐家鼠的胃毒剂很多，急性或缓效杀鼠剂均可使用；环庚烯、鼠克星等更是专门对付褐家鼠或家鼠属动物的低毒药物。各种药物的适用范围和使用浓度可参看本书第八章。

由于褐家鼠生性多疑，毒饵的配制和施用都应精心。一般诱饵应选择当地褐家鼠嗜食的品种，尽可能加上油、糖等引诱剂。在潮湿环境下使用的毒饵，可裹上石蜡，以防霉变。使用急性杀鼠剂时，应先施用 6～7d 无毒前饵，使用缓效杀鼠剂时，不必施用前饵，但应在 15d 之内充分供应毒饵。毒饵应放在褐家鼠经常出没而又隐蔽之处，最好放在毒饵盒中。

亦可用毒水、毒糊或毒粉消灭褐家鼠。

2. 器械法 多种捕鼠器均可用于消灭褐家鼠。可用肉、油等作诱饵。使用鼠夹时，可预先挂饵而不支夹，几天之后，家鼠会丧失警惕性，即可支夹连续捕打。

3. 熏蒸法 仓库、船舶可用毒气熏蒸，野地里的褐家鼠，亦可用磷化铝等熏杀。

二、小家鼠

学名：*Mus musculus* Linnaeus　　英文名：House Mouse
别名：鼷鼠、米鼠、小老鼠、小耗子等

(一) 形态特征

小家鼠（图10-44）是鼠类中较小的一种，平均体长约90mm。尾的长度变化较大，南方各亚种的尾长与体长几乎相等；北方各亚种的尾长小于体长。

毛色变异亦较大，背毛由棕灰、灰褐至黑褐色，腹毛由纯白色至灰白、灰黄色。前后肢背面为灰白色或暗褐色。尾背面为棕褐色，腹面为白色或沙黄色，但有时不甚明显。

头骨的吻部短，眶上嵴不发达，颅底较平，顶间骨甚宽，门齿孔长，其后缘超过第一上臼齿前缘的连接线，听泡小而扁平。下颌骨喙状突较小，髁状突较发达。

图10-44　小家鼠

上门齿内侧有一缺刻，上颌第一臼齿甚大，最末一个臼齿较小，因此，第一臼齿的长度大于第二臼齿和第三臼齿长度的总和。

(二) 生态特性

小家鼠是与人伴生的小型啮齿动物。栖息环境十分广泛，常见于房舍、田野，在荒漠中亦可见其踪迹。小家鼠体小，只需很小的空间即可生存。在房舍中，既能在墙缝中做窝，更喜欢在家具、杂物堆中营巢；在田野里，非繁殖鼠可在枯草丛、禾捆、土块下随处栖身，到繁殖或天气变冷时，则在田埂、渠沿及旱地中较高的场所挖洞居住。小家鼠比较爱在疏松的土地上挖洞，其洞穴较为简单（图10-45）。洞口1~2个，有的亦有3个洞口，洞口直径2.0~2.5cm；洞道长平均98cm（63~160cm），有的直接通入巢室，有的盘旋而入，或者先为一条通道中途分叉再合一通入；并行的二三条通道，有的呈水平走向，有的分上、下数层；巢室常通盲道，巢的位置一般位于洞穴深部，距田埂顶面19~50cm，一般均在田埂基部之上。

小家鼠活动性强，能主动趋利避害。当适宜空间增加时就扩散，栖息地生态条件恶化就迁出，优化则迁入。这种极强的机动灵活性，不仅使该鼠具有明显的季节迁移特征，而且使之得以随时占据最有利的生活地段，成为富于暴发性的优势种。评价小家鼠栖息地优劣的生态条件可归结为食物和隐蔽条件及其稳定性，以及空间大小、土壤的紧实度等。在天山北麓的老农业区，4月小家鼠密集地是稻茬地和田间荒地，6月是小麦地，8月是水稻田和胡麻地，10月和11月是水稻田和玉米地。稻茬地、小麦地及苜蓿地，水稻田和玉米地分别是各阶段的最适生境。至于房舍，则是冬季迁入，夏季迁出。

小家鼠营家庭式生活，在繁殖季节，由一雌一雄组成家庭，双方共同抚育仔鼠。待仔鼠长成，则家庭解体，有时是双亲先后离去，有时是仔鼠离巢出走。在繁殖盛期，也可发现亲鼠已孕，仔鼠仍在，甚至有几代仔鼠与亲鼠同栖一洞者（最多可超过15只），每一家庭，有不超过数平方米的领域。

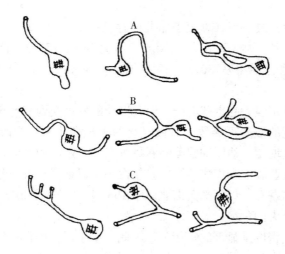

图 10-45　田野中的小家鼠洞穴结构示意图
A. 单洞口穴　B. 双洞口穴　C. 三洞口穴
（仿朱盛侃等，1993）

在一般情况下，小家鼠昼伏夜出，在 20～23 时和 3～4 时有两个活动高峰，又以上半夜活动更为频繁。但其昼夜节律在不同地区、不同季节和不同生境可能有些差别。冬季，小家鼠多在雪下穿行，形成四通八达的雪道，并有通向雪面的洞口。当新雪再次覆盖后，小家鼠又由旧雪层到新雪层下活动，久而久之，整个雪被中鼠道层层叠叠，纵横交错。但小家鼠作长距离流窜时，并不在雪被下穿行。

小家鼠攀缘能力很强，可沿铁丝迅速爬上滑下，在农田中，可沿作物茎秆攀缘而上，并在穗间奔跑，如履平地。小家鼠亦能利用粗糙的墙面向上爬，到梁、天棚上活动。在新疆，土坯房多用壁纸糊顶，冬夜小家鼠常在纸顶上奔跑打闹，影响住户休息。小家鼠从 2.5m 高处跳下不会受伤，甚至可以从梁上跳下，准确地落在盛装食物的容器上盗食。

小家鼠性杂食，但嗜食种子。在种群数量高时，能取食各种可食之物。从实验室观察的结果看，小家鼠对食物的嗜食程度，直接受它已采食过的食物的影响。小家鼠日食量为 3.30±0.25g。在有饮水的情况下，平均饥饿 3.5d 后死去，雄鼠耐饥能力为雌鼠的 4 倍。小家鼠习惯少量多餐，据观察，平均每天取食 193 次之多，每次仅吃食 10～20mg。其取食场所常不固定，往往在 1d 之内遍及可能取食的所有地点。

小家鼠全年均可繁殖，但在北方仍有明显的季节性。在天山北麓，6～10 月是田野小家鼠的繁殖盛期，怀孕率超过 50%，平均胎仔数超过 7.8 只，雄性睾丸下降率在 90% 以上（10 月除外）。而 11 月到翌年 3 月下旬，怀孕率在 30% 以下，平均胎仔数和睾丸下降率也较低。小家鼠妊娠期约 19d，平均胎仔数为 7.86 只，幼鼠在 2.5 月龄时即达性成熟，产仔间隔和年产窝数都随生境不同而发生变异。如在新疆北部，产仔间隔平均 38.9d（23～80d），平均年产 9.4 窝，而在西宁市，产仔间隔平均 50.9d（25～102d），平均年产仔 7.1 次。

小家鼠在正常情况下雌多于雄，随着窝仔数的增高，雄性有增多的倾向。小家鼠的年龄组成在不同密度下有所不同，在高数量年，亚成年组比重高，在低数量年成年组比重偏高。此种现象反映了种群特征在不同密度水平下的变化。前者是前期刺激种群大发生的有利因素和后期高密度抑制效应双重作用的结果；后者则基于前期出生率低而后期生长发育快速的双重作用。

小家鼠实验种群胎仔成活率（母腹中胎儿的存活率）为94.2%，初生到性成熟的存活率为47.65%（初生至25d为57.88%，26d至2.5月为82.76%）。自然种群胎仔存活率为76.9%，初生至性成熟存活率从30%～35%（Варщавский，1950）到87%（朱盛侃等，1993）。

总之，小家鼠有特别强大的生殖潜能，但其潜能的发挥受到其自身种群密度和多种环境因素的制约。种群密度的改变可导致个体极显著的生理变化和行为改变，在高密度的种群中，观察到肾上腺皮质增生，幼体胸腺萎缩和雌雄个体生殖腺的萎缩，表现出繁殖受到强烈的抑制。加上气候、农业收成和疾病的影响，使得小家鼠种群动态十分复杂多变。在个别年份，其数量可猛增千倍左右。如新疆天山北麓于1967年，伊犁谷地于1970年，都发生过小家鼠的大暴发，造成极大的危害。

小家鼠繁殖指数与密度呈显著的负相关。因此，小家鼠种群在一年中的生殖动态，在较大程度上受控于其数量水平，并且反应灵敏。种群增长率与其前一时段种群基数关系密切而直接。在北方，季节性抑制发生在8～10月。

小家鼠的数量，在北方属典型的后峰型，每年到一定时期就会迅速增长，数量曲线陡然上升，具有指数式增长的特征，一旦受环境阻力或其他限制，又会立刻停止增长或骤然下降，表现为变幅很大，极不稳定。在天山北麓，其数量低谷在4月，高峰在10月，除自身的生殖抑制外，这主要是冬季严寒造成的。在珠江三角洲，农田小家鼠的数量波动曲线仍为单峰型，其最低点出现在6～7月，峰期在冬季，这是由于6～7月暴雨盛季，寄生虫感染率高，而冬季气候温和、食源充裕所致。可见小家鼠在不同地域季节消长的时序虽有不同，但基本形态是相同的。

小家鼠数量的年间变化幅度也很大，并无一定周期，但并非没有规律。如在高数量年后，一般紧接着一个或几个低数量年，而且前一年数量越高，随后的数量越低，影响越久（图10-46）。根据其数量水平和危害特点，可将小家鼠的数量分为大暴发年、小暴发年、中

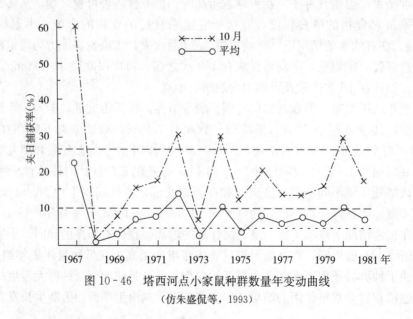

图10-46 塔西河点小家鼠种群数量年变动曲线
（仿朱盛侃等，1993）

暴发年和低数量年，其特征如表 10-4 所示。

表 10-4 天山北麓农区小家鼠种群数量级划分标准及主要特征

(引自朱盛侃等，1993)

种群数量级		分级指标		年高峰期密集地数量	种群主要特征		鼠害特点	实例年份
名称	级	$\bar{M}$	M_{10}		怀孕率（%）			
					10 中旬	11 月中旬		
高数量年	大暴发 甲	≥20	≥39.1	>65	0	0	春夏就见害。成片毁灭农作物，普遍损坏室内物资。可成灾	1967
	小暴发 乙	≥10.1 (12.2±1.2)	26.1~39.0 (29.8±0.3)	41~65 (48.2±2.6)	<30 (20.4±6.3)	0~3 (0.7±0.7)	鼠害主要发生在秋季，大量咬落穗头、严重损害禾捆，室内夏秋见害，入冬鼠害重	1972 1974 1980
中数量年	丙	5.1~10.0 (7.5±0.4)	13.1~26.0 (16.6±1.1)	24.0~40.0 (27.7±1.8)	40.0~60.0 (48.3±3.7)	>10 (18.7±3.8)	秋季农田可见落穗，耕地和碾场上禾捆有明显鼠害，秋冬室内有明显鼠害	1970—1971 1976—1979
低数量年	丁	≤5.0 (2.6±0.7)	≤13.0 (7.1±2.2)	≤23.0 (13.3±4.2)	>50 (55.5±1.9)	>15 (24.8±10.2)	全年无明显鼠害，或仅秋后有轻度鼠害	1975—1973 1968—1969

注：①括号内是按实例计算的平均数与标准误，可代表该数量级常见水平（丁级，怀孕率由 1973、1976 两年数据计算）。②"年高峰期密集地数量"指 10 月中旬的水稻田与玉米地内的小家鼠捕获率平均值。

小家鼠为 r-对策者，具有大暴发的固有特征。仅 20 世纪在北美洲、澳大利亚、欧洲和前苏联就发生将近 20 次，在我国新疆，1922 年、1937 年和 1967 年（天山北麓农区），以及 1955 年、1970 年（伊犁谷地）共发生 5 次。1967 年后我国学者进行了广泛调查，1970 年大暴发时夏武平等专家亲临现场，目睹其惊人数量，进行了深入的调查研究。

大暴发进程的特点是初期种群数量增长快，中期密度特高和后期种群数量急剧下降。朱盛侃等（1993）对小家鼠种群大暴发的主要特点作了总结。

1. 数量高 各主要栖息地捕获率都超过 50%。由于夹日法的固有缺点，不能反映高密度种群的数量，所以其实际密度更高。

2. 发生早，持续期长，消退急骤 两大暴发年 5 月鼠密度很高，6~10 月成群危害，到下第一场雪时则突然消失。

3. 行为改变 集结流窜，白天也活动，无所不食。

4. 危害烈，破坏力特强 可以成片毁灭庄稼，咬毁室内各种物品，酿成地区性特大灾害。

5. 鼠个体趋小，抗逆性变弱 数量中常年份小家鼠平均体重 17.2g，58 只/kg，大暴发年平均体重不足 14g，72 只/kg。中常年份雪后小家鼠仍很活跃，在野外也能保持相当数量，大暴发年的头场雪后鼠群骤逝，表明其耐寒性极弱。

6. 生理改变 生殖腺萎缩，10 月上旬即全部停止繁殖，雌成鼠无一怀孕。

7. 种群崩溃 大暴发后次年种群数量必降至最低点，即种群"爆炸"以后出现"崩溃"现象。

群落关系：在新疆北部农区，小家鼠分别与灰仓鼠、红尾沙鼠、小林姬鼠、根田鼠并存于同一生境，特别是小家鼠与灰仓鼠，为农村与农田中的恒有种，但其数量变动有各自的规律，但在小家鼠大发生时，灰仓鼠、小林姬鼠等的生存条件也受到一定的影响。

小家鼠和褐家鼠常常可并存于同一个栖息环境中。在谷草垛中，这两种鼠分开栖息，小家鼠主要在下部，而褐家鼠在上部。在同一谷草垛中，两者的数量都高，但两者直接相遇时，褐家鼠能咬死小家鼠，因此，当褐家鼠的密度上升时，小家鼠的密度往往相对下降，但在褐家鼠密度下降后，它的密度又可以上升。在许多地区大量灭鼠之后，常常出现褐家鼠减少，而小鼠就相对增多的情况。

（三）地理分布

早在石器时代，小家鼠就出现在中亚。以后，逐渐扩展到欧洲、亚洲、北美洲的可以生存的地区。现在，它已遍及全球。在国内，分布区也很广，除了西藏等少数地区外，各地均可见到。

（四）经济意义

小家鼠对农业的危害很严重，在大发生年代，常给农业造成很大损失。在城市，最大的损失可能不是它吃掉的东西，而是它污染食物和咬坏珍藏的书画、公文、衣物等。虽然小家鼠造成的经济损失难以估计，但几乎所有的人都能意识到，小家鼠的存在而造成损失的严重性。此外，它还参与一些自然疫源性疾病的传播和引起细菌性食物中毒。

（五）防治方法

小家鼠可以用多种捕鼠器捕杀，但所用的捕鼠器体积要小，灵敏度要高。大致说来，小家鼠不太狡猾，比褐家鼠易捕。群众经常使用碗扣、坛陷、水淹等方法。近年来，有些地方用粘蝇纸捕捉小家鼠，效果也好。

对于野外的小家鼠，除了可使用一般捕鼠器以外，翻草堆、灌洞和挖洞法亦可应用。

毒杀小家鼠时，根据它对毒物的耐药力稍强而每次取食量小的特点，各种药物的使用浓度，应比消灭褐家鼠的剂量提高50%～100%，但每堆投饵量可减少一半。一般灭鼠药物用0.5～1.0g，抗血凝剂可投放3～5g。诱饵以各种种子为佳，投饵应本着多堆少放的原则。

野外大面积毒杀小家鼠时，宜于春暖雪融后进行。亦应提高毒饵的含药量。消灭草堆中的小家鼠，可用布饵箱，内放毒饵数十克（视鼠的数量而定），也可同时放入黏有毒粉的干草、废纸等。在离地面0.2～1m的地方，将草捆拔出少许，布饵箱放入后，外用草塞住。

使用毒粉时，其浓度和消灭褐家鼠时相同，但投粉数量可减到每洞3～5g；毒糊和毒水仅在个别情况下使用。

在野外，亦可用烟剂或其他熏蒸剂。

三、大林姬鼠

学名：*Apodemus peninsulae* Thomas　英文名：Korean Field Mouse

别名：林姬鼠、山耗子

（一）形态特征

大林姬鼠（图10-47）体形细长，长70～120mm，与黑线姬鼠相仿，尾长几与体等长或稍短于体长，尾季节性稀疏，尾鳞裸露，可看到明显的尾环。耳较大，耳前折时可达到眼部。前后足各有足垫6枚。胸腹部有2对乳头。

头部和背部通常为灰黄色。夏毛背部为褐棕色，毛基深灰，毛尖黄棕色或略带黑尖，并杂有纯黑毛。冬毛棕黄色。腹部及四肢内侧灰白色。颊部和两侧毛色比背部略淡。尾上面为褐棕色，下面白色。

头骨的吻部稍钝圆。颅全长为22～30mm。有眶上嵴，但不明显。额骨与顶骨之间的交接缝向后呈圆弧形。顶间骨略向后倾斜，而枕骨比较陡直，从上往下直观时，仅见部分上枕骨（此点区别于黑线姬鼠）。门齿孔与上齿列两端有相当大的距离。

图10-47 大林姬鼠

大林姬鼠的牙齿比黑线姬鼠稍大。第一上臼齿的长度，约为第二和第三上臼齿长度之和。第一上臼齿有3列横嵴，第三列内外侧的齿突已退化。第二上臼齿小于第一上臼齿，也有3列横嵴，第一列中央的齿突稍尖，两侧的形成两个孤立的齿突，内侧比外侧发达。第三上臼齿最小，也分3叶。

（二）生态特性

大林姬鼠喜居于土壤较为干燥的针阔混交林中，阔叶疏林、杨桦林及农田中，一般做巢于地面枯枝落叶层下。有时在踏头甸子中也能成为优势种。在东北伊春的带岭，在该地农田中的数量仅次于黑线姬鼠。在大兴安岭伊图黑河，在山坡沟塘的采伐迹地上及原始落叶松林中都有一定的数量。森林采伐后，其数量在短期内有下降的趋势，但它仍能很好地生存，甚至老迹地、荒山榛丛中大林姬鼠仍是第一位的优势种。有时也进入房屋中。在内蒙古阴山山脉的次生林地，该鼠也常为优势种，有时在仅有几棵杨树和一些山杏的条件下也发现有大林姬鼠，也曾发现于嫩江的森林草地。

大林姬鼠在原始森林与砍伐迹地之间有季节性迁移现象：冬季伐光的迹地上缺乏隐蔽条件，它移居于林内；自5月开始进入夏季以后，迹地上草类繁茂，具有较好的隐蔽条件和食物条件，它又迁到迹地；到秋季9、10月间草木枯萎以后，再返回林内。

大林姬鼠的巢穴多在倒木、树根以及枝堆下的枯枝落叶层中，以枯草枯叶做巢，若洞口被破坏时它还会修补。它以夜间活动为主，但在白天也常出现。冬季在雪被下活动。地表有洞口，地面与雪层之间有纵横交错的洞道。

大林姬鼠喜食种子、果实等食物，有时也吃昆虫，很少吃植物的绿色部分。在笼饲条件下，它吃红松（*Pinus koraiensis*）的种子及托盘（*Rubus sahalinensis*）、榛子（*Corylus heterophyla*）、糠椴（*Tiilia mandshurica*）、小叶椴（*T. tagnitii*）、刺莓果（*Rosa daurica*）、剪秋萝（*Lychni fulgens*）等的果实和种子。大林姬鼠有挖掘食物的能力，并能将未食尽的食物用枯枝和土壤加以掩埋。它不在洞内取食，故在其洞内很少找到食物的残渣。

大林姬鼠于4月开始繁殖，以5、6月最盛。在东北带岭一带，大约到8月已无孕鼠；但在长白山地区，11月还曾发现孕鼠。每胎4～9仔，以5～7仔的最多。

大林姬鼠在数量上有明显的季节波动和年度变动。春季4～6月为数量上升阶段；夏季7～9月为高数量持续阶段；10月数量开始下降。同时，该鼠在不同生境间存在迁移现象，以致数量的季节消长曲线有时出现多峰状态，但总的看来，仍属后峰型。大林姬鼠数量的年度变化，在不同年份的同一个月内，其数量差异可达十几倍以上。数量变动的周期性与生境有密切关系。如在数量特高或特低的年份，各生境内的数量动态基本上是一致的；在中等年份，在最适生境可出现高数量，而在不适生境内则出现低数量。

(三) 地理分布

大林姬鼠在我国分布于东北各省、内蒙古大兴安岭及阴山山脉一带，河北北部、山西、陕西、甘肃、青海等地。

(四) 经济意义

大林姬鼠喜食种子，每年要消耗相当数量的种子，影响林木的天然更新；而且对直播造林危害更为严重。另一方面，它有掩埋食物的习性，有利于种子的发芽与出苗。

(五) 防治方法

在防治直播鼠害时，可采用毒物拌种、控制播期、清理迹地以及对种子进行催芽等办法。数量多时，可在播前用毒饵进行灭鼠。

四、黑线姬鼠

学名：*Apodemus agrarius* Pallas 英文名：Striped Field Mouse
别名：田姬鼠、黑线鼠、长尾黑线鼠

(一) 形态特征

黑纹姬鼠（图 10-48）大小与大林姬鼠差不多，体长 65～117mm。尾长约为体长的 2/3，由于尾毛不发达，鳞片裸露，因而尾环比较明显。耳短。四肢不及大林姬鼠粗壮；前掌中央的两个掌垫较小，后足跖部亦较短。胸部和腹部各有 2 对乳头。

黑线姬鼠最明显的特征是背部有一条黑线，从两耳之间一直延伸至接近尾的基部，但我国南方的种类，其黑线常不明显。背毛一般为棕褐色，亦有些个体带红棕色，体后部比前部颜色更为鲜艳，背毛基部一般为深灰色，上段为黄棕色。有些带有黑尖，黑线部分的毛全为黑色，腹部和四肢内侧灰白色，亦有些种类带赤黄色。其毛基均为深灰色，体侧近于棕黄色，其颜色由背向腹逐渐变浅。尾呈二色：背面黑色，腹面白色。

头骨微凸，较狭小，眶上嵴明显，额骨与顶骨交接缝呈钝角，顶间骨窄。

上臼齿齿突形成弯曲弧形的三列状。第三臼齿小，内侧前方有一孤立的齿叶，下方二齿叶相连通，年老者则成一整块。第二臼齿无前外方的齿尖，仅有前内侧的齿尖。

(二) 生态特性

黑线姬鼠的栖息环境十分广泛，沼泽草甸、杂草丛、各种农田和田间空地，以及菜园、粮堆、草

图 10-48 黑线姬鼠

垛下、堤边、河沿和人房中等，以向阳、潮湿、近水场所居多，甚至深入到亚寒带落叶松林的采伐迹地，但特别喜居于环境湿润、种子食物来源丰富的地区。

姬鼠洞系的结构比较简单，洞口数不多，一般 2～5 个不等，以 3 个居多，直径 1.5～3cm。洞道全长 40～120cm，内有岔道和盲道。洞深不超过 180cm。全部洞系在 100cm 范围以内。窝巢多由干草构成，其体积为 9cm×10cm×5cm。由于姬鼠的活动力很强，常常更换

洞穴，所以常利用一些空隙筑巢，或隐蔽在粮堆、草堆下。

姬鼠主要在夜间活动，也偶在白天出现，但不如夜间活动频繁。其活动在24h内有2个高峰，一个在黎明，一个在黄昏，而黄昏是活动最频繁的时候。

姬鼠是杂食性鼠类，但以植物性食物为主。总的来说，以淀粉类（种子）食物以主，动物性食物及绿色植物居次要地位。从食物的成分中也可以看到食物的季节变化：从秋季起和整个冬季，大多数姬鼠以种子为食，春季大量捕食昆虫，而到夏季则食昆虫、野果和植物的绿色部分。在个别居住地（特别是在幼林的杂草中）每年温暖时期，昆虫占所有饲料的75%~85%。姬鼠的日食量为8.5~11g，但日食量随食物的含水量而增长，食物含水量达50%时最高。冬季储粮不多，通常它所存的食物仅够1~2d食用。

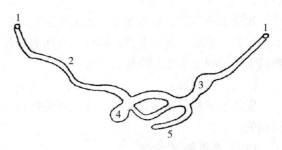

图10-49 黑线姬鼠洞穴剖面
1. 洞口 2. 洞道 3. 膨大部分 4. 鼠巢 5. 盲洞

雄鼠的巢区面积为$103.47 \pm 70.1m^2$，活动距离为$53.4 \pm 2.4m$；雌鼠的巢区面积为$76.91 \pm 56.9m^2$，活动距离为$45.4 \pm 2.6m$。它们的迁移活动比较频繁，在样地内，逐旬的存留率平均为0.667（以该旬的存留数量除以上一旬的存留数量）。黑线姬鼠的季节性迁移也非常明显：秋季大部分姬鼠从田间迁移到谷物堆下，小部分迁移到人类建筑物里去。去田野随着田间作物的播种和收割而逐渐转移。例如，在川西平原，春季4~5月主要在各种小春作物地栖居，6~7月随小春作物收割后，多数迁到田边地角的麦堆内；以后，秋季作物成熟，又迁到秋熟作物地内栖居。秋季作物收割后，少数在田间居住，多数迁住到稻草堆中。

一般来说，黑线姬鼠从春到秋进行繁殖，在繁殖季节，雌鼠产2窝或3窝（少部分）。但它们的繁殖期因地而异：在我国东北繁殖集中于夏季，如在大兴安岭伊图黑河，5月妊娠率为28.18%，6~8月妊娠率为40%~80%，9月孕鼠已很少，妊娠率仅为5.74%，10月上旬以后未发现孕鼠；在川西平原繁殖季节在2~11月，冬季12月至翌年1月未发现孕鼠，2月妊娠率最低，为1.3%。孕鼠的消长与数量的季节变动和幼鼠大量出现的规律基本相符，均为双峰型，5月妊娠率为82%，而6月则为一年内数量最高的春峰期，10月及11月妊娠率分别为40%及60%，而11月为一年内数量的秋峰期，但春峰数量高于秋峰数量。每胎仔数以5~7只的为多，占65.15%；在浙江（杭州、义乌）差不多全年都能繁殖，不过在寒冷季节，其繁殖力很低，每年也有两个繁殖盛期，第一个在4~5月，为春季繁殖盛期，第二个在7~9月，为秋季繁殖盛期，而秋季的妊娠率一般都超过春季，因此，在秋季繁殖盛期之后，就形成了种群数量的高峰阶段。平均每胎仔数为5.17~5.18只。

黑线姬鼠与其他鼠类相比，生长速度较慢，春季出生的雌鼠在体重15.5~18g，体长74~95mm的开始性成熟，此时大约为3月龄；雄鼠性成熟稍晚，在体重为19~21g，体长77~102mm，为3~3.5个月龄。秋季出生的生长期更长，直到第二年春季才达到性成熟，长达7~8个月之久。性成熟之后的小鼠仍不断生长，体重和体长还增加到1.5~2倍。因此，可以根据体重划分年龄，体重越大繁殖指数越高，其繁殖力随着体重的增长而递增的现象相当显著。

在自然界中黑线姬鼠的寿命为1.5～2年，个别个体可达2.5～3年，但是几乎完全更新一次种群则需要2年的时间。对于小型啮齿动物来说，这种生命持续的时间就算是比较长的了。

和北方的不同，分布在南方的黑线姬鼠，在春季数量有所增加，形成6月小高峰，而秋季繁殖后，数量一直在上升，到秋末冬初为种群数量最高阶段，此后数量开始下降，但冬季数量下降的现象不如寒冷地区明显。

（三）地理分布

黑线姬鼠的分布除新疆、青海、西藏外遍及全国各省区，但总体上与潮湿的地理环境密切相关。

（四）经济意义

黑线姬鼠在我国不仅分布广泛，而且常常形成极高的密度，是农业的主要害鼠。作物播种期盗食种子，生长期和成熟期啃食作物营养器官和果实。黑线姬鼠为稻区及其他湿润农业区的重要优势鼠种。常盗食各种农作物的禾苗、种子、果实以及瓜、果、蔬菜。一般咬断作物的秸秆，取食作物的果实。对作物的危害，如水稻、小麦、玉米等，可从播种期维持到成熟期。在瓜菜田及保护地经常盗食瓜菜、种子、小苗。同时由于其经常迁入室内，而且是流行性出血热和钩端螺旋体的主要宿主，传播的疾病多达十几种，对人民群众的身体健康危害极大。

（五）防治方法

根据黑线姬鼠的繁殖和数量变动的规律，灭鼠的最好季节是冬季。这时它的隐蔽条件和食物条件都比较差，是数量下降时期；冬季黑线姬鼠多聚集于田边、柴草堆中，比较容易捕杀；冬季灭鼠能有效地消灭来年春季参加繁殖的个体，并能影响其全年的数量。因此，冬季组织群众性的灭鼠运动具有重要意义。

搬移草堆消灭姬鼠是一种很有效的方法，清除田间空地、土丘和道旁的杂草，恶化其隐蔽条件，可减轻鼠害；深翻土地，破坏其洞系及识别方向位置的标志，能增加天敌捕食的机会；作物采收时要快收快打妥善储藏，断绝或减少鼠类食源；保护并利用天敌捕杀；人工捕杀，在黑线姬鼠数量高峰期或冬闲季节，可发动群众采取夹捕、封洞、陷阱、水灌、鼓风、剖挖或枪击等措施进行捕杀，对消灭姬鼠也会起到良好的作用。无论田间或人房和仓库等室内都可用毒饵法消灭。

1. 毒饵法 用0.1%敌鼠钠盐毒饵、0.02%氯敌鼠钠盐毒饵、0.01%氯鼠酮毒饵、0.05%溴敌隆毒饵、0.03%～0.05%杀鼠脒毒饵，以小麦、莜麦、大米或玉米（小颗粒）作诱饵，采取封锁带式投饵技术和一次性饱和投饵技术，防效较好。也可使用1.5%甘氟小麦毒饵，半年内不能再用，宜与慢放毒饵交替使用，且该毒饵使用前要投放前饵，直到害鼠无戒备心再投放毒饵。

2. 烟雾炮法 将硝酸钠或硝酸铵溶于适量热水中，再把40%硝酸钠与60%干牲畜粪或50%硝酸铵和50%锯末混合拌匀，晒干后装筒，秋季，选择晴天将炮筒一端蘸煤油、柴油或汽油，点燃待放出大烟雾时立即投入有效鼠洞内，堵实洞口，烟雾可入洞深达15～17m处，5～10min后害鼠即可被毒杀。

3. 熏蒸法 在有效鼠洞内，每洞把注有3～5mL氯化苦的棉花团或草团塞入，洞口盖土；也可用磷化铝，每洞 2～3 片。

五、黄毛鼠

学名：*Rattus rattoides* Hodgson　英文名：Farmland Rat
别名：罗赛鼠、拟家鼠、黄哥仔（广东）、田鼠、园顶鼠（福建）

（一）形态特征

黄毛鼠（图 10-50）体形中等，躯干细长，成年鼠体长 140～175mm，体重 100～200g，尾细长，短于或等于体长。尾环的基部生有浓密的黑褐色短毛，尾环不甚明显，尾上下色近似，上部呈深褐色，下部略浅。耳短而薄，向前折不到眼部。体背毛黄褐色或棕褐色，腹部白色，腹毛尖端白色，基部灰色，背腹部没有明显的界线。四足背被白色毛，后足小于 33mm。雌鼠有乳头 6 对，胸部和鼠蹊部各 3 对。

（二）生态特性

黄毛鼠为野栖鼠种，室内极少捕获到，在平原、丘陵和山区农田数量较多，喜居于稻田、甘蔗田、菜地、灌木丛、塘边、沟边的杂草中。善于涉水游泳，纵横交错的河流或沟渠不会妨碍它觅食和栖息活动。春季多在水源附近，挖洞筑窝；秋冬季节迁移到粮库和居民区场院的储粮囤、垛、柴草堆底下挖洞筑窝，一般有 2～5 个鼠洞，洞口直径 3～5cm，洞道直径 4～6cm，洞道弯曲多分支，洞内有

图 10-50　黄毛鼠

1 个鼠窝，窝内用细软杂草铺垫。洞庭湖内通常只有一个巢室，巢室直径 14.6±0.43cm，巢室顶部离地面 16.0±2.17cm（黄秀清等，1995）。有鼠栖息的洞口比较光滑，洞口附近常有挖出的颗粒状土堆和撒落的粮食及铺垫物，以及鼠尿等物。昼夜都活动，以清晨和傍晚活动频繁。在它栖居范围内食源充足时，活动范围就小，当食源缺乏时，会到 1.5km 以外的地方去觅食。

黄毛鼠昼夜活动，一般夜间活动最多，以清晨和黄昏最为频繁。活动范围随食物条件不同而变化，食物丰富时，活动范围小，约几十米以内，食物缺乏时，活动范围明显扩大，可到距 2～3km 的地方觅食。黄毛鼠的数量随着不同作物的生长和成熟而转移，在冬季作物成熟收割后，一部分迁至稻草堆下，一部分窜入室内，数量极少。在福建古田地区黄毛鼠窜入室内主要在 5 月和 12 月前后。

每年生殖 3～5 胎，每胎产仔 5～7 只。在中南地区春秋两季是它繁殖高峰，春峰在 4～5 月，秋峰在 9～10 月；12 月至翌年的 2 月很少生殖。此鼠的分布与数量变动有关系。在南方，夏秋高温高湿季节，因炎热气候其哺乳期的仔鼠成活率明显降低，冬春两季的气温不太冷，对它生存并不构成威胁，甚至对它更加适宜。

（三）地理分布

黄毛鼠在国内主要分布在长江以南地区及台湾。尤其福建和广东、广西的沿海平原，数量更多，在当地农田害鼠中占首位。

(四) 经济意义

黄毛鼠是一种杂食性鼠类,以植物性食物为主,占90%以上,动物性食物较少,喜吃大米、谷子、甘薯、小麦、黄豆等,对不同作物、不同生育期的食物有明显的选择性,对早熟的水稻品种为害较重。詹绍深(1986)报道一只成年黄毛鼠每昼夜吃大米 8.7~9.2g,占体重的 10.7%~11.3%,吃甘薯 14~15g,占体重的 17.3%~18.5%。据室内饲养,一只黄毛鼠一年内可吃粮食 6.96kg。冯志勇等(1995)按黄毛鼠胃内食糜的种类,将黄毛鼠的食物分为纤维类、淀粉类和动物性食物类,其中,纤维类食物占 26.27%±7.42%,淀粉类食物占 63.77%±5.94%,动物性食物占 9.86%±2.79%。黄秀清(1990)报道,黄毛鼠对新鲜稻谷的取食率高,比对储藏多年的陈谷高 2.25 倍,且喜食正在田间成熟的稻谷。日食稻谷量约占体重的 10%。戚根贤等(1996)报道,黄毛鼠的取食量有季节变化,其变化主要受环境温度的影响,平均取食量和饮水量分别为 70.40±9.47g/(kg·d) 和 107.82±9.69mL/(kg·d);取食量(Y)与日平均温(X)关系方程为 $Y=151.508\ 1-3.970\ 1X$;饮水量(Y)与日平均温湿度比(X)关系方程为 $Y=36.389\ 9+24.599\ 4X$。以植食性为主,如稻、麦、豆类、花生、甘蔗、果蔬等;秋收以后,也食野生植物的茎、叶、种子和块根;也经常捕食鱼、青蛙和昆虫等。食量大,危害相当严重。

(五) 防治方法

对黄毛鼠的综合治理对策,为充分利用农业耕作措施,破坏和恶化鼠赖以生存的栖息环境和食物源,从降低农田环境的鼠类生态容量着手,开展生态治理;同时采用其他捕杀措施,改进化学灭鼠技术,提高灭鼠效果,以求提高鼠害治理的整体效益。

1. 化学灭鼠 以抗凝血剂灭鼠剂为主,诱饵可用各种谷物、蔬菜、甘薯以至鱼虾等。南方大面积灭鼠亦采用稻谷拌饵,采用带状撒投的方法。灭鼠时机因各地作物的播种、生长和结实期不同而异。在水稻、花生、大豆等春播夏收或夏种秋收的作物区,应在春播前或夏收后至 8 月灭鼠;在香蕉、柑橘和芒果等水果产区,蔬菜、小麦产区以及河湖围堤,都应在 8 月和 12 月进行。

2. 捕杀 鼠洞和鼠道明显,使用捕鼠器械及挖洞、灌洞、翻草垛,以及训犬捕鼠等方法。

3. 防鼠 清理荒地,平整田地,铲除田间杂草,消灭鼠类的栖息地。作物收获时应快收、快打、快运和快储藏,尽量断绝鼠粮源。

六、黑腹绒鼠

学名:*Eothenomys melanogaster* Milne-Edwards 英文名:Black-bellied Vole

别名:绒鼠

(一) 形态特征

黑腹绒鼠(图 10-51)外形似洮州绒鼠,体较粗壮,尾较短,仅及体长的 1/3 左右。毛色,体背棕褐色,毛基黑灰,毛尖赭褐色;背毛中杂有全黑色毛;口鼻部黑棕色;腹毛暗灰色,但中央部分毛色稍黄;足背黑棕色;尾上面毛色同背,下面同腹色。颅骨平直,眶间较宽,颧骨略外突;眶后嵴、人字嵴及矢状嵴均不明显;腭骨后缘无骨质桥。第一臼齿外侧 3 个内侧 4 个突出角,第二上臼齿有 2 对称相连的三角形齿环。

(二) 生态特性

该鼠栖息于 2 500m 潮湿森林草甸草地，营夜间活动。以植物绿色部分为食，亦啃食树皮。

(三) 地理分布

该鼠在我国分布于浙江、云南、贵州、福建、四川、台湾、甘肃省内见于文县；国外见于印度阿萨姆、缅甸北部和中南半岛。

(四) 经济意义

图 10-51 黑腹绒鼠

绒鼠吃草本植物或灌木的皮、茎和枝条，仙人掌，干草和种子及植物幼林，因此是农牧业的防范对象。但由于野生绒鼠分布区狭小，数量较少，因此危害不大。另外，绒鼠还是珍贵的毛皮动物。其被毛为绒毛，致密柔软，状如丝，分布均匀。被毛组成特殊，每一个毛孔有一根针毛和成束的绒毛，针毛可使被毛坚挺而有层次，绒鼠毛皮特别珍贵，风靡世界各地。绒鼠为草食动物，饲料来源广，成本低，适合规模养殖，人工饲养绒鼠大有发展前景。此外绒鼠相貌可爱，也被普遍当作宠物来饲养。

(五) 防治方法

1. 化学灭鼠

（1）灭鼠剂。芳基重氮硫尿、毒鼠磷、溴代毒磷、氟乙酸钠、氟乙酰胺、甘氟、磷化锌等。灭鼠剂使用方法：①毒饵，毒饵是最广泛应用的灭鼠方法，使用得当，效果很好，方便而且很经济。配置毒饵必须注意：所用毒饵尽量新鲜，所用灭鼠剂要合格，不含影响适口性杂质，严格按配方要求，浓度太高或太低都会影响质量，调拌要均匀。毒饵有附加剂：引诱剂、增效剂、防腐剂、黏着剂和警戒剂等。②毒水，毒水灭鼠不仅可以节省粮食，而且安全。③毒粉，将毒粉撒布在鼠洞口和鼠道上，当鼠类走过时，毒粉黏在爪和腹毛上，通过修饰行为将毒粉带进口腔吞下中毒。

（2）化学绝育剂。甾体激素类、非甾体化合物、带有乙撑亚胺和甲黄酸酯基因的烷基化制剂等。用于灭鼠较化学灭鼠剂安全，但其作用非常缓慢，且化学绝育剂适口性差。

（3）熏蒸剂。氰化氢、磷化氢、氯化苦、溴甲烷、二氧化硫、二硫化碳、一氧化碳、二氧化碳、环氧乙烷、民间使用的烟剂等。

（4）驱鼠剂。福美双、灭草隆、三硝基苯、三丁基氯化锡。

（5）中草药灭鼠。白头翁、苦参、苍耳、狼毒等。

2. 生物灭鼠

（1）利用鼠的天敌。如鼬、蛇和鸮等。

（2）利用病原微生物灭鼠。如依萨琴柯氏菌等。

3. 器械灭鼠

捕鼠夹、木板夹、铁板夹、钢弓夹、环形夹、捕鼠笼、捕鼠箭、挤弓捕鼠、套具捕鼠、吊套捕鼠、捕鼠钩、电子捕鼠器捕鼠、粘鼠法、碗扣法、盆扣法、吊桶、压鼠法、陷鼠法。

七、黄 胸 鼠

学名：*Rattus flavipectus*（Milme-Edwards） 英文名：Buff-breasted Rat

别名：黄胸鼠、黄腹鼠、长尾鼠。

（一）形态特征

黄胸鼠（图10-52）体形中等，比褐家鼠纤细，体长135～210mm；尾和脚也较纤细，大部分的尾长超过体长，后足长小于35mm；耳大而薄，向前折可遮住眼部。雌鼠乳头5对，胸部2对，鼠蹊部3对。背毛棕褐色或黄褐色，背中部颜色较体侧深。头部棕黑色，比体毛稍深。腹面呈灰黄色，胸部毛色更黄。重要的识别特征是前足背面中央有一棕褐色斑，周围灰白色。尾的上部呈棕褐色，鳞片发达构成环状。幼鼠毛色较成年鼠深。

（二）生态特性

黄胸鼠是我国的主要家栖鼠种之一，长江流域及以南地区野外也有栖居，但除西南及华南的部分地区外，一般数量较少。行动敏捷，攀缘能力极强，建筑物的上层、屋顶、瓦楞、墙头夹缝及天花板上面常是其隐蔽和活动的场所。夜晚黄胸鼠会下到地面取食和寻找水源，在黄胸鼠密度较高的地方，能在建筑物上看到其上下爬行留下的痕迹。多在夜晚活动，以黄

图10-52 黄胸鼠

昏和清晨最活跃。有季节性迁移习性，每年春秋两季作物成熟时，迁至田间活动。栖息在农田的黄胸鼠洞穴简单，窝巢内垫有草叶、果壳、棉絮、破布等。大型交通工具如火车、轮船上常可发现其踪迹，危害严重。

黄胸鼠食性杂，以植物性食物为主，偏好于含水分较多的食物，有时也吃动物性食物，甚至咬伤家禽。南方全年均可繁殖，全年可繁殖3～4窝，在北方冬天停止繁殖。平均胎仔数4～9只。最多可达17只。

该鼠洞穴较简单，洞径4～6cm，洞口内壁光滑，出口多。喜昼夜活动，夜间活动频繁，尤以晨、昏活跃。在农区有季节性迁移现象。多与大家鼠混居。黄胸鼠在建筑物上层，褐家鼠在下层。该鼠一年四季均可繁殖，7～8月是繁殖高峰，年繁殖3～4次，每胎6～8仔，别多达16仔，幼鼠出生3个月达性成熟，寿命长达3年。

同小家鼠有明显的相斥现象，两者之间的斗争十分激烈，常常是胜利者居住，失败者被排斥，数量很少。

（三）地理分布

该鼠在我国分布于在长江流域以南，西藏东南部和秦岭、嵩山一带往南地区。主要分布在华南各省及其沿海地区，江苏、淮河以南和山东南部等地区也有发现。

（四）经济意义

黄胸鼠食性杂，以植物性食物为主，偏好于含水分较多的食物，吃人类的食物，也吃小动物，有的咬食瓜类作物花托、果肉，甚至咬伤家禽。主要栖息在室内，靠近村庄田块易受害，为害程度不亚于褐家鼠。还咬坏衣物、家具和器具，咬坏电线，甚至引发火灾。

（五）防治方法

防治方法可采用防鼠与杀灭相结合的措施。

1. 化学灭鼠　化学防治以抗凝血灭鼠剂为主，但黄胸鼠的耐药性比褐家鼠高，容易漏灭，因此在黄胸鼠密度比较高的地区，应相对提高药量。同时，黄胸鼠的新物回避反应及其

栖息特性，决定在使用毒饵灭鼠时，应延长投饵时间和高层投饵。在火车、轮船上可用熏蒸灭鼠。

(1) 毒饵法。下述毒饵可于傍晚撒田鼠或家鼠活动地方进行毒杀：①5%磷化锌毒饵，用5kg玉米或豆类粉碎为4~6块，用500g稀面汤拌混，再加入5%磷化锌拌匀即成。②敌鼠钠盐毒饵，用0.05%敌鼠钠盐1g与2kg米饭或玉米面拌匀即成。③灭鼠脒毒饵，用1份灭鼠脒粉50g与19份饵料，玉米渣55g或面粉350g、粗糖50g混合拌匀。④中草药毒饵，用马钱子20个炒热油炸后晾干研细，掺入1碗炒面、食用油100g，加入适量水拌匀，制成豆粒大小药丸即成。

(2) 毒液法。把灭鼠药用30~40倍水稀释后，放在缺水的地方，引诱害鼠饮食而灭鼠。

(3) 熏蒸法。把氯化苦3~5mL，用注射器注入棉花团或草团里，将药团塞入鼠洞，洞口盖上土；也可用磷化铝2~3片投入鼠洞中，防效优异。

(4) 烟雾炮法。点燃灭鼠专用烟雾炮后，待放出大量烟雾时，投入有效鼠洞15~17cm深处，再用泥土堵塞洞口，经5~10min老鼠即可被毒死。

2. 生态灭鼠 主要在房舍内进行，如堵塞鼠洞，使其无藏身之所；妥善保存粮食，断绝鼠粮，可抑制鼠类的生存繁殖；搞好环境卫生，整理阴暗角落特别时杂物堆、畜舍和阴沟；改变房屋的结构或修建防鼠实施，阻止其进入房屋的上层等，可降低其种群数量。

3. 物理灭鼠 用玉米轴或秆沾磷化锌毒糊，堵塞鼠洞。毒糊用磷化锌12%、面粉13%、水75%，先把油、盐、葱爆炒发香后，把水倒进去煮开，再用少量水把面粉调成稀面糊倒入锅里熬成糨糊，待冷却后再放入磷化锌，充分搅拌均匀即成。

◆ 本章小结

有害啮齿动物的生物学特性是对其进行有效防治的基础。本章从主要有害啮齿动物的形态特征、生态特性、地理分布和经济意义入手，提出了具体的防治方法。对有害啮齿动物形态特征的描述，有助于野外具体实践中辨别物种；生态特征的认识，有助于防控措施的采取和具体实施，治理实践中应注意其地理分布和经济意义，综合防治，科学利用。

◆ 复习思考题

1. 简述高原鼠兔的形态特征。
2. 简述灰旱獭的生态特征。
3. 中华鼢鼠的防治方法有哪些？
4. 褐家鼠的防治方法有哪些？

主要参考文献

艾尼瓦尔,张大铭.1998.准噶尔南沿鼠类群落结构及其演替研究[J].新疆大学学报(1):45-52.
北原英治.1989.防除鼠类的不育剂的利用[J].农药译丛,11(2):46-48.
边疆辉,樊乃昌,景增春,等.1994 高寒草甸地区小哺乳动物群落与自我群落演替关系的研究[J].兽类学报,14(3):209-215.
布拉格,黄胜利,高秀芳,等.2006.草原鼠害综合治理技术在鄂托克旗的应用[J].内蒙古草业,18(1):52-56.
陈长安.2004.鼠类不育剂研究[J].中华卫士杀虫药械,10(1):13-15.
陈灵芝,钱迎倩.1997.生物多样性科学前沿[J].生态学报,17(6):565-572.
陈灵芝,马克平.2001.生物多样性科学:原理与实践[M].上海:上海科学技术出版社.
陈服官,闵芝兰.1980.陕西秦岭大巴山地区兽类的区系调查[J].西北大学学报(1):37.
陈鹏.1987.动物地理学[M].北京:高等教育出版社.
戴忠平,施大钊.2004.驱鼠剂的研究现状及展望[J].植物保护,30(5):11-14.
付和平,武晓东,杨泽龙,等.2004.内蒙古阿拉善主要啮齿动物生态位测度比较[J].动物学杂志,39(4):27-34.
樊乃昌,施银柱.1982.中国鼢鼠 Eospalax 亚属的分类研究[J].兽类学报,2(2):183-199.
甘肃农业大学.1984.草原保护学,第一分册:草原啮齿动物学[M].北京:农业出版社.
甘肃农业大学.1999.草原保护学,第一分册:草原啮齿动物学[M].北京:中国农业出版社.
郭全宝.1984.中国鼠类及其防治[M].北京:农业出版社.
黄文几,陈延喜,温业新.1995.中国啮齿类[M].上海:复旦大学出版社.
霍秀芳,王登,梁红春,等.2006.两种不育剂对长爪沙鼠的作用[J].草地学报,14(2):184-187.
霍秀芳,施大钊,王登.2007.左炔诺孕酮-炔雌醚对长爪沙鼠的不育效果[J].植物保护学报,34(3):321-325.
蒋永利,李桂枝,李继成,等.2006."贝奥"雄性不育灭鼠剂控制森林鼠类数量的试验报告[J].吉林林业科技,35(5):26-30.
蒋志刚,马克平,韩兴国.1999.保护生物学[M].杭州:浙江科学技术出版社.
金善科,马勇,韩存志,等.1979.新疆北部地区的主要害鼠及其防治[M].乌鲁木齐:新疆人民出版社.
孔照芳.1996.草原鼠虫病害研究[M].兰州:甘肃民族出版社.
李保国,陈服官.1989.鼢鼠属凸颅亚属(Eospalax)的分类研究及一新亚种[J].动物学报,35(1):89-94.
李家坤.1965.甘肃省啮齿动物的分布[J].甘肃师范大学学报(自然科学版),7(1):5.
梁杰荣,樊乃昌,施银柱,等.1975.氟乙酰胺液灭鼠试验[J].灭鼠与鼠类生物学研究报告(2):94-97.
梁杰荣,肖运峰.1978.鼢鼠与鼠兔的相互关系及对草场植被的影响[J].灭鼠与鼠类生物学研究报告

(3)：118-124.

廖力夫，黎唯，张知彬，等.2001.α-氯代醇对雄性灰仓鼠的不育效果观察［J］.动物学杂志.36（2）：40-42.

刘发央，刘荣堂.1997.高原鼠兔种群数量灰色预测模型研究［J］.兰州大学学报，33（专辑）：190-196.

刘发央，刘荣堂.1997.高原鼠兔种群动态和种群数量预测模型研究（Ⅰ）［J］.兰州大学学报，33（专辑）：203-207.

刘发央，刘荣堂.1997.高原鼠兔种群动态和种群数量预测模型研究（Ⅱ）［J］.兰州大学学报，33（专辑）：208-213.

刘发央，刘荣堂.1996.长爪沙鼠种群动态预测模型研究［J］.甘肃农业大学学报，31（2）：115-120.

刘发央，刘荣堂.1997.长爪沙鼠种群繁殖动态研究［J］.甘肃农业大学学报，32（4）：322-326.

刘发央，刘荣堂.2002.高原鼠兔的研究现状与最新进展［J］.甘肃科技，3：30-31.

刘季科，梁杰荣，沙渠.1979.诺木洪荒漠垦植后农田鼠类群落和生物量的变化［J］.动物学报，25（3）：260-267.

刘汉武，周立，刘伟，等.2008.利用不育技术防治高原鼠兔的理论模型［J］.生态学杂志，27（7）：1 238-1 243.

刘迺发，范华伟，敬凯，等.1990.甘肃安西荒漠鼠类群落多样性研究［J］.兽类学报，10（3）：215-220.

刘凌云，郑光美.1997.普通动物学［M］.第三版.北京：高等教育出版社.

刘荣堂，纪维红.1997.高原鼠兔概率分型的研究［J］.兰州大学学报，33（专辑）：185-189.

刘荣堂.1997.草原野生动物学［M］.北京：中国农业出版社.

刘伟，周立，王溪.1999.不同放牧强度对植物及啮齿动物的研究［J］.动物学报，19（3）：376-382.

卢浩泉，马勇，赵桂芝.1988.害鼠的分类测报与防治［M］.北京：中国农业出版社.

罗泽珣，陈卫，高武，等.2000.中国动物志.兽纲第六卷.啮齿目下册.仓鼠科［M］.北京：科学出版社.

马克平.1994.生物多样性的测度方法（Ⅰ）［J］.生物多样性，2（2）：162-168.

马克平.1994.生物多样性的测度方法（Ⅱ）［J］.生物多样性，2（4）：231-239.

马勇，王逢桂，金善科，等.1987.新疆北部地区啮齿动物的分类与分布［M］.北京：科学出版社.

秦长育.1991.宁夏啮齿动物区系及动物地理区划［J］.兽类学报，11（2）：143-151.

沈世英.1987.C型肉毒梭菌素杀灭高原鼠兔的研究［J］.兽类学报，37（2）：147.

沈元，何恩奇，罗建，等.2008.生物不育灭鼠饵剂现场鼠类控制效果研究［J］.现代预防医学，35（21）：4 221-4 223.

施大钊，王志洲，卜祥忠.1988.内蒙古达茂地区鼠类群落的初步研究［J］.干旱区资源与环境，2（4）：80-89.

施银柱，樊乃昌，王学高，等.1979.高原鼠兔种群年龄及繁殖研究［J］.灭鼠和鼠类生物学研究报告，3：104-117.

施银柱.1980.草原鼠害及其防治［M］.西宁：青海人民出版社.

寿振黄.1962.中国经济动物志（兽类）［M］.北京：科学出版社.

宋世英.1986.两种鼢鼠的分类订正［J］.动物世界.3（2-3）：31-39.

孙红专，费巨波，徐建华，等.2006.贝奥雄性不育灭鼠饵剂现场应用效果的研究［J］.中华卫生杀虫药械，12（4）：266-270.

孙庆.1988.阿拉善地区啮齿动物区系组成与地理分布［J］.动物学杂志，32（3）：49-50.

孙儒泳.2001.动物生态学原理［M］.第三版.北京：北京师范大学出版社.

魏万红，樊乃昌，周立，等.1999.实施不育后高原鼠兔攻击行为及激素水平变化的研究［J］.兽类学报，

19 (2): 119-131.

汪诚信. 2005. 有害生物治理 [M]. 北京: 化学工业出版社.
王定国. 1988. 额济纳旗和肃北马鬃山北部边境地区啮齿动物调查 [J]. 动物学杂志, 23 (6): 21-24.
王贵林, 沈世英. 1988. C 型肉毒梭菌毒素杀灭高原鼢鼠的初步研究 [J]. 兽类学报, 8 (1): 79.
王岐山. 1990. 安徽兽类志 [M]. 合肥: 安徽科学技术出版社.
王思博, 杨赣源. 1983. 新疆啮齿动物志 [M]. 乌鲁木齐: 新疆人民出版社.
王廷正, 许文贤. 1992. 陕西啮齿动物志 [M]. 西安: 陕西师范大学出版社.
王学高, 施银柱, 梁杰荣. 1978. 青海东部农业区鼠害调查及防治 [J]. 灭鼠和鼠类生物学研究报告. 北京: 科学出版社, 129-132.
王香亭. 1991. 甘肃脊椎动物志 [M]. 兰州: 甘肃科学技术出版社.
王香亭. 1990. 宁夏脊椎动物志 [M]. 银川: 宁夏人民出版社.
王勇, 张美文, 李波. 2003. 鼠害防治实用技术手册 [M]. 北京: 金盾出版社.
王祖望, 张知彬. 1996. 鼠害治理的理论与实践 [M]. 北京: 科学出版社.
吴德林, 邓向福. 1988. 云南热带和亚热带山地森林鼠型啮齿类的群落结构 [J]. 兽类学报, 8 (1): 25-32.
吴德林. 1997. α-氯代醇对雄性大仓鼠的不育效果观察 [J]. 兽类学报, 17 (3): 232-233.
武晓东, 付和平, 杨泽龙. 2009. 中国典型半荒漠与荒漠区啮齿动物研究 [M]. 北京: 科学出版社.
武晓东, 付和平, 庄光辉. 2002. 两种小型兽类在我国的新分布区 [J]. 动物学杂志, 37 (2): 67-68.
武晓东, 付和平. 2000. 内蒙古半干旱区鼠类群落结构及鼠害类型的研究 [J]. 兽类学报, 20 (1): 21-29.
武晓东, 施大钊, 刘勇, 等. 1994. 库布齐沙漠及其毗邻地区鼠类群落的结构分析 [J]. 兽类学报, 14 (1): 43-50.
武晓东, 薛河儒, 苏吉安, 等. 1999. 内蒙古半荒漠区啮齿动物群落分类及其多样性研究 [J]. 生态学报, 19 (5): 737-743.
夏武平, 廖崇惠, 钟文勤, 等. 1982. 内蒙古阴山北部农业区长爪沙鼠的种群动态及其调节的研究 [J]. 兽类学报, 2 (1): 51-71.
夏武平, 钟文勤. 1966. 内蒙古查干敖包荒漠草原撂荒地内鼠类和植物群落的演替趋势及相互作用 [J]. 动物学报, 18 (2): 199-207.
杨安峰. 1992. 脊椎动物学 [M]. 北京: 北京大学出版社.
杨春文, 陈荣海, 张春美. 1991. 黄泥河林区鼠类群落划分的研究 [J]. 兽类学报, 11 (1): 118-125.
杨学军, 韩崇选, 王明春, 等. 2003. 灭鼠毒饵引诱剂的筛选 [J]. 西北林学院学报, 18 (4): 92-95.
姚崇勇, 王庆瑞. 1963. 天祝高原鼢鼠的生物学特征及其对草甸植被影响的调查研究 [J]. 动物学杂志, 5 (1): 14-16.
姚风桐, 刘荣堂. 1997. 高原鼢鼠种群数量预测模型的探讨 [J]. 兰州大学学报, 33 (专辑): 197-202.
姚圣忠, 胡德夫, 周娜, 等. 2005. 我国森林啮齿动物的发生及防控措施研究现状 [J]. 中国森林病虫, 24 (5): 22-26.
宛新荣, 石岩, 生宝祥, 等. 2006. EP-1 不育剂对黑线毛足鼠种群繁殖的影响 [J]. 兽类学报, 26 (4): 392-397.
袁庆华, 张卫国, 贺春贵. 2004. 牧草病虫鼠害防治技术 [M]. 北京: 化学工业出版社.
禹瀚. 1956. 陕北鼢鼠的初步调查研究报告 [J]. 西北农学院学报 (4): 57-68.
张大铭, 姜涛, 马合木提, 等. 1998. 阿拉山口啮齿动物群落结构及其变化 [J]. 兽类学报, 18 (2): 154-155.
张建军, 梁红, 张知彬. 2003. 不育雄性对布氏田鼠气味选择和个体选择的影响 [J]. 兽类学报, 23 (3):

225-229.

张洁, 王宗祎. 1963. 青海的兽类区系 [J]. 动物学报, 15 (1): 125-138.

张洁, 钟文勤. 1979. 布氏田鼠种群繁殖的研究 [J]. 动物学报, 15 (3): 250-259.

张洁. 1984. 北京地区鼠类群落结构的研究 [J]. 兽类学报, 4 (4): 265-272.

张荣祖, 张洁. 1963. 啮齿动物对草原的影响和调查方法的探讨 [J]. 动物学杂志, 5 (2): 58-61.

张荣祖. 1997. 中国哺乳动物分布 [M]. 北京: 中国林业出版社.

张荣祖. 1999. 中国动物地理 [M]. 北京: 科学出版社.

张显理, 唐伟, 顾真云, 等. 2005. 不育剂甲基炔诺酮对宁夏南部山区甘肃鼢鼠种群控制试验 [J]. 农业科学研究, 26 (1) 37-39.

张显理, 于有志. 1995. 宁夏哺乳动物区系与地理区划研究 [J]. 兽类学报, 15 (2): 128-136.

张训蒲. 2008. 普通动物学 [M]. 第2版. 北京: 中国农业出版社.

张堰铭, 樊乃昌, 王权业. 1998. 鼠害治理条件下鼠类群落变动的生态过程 [J]. 兽类学报, 18 (2): 137-143.

张知彬, 王祖望. 1998. ENSO现象与生物灾害 [J]. 中国科学院院刊, 13 (1): 34-38.

张知彬, 王祖望. 1998. 农业重要害鼠的生态学及控制对策 [M]. 北京: 海洋出版社.

张知彬, 王淑卿, 郝守身, 等. 1997. α-氯代醇对雄性大鼠的不育效果观察 [J]. 动物学报, 43 (2): 223-225.

张知彬. 2000. 澳大利亚在应用免疫不育技术防治有害脊椎动物研究上的最新进展 [J]. 兽类学报, 20 (2): 130-134.

张知彬, 张健旭, 王福生, 等. 2001. 不育和"灭杀"对围栏内大仓鼠种群繁殖力和数量的影响 [J]. 动物学报, 47 (3): 241-248.

张知彬. 1995. 免疫不育在动物数量控制上的应用前景 [J]. 医学动物防制, 11 (2): 194-197.

张知彬. 1995. 鼠类不育控制的生态学基础 [J]. 兽类学报, 15 (3): 229-234.

张知彬, 廖力夫, 王淑卿, 等. 2004. 一种复方避孕药物对三种野鼠的不育效果 [J]. 动物学报, 50 (3): 341-347.

张知彬, 王玉山, 王淑卿, 等. 2005. 一种复方避孕药物对围栏内大仓鼠种群繁殖力的影响 [J]. 兽类学报, 25 (3): 269-272.

张知彬, 赵美蓉, 曹小平, 等. 2006. 复方避孕药物 (EP-1) 对雄性大仓鼠繁殖器官的影响 [J]. 兽类学报, 26 (3): 300-302.

赵桂芝. 1999. 实用灭鼠法 [M]. 北京: 化学工业出版社.

赵肯堂. 1960. 长爪沙鼠 Meriones unguiculatus 的生态观察 [J]. 动物学杂志, 4 (4): 155-157.

赵肯堂. 1978. 内蒙古啮齿动物及其区系划分 [J]. 内蒙古大学学报 (自然科学版), 14 (1): 57-64.

赵肯堂. 1981. 内蒙古啮齿动物 [M]. 呼和浩特: 内蒙古人民出版社.

赵肯堂. 1982. 五趾跳鼠的生态调查 [J]. 动物学杂志, 17 (5): 18-22.

赵生成. 1975. 达乌尔黄鼠的活动规律和捕捉方法 [J]. 动物学报, 21 (1): 5-8.

赵天飚, 张忠兵, 李新民, 等. 2001. 大沙鼠和子午沙鼠的种群生态位 [J]. 兽类学报, 21 (1): 76-79.

郑宝赉, 蔡桂全, 周乃武, 等. 1963. 滹沱河流域上游地区中华鼢鼠数量分布的调查研究 [J]. 动物学报, 8 (1): 21-28.

郑生武, 周立. 1984. 高原鼢鼠种群年龄的研究 I. 高原鼢鼠种群年龄的主成分分析 [J]. 兽类学报, 4 (4): 312-319.

郑涛. 1982. 甘肃啮齿动物 [M]. 兰州: 甘肃人民出版社.

郑智民, 姜志宽, 陈安国. 2008. 啮齿动物学 [M]. 上海: 上海交通大学出版社.

郑作新. 1955. 脊椎动物分类学 [M]. 北京: 农业出版社.

钟文勤,周庆强,孙崇潞.1985.内蒙古草场害鼠的基本特征及其生态对策[J].兽类学报,5(4):241-249.

钟文勤,周庆强,孙崇潞.1981.内蒙古白音锡勒典型草原区鼠类群落的空间配置及其结构研究[J].生态学报,1(1):12-21.

钟文勤,周庆强,王广和,等.1991.布氏田鼠鼠害治理方法的设计及应用[J].兽类学报,11(3):204-212.

周立志,马勇,李迪强.2000.大沙鼠在中国的地理分布[J].动物学报,46(2):130-137.

周庆强,钟文勤,孙崇潞.1982.内蒙古白音锡勒典型草原区鼠类群落多样性研究[J].兽类学报,2(1):89-94.

Rex E. March Walter E Howard. 1986. 鼠的化学不育剂与遗传防制展望[J]. 中国鼠类防制杂志,2(3):187-192.

Allen G M. 1912. Mammalia [M]. *Mem Mus Comp Zool*,40:209-210.

Allen G. M. 1940. The mammals of China and Mongolia [M]. Part II. Amer. Mus. (Nat. His.). New York.

Brady M J, Slade N A. 2001. Diversity of grassland rodent community at uarying temporal scales: the role of ecologically dominant species [J]. J Mamm, 82 (4): 974-983.

Brown J H, Lieberman G A. 1973. Resource utilization and coexistence of seed-eating desert rodents in sand dune habitats [J]. Ecology, 54 (4): 788-797.

Brown J. 1973. Species diversity of seed-eating desert rodents in sand dune habitats [J]. Ecology, 54 (4): 775-787.

Brown J H. 1975. Geographical ecology of desert rodents [C]. In: Cody M I, Diamond J M. Ecology and Evolution of Communities. Boston: Belknap Press, 315-341.

Freench N R, Maza B G, Hill H O, et al. 1974. A population study of irradiated desert rodent [J]. Ecological Monographs. 44: 45-72.

Harris J H. 1984. An experimental analysis of dersert rodent foraging ecology [J]. Ecology, 65 (5): 1 579-1 584.

Jorgensen E E, Damaras S. 1999. Spatial scale dependence of rodent habitat use [J]. J Mamm, 80 (2): 421-429.

Kenagy G J. 1973. Daily and seasonal patterns of activity and energetic in a heteromyid rodent community [J]. Ecology, 54 (6): 1 201-1 219.

Longland W S, Clements C. 1995. Use of fluorescent pigments in studies of seed caching by rodents [J]. J Mamm, 76 (4): 1 260-1 266.

Lyon M W. 1907. On a small collection of mammals from The Province of Kansu [J]. *China Mise. coll*, 50: 134.

Price M V. 1978. The role of microhabitat in structuring desert rodent communities [J]. Ecology, 59 (5): 910-921.

Rosenzweig M L, Winaker J. 1969. Population ecology of desert rodent communities: habitat and environmental complexity [J]. Ecology, 50: 558-572.

Thomas O. 1908. On mammals from North China [M]. *Proc Zool Soc London*, 2: 5-10.